Zeig, was du kannst!

1 Berechne die fehlenden Winkel, wenn die folgenden Angaben zur nebenstehenden Figur bekannt sind.
a) $\alpha = 30{,}7°$ und $\beta = 50°$ c) $\alpha = \varepsilon$ und $\eta = 2\delta$
b) $\alpha + \beta = 90°$ und $\varepsilon = 68°$

2 Berechne die restlichen Winkel.
a) Dreieck ABC mit $\alpha = 90°$ und $\beta = 2\gamma$
b) Dreieck ABC mit $\alpha = 22°35'$ und $\gamma = 99°45'52''$
c) Viereck $ABCD$ mit $\alpha = 15°, \beta = 70°$ und $\gamma = 10\alpha - \beta$

3 Wie groß sind die bezeichneten Winkel?
Welches besondere Viereck wird von den Geraden eingeschlossen?
a) b)

$a \parallel b$
$g \parallel h$

…s ABC und des Vierecks $ABCD$.

$a \parallel b$

…der Fehler?

…
$360° + 2 \cdot 180° = 1080°$.

Lösungen …
…fgaben 2, 8 — 35–40 Punkte
…ufgaben 2, 3, 5, 10 — 29–34 Punkte
…ufgaben 5, 12 — 23–28 Punkte
Bearbeitung Auftrag 2.

Am Ende jedes Kapitels findest du unter **Zeig, was du kannst**, einen Test. Im Anhang des Buches sind die Lösungen mit der Punktverteilung angegeben, damit du selbst feststellen kannst, ob deine Lösungen richtig sind und du das Wichtigste gut verstanden hast. Für eine Eins in der Schulaufgabe musst du aber noch mehr können, das macht jeder Lehrer etwas anders.

…ufgaben

Verknüpfen
Anwenden
Trainieren

Die abgerissenen Winkel eines Dreiecks können auch so aneinander gelegt werden:

Begründe damit den Satz über die Innenwinkelsumme im Dreieck.

Berechne, wenn möglich, die fehlenden Winkel im Dreieck ABC.
$\alpha = 45°; \beta = 72°$
$\alpha = 37{,}4°; \gamma = 49{,}8°$
ein Winkel misst 125,5°; ein zweiter 15°
ein Winkel misst 130°; ein anderer 90°
$\beta = 110{,}3°; \gamma = 12{,}25°$
ein Winkel misst 51°; die beiden anderen sind jeweils 10° bzw. 20° größer.
$\alpha = 50°; \beta = \gamma + 20°$

Berechne, wenn möglich, die fehlenden Innenwinkel eines Dreiecks, von dem das Folgende bekannt ist.
Alle drei Winkel sind gleich groß.
Zwei Winkel sind gleich groß, der dritte Winkel misst 75°.
Ein Winkel ist um 10° kleiner und ein Winkel ist um 10° größer als der dritte Winkel.
Alle drei Winkel sind größer als 45°, einer davon ist ein stumpfer Winkel.

Calculate the named angles.

c)

5 Berechne die nicht bekannten Winkelgrößen im Viereck $ABCD$.

	α	β	γ	δ
a)	?	90°	64°	136°
b)	57,9°	12,5°	?	130°
c)	37,3°	40°	102,7°	?
d)	$=\beta$	?	$=\beta$	120°

6 Berechne die Größe aller in die Skizze eingezeichneten Winkel, wenn gilt:
$\alpha_1 = \beta_1 = \gamma_1 = \delta_1 = 30°$
und
$\alpha_2 = \gamma_2$.

7 Diese Aufgabe kannst du mit einem Computer-Geometrie-Programm bearbeiten.
a) Zeichne ein Dreieck ABC mit $c = 5$ cm, $\alpha = 47°$ und $\beta = 43°$.
b) Bestätige, dass γ 90° misst.
c) Konstruiere die Winkelhalbierende des Winkels γ.
d) Die Winkelhalbierende schneidet c im Punkt W. Wie groß ist der Winkel $\sphericalangle CWA$?

Noch fit?

1 Familie Franz besitzt ein Auto, dessen Benzintank 50 Liter fasst. Nach 625 km ist der anfangs volle Tank leer.
a) Berechne, wie viele Kilometer Herr Franz mit den 5 Litern seines Reservekanisters noch fahren kann, wenn ein gleichmäßiger Benzinverbrauch vorausgesetzt wird?
b) Für eine geplante Urlaubsreise wird eine Fahrstrecke von etwa 2000 km angenommen. Wie oft muss mindestens getankt werden?

2 Peter hat eine 200-Gramm-Packung Gummibärchen. Mit einer ziemlich genauen Waage stellt er fest, dass 10 Gramm etwa 4 Gummibärchen entsprechen.
a) Wie viele Gummibärchen sind in der Packung?
b) Nachdem er 75 g Gummibärchen gegessen hat, möchte er den Rest mit Sybille und Renate teilen. Wie viele Gummibärchen kann jeder essen?

…dem Abschnitt gibt es natürlich viele …gaben, damit du dein neues Wissen ein…n kannst und erfährst, wo es dir überall …zt. Es gibt einfache Aufgaben zum Einüben …Zeichen- oder Rechentechniken …inieren), Anwendungsaufgaben, …enen du Fragen begegnest, die du nun gut …ntworten kannst (**Anwenden**), und neue …ationen, in denen du das Erlernte …uchst, und dazu manches, was du schon …er weißt (**Verknüpfen**).
…chmal findest du Aufgaben mit Lösungs…tern: Jede Lösung ergibt einen Buch…en, zusammen entsteht in dieser Reihen…e ein Wort.

Die **Noch fit?**-Aufgaben können dir helfen zu erkennen, was du unbedingt wiederholen und üben solltest.

Aufgaben Verknüpfen Anwenden Trainieren

Aufgabe der Woche

Sterne basteln

Die **Aufgabe der Woche** gibt dir Gelegenheit, dich mit einem Problem etwas länger zu beschäftigen und eigene Lösungswege zu finden.

Fokus Mathematik

Jahrgangsstufe 7

Gymnasium
Bayern

Erarbeitet von

Carina Freytag, Ingolstadt
Rosemarie Härtinger, Straubing
Andreas Herz, Kaufbeuren
Fritz Kammermeyer, Nürnberg
Kristina Kurz, Würzburg
Bernhard Sauermann, Olching
Dr. Michael Sinzinger, Regensburg
Jürgen Zechel, Bayreuth

unter Mitarbeit der Verlagsredaktion
und Beratung von

Eva Focht-Schmidt, Augsburg
Klaus Schuster, Würzburg
Irmgard Wagner, Mühldorf

Cornelsen

Redaktion: Dr. Peter Birnbaum, Alexander Grobe

Illustrationen: Peter Menne, Potsdam

Grafik: Ulrich Sengebusch †, Geseke

Zwischentitel und Ecken-Seiten: Werner Wildermuth, Dachau

Umschlaggestaltung: Knut Waisznor

Layoutkonzept: Jürgen Brinkmann, Wolfgang Lorenz

Bildrecherche: Peter Hartmann

Herstellung: Marina Wurdel

Technische Umsetzung: CMS – Cross Media Solutions GmbH

Begleitmaterialien zum Lehrwerk

für Schülerinnen und Schüler
978-3-464-54047-3 Schulaufgabentrainer 7
978-3-464-54201-9 Grundwissen 5–10

für Lehrerinnen und Lehrer
978-3-464-54095-4 Lösungen 7
978-3-464-54096-1 Kopiervorlagen

www.cornelsen.de

Unter der folgenden Adresse befinden sich multimediale Zusatzangebote für die Arbeit mit dem Schülerbuch:
www.cornelsen.de/fokus-mathematik
Die Buchkennung ist **MFK54017**

Die Links zu externen Webseiten Dritter, die in diesem Lehrwerk angegeben sind, wurden vor Drucklegung sorgfältig auf ihre Aktualität geprüft. Der Verlag übernimmt keine Gewähr für die Aktualität und den Inhalt dieser Adressen und Dateien oder solcher, die mit ihnen verlinkt sind.

1. Auflage, 3. Druck 2010

Alle Drucke dieser Auflage sind inhaltlich unverändert und können im Unterricht nebeneinander verwendet werden.

Druck: CS-Druck CornelsenStürtz, Berlin

ISBN 978-3-464-54017-6

Inhalt gedruckt auf säurefreiem Papier aus nachhaltiger Forstwirtschaft.

Inhalt

1 Symmetrische Figuren

An Figuren erkennst du verschiedene Symmetrien und deren Eigenschaften. Beim Erzeugen symmetrischer Figuren lernst du das Konstruieren mit Zirkel und Lineal.

Rosetten und Mandalas

Rosetten und Mandalas sind sehr regelmäßige Kunstwerke, bei denen Kreise wesentliche Bestandteile sind. Der Begriff „Mandala“ stammt aus der indischen Sprache „Sanskrit“ und bedeutet Kreis.

Im Buddhismus ist ein Mandala ein Diagramm, das zur Meditation verwendet wird.

Aus Kreisen und Kreisbögen konstruierte Bauelemente sind ganz typisch für die Gotik. Wie bei der Kathedrale Notre Dame in Paris dienten sie insbesondere der Gestaltung der Fenster und Portale. Das abgebildete Rosettenfenster von Notre Dame ist um 1270 entstanden.

Bei dieser Rosette wird zuerst der Kreis in der Mitte gezeichnet. Auf dieser Kreislinie sind die Mittelpunkte der restlichen Kreise in gleichen Abständen angeordnet. Zeichne die Rosette nach und verwende für den Kreis in der Mitte den Radius 3,5 cm, für alle anderen Kreise den Radius 3 cm. Male dann die entstandenen Felder farbig aus.

Wenn du die Größe der Radien oder die Anzahl der Mittelpunkte auf dem ersten Kreis oder auch beides veränderst, so erhältst du neue Formen. Probiere es aus und gib jeweils an, wie du deine Zeichnung erstellt hast.

Zeichnet Rosetten oder Mandalas und sucht Bilder von Rosetten und Mandalas. Damit könnt ihr dann gemeinsam ein Plakat gestalten.

1.1 Achsen- und Punktsymmetrie

Auftrag 1 Kartenspiele

Untersuche die Karten verschiedener Kartenspiele (Uno, Schafkopf, Skat, ...) auf Symmetrie. Gibt es bei manchen Karten mehr als eine Art von Symmetrie? (Beachte auch Drehungen).
Beschreibe jeweils die Art der Symmetrie.
Erstellt dann in der Klasse gemeinsam ein Kartenspiel mit z. B. 32 Karten. Jeder soll dazu eine Karte zeichnen, die symmetrisch ist. Erkläre, wie du bei der Erstellung deiner Karte vorgehst.
Beschreibe die Symmetrie deiner Karte.

Auftrag 2 Ornamente

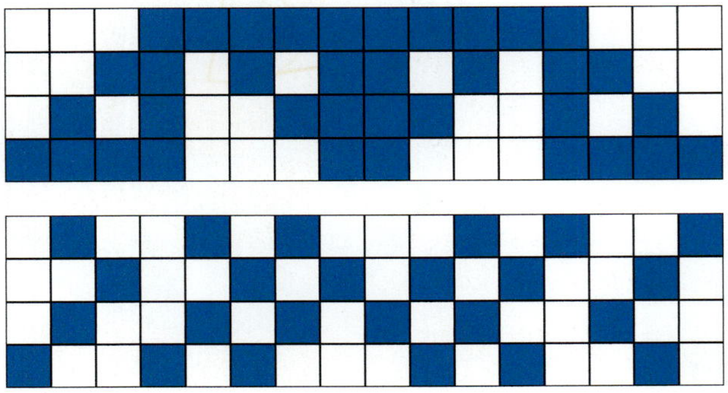

Übertrage die beiden Ornamente so in dein Heft, dass du sie nach links und rechts fortsetzen kannst.
Setze sie in beide Richtungen fort und schreibe auf, wie du bei der Fortsetzung der Ornamente vorgehst.
Beschreibe die Symmetrie der Ornamente.
Zeichne ein Ornament, welches Symmetrie aufweist. Verwende hierzu Kreisbögen, gerade Linien und ausgemalte Flächen.

Auftrag 3 Spielfelder

Untersuche die Spielfelder verschiedener Brettspiele (Schach, Mühle, Halma, „Fang den Hut", „Mensch ärgere dich nicht", ...) auf Symmetrie und beschreibe jeweils die Art der Symmetrie.
Zeichnet dann zu zweit auf kariertem Papier ein symmetrisches Spielbrett für ein Würfelspiel mit Spielsteinen. Erfindet dazu auch Spielregeln.
Erkläre, wie ihr bei der Erstellung eures symmetrischen Spielbrettes vorgegangen seid und beschreibe die Symmetrie.

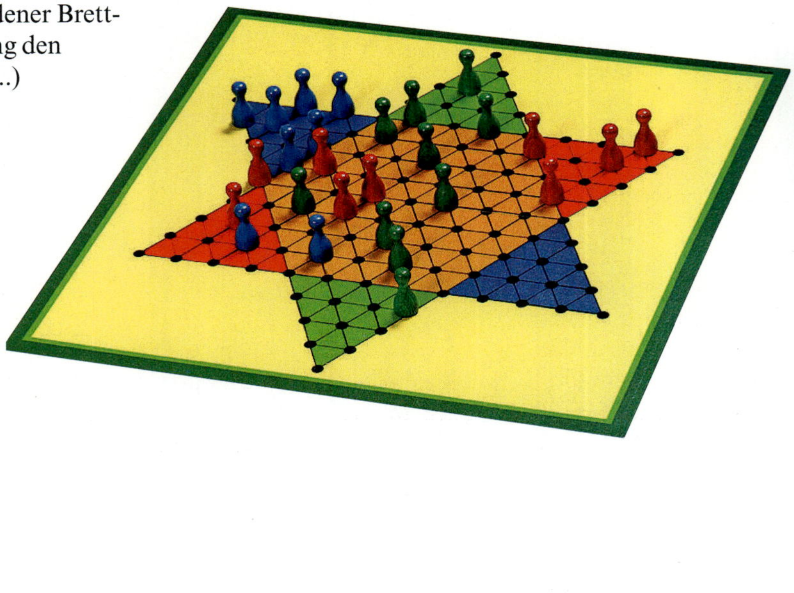

Flaggen — Auftrag 4

Hannah hat nebenstehende Zeichnung mit vier Flaggen angefertigt. Dabei hat sie mit der Flagge rechts unten begonnen und die anderen Flaggen schrittweise daraus entwickelt.
Erkläre, wie sie vorgegangen sein könnte. Gib verschiedene Möglichkeiten an und vergleiche sie.
Welche Rolle spielen dabei die beiden zueinander senkrechten Geraden?
Zeichne in dein Heft auch zwei zueinander senkrechte Geraden sowie eine Flagge und gehe so vor wie Hannah.
Zeichne zwei weitere Flaggen in verschiedenen Farben ein und entwickle hieraus jeweils wieder drei neue Flaggen.
Vergleiche deine Zeichnung mit Hannahs Zeichnung.

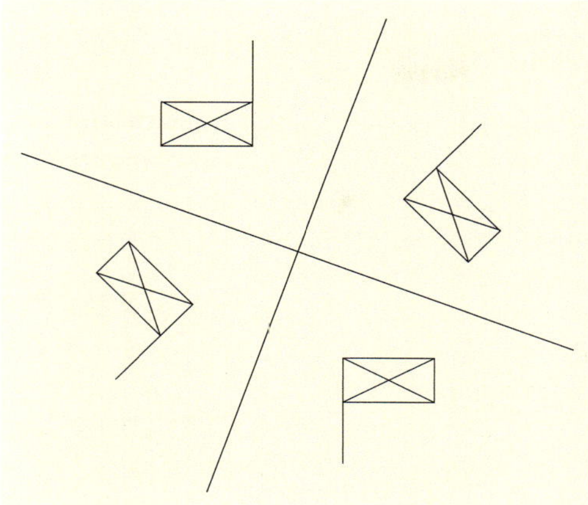

Bearbeitung

Auftrag 3 — Spielfelder

Die Spielbretter der Spiele Schach, Mühle, Halma, „Fang den Hut" und „Mensch ärgere dich nicht" sind **achsensymmetrisch**, wenn man Beschriftung und Farbe außer Acht lässt. Sie haben die beiden Diagonalen und mit Ausnahme von Schach auch die Parallelen zu den Außenkanten durch die Brettmitte als **Symmetrieachsen**. Dies bedeutet, dass du das Spielbrett entlang einer dieser Geraden so falten kannst, dass beide Hälften deckungsgleich aufeinander liegen.
Bei achsensymmetrischen Spielbrettern wird die Strecke zwischen einem Punkt P und dem zugehörigen Bildpunkt P' von der Symmetrieachse senkrecht halbiert. Liegen zwei Punkte P und P' zueinander symmetrisch bezüglich einer Ge-

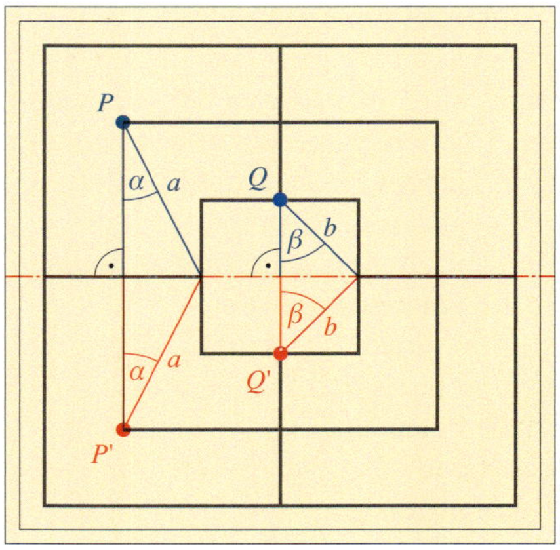

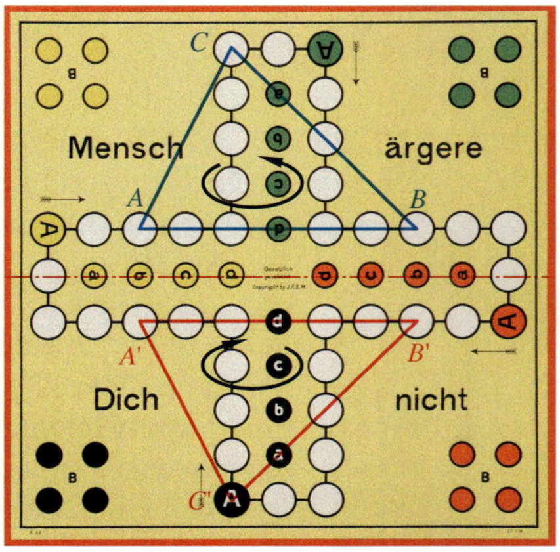

raden, so hat jeder Punkt dieser Geraden von P den gleichen Abstand wie von P'. Alle Punkte, die von P den gleichen Abstand wie von P' haben, liegen auf dieser Geraden. In achsensymmetrischen Figuren haben zueinander symmetrisch gelegene Strecken die gleiche Länge (z.B. a im Bild), zueinander symmetrisch gelegene Winkel sind gleich groß (z. B. α) und zueinander symmetrisch gelegene Dreiecke ($\triangle ABC$ und $\triangle A'B'C'$) haben entgegengesetzte Orientierung.

Info

In der Mathematik bezeichnet man den Umlaufsinn als positiv, wenn er gegen den Uhrzeigersinn gerichtet ist.

Erinnere dich

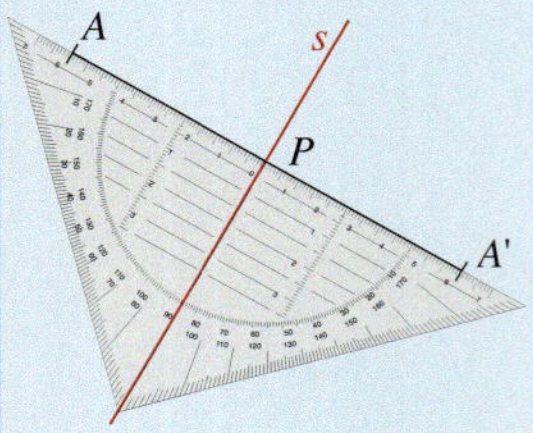

Statt den Bildpunkt mit dem Geodreieck zu ermitteln, kann er auch ohne eine Messung nur mit Zirkel und Lineal konstruiert werden. Ebenso kannst du zu zwei zueinander symmetrischen Punkten P und P' ($P \neq P'$) die Symmetrieachse a mit Zirkel und Lineal konstruieren:

Konstruktion des Bildpunktes
Achsenspiegelung

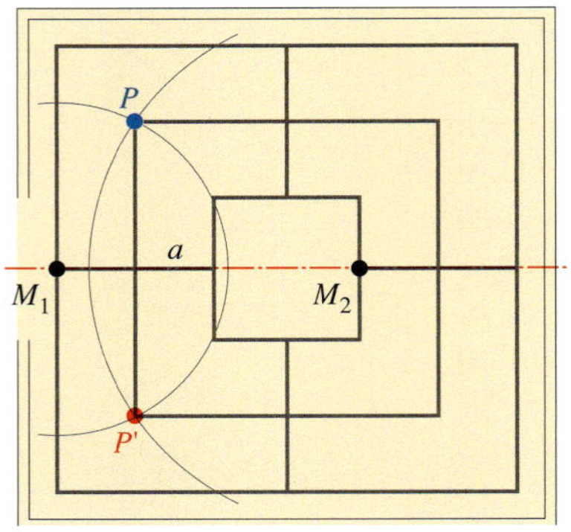

Konstruktionsplan:
1. Wähle auf der Symmetrieachse a zwei Punkte M_1 und M_2.
2. Zeichne zwei Kreislinien jeweils um M_1 und M_2 durch P.
3. Die Kreislinien schneiden sich in P'.

Konstruktion der Symmetrieachse

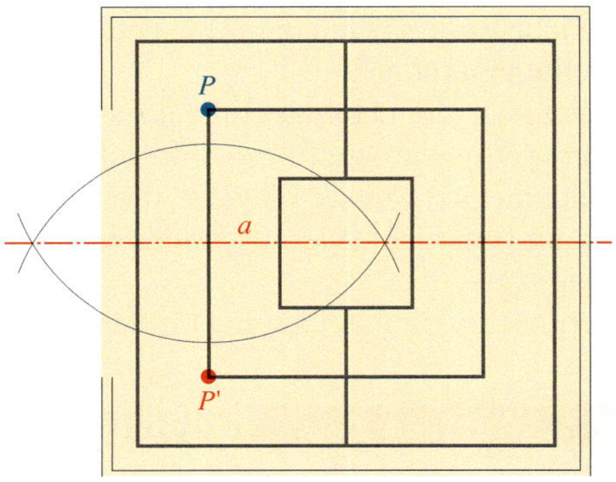

Konstruktionsplan:
1. Zeichne zwei Kreislinien mit dem gleichen Radius jeweils um P und P'. Wähle dafür den Radius groß genug, so dass sich die Kreislinien schneiden.
2. Die Symmetrieachse verläuft durch die Schnittpunkte der beiden Kreislinien.

Beachte

Ein Punkt wird durch den Schnitt zweier Linien festgelegt. Deshalb musst du den Schnitt zweier Linien (z. B. Kreislinien) konstruieren, wenn du einen gesuchten Punkt finden willst.

Wie du siehst, wird eine Konstruktion in einem **Konstruktionsplan** beschrieben. In diesem werden die auszuführenden Teilkonstruktionen aufgezählt.

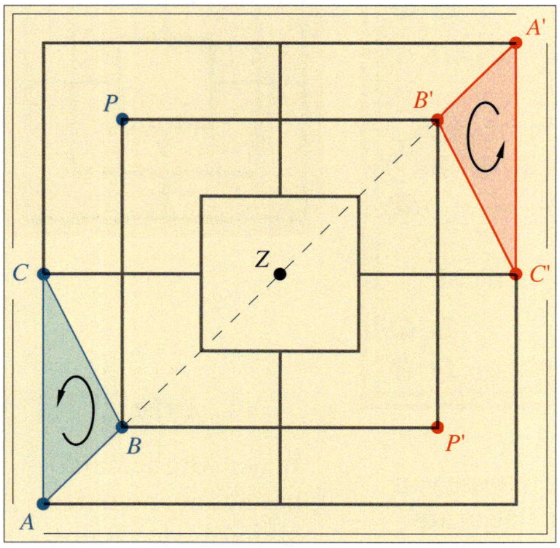

Alle Spielbretter haben noch eine weitere Symmetrie bezüglich des Mittelpunktes des Spielfeldes (wieder abgesehen von Beschriftung und Farbe). Zu jedem Punkt P des Spielfeldes gibt es einen Bildpunkt P', so dass der Mittelpunkt Z die Strecke $[PP']$ halbiert. Hier spricht man von **Punktsymmetrie** und nennt den Punkt Z **Symmetriezentrum**. Im Bild links sind A', B' und C' Bildpunkte zu A, B und C. Dreieck ABC und Dreieck $A'B'C'$ sind bezüglich Z zueinander punktsymmetrisch und haben gleiche Orientierung. In diesen Dreiecken sind entsprechende Strecken gleich lang und entsprechende Winkel gleich groß.
Mit Zirkel und Lineal kannst du zu einem Punkt und dem Symmetriezentrum den Bildpunkt konstruieren oder zu einem Punkt und dem Bildpunkt das Symmetriezentrum. Man spricht hier auch von einer **Punktspiegelung** des Punktes P am Zentrum Z.

Konstruktion des Bildpunktes
Spiegelung an einem Punkt

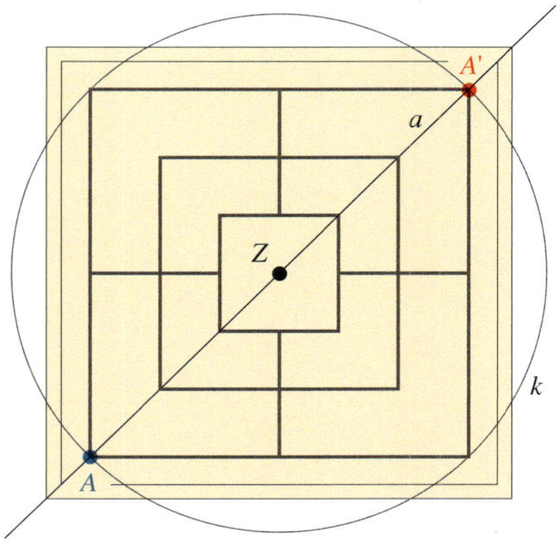

Konstruktionsplan:
1. Zeichne eine Kreislinie k um Z mit dem Radius $\overline{AZ}$.
2. Zeichne eine Gerade a durch A und Z.
3. Der Schnittpunkt von k mit a bestimmt A'.

Konstruktion des Symmetriezentrums

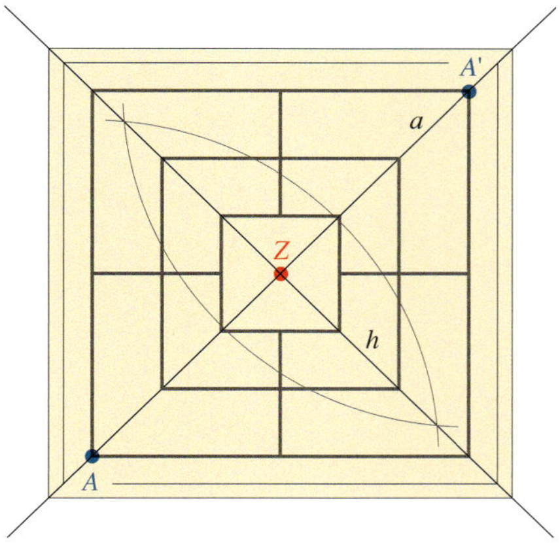

Konstruktionsplan:
1. Zeichne zwei Kreislinien mit gleichem Radius um A und A'.
2. Die Schnittpunkte bestimmen eine Gerade h.
3. Der Schnittpunkt von h mit der Geraden durch A und A'bestimmt Z.

Tim hat ein Spielbrett hergestellt, das (abgesehen von der Farbe) punktsymmetrisch aber nicht achsensymmetrisch ist. Er hat dazu erst einen Spielplan mit 11×11 Quadraten gezeichnet. Der Mittelpunkt des Spielbrettes ist das Zentrum. Um einen punktsymmetrischen Weg zu erstellen, spiegelt er die gewählten Spielfelder jeweils am Zentrum, verlängert also die Strecke von der Feldmitte zum Zentrum über das Zentrum hinaus auf die doppelte Länge. Im Spielplan sind Verbindungsstrecken der Mittelpunkte punktsymmetrischer Felder eingezeichnet. Für jede Farbe sind die vier Zielfelder punktsymmetrisch zu wählen. Die nicht benötigten Felder unterlegt er grau.
Spielregel: Das Spiel geht wie „Mensch ärgere dich nicht“ mit folgender Änderung: Kommen zwei Spielsteine auf das gleiche weiße Feld, werden beide Steine ganz aus dem Spiel genommen.

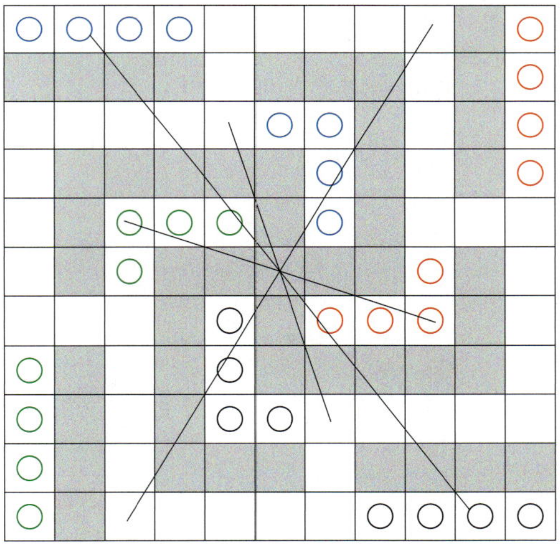

Einen Schritt weiter gedacht: Bei einem systematischen Aufbau der Mathematik sind präzise Begriffserklärungen erforderlich. Eine Erklärung eines Begriffs nennt man eine **Definition**. Beispielsweise wurden im „Fokus 5“ achsensymmetrische Figuren mithilfe der Deckungsgleichheit definiert. Unmittelbar einsichtige Aussagen, wie z. B. dass zueinander symmetrische Strecken gleich lang sind, werden in diesem Buch als **Fundamentalsatz** bezeichnet. Später lernst du noch Aussagen kennen, die aus Definitionen oder Fundamentalsätzen abgeleitet werden bzw. mit ihnen begründet werden können. Sie werden als **Sätze** bezeichnet.

Beachte

In der Zusammenfassung steht vor einer Definition ein **D**, vor einem Fundamentalsatz ein **F** und vor einem Satz ein **S**.

Zusammenfassung

Achsen- und Punktsymmetrie

Definitionen sind Begriffsklärungen, **Fundamentalsätze** sind unmittelbar einsichtige Aussagen und **Sätze** werden aus Definitionen oder Grundsätzen abgeleitet oder begründet.

Achsensymmetrie: **Konstruktion des Bildpunktes,** **der Symmetrieachse**

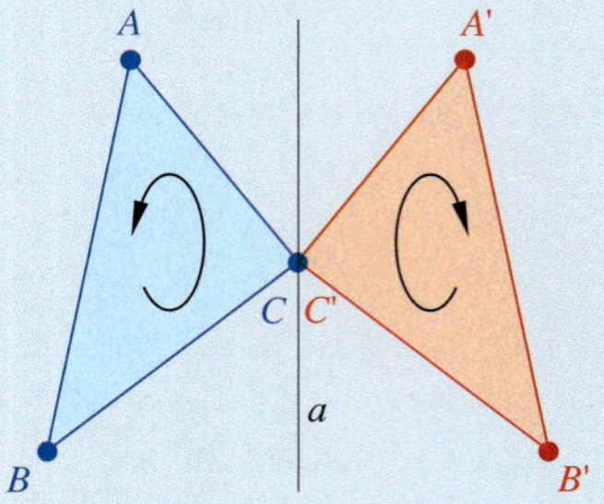

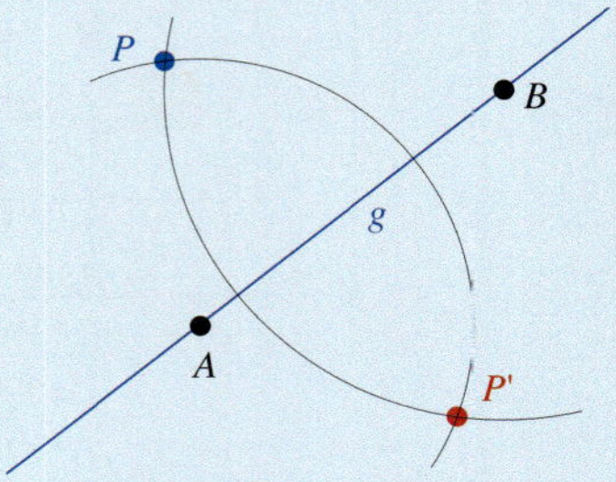

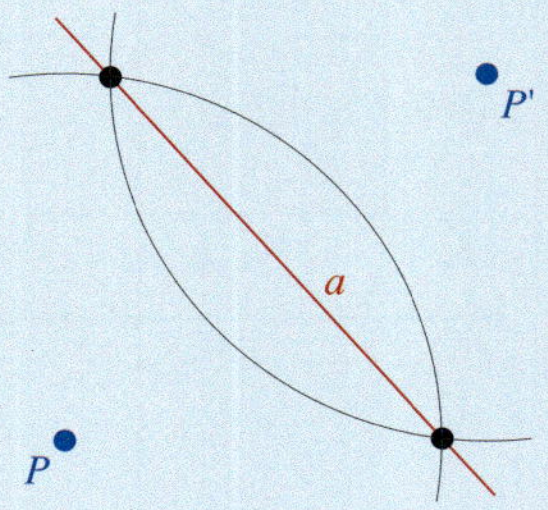

F Liegen zwei Punkte P und P' zueinander symmetrisch bezüglich einer Achse a, so halbiert die **Symmetrieachse** a die Strecke $[PP']$ senkrecht.

F Liegen zwei Punkte P und P' zueinander symmetrisch bezüglich einer Achse a, so hat jeder Punkt der Achse von P den gleichen Abstand wie von P'. Alle Punkte, die von P den gleichen Abstand wie von P' haben, liegen auf der Achse a.

F In zwei bezüglich einer Achse a zueinander symmetrischen gelegenen Figuren sind entsprechende Strecken gleich lang und entsprechende Winkel gleich groß. Die beiden Figuren haben entgegengesetzte Orientierung.

Punktsymmetrie: **Konstruktion des Bildpunktes,** **des Symmetriezentrums**

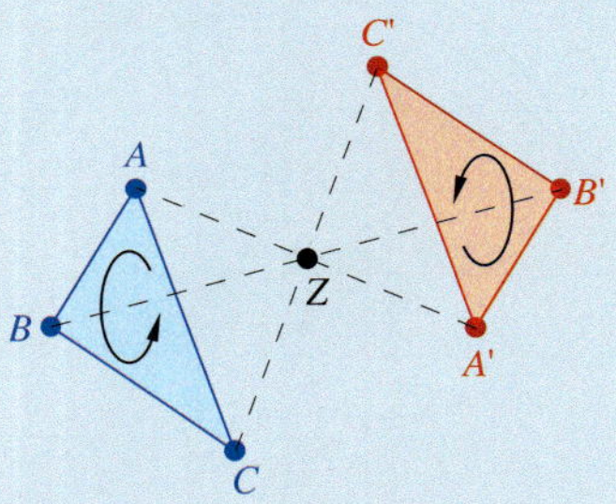

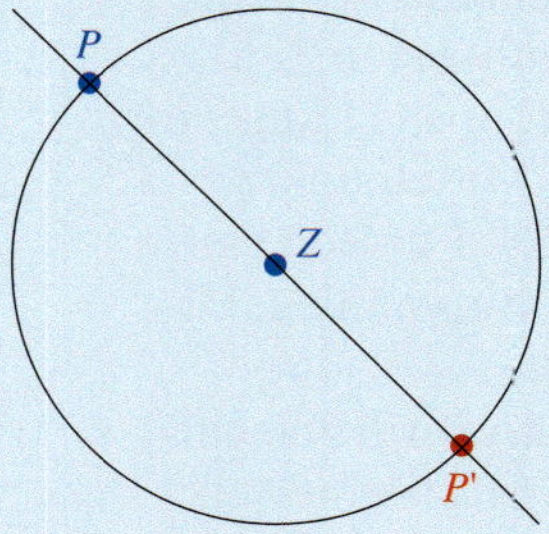

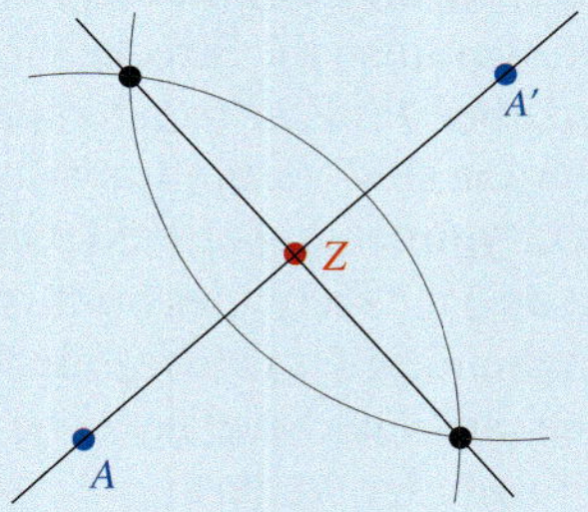

F Liegen zwei Punkte P und P' zueinander symmetrisch bezüglich eines Punktes Z, so halbiert das **Symmetriezentrum** Z die Strecke $[PP']$.

F In zwei bezüglich eines Punktes Z zueinander symmetrischen gelegenen Figuren sind entsprechende Strecken gleich lang und entsprechende Winkel gleich groß.
Die beiden Figuren haben gleiche Orientierung.

Verwendet man beim Zeichnen nur Zirkel und Lineal und verzichtet auf das Messen von Strecken und Winkeln mit dem Geodreieck, spricht man vom **Konstruieren**. Konstruktionen werden in einem **Konstruktionsplan** beschrieben.

Aufgaben

Verknüpfen
Anwenden
Trainieren

1 Zeichne drei Figuren, die
a) sowohl achsen- als auch punktsymmetrisch sind,
b) punkt-, aber nicht achsensymmetrisch sind,
c) achsen-, aber nicht punktsymmetrisch sind.

2 Übertrage die Figur in dein Heft:

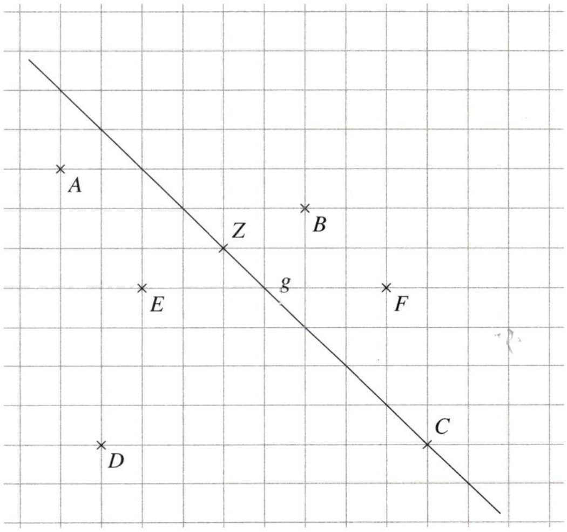

a) Ermittle die symmetrischen Punkte *A′*, *B′* und *C′* bezüglich der Symmetrieachse *g* mit dem Geodreieck und konstruiere die symmetrischen Punkte *D′*, *E′* und *F′* mit Zirkel und Lineal.
b) Ermittle die symmetrischen Punkte *A″*, *B″* und *C″* bezüglich des Symmetriezentrums ***Z*** mit dem Geodreieck und konstruiere die symmetrischen Punkte *D″*, *E″* und *F″* mit Zirkel und Lineal.
c) Vergleiche jeweils beide Verfahren.

3 Find capital letters of the alphabet which have point symmetry. Which have also line symmetry?

4 Konstruiere zu den unter **a)**, **b)** und **c)** beschriebenen Dreiecken jeweils punktsymmetrische Dreiecke bezüglich der Symmetriezentren *A*, *B* bzw. *C* und vergleiche die Dreiecke.
a) Dreieck mit einem stumpfen Winkel
b) Dreieck mit einem rechten Winkel
c) Dreieck mit nur spitzen Winkeln

5 Draw three flags. One which has point symmetry and also line symmetry, another which has only point symmetry and a third flag which has only line symmetry.

6 Zeichne zwei Punkte *A* und *B* mit dem Abstand 4 cm. Konstruiere jeweils alle Punkte, die von *A* und *B* 2 cm, 3 cm, 4 cm, 5 cm entfernt sind. Wo liegen diese Punkte? Begründe deine Antwort.

7 Zeichne das Dreieck *ABC* durch die Punkte $A(-1\,|\,-4)$, $B(4\,|\,-1)$ und $C(-2\,|\,3)$ in ein Koordinatensystem und zeichne die bezüglich der *x*-Achse, der *y*-Achse und des Koordinatenursprungs symmetrischen Dreiecke.
Gib jeweils die Koordinaten der symmetrischen Punkte an und vergleiche die Dreiecke.

8 Übertrage die Figuren in dein Heft:

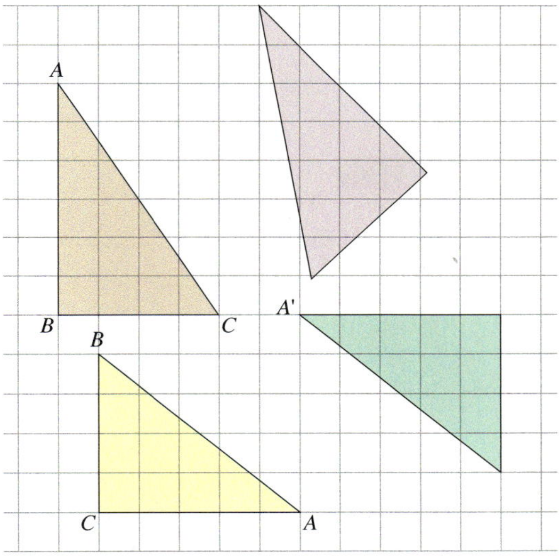

Konstruiere die Symmetrieachse (oben) bzw. das Symmetriezentrum (unten).
Erkläre, wie du bei den Konstruktionen vorgehst.

9 Zeichne eine 6 cm lange Strecke [*PQ*]. Bestimme fünf Punkte, die von *P* und *Q* jeweils gleich weit entfernt sind.
Wo liegen die Punkte?

10 Wähle auf der Symmetrieachse *a* der Punkte *P* und *P′* vier verschiedene Punkte *A*, *B*, *C* und *D* und miss deren Abstände von *P* und *P′*.
Begründe dein Ergebnis.

11 Überlege anhand einer Planfigur.

a) Welche besondere Lage muss eine Symmetrieachse haben, damit eine Gerade bzw. ein Kreis bezüglich der Achse symmetrisch ist?

b) Welche besondere Lage muss ein Symmetriezentrum haben, damit eine Gerade bezüglich des Zentrums symmetrisch ist?

c) Welche besondere Lage muss ein Symmetriezentrum haben, damit zwei parallele Geraden bezüglich des Zentrums symmetrisch sind?

12 Widerlege jeweils mit einem Gegenbeispiel:

a) Zwei Geraden g und h, die einen Schnittpunkt auf einer Geraden s haben, sind achsensymmetrisch bezüglich dieser Geraden s.

b) Zwei Geraden g und h, die parallel zu einer Geraden s verlaufen, sind achsensymmetrisch bezüglich dieser Geraden s.

c) Welche Bedingungen müssen jeweils gelten, damit die Aussagen aus **a)** und **b)** stimmen?

Noch fit?

1 Welchen Abstand haben die Zahlen auf der Zahlengeraden?

a) $4\frac{3}{4}$ und $7{,}5$

b) $-4\frac{2}{3}$ und $2\frac{2}{3}$

c) $-4{,}9$ und $-9{,}4$

d) $2\frac{2}{3}$ und $-4\frac{2}{5}$

2 Welche Zahl der Zahlengeraden hat

a) von 9,3 denselben Abstand wie 4,5,

b) von 4,5 denselben Abstand wie $9\frac{1}{4}$,

c) von 4,5 denselben Abstand wie $-4\frac{3}{4}$,

d) von $-4\frac{2}{3}$ denselben Abstand wie 4,7 ?

3 Berechne.

a) $-4\frac{2}{5}+5{,}7-9\frac{1}{4}$

b) $\frac{7}{5}-2{,}\overline{3}+\frac{5}{6}$

c) $4\frac{2}{3}:2-4\frac{3}{4}\cdot 2$

d) $-3\frac{3}{4}:1{,}5+4{,}5\cdot\frac{2}{3}$

Aufgaben

Verknüpfen
Anwenden
Trainieren

13 Konstruiere ein punktsymmetrisches Sechseck (Achteck).
Was kannst du über die Seiten des Sechsecks (Achtecks) aussagen?

14 Unter welcher Bedingung sind zwei Kreislinien zueinander achsen- bzw. punktsymmetrisch? Zeichne zwei solche Kreislinien und konstruiere dazu die Symmetrieachse bzw. das Symmetriezentrum.
Wie viele gemeinsame Punkte können zueinander symmetrische Kreislinien haben?

15 Zeichne das Dreieck ABC, das durch die Punkte $A(-4\,|\,-5)$, $B(2{,}5\,|\,3)$ und $C(-5\,|\,0{,}5)$ gegeben ist, in ein Koordinatensystem.
Konstruiere das dazu achsensymmetrische Dreieck $A'B'C'$, wenn A' die Koordinaten $(4\,|\,1)$ hat.
Gib die Koordinaten von B' und C' an.
Was kannst du über die Schnittpunkte der beiden Dreieckslinien aussagen?
Begründe deine Aussage.

16 Zeichne das Dreieck ABC, das durch die Punkte $A(-4\,|\,-3)$, $B(3\,|\,0)$ und $C(-2\,|\,2)$ gegeben ist, in ein Koordinatensystem. Konstruiere das dazu punktsymmetrische Dreieck $A'B'C'$, wenn A' die Koordinaten $(2\,|\,1)$ hat.
Gib die Koordinaten des Symmetriezentrums sowie die von B' und C' an.
Was kannst du über die Schnittpunkte der beiden Dreieckslinien aussagen?
Begründe deine Aussagen.

17 Zeichne eine Gerade h und eine Kreislinie k und wähle darauf jeweils fünf verschiedene Punkte.

a) Zeichne die zueinander symmetrisch gelegenen Punkte bezüglich einer Geraden g.

b) Zeichne die zueinander symmetrisch gelegenen Punkte bezüglich eines Punktes Z.

c) Was kannst du über die zueinander symmetrisch gelegenen Punkte jeweils aussagen? Begründe deine Aussagen.

18 Zeichne einen spitzen Winkel $\sphericalangle ABC = \beta$ und einen stumpfen Winkel $\sphericalangle DEF = \varepsilon$.

a) Zeichne die zu A, B, C, D, E und F bezüglich einer Geraden g symmetrisch gelegenen Punkte A', B', C', D', E' und F'.

b) Zeichne die zu A, B, C, D, E und F bezüglich eines Punktes Z symmetrisch gelegenen Punkte A', B', C', D', E' und F'.

c) Miss jeweils die Winkel $\sphericalangle A'B'C' = \beta'$ und $\sphericalangle D'E'F' = \varepsilon'$ und vergleiche sie mit β und ε.

19 Trage die Punkte $A(0\,|\,-4)$, $B(2\,|\,4)$, $C(3\,|\,0)$, $D(0\,|\,4)$ und $M(3{,}5\,|\,3{,}5)$ in ein Koordinatensystem ein und zeichne die Geraden AB und CD sowie die Kreislinie um M durch C.
Trage den Schnittpunkt S der Geraden AB und CD ein und gib seine Koordinaten an.

a) Zeichne die Gerade durch die Punkte $P(1\,|\,-2)$ und $Q(-2\,|\,2)$ und konstruiere die dazu symmetrisch gelegenen Punkte.

b) Zeichne das Symmetriezentrum $Z(-1\,|\,-1)$ und konstruiere die dazu symmetrisch gelegenen Punkte.

c) Vergleiche in beiden Fällen den Schnittpunkt der Geraden $A'B'$ und $C'D'$ mit dem Schnittpunkt S der Geraden AB und CD.
Was kannst du in beiden Fällen über die Schnittpunkte der Geraden $A'B'$ mit dem symmetrischen Kreis aussagen?

d) Formuliere eine Regel.

20 Begründe oder widerlege die Aussagen.

a) Von zwei zueinander punktsymmetrisch gelegenen gleichschenkligen, aber nicht gleichseitigen Dreiecken sind die Symmetrieachsen beider Dreiecke parallel.

b) Zwei zueinander achsensymmetrisch gelegene Dreiecke lassen sich durch Verschieben zur Deckung bringen.

c) Zwei zueinander achsensymmetrisch gelegene Rechtecke haben gleichen Flächeninhalt.

d) Zwei Rechtecke, die gleichen Umfang haben, sind punktsymmetrisch zueinander.

e) Zwei flächengleiche Quadrate sind achsen- oder punktsymmetrisch zueinander.

21 Konstruiere ein punktsymmetrisches Sechseck, das keine (genau zwei oder sechs) Symmetrieachsen hat. Kann das punktsymmetrische Sechseck mit genau zwei Symmetrieachsen gleich lange Seiten haben?

Aufgaben

Verknüpfen
Anwenden
Trainieren

22 Zwei Strecken $[PQ]$ und $[P'Q']$ sind zunächst bezüglich der y-Achse zueinander symmetrisch.

a) Wie ändert sich die Lage der symmetrischen Strecke $[P'Q']$, wenn die Strecke $[PQ]$ fest bleibt und die Symmetrieachse um 1 LE, 2 LE, … in x-Richtung verschoben wird?

b) Wie ändert sich die Lage der symmetrischen Strecke $[P'Q']$, wenn die Strecke $[PQ]$ fest bleibt und die Symmetrieachse um 1 LE, 2 LE, … in y-Richtung verschoben wird?

23 Die Strecken $[AB]$ und $[A'B']$ sind zunächst bezüglich Z zueinander punktsymmetrisch.

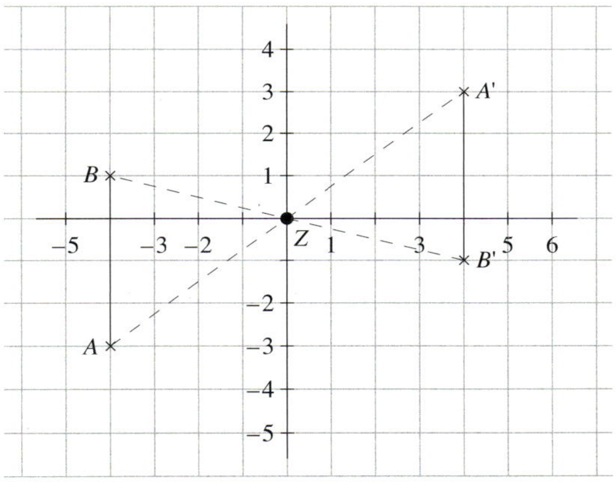

Untersuche zunächst zeichnerisch.

a) Wie ändert sich die Lage der symmetrischen Strecke $[A'B']$, wenn die Strecke $[AB]$ fest bleibt und das Symmetriezentrum um 1 LE, 2 LE, ... in x-Richtung verschoben wird?

b) Wie ändert sich die Lage der symmetrischen Strecke $[A'B']$, wenn die Strecke $[AB]$ fest bleibt und das Symmetriezentrum um 1 LE, 2 LE, ... in y-Richtung verschoben wird?

24 Welche Grundkörper (Würfel, Quader, Pyramide, Kugel, Zylinder und Kegel) sind achsen- bzw. punktsymmetrisch? Gib jeweils die Symmetrieachse bzw. das Symmetriezentrum an. Gibt es Grundkörper, die keine (genau eine, genau zwei, unendlich viele) Symmetrieachsen haben?

25 Experimentiere mit einem Paar Handschuhen. Untersuche und beschreibe die Art der Symmetrie in verschiedenen Lagen der Handschuhe.

26 Die Strecken $[AB]$ und $[A'B']$ sind zueinander punktsymmetrisch bezüglich Z.

a) Das Symmetriezentrum Z bleibt fest und die Strecke $[AB]$ bewegt sich mit der Geschwindigkeit 1 cm pro s in negative x-Richtung. Wie und mit welcher Geschwindigkeit bewegt sich die punktsymmetrische Strecke $[A'B']$?

b) Die Strecke $[AB]$ bleibt nun fest und das Symmetriezentrum Z bewegt sich mit der Geschwindigkeit 1 cm pro s in positive x-Richtung. Wie und mit welcher Geschwindigkeit bewegt sich die punktsymmetrische Strecke $[A'B']$?

c) Die Strecke $[AB]$ bleibt fest und die symmerische Strecke $[A'B']$ bewegt sich nun mit der Geschwindigkeit 1 cm pro s in positive x-Richtung. Wie und mit welcher Geschwindigkeit bewegt sich das Zentrum Z?

27 Ein Würfel $ABCDEFGH$ hat den Punkt P als Grundflächenmittelpunkt, den Punkt Q als Deckflächenmittelpunkt und den Punkt M als Schnittpunkt der Raumdiagonalen.

a) Zeichne ein Schrägbild des Würfels mit Kantenlänge 6 cm und trage die Gerade PQ und den Mittelpunkt M ein.

b) Begründe, warum PQ Symmetrieachse und M Symmetriezentrum des Würfels ist.

c) Gib alle bezüglich PQ zueinander achsensymmetrischen Punkte und Kanten an.

d) Welche Punkte und Kanten sind bezüglich M zueinander punktsymmetrisch?

e) Welches Dreieck ist bezüglich M punktsymmetrisch zum Dreieck ABH? Was lässt sich über dieses Dreieck aussagen?

28 Wenn die Erde als Kugel aufgefasst wird, ist sie bezüglich des Mittelpunktes punktsymmetrisch.

a) Nenne mehrere Gründe, weshalb die Erde nicht wirklich punktsymmetrisch ist.

b) Wo liegt der „punktsymmetrische Ort" zu deiner Heimatstadt? Gib für beide Orte die Koordinaten an.

c) Welche Beziehung besteht zwischen den Koordinaten punktsymmetrischer Orte auf der Erde?

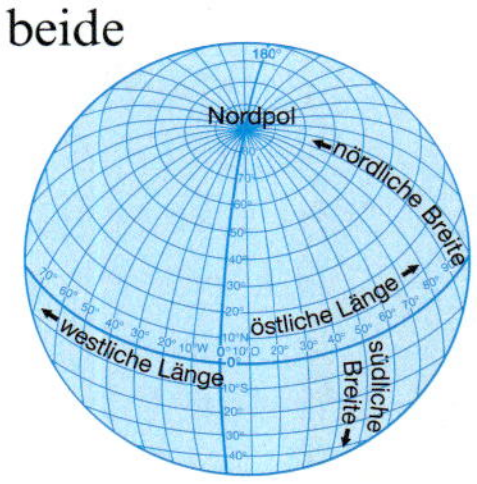

29 Bandornamente lassen sich nach ihren Symmetrien einteilen. Dabei treten diese fünf Symmetrietypen auf:

Z	Z	Z	Z	Z	Z	Z
K	K	K	K	K	K	K
V	V	V	V	V	V	V
O	O	O	O	O	O	O
⊥	T	⊥	T	⊥	T	⊥

a) Zeichne Ausschnitte von Bandornamenten vergrößert in dein Heft und trage alle Symmetrieachsen und Symmetriezentren für das unendlich lange Band ein.

b) Zu welchem Grundtyp gehören diese Bandornamente?

c) Erstelle zu jedem Symmetrietyp ein Bandornament.

Aufgabe der Woche

Welche Bedingungen müssen zwei Strecken erfüllen, damit sie achsensymmetrisch bzw. punktsymmetrisch zueinander sind? Stelle alle möglichen Fälle in Zeichnungen dar.

1.2 Symmetrische Vierecke

Wettstreit der Vierecke — Auftrag 1

Bring Ordnung in die Welt Vierecke. Ergänze dazu selbst weitere Vierecke und ordne dann alle Vierecke in verschiedene Gruppen ein. Mögliche Gesichtspunkte der Ordnung können sein:
- Symmetrie
- Anzahl gleich langer Seiten
- Anzahl gleich großer Winkel.

Wähle die Diagonalen zunächst senkrecht zueinander oder so, dass sie sich halbieren.

Aus zwei macht vier — Auftrag 2

Zeichne zwei gleich lange Strecken (z. B. 4 cm) bzw. zwei Strecken mit verschiedenen Längen (z. B. 4 cm und 6 cm) so, dass du die Strecken als Diagonalen eines Vierecks verwenden kannst. Zeichne daraus unterschiedliche Vierecke.
Unter welcher Voraussetzung entstehen dabei symmetrische Vierecke?
Ordne die Vierecke nach der Art der Symmetrie. Suche Zusammenhänge zwischen der Lage der Diagonalen und der Symmetrie der Vierecke.

Dreiecke zusammensetzen — Auftrag 3

Wähle verschiedene Paare von Dreiecken, die in ein, zwei oder drei Seiten übereinstimmen und setze sie an einer gleich langen Seite so aneinander, dass als Gesamtfigur ein Viereck entsteht.
Welche Dreiecke musst du zusammensetzen, dass symmetrische Vierecke entstehen?
Lässt sich jedes beliebige Viereck so erzeugen?

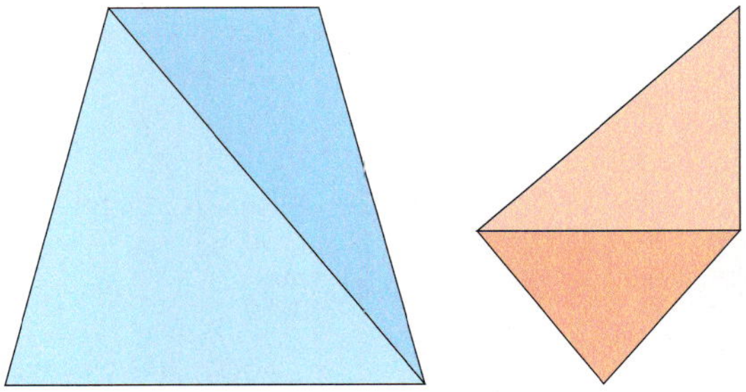

Bearbeitung

Auftrag 2 Aus zwei macht vier

Beim Zeichnen der Vierecke ist es besser systematisch vorzugehen.
Zuerst wählst du gleich lange Strecken als Diagonalen in verschiedenen Lagen. Beide Strecken können sich beispielsweise halbieren, nur eine Strecke könnte die andere halbieren oder keine Strecke halbiert die andere Strecke. Dabei können die Diagonalen zueinander senkrecht sein oder nicht.

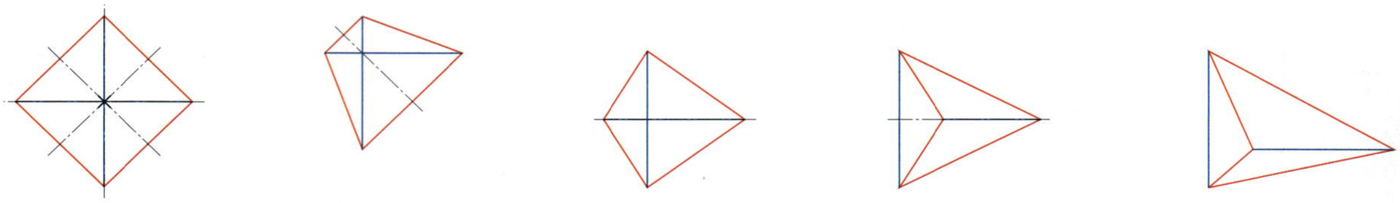

Quadrat — gleichschenkliges Trapez — Drachenviereck — Drachenviereck — allgemeines Viereck

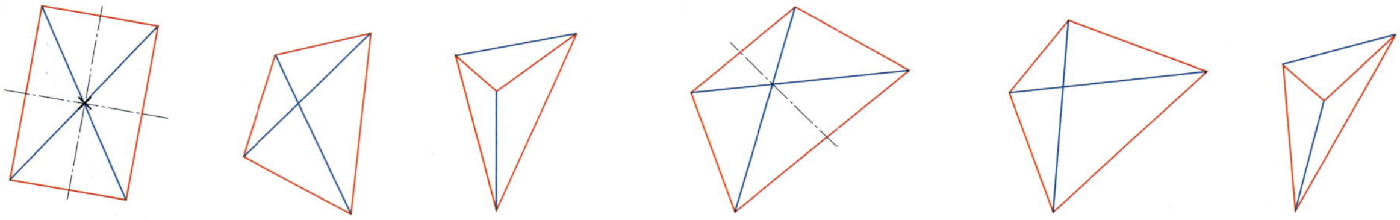

Rechteck — allgemeine Vierecke — gleichschenkliges Trapez — allgemeine Vierecke

Ein Viereck heißt **Drachenviereck**, wenn eine Diagonale Symmetrieachse ist.
Ein Trapez heißt **gleichschenklig**, wenn die Mittelsenkrechte einer Seite Symmetrieachse ist. Die zueinander symmetrisch gelegenen Seiten heißen **Schenkel**.
Nun wählst du verschieden lange Strecken als Diagonalen.

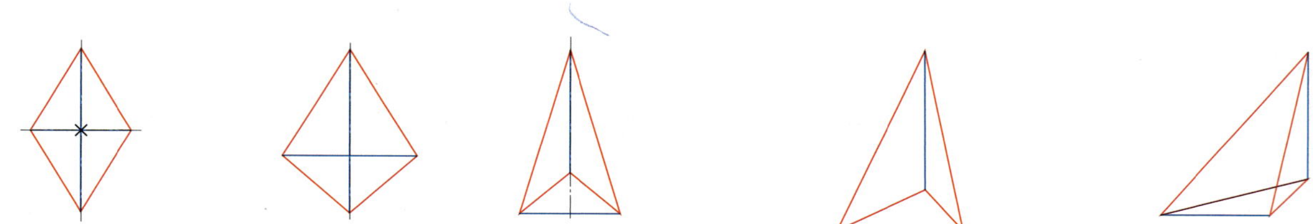

Raute — Drachenvierecke — allgemeines Viereck — kein Viereck

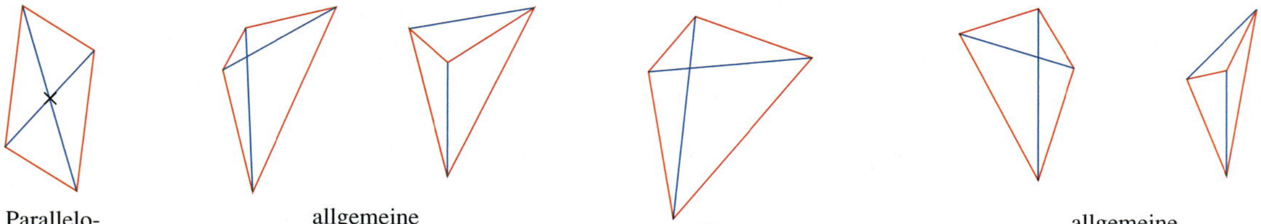

Parallelogramm — allgemeine Vierecke — Trapez — allgemeine Vierecke

Ein Viereck heißt **Raute**, wenn die vier Seiten gleich lang sind.

Wenn eine Diagonale (oder ihre Verlängerung) die andere Diagonale senkrecht in ihrem Mittelpunkt schneidet, so entstehen achsensymmetrische Vierecke: Quadrat, Raute, Drachenviereck.
Wenn die Diagonalen gleich lang sind und sich im gleichen Verhältnis teilen, entstehen achsensymmetrische Vierecke: Rechteck bzw. gleichschenkliges Trapez.
Wenn sich die Diagonalen gegenseitig halbieren, entstehen punktsymmetrische Vierecke: Quadrat, Rechteck, Raute, Parallelogramm.

Zusammenfassung

Symmetrische Vierecke

019-1

Eigenschaften des **Quadrats**:
- vier Symmetrieachsen: die Diagonalen und die Mittelsenkrechten der Seiten;
- punktsymmetrisch bezüglich des Diagonalenschnittpunktes;
- vier gleich lange Seiten, von denen jeweils zwei zueinander parallel sind;
- vier rechte Winkel.

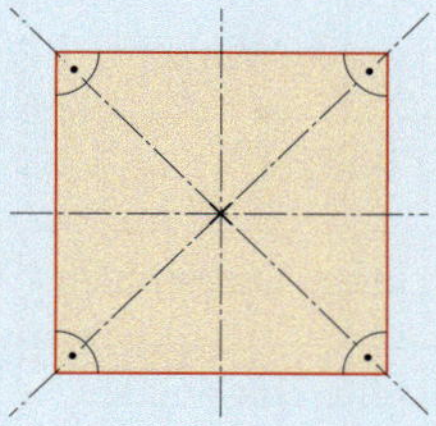

Eigenschaften des **Rechtecks**:
- zwei Symmetrieachsen: die Mittelsenkrechten der Seiten;
- punktsymmetrisch bezüglich des Diagonalenschnittpunktes;
- die gegenüberliegenden Seiten sind gleich lang und zueinander parallel;
- vier rechte Winkel.

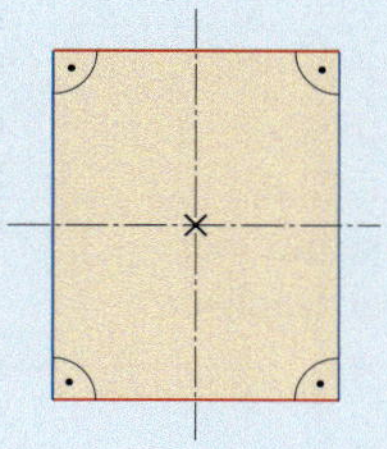

Eigenschaften der **Raute**:
- zwei Symmetrieachsen: die beiden Diagonalen;
- punktsymmetrisch bezüglich des Diagonalenschnittpunktes;
- vier gleich lange Seiten, von denen jeweils zwei zueinander parallel sind;
- gegenüberliegenden Winkel sind gleich groß.

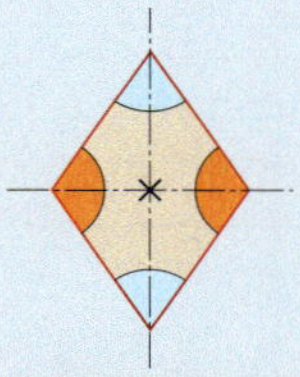

Eigenschaften des **Parallelogramms**:
- punktsymmetrisch bezüglich des Diagonalenschnittpunktes;
- gegenüberliegenden Seiten sind gleich lang und zueinander parallel;
- gegenüberliegende Winkel sind gleich groß
- benachbarte Winkel ergänzen sich zu 180°.

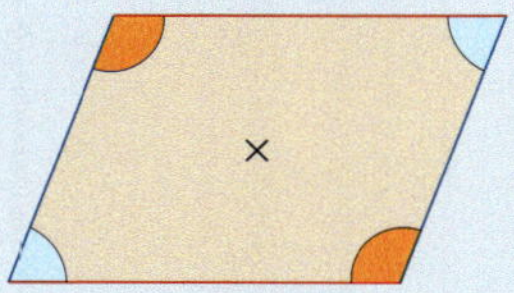

Eigenschaften des **Drachenvierecks**:
- eine Symmetrieachse: eine der beiden Diagonalen;
- zwei Paare gleich langer Seiten;
- ein Paar gleich großer Winkel.

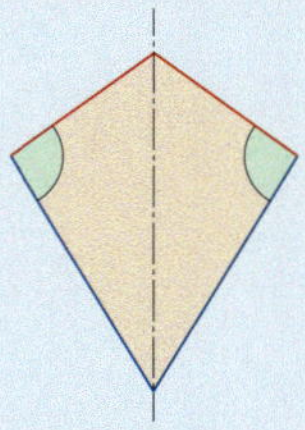

Eigenschaften des **gleichschenkligen Trapezes**:
- eine Symmetrieachse: die Mittelsenkrechte der zwei parallelen Seiten;
- zwei Seiten (**Schenkel**) sind gleich lang;
- zwei Paare gleicher Winkel;
- die an den Schenkeln anliegenden Winkel ergänzen sich zu 180°.

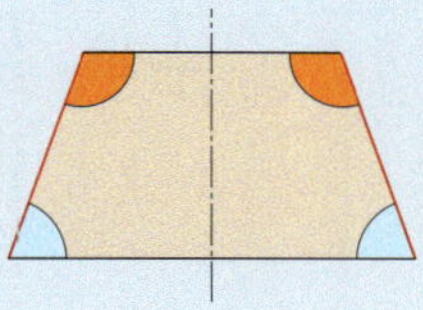

Aufgaben

Verknüpfen
Anwenden
Trainieren

1 Übertrage die Tabelle in dein Heft und ergänze sie.

Viereck	Quadrat	Rechteck	Raute	Parallelogramm	Drachenviereck	Gleichschenkliges Trapez	Allgemeines Trapez
gleich lange Seiten	4						
parallele Seiten	je 2						
gleich große Winkel							
rechte Winkel							
gleich lange Diagonalen							
senkrechte Diagonalen							

020-1

2 Übertrage die beiden Tabellen in dein Heft und ergänze sie.

Vierecke mit vier Symmetrieachsen	Vierecke mit drei Symmetrieachsen	Vierecke mit zwei Symmetrieachsen	Vierecke mit einer Symmetrieachse

Vierecke ohne Symmetrieachsen	Vierecke mit zwei Symmetriezentren	Vierecke mit einem Symmetriezentrum	Vierecke ohne Symmetriezentrum
allg. Viereck			

3 Übertrage die Vierecke in dein Heft und zeichne alle Symmetrieachsen bzw. Symmetriezentren ein. Benenne die Vierecke.

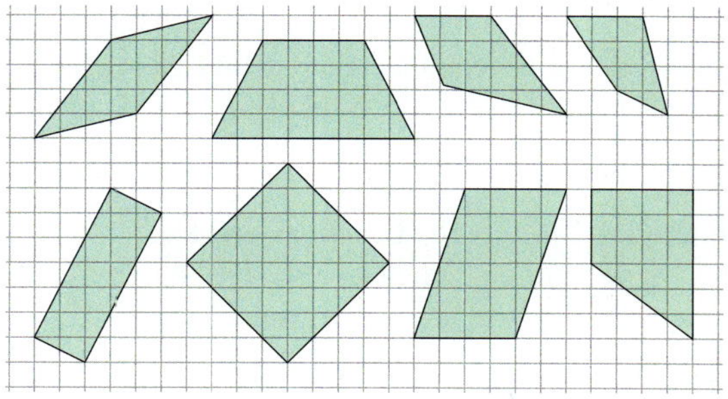

4 Überprüfe die folgenden Aussagen und gib bei falschen Aussagen ein Gegenbeispiel an.

a) Alle Parallelogramme sind punktsymmetrisch.
b) Nur Rechtecke sind punkt- und achsensymmetrische Vierecke.
c) Bei einem Drachenviereck sind zwei Winkel gleich groß.
d) Jedes Trapez ist achsensymmetrisch.

Noch fit?

1 Berechne.

a) 0,72 m – 38 cm
b) $4\frac{2}{3}$t + $2\frac{2}{3}$t
c) 4,9 m² – 94 dm²
d) $4\frac{3}{4}$h + 75 min

2 Berechne.

a) 9,3 m · 4,5 m
b) 4,5 m · $9\frac{1}{4}$ m
c) 0,75 m² : 1,5 m
d) 150 km : 2,5 m

3 Übertrage die Tabelle in dein Heft und ergänze die fehlenden Größen der vier Rechtecke.

Länge	Breite	Umfang	Flächeninhalt
4,2 cm	2,5 cm	U_R	A_R
l	4,8 m	19,6 m	A_R
750 m	b	U_R	32,4 ha
l	b	18 cm	20 cm²

Aufgaben

Verknüpfen
Anwenden
Trainieren

5 Übertrage ins Heft und vervollständige.

a) Alle Vierecke mit zwei verschiedenen Symmetrieachsen haben … Paare … Seiten und … Paare … Winkel.
b) Alle Vierecke mit genau einer Symmetrieachse haben … Paar … Seiten und … Winkel.
c) Alle punktsymmetrischen Vierecke haben … Seiten und … Winkel.

6 Zeichne Vierecke mit folgenden Eigenschaften. Welche besonderen Vierecke können entstehen? Zeichne Symmetrieachsen und Symmetriezentren ein.
Tipp: Achte auf verschiedene Lösungen.

a) Zwei Seiten sind 3 cm lang, die anderen 4 cm.
b) Zwei Winkel betragen 90° und zwei Seiten sind 3 cm lang.
c) Zwei Diagonalen sind 4 cm lang, eine davon wird durch die andere in zwei Teile von 1 cm bzw. 3 cm Länge geteilt.
d) Zwei gegenüberliegende Winkel sind rechte Winkel und ein weiterer Winkel misst 60°.

7 What kinds of quadrilateral will you get when you cut

a) a square,
b) a rectangle,
c) a rhombus,
d) a parallelogram,
e) a kite,
f) a trapezium into two?

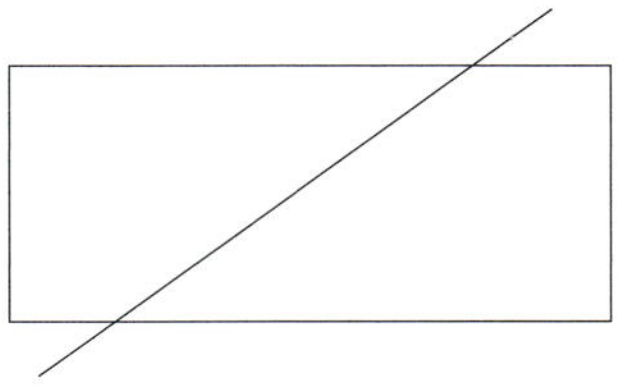

8 Welche Arten von Vierecken können entstehen, wenn du

a) zwei deckungsgleiche gleichseitige Dreiecke,
b) zwei deckungsgleiche rechtwinkliges Dreiecke,
c) zwei deckungsgleiche stumpfwinklige Dreiecke zusammensetzt?

9 Trage die Punkte $A\,(-3\mid 2)$, $B\,(-1\mid -2)$ und $C\,(5\mid -0{,}5)$ in ein Koordinatensystem ein und konstruiere den Punkt D so, dass das Viereck

a) $ABCD$ ein Parallelogramm,
b) $ABCD$ ein Drachenviereck,
c) $ABCD$ ein gleichschenkliges Trapez ist.

10 **Stammbaum der Vierecke:**

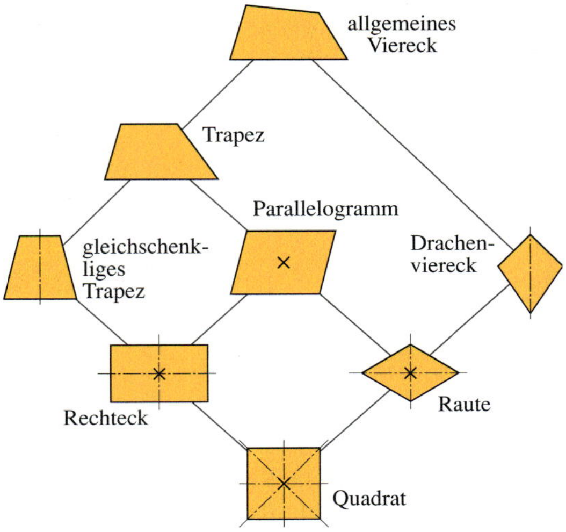

Überprüfe folgende Aussagen:

a) Jedes Rechteck ist ein Trapez.
b) Jedes Quadrat ist ein Parallelogramm.
c) Jedes Drachenviereck ist eine Raute.
d) Jede Raute ist ein gleichschenkliges Trapez.
e) Ein Quadrat ist kein Parallelogramm.

11 Übertrage in dein Heft und ergänze zu einem Viereck $ABCD$. Welche besonderen Vierecke können entstehen?

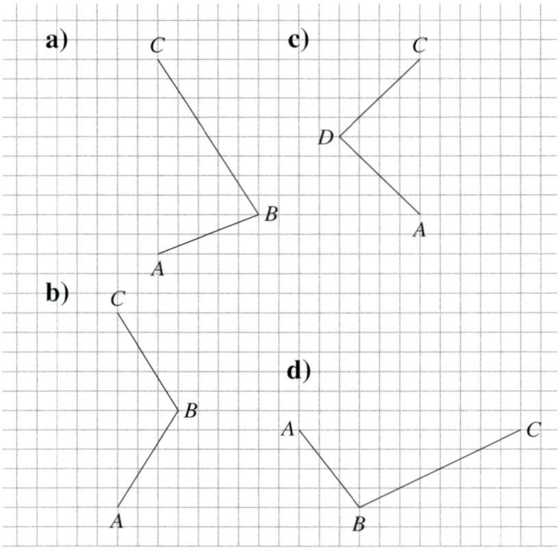

12 Gib bei falschen Aussagen ein Gegenbeispiel an und begründe richtige Aussagen.

a) Bei punktsymmetrischen Vierecken ergänzen sich benachbarte Winkel zu 180°.

b) Ein punkt- und achsensymmetrisches Viereck hat vier gleiche Winkel.

c) Ein Viereck, bei dem zwei gegenüberliegende Winkel gleich groß und zwei Seiten gleich lang sind, ist eine Raute.

d) Ein Viereck mit drei gleich großen Winkeln ist ein Rechteck.

Aufgaben

Verknüpfen
Anwenden
Trainieren

13 Zu einer Strecke $[AB]$ wird die bezüglich einer Geraden g achsensymmetrische Strecke $[A'B']$ gezeichnet. Welche Vierecke $AA'B'B$ können dabei entstehen? Unter welcher Bedingung entsteht kein Viereck?

14 Zu einer Strecke $[AB]$ wird die bezüglich eines Punktes Z die punktsymmetrische Strecke $[A'B']$ gezeichnet. Welche Vierecke $ABA'B'$ können dabei entstehen? Unter welcher Bedingung entsteht kein Viereck?

15 Zwei Dreiecke, die in einer Seite übereinstimmen, werden an dieser Seite zu einem Viereck zusammengesetzt. Welche besonderen Vierecke können entstehen, wenn

a) beide Dreiecke rechtwinklig sind,

b) beide Dreiecke gleichseitig sind,

c) ein Dreieck rechtwinklig und das andere gleichseitig ist?

16 Übertrage die Vierecke in dein Heft und berechne jeweils den Flächeninhalt. Erläutere deine Berechnungen.

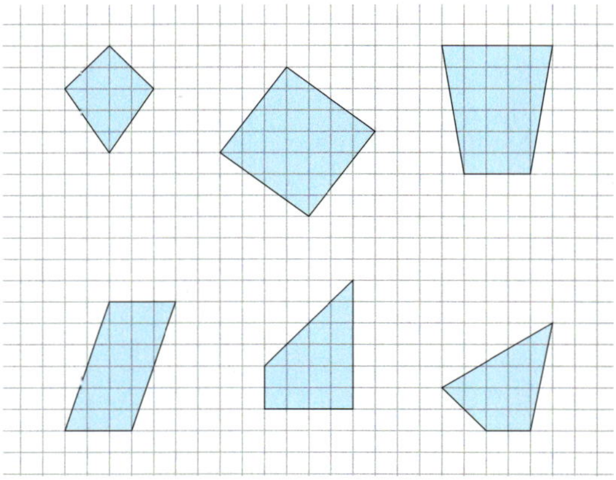

17 Vierecke und Kreise.

a) Bei so genannten Sehnenvierecken liegen alle Ecken auf derselben Kreislinie. Zeichne zwei verschiedene Sehnenvierecke.
Welche besonderen Eigenschaften haben diese Vierecke noch?

b) Bei so genannten Tangentenvierecken berührt jede Seite dieselbe Kreislinie. Zeichne zwei verschiedene Tangentenvierecke.
Welche besonderen Eigenschaften haben diese Vierecke noch?

Aufgabe der Woche

Erstelle auf einem DIN-A4-Blatt ein Haus der Vierecke, in dem alle dir bekannten Vierecke „wohnen“. Im Erdgeschoss befinden sich die Vierecke ohne Besonderheiten. Je höher das Stockwerk ist, desto mehr Besonderheiten weisen die dortigen Vierecke auf. Du kannst auch versuchen Sehnen- und Tangentenvierecke (siehe Aufgabe 17) ins Haus aufzunehmen.

1.3 Grundkonstruktionen

Geometrie mit Holz und Schnur — Auftrag 1

Mit Schnüren und Stöcken kann man im Sand zeichnen:
- gerade Linien
- Kreislinien
- die Achse, bezüglich der zwei Punkte symmetrisch zueinander liegen
- den Mittelpunkt einer Strecke
- eine Senkrechte zu einer Geraden
- einen Winkel von 45°

Erkläre jeweils, wie man vorgehen muss und begründe das Vorgehen.
Welche Winkel und Figuren kann man darüber hinaus noch zeichnen?

Arbeiten mit Zirkel und Lineal — Auftrag 2

Konstruiere ein symmetrisches Drachenviereck, in dem ein Winkel 45° sowie zwei Winkel 90° betragen. Dazu darfst du nur den Zirkel und das Lineal verwenden. Messungen sind nicht erlaubt.
Gib an, wie du der Reihe nach bei den Konstruktionen vorgehst und begründe dein Vorgehen.

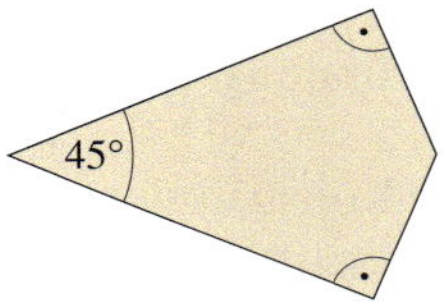

Arbeiten mit dynamischer Geometrie Software — Auftrag 3

Mit einem Computer-Geometrie-Programm wurden die beiden Zeichnungen erstellt. Ausgehend von der blau gezeichneten Figur wurde jeweils die rote Gerade konstruiert.
Um welche besonderen Linien handelt es sich dabei? Gib an, wie der Reihe nach bei der Konstruktion vorgegangen wurde und begründe das Vorgehen.
Zeichne selbst mit Zirkel und Lineal. Worin siehst du Unterschiede?

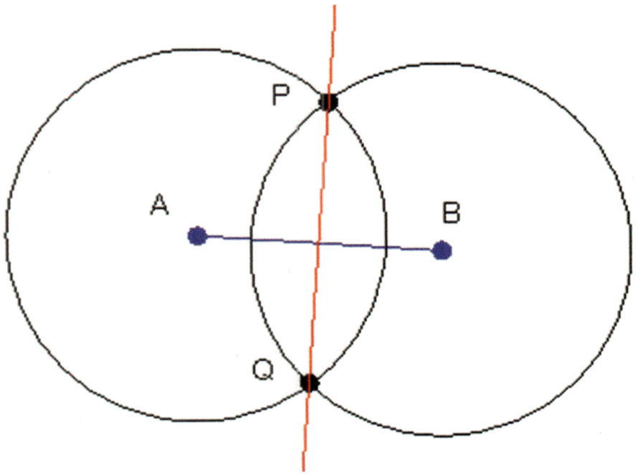

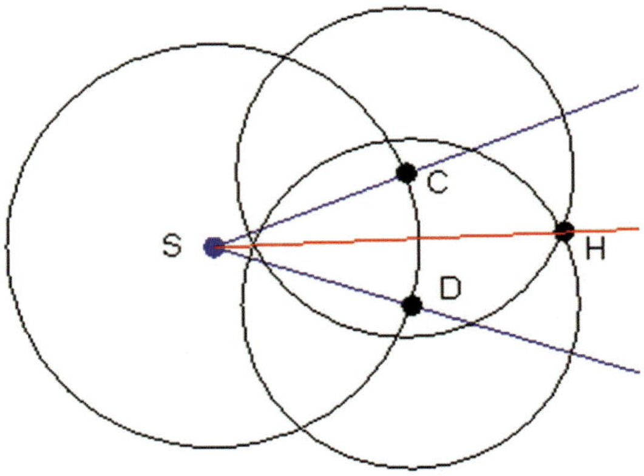

Bearbeitung

Auftrag 1 Geometrie mit Holz und Schnur

Info

Das „Zeichnen“ mit Schnüren und Stöcken entspricht dem Konstruieren mit Zirkel und Lineal.

Tipp

$r = \overline{AB}$ geht immer.

Beachte

Schneiden sich zwei Linien, z. B. Kreislinie und Gerade, so entsteht ein (Schnitt-) Punkt.

Längs der gespannten Schnur können gerade Linien gezeichnet werden. Kreislinien zeichnet man wie im Bild dargestellt. Ein Pflock wird in den Mittelpunkt des Kreises gesetzt und mit dem zweiten Pflock zieht man mit gespannter Schnur die Kreislinie, wie es bisweilen von Gärtnern gemacht wird. Die Schnurlänge legt dabei den Kreisradius fest.
Die **Konstruktion der Achse, bezüglich der zwei gegebene Punkte symmetrisch zueinander liegen,** wurde bereits auf Seite 10 durchgeführt. Da die Symmetrieachse die Verbindungsstrecke der zwei zueinander symmetrisch liegenden Punkte senkrecht halbiert, heißt sie **Mittelsenkrechte**.

Den **Mittelpunkt einer Strecke** konstruiert man damit so:
Konstruktionsplan:
1. Zeichne zwei Kreislinien mit gleichem und hinreichend großem Radius (r) um die Endpunkte A und B der Strecke.
2. Zeichne durch die beiden Schnittpunkte der Kreislinien eine Gerade. Der Schnittpunkt der Geraden mit der Strecke ist der gesuchte Mittelpunkt der Strecke.

Begründung: Die Gerade ist die Mittelsenkrechte der Strecke.

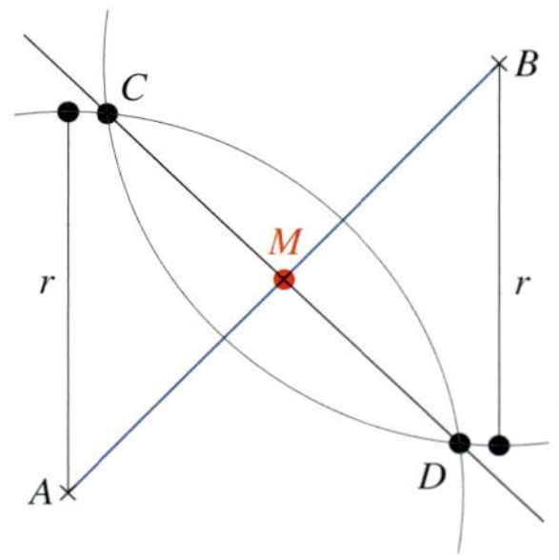

Der Konstruktionsplan kann deshalb kurz so lauten:
1. Konstruiere die Mittelsenkrechte der Strecke.
2. Sie schneidet die Strecke im gesuchten Mittelpunkt.

Erinnere dich

Eine Senkrechte wird auch **Lot** genannt.

Bei der **Konstruktion einer Senkrechten** zu einer Geraden g durch einen vorgegebenen Punkt P sind zwei Fälle zu unterscheiden:

Info

Hier spricht man vom „**Lot fällen**“. Es wird ein Lot vom Punkt P auf die Gerade g gefällt.

Erster Fall: P liegt nicht auf der Geraden g.
1. Konstruiere den zu P bezüglich g symmetrisch gelegenen Punkt P'.
2. Die Gerade PP' ist die gesuchte Senkrechte.

Begründung der Konstruktion:
Da die Symmetrieachse g die Strecke $[PP']$ senkrecht halbiert, ist die Gerade PP' Senkrechte (Lot) zu g durch P.

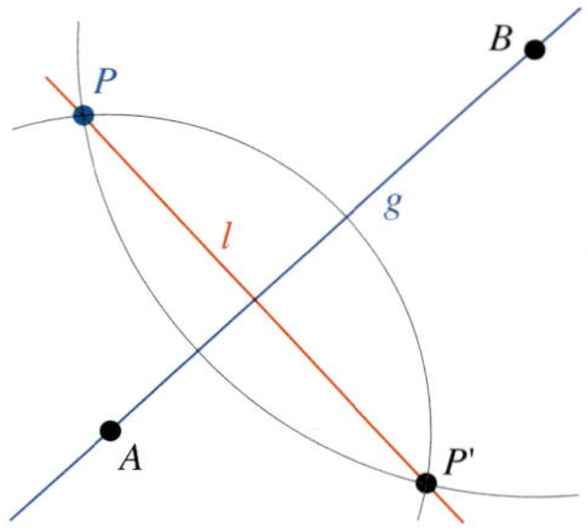

Info

Hier spricht man vom „**Lot errichten**“. Es wird ein Lot im Punkt P auf der Geraden g errichtet.

Zweiter Fall: P liegt auf der Geraden g.
1. Konstruiere zwei Punkte A und B der Geraden g, die vom Punkt P gleich weit entfernt sind.
2. Konstruiere die Symmetrieachse zu A und B.

Begründung der Konstruktion:
Da die Mittelsenkrechte zu $[AB]$ die Strecke in ihrem Mittelpunkt P senkrecht halbiert, ist sie die gesuchte Senkrechte zu g durch P.

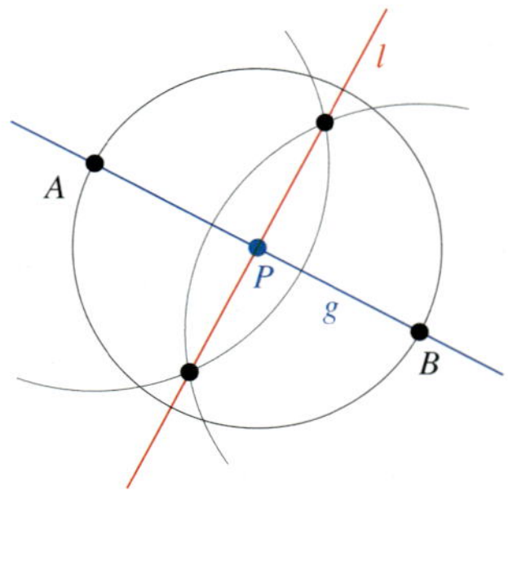

Dieses Verfahren kannst du anwenden, um in einem Punkt einer Kreislinie die **Tangente an den Kreis** zu konstruieren. Eine Gerade, die einen Kreis berührt wird Tangente genannt. Zur Konstruktion dieser Tangente musst du eine Senkrechte durch den Berührpunkt P zu $[MP]$ errichten.

Konstruktionsplan:
1. Errichte das Lot auf $[MP]$ im Punkt P (siehe Seite 24).
2. Das Lot auf $[MP]$ durch P berührt die Kreislinie im Punkt P und ist die gesuchte Tangente.

Begründung:

Da P Berührpunkt und $[MP]$ Radius des Kreises ist, folgt die Konstruktion unter Verwendung des Info-Kastens (rechts).

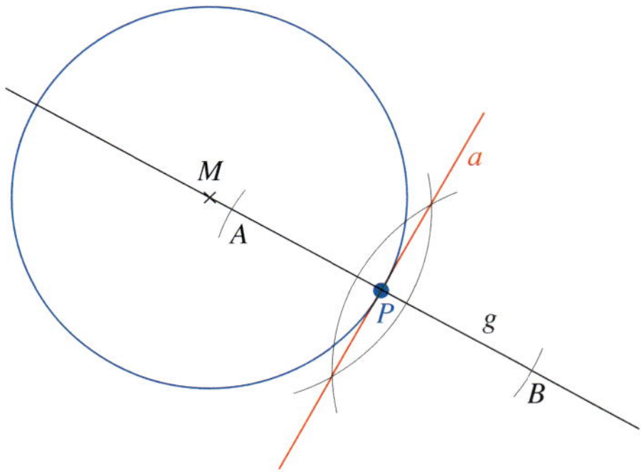

Info

Berührt eine Gerade einen Kreis, so stehen diese Gerade und die Gerade durch den Kreismittelpunkt und den Berührpunkt senkrecht aufeinander:

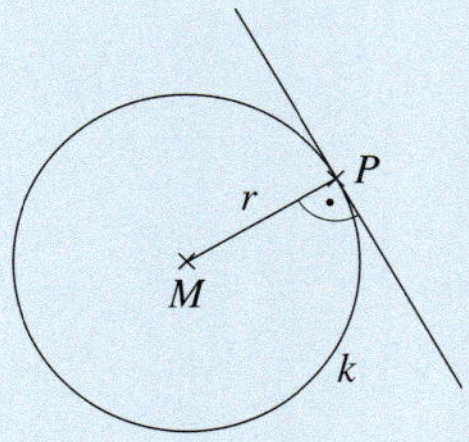

Die **Konstruktion eines Winkels von 45°** erfolgt durch die Halbierung eines rechten Winkels, der z.B. bei der Konstruktion der Symmetrieachse auftritt. Die Symmetrieachse teilt einen Winkel in zwei gleich große Teilwinkel, also einen Winkel von 90° in zwei Teilwinkel zu je 45°.
Die Symmetrieachse eines Winkels heißt **Winkelhalbierende**.

025-1

Konstruktion der Winkelhalbierenden
Konstruktionsplan:
1. Zeichne eine Kreislinie um S. Sie schneidet die beiden Schenkel in zwei Punkten P und P', die gleich weit vom Scheitel S entfernt sind.
2. Konstruiere die Symmetrieachse zu P und P'. Sie ist die Winkelhalbierende.

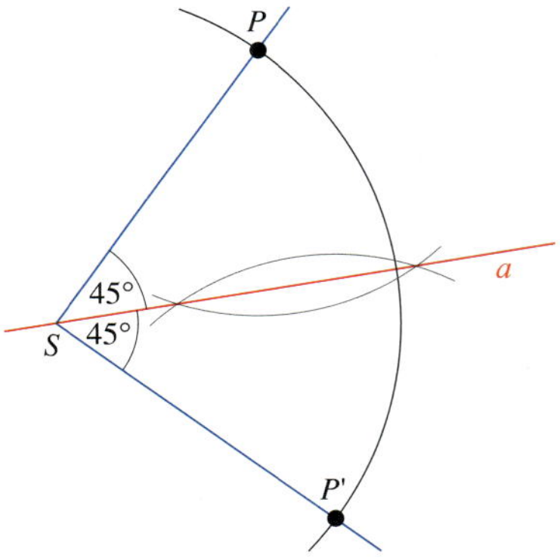

Begründung: Die Symmetrieachse verläuft durch den Scheitel S des Winkels, da S vom Punkt P und vom Bildpunkt P' gleich weit entfernt ist. Der rechte Winkel wird somit von der Symmetrieachse halbiert, so dass die beiden entstehenden Winkel jeweils 45° groß sind.

Halbierung eines Winkels:

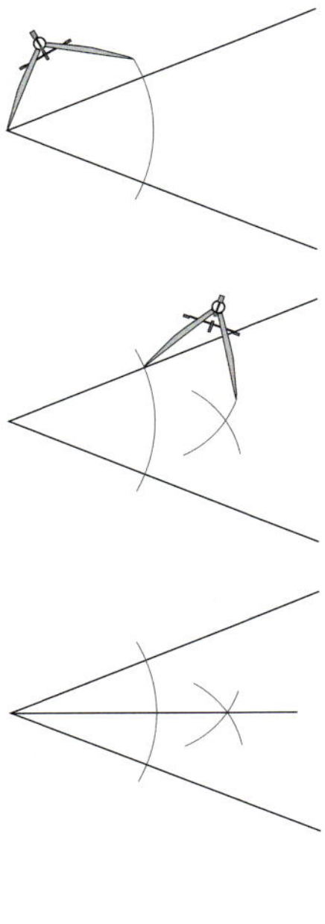

Einen Schritt weiter gedacht:
Mit Zirkel und Lineal kannst du auf diese Art beliebige Winkel halbieren.
Mit Zirkel und Lineal sind auch diese Konstruktionen möglich:
- Winkel, die durch Winkelhalbieren und anschließende Addition oder Subtraktion aus einem Winkel von 90° gebildet werden können,
- Dreiecke mit zwei oder drei gleich langen Seiten,
- rechtwinklige Dreiecke,
- Quadrate, Rechtecke, Rauten,
- regelmäßige Sechsecke, die sechs gleich lange Seiten und sechs gleich große Innenwinkel haben.

Zusammenfassung

Grundkonstruktionen

Mittelsenkrechte

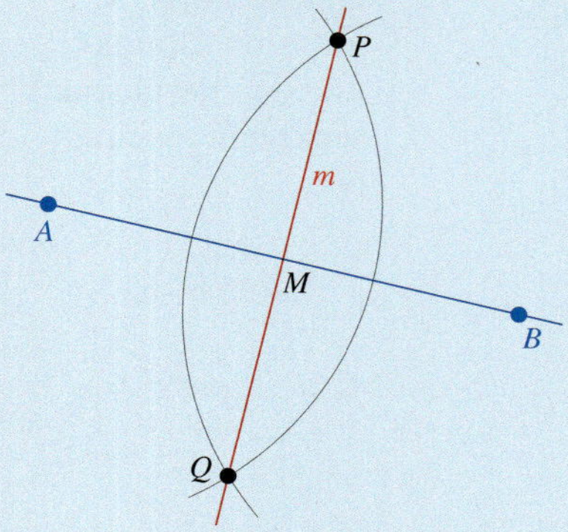

Winkelhalbierende

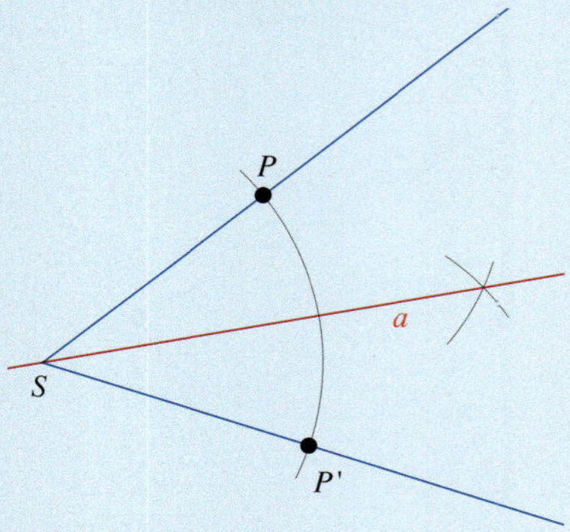

Lot fällen

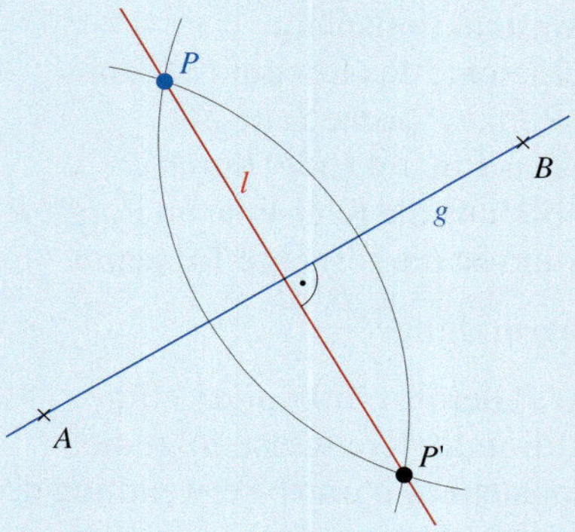

Lot errichten

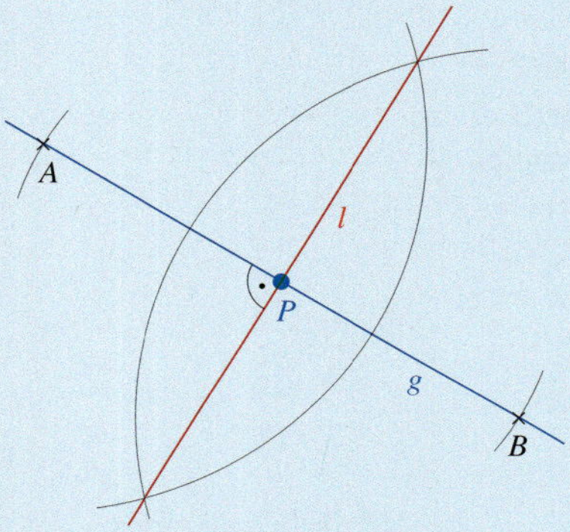

Tangente an einen Kreis

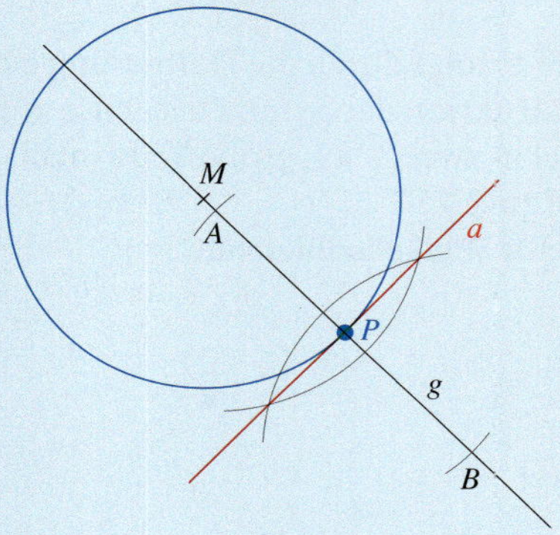

Im Buch werden **gegebene Stücke blau** gezeichnet und **die gesuchten und konstruierten Stücke rot**.
Zur Konstruktion gibt man Konstruktionspläne und Begründungen an (siehe z. B. die Konstruktion einer Senkrechten auf Seite 24).
Die hier gezeigten Grundkonstruktionen lassen sich mit den Symmetrieeigenschaften begründen.

Aufgaben

Verknüpfen
Anwenden
Trainieren

1 Zeichne eine 7 cm lange Strecke und konstruiere ihren Mittelpunkt. Gib einen Konstruktionsplan an und begründe deine Konstruktion.

2 Konstruiere einen Winkel von 90° und seine Winkelhalbierende. Gib einen Konstruktionsplan an und begründe deine Konstruktion.

3 Zeichne eine Gerade g und einen Punkt P im Abstand 4 cm. Konstruiere das Lot von P auf g. Gib einen Konstruktionsplan an. Begründe deine Konstruktion.

4 Tobias wollte die Mittelsenkrechte der Strecke $[CD]$ konstruieren. Erkläre, was er falsch gemacht hat.

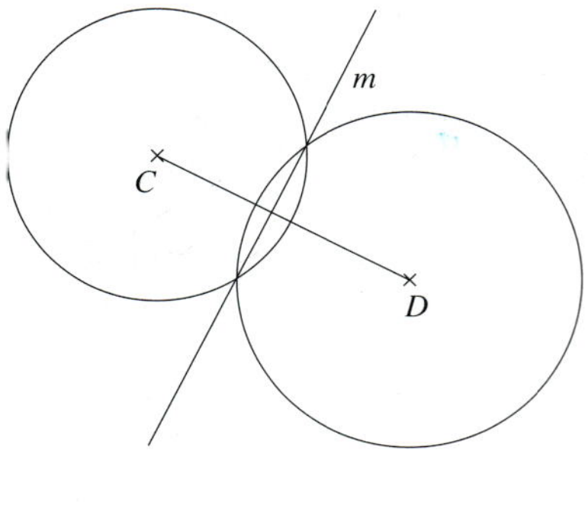

5 Draw an obtuse angle and an reflex angle[1] and bisect each angle.
Do you recognize anything by the constructions?

6 Trage $A(-4 \mid -5)$, $B(3{,}5 \mid -1)$ und $C(-4{,}5 \mid 1)$ in ein Koordinatensystem ein.
a) Konstruiere den Mittelpunkt der Strecke $[AB]$.
b) Konstruiere das Lot von A auf BC.
c) Konstruiere die Winkelhalbierende für den Winkel $\sphericalangle CBA$.
d) Konstruiere die Winkelhalbierende für den Winkel $\sphericalangle ABC$.

7 Trage die Punkte $M(-2 \mid 1)$ und $P(2 \mid -2)$ in ein Koordinatensystem ein, zeichne den Kreis um M mit Radius 5 cm und konstruiere das Lot auf MP in P.
Welche besondere Lage hat das Lot?

8 Überprüfe, ob die rote Linie die Winkelhalbierende ist.
Beschreibe verschiedene Möglichkeiten der Überprüfung.

9 Übertrage die Punkte $A(-3 \mid 4)$ und $B(7 \mid 0)$ in ein Koordinatensystem.
a) Konstruiere die Mittelsenkrechte zu $[AB]$.
b) Gib die Koordinaten des Mittelpunktes M der Strecke $[AB]$ an und die Koordinaten von drei weiteren Punkten auf der Mittelsenkrechten, deren Koordinaten ganzzahlig sind.

[1] stumpfer und überstumpfer Winkel

10 Zeichne um einen Punkt M einen Kreis mit Radius 4 cm und wähle zwei Punkte A und B auf der Kreislinie.
a) Konstruiere das Lot h von M auf die Strecke $[AB]$.
b) Begründe unter Verwendung von Symmetrieeigenschaften: Der gemeinsame Schnittpunkt S von h und $[AB]$ ist der Mittelpunkt der Strecke $[AB]$.

11 Zeichne eine Kreislinie k mit Mittelpunkt M und eine Gerade g, die die Kreislinie nicht schneidet.
a) Konstruiere eine Symmetrieachse h, bezüglich der sowohl k als auch g zu sich selbst symmetrisch ist.
b) Begründe deine Konstruktion.

12 Eine Figur besteht aus zwei Geraden g und h. Konstruiere eine Symmetrieachse der Figur für die folgenden Fälle und untersuche, welche besondere Lage die Symmetrieachse jeweils hat. Ist die Aufgabe eindeutig lösbar?
a) g und h sind parallel.
b) g und h schneiden sich.

Noch fit?

1 Übertrage ins Heft und ergänze.

Bruch			$\frac{1}{5}$			$\frac{1}{3}$
Dezimalzahl	0,75			0,8		
Prozent		5 %			25 %	

2 Stelle mit Kreisdiagrammen dar.
a) 0,4 **c)** 20 % **e)** 65 %
b) $\frac{3}{4}$ **d)** 100 % **f)** 0,125

3 Berechne.
a) $\frac{3}{5} \cdot \frac{20}{9}$ **c)** $0{,}75 : \frac{5}{4}$ **e)** $\frac{6}{5} : 0{,}3$
b) $4{,}5 \cdot \frac{1}{5}$ **d)** $\frac{2}{5} : 16$ **f)** $15 : \frac{3}{4}$

Aufgaben

Verknüpfen
Anwenden
Trainieren

13 Verbessere die Konstruktionspläne:

a) Ich nehme den Zirkel und steche im einen Endpunkt der Strecke ein und zeichne einen Kreis. Dann steche ich im anderen Endpunkt der Strecke ein und zeichne wieder einen Kreis. Dabei muss ich aufpassen, dass beide Kreise groß genug sind und dass sie auch gleich groß sind. Dann schneiden sich nämlich die zwei Kreise in zwei Punkten.
Durch diese zwei Punkte zeichne ich mit dem Bleistift und dem Lineal eine gerade Linie. Dort, wo diese Linie die Strecke trifft, ist ihr Mittelpunkt.

b) Kreis um Scheitel schneidet Schenkel in zwei Punkten. Gleiche Kreise um diese haben zwei Schnittpunkte, die die Winkelhalbierende ergeben.

c) Der Kreis um Q schneidet die Gerade h in den Punkten X und Y. Ein Kreis um X und ein Kreis um Y schneiden sich in zwei Punkten des Lotes auf h durch Q.

14 Begründe die folgenden Aussagen.

a) Bei einem Drachenviereck verläuft das Lot von einer Ecke auf die Diagonale durch eine zweite Ecke.

b) Bei einer Raute verläuft die Winkelhalbierende eines Innenwinkels durch eine zweite Ecke.

15 Konstruiere die Parallele zu einer Geraden h durch einen Punkt Q außerhalb von h.
Gib einen Konstruktionsplan an und begründe deine Konstruktion.

16 Zeichne eine Gerade g und eine Strecke $[AB]$. Konstruiere dann die Parallelen zur Geraden g im Abstand $\overline{AB}$. Gib zuerst einen Konstruktionsplan an.
Begründe dann deine Konstruktion.

17 Konstruiere folgende Vierecke.

a) Ein Quadrat mit der Seitenlänge 3 cm.

b) Ein Rechteck der Länge 5 cm und der Breite 3,5 cm.

c) Eine Raute mit einer Seitenlänge von 4 cm und einem Winkel von 45°.

18 Trage die Kreislinie um den Ursprung O mit Radius 5 cm und den Punkt $P(3\,|\,4)$ in ein Koordinatensystem ein.

a) Konstruiere die Tangente an die Kreislinie im Punkt P.

b) Q ist der Schnittpunkt der Tangente mit der y-Achse. Berechne den Flächeninhalt des Dreiecks OPQ.

c) Spiegle die Tangente an der x-Achse und begründe, warum die gespiegelte Gerade auch eine Tangente an den Kreis ist.

19 „Eine Gerade berührt eine Kreislinie."

a) Erläutere diese Aussage.

b) Konstruiere zu einer Kreislinie eine solche Gerade.

c) Welche drei verschiedenen Lagen können ein Kreis und eine Gerade zueinander haben?

20 Zeichne eine Kreislinie k mit Mittelpunkt M und Radius $r = 4$ cm.
Konstruiere die bezüglich der Geraden g symmetrisch gelegene Kreislinie k', für die folgenden Fälle:

a) Die Gerade g hat von M den Abstand 3 cm.

b) Die Gerade g hat von M den Abstand 4 cm.

c) Die Gerade g hat von M den Abstand 5 cm.

d) Beschreibe die Besonderheit in Fall b).

21 Beginne mit zwei Punkten A und B und zeichne einen Kreis um A mit dem Radius 2,5 cm und einen Kreis um B mit dem Radius 3,5 cm. Beide Kreise sollen sich in einem Punkt berühren.
Welche Möglichkeiten gibt es hierfür?
Konstruiere jeweils die gemeinsame Tangente an beide Kreise.

22 Erkläre, wie du zu einem Stück einer Kreislinie den Mittelpunkt konstruieren kannst. Begründe deine Konstruktion.

23 Gegeben ist der Punkt $P(-4\,|\,3)$.

a) Konstruiere im Punkt P ein Lot auf die Gerade OP.

b) Konstruiere alle Kreislinien mit Radius 3 cm, für die das konstruierte Lot Tangente im Punkt P ist.

c) Konstruiere für diese Kreislinien alle weiteren gemeinsamen Tangenten.

Aufgaben

Verknüpfen
Anwenden
Trainieren

24 Auf einer Kreislinie k liegen zwei Punkte A und B. Konstruiere die Kreislinie k' durch A und B, die zu k symmetrisch ist. Gib zuerst einen Konstruktionsplan an und begründe dann deine Konstruktion.
Die Mittelpunkte M und M' und die Punkte A und B bestimmen die Diagonalen eines Vierecks. (Unter welcher Bedingung ist dies nicht der Fall?)
Vergleiche den Umfang dieses Vierecks mit dem Radius r der Kreislinie k.
Wie groß kann der Flächeninhalt dieses Vierecks höchstens werden?
Wie müssen die Punkte A und B dafür gewählt werden?

25 Konstruiere zu zwei Punkten P und Q alle Kreislinien mit dem Radius 4 cm, die durch P und Q gehen ($\overline{PQ} = 6$ cm). Gib zuerst einen Konstruktionsplan an.
Begründe dann deine Konstruktion.

26 Zeichne eine Strecke von 9,7 cm Länge und teile sie mit Zirkel und Lineal in vier gleich große Teile. Überlege dir, ob du die Strecke auch in drei gleiche Teile mit dieser Methode zerlegen kannst.
Begründe deine Überlegungen.

27 Zeichne mit dem Geodreieck einen Winkel von 83° und teile ihn mit Zirkel und Lineal in vier gleiche Teile. Überlege dir, ob du den Winkel auch in drei gleiche Teile mit dieser Methode zerlegen kannst.
Begründe deine Überlegungen.

28 Trage $A(-4{,}5\,|\,-3{,}5)$, $B(3{,}5\,|\,2{,}5)$ und $C(-1{,}5\,|\,7{,}5)$ in ein Koordinatensystem ein.

a) Konstruiere die Mittelpunkte M_1, M_2 und M_3 der Strecken $[AB]$, $[BC]$ und $[CA]$.

b) M_1, M_2 und M_3 bestimmen ein Dreieck. Vergleiche dieses Dreieck mit dem Dreieck ABC.

c) Berechne den Flächeninhalt beider Dreiecke und vergleiche.

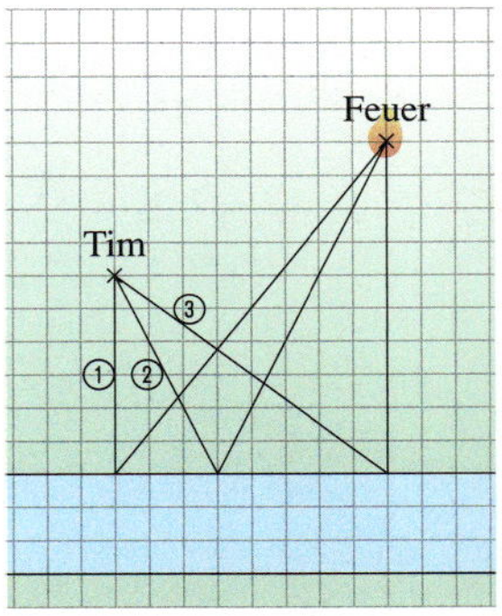

29 Tim hat einen Eimer in der Hand. Er möchte den Eimer am Fluss mit Wasser füllen und dann den Brand löschen.
Welcher Weg ist der kürzeste?

a) Wie kannst du das Problem durch eine Konstruktion lösen? Begründe dein Vorgehen.

b) Löse das Problem mit dynamischer Geometriesoftware.

Tipp: Lass die Streckenlängen anzeigen.

Aufgabe der Woche

Erstelle Plakate, auf dem alle in Kapitel 1 behandelten Grundkonstruktionen mit Konstruktionsplan dargestellt sind.

Zeig, was du kannst!

1 Zeichne ein Dreieck *ABC*.

a) Konstruiere den Mittelpunkt *Z* der Strecke [*AB*].
b) Konstruiere zu *C* den bezüglich *Z* punktsymmetrischen Punkt *C′*.
c) Von welcher Art ist das Viereck *AC′BC*? Begründe eine Antwort.

2 Zeichne eine Strecke [*AB*] der Länge 4 cm.

a) Konstruiere den Mittelpunkt einer Kreislinie mit Radius 3 cm, die durch *A* und *B* geht.
b) Gib einen Konstruktionsplan an und begründe die Konstruktion.
c) Wie viele Mittelpunkte solcher Art gibt es und wie liegen sie zueinander?

3 Trage die Punkte *A* (–1 | –3), *B* (4 | –3) und *C* (7 | 1) in ein Koordinatensystem ein.

a) Konstruiere einen Punkt *D* so, dass *ABCD* eine Raute ist.
b) Gib für die Raute *ABCD* die Symmetrieachsen und die Koordinaten des Symmetriezentrums *Z* an.
c) Ergänze einen Punkt *E* so, dass das Viereck *ABCE* ein gleichschenkliges Trapez ist.
d) Welche Koordinaten kann der Punkt *E* haben?

4 Trage die Punkte *A* (–2 | –2), *B* (3 | –2) und *C* (1,5 | 1,5) in ein Koordinatensystem ein.

a) Konstruiere den zu *A* (*B*, *C*) achsensymmetrischen Punkt *A′* (*B′*, *C′*) bezüglich der Symmetrieachse *BC* (*AC*, *AB*).
b) Vergleiche den Umfang und den Flächeninhalt des Dreiecks *ABC* mit dem Umfang und dem Flächeninhalt des Sechsecks *AC′BA′CB′*.

5 Zeichne eine Gerade *g* und einen Punkt *P*.

a) Konstruiere eine Symmetrieachse so, dass die zu *g* achsensymmetrische Gerade *g′* senkrecht zu *g* ist und durch den Punkt *P* verläuft.
b) Wie viele Symmetrieachsen solcher Art gibt es und wie liegen sie zueinander?

Aufg.-Nr.	Punkte	Lösungshinweise
1	6	**a)** S. 26, **b)** S. 12, **c)** S. 19
2	6	Welchen Abstand haben *A* und *B* vom Mittelpunkt?
3	8	**a)**; **b)**; **c)** S. 19
4	10	**a)** S. 12, **b)** Fokus 6 S. 124
5	6	**a)** S. 26

Lösungen Seite 213

31–36 Punkte
25–30 Punkte
18–24 Punkte

2 Winkelbetrachtungen

In diesem Kapitel lernst du Zusammenhänge zwischen den Winkeln in verschiedenen geometrischen Figuren kennen. Du wirst erfahren, dass bestimmte Winkelbeziehungen z. B. bei der Städteplanung, in der Technik oder in der Kunst eine wichtige Rolle spielen.

Empire State Building in New York-Manhatten

Papierflieger

Fertige einen Papierflieger aus einem DIN-A4-Blatt. Orientiere dich dabei an den folgenden Bildern.

Schritt 1:

Schritt 2:

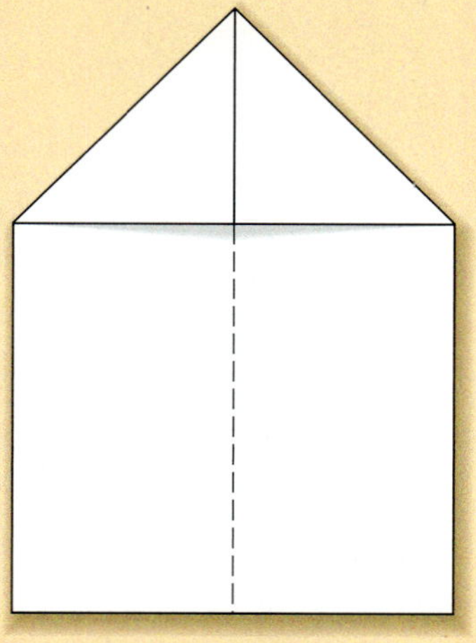

Schritt 3:

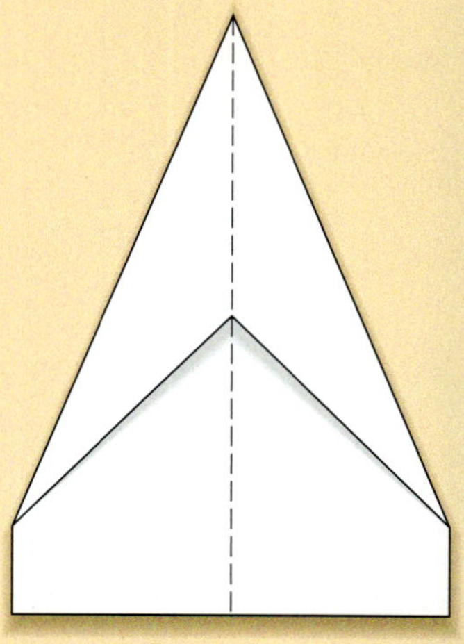

Schritt 4:

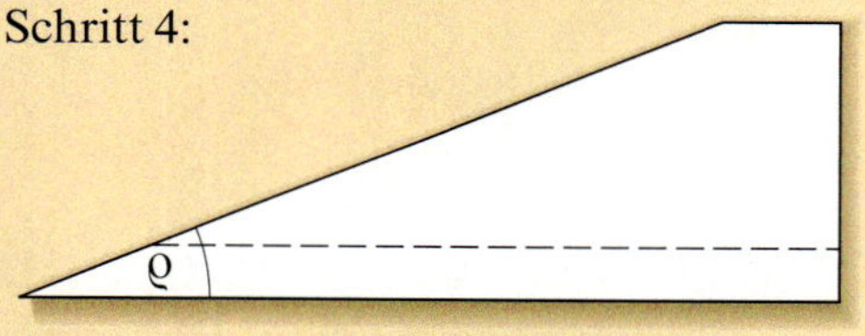

Wie groß ist der Winkel ϱ an der Spitze deines Flugmodells und wie groß sind die Winkel des Fünfecks, das die Tragfläche bildet?
Natürlich kannst du abmessen, aber Abmessen ist eine ungenaue Methode. Suche nach einer Möglichkeit, die Größe der Winkel zu berechnen.

2.1 Entdeckungen an Geraden- und Doppelkreuzungen

Bayrisches Staatswappen

Auftrag 1

Das Herzschild des Bayerischen Staatswappens besteht aus weißen (silbernen) und blauen Rauten. Zeichne das Rautenmuster nach.
Welche Beziehungen zwischen einzelnen Winkeln entdeckst du? Versuche deine Feststellungen zu begründen.
Finde auch heraus, was das Rautenmuster, der goldene Löwe, der „Fränkische Rechen", der blaue Panther, die drei schwarzen Löwen und die Volkskrone im Wappen bedeuten.

Verkehrszeichen „Andreaskreuz"

Auftrag 2

Beim abgebildeten Verkehrszeichen, dem Andreaskreuz, entstehen durch die Kreuzung der zwei Balken vier bzw. sechzehn Winkel.
Celine, Martin und Petra wollen das Verkehrszeichen zeichnen. Petra kommt auf ihrem Schulweg an einem Andreaskreuz vorbei und hat den eingezeichneten Winkel zu 58° gemessen. Untersuche, wie groß die anderen Winkel sein müssten, wenn Petra richtig gemessen hat. Was stellst du fest?
Vergleiche deine Ergebnisse mit denen deiner Nachbarin bzw. deines Nachbarn. Sucht nach einer Begründung für eure Feststellungen.
Finde auch heraus, was dieses Verkehrszeichen bedeutet und wo es im Alltag zu finden ist.

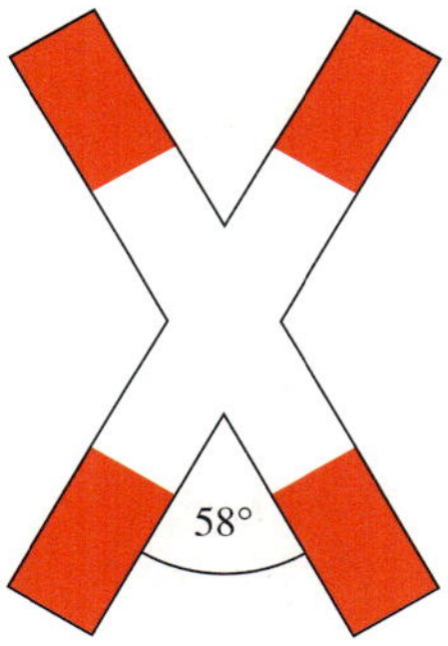

Parallelperspektive; Schrägbild

Auftrag 3

In der Kunst verwendet man beim räumlichen Darstellen von Körpern die **Parallelperspektive**. Du kennst diese Darstellung unter dem Namen **Schrägbild**.
Kanten und Linien, die an einem Körper in Wirklichkeit parallel verlaufen, werden auch auf dem Blatt parallel gezeichnet. Die nach hinten verlaufenden Kanten werden unter einem passend gewählten Verzerrungswinkel und verkürzt gezeichnet. Zur Verbesserung des räumlichen Eindrucks werden die eigentlich unsichtbaren Kanten des Körpers gestrichelt dargestellt.

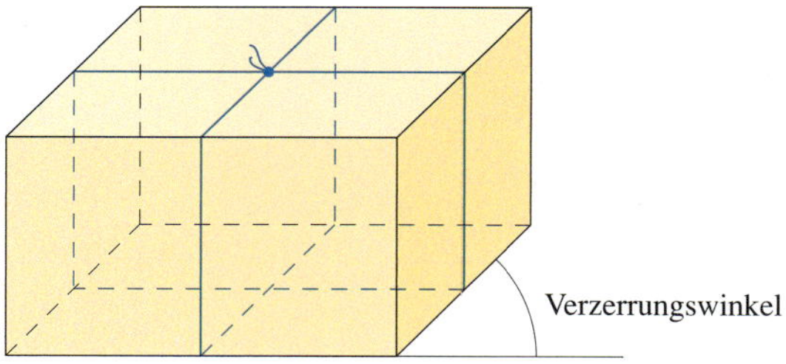

Skizziere ein Paket mit verschiedenen Verzerrungswinkeln (z. B. 45° und 30°). Bei welcher Zeichnung erscheint dir der räumliche Eindruck optimal?
Untersuche die Zusammenhänge zwischen den Winkeln der im Schrägbild gezeichneten Deckfläche des Pakets. Beziehe in deine Betrachtungen auch die durch die Verschnürung entstehenden Winkel ein. Suche nach einer Begründung für deine Feststellungen.

Auftrag 4 **Stadtplan von New York-Manhattan**

Wie der auf Seite 31 abgebildete Stadtplan zeigt, verläuft der Broadway ein großes Wegstück nahezu geradlinig durch Manhattan.
Dabei kreuzt er u. a. die West/East 23rd Street und die West/East 42nd Street. Übertrage diese Straßensituation in dein Heft.
Untersuche die Beziehungen zwischen den Winkeln an den Kreuzungspunkten und versuche deine Feststellungen zu begründen.
Auch die West 34th Street kreuzt den Broadway. Wie groß sind die Winkel an dieser Straßenkreuzung?

Erkläre die Endungen rd, nd und th in den Straßennamen.

Bearbeitung

Auftrag 2 **Verkehrszeichen „Andreaskreuz"**

Das Andreaskreuz findest du an Bahnübergängen. Es weist darauf hin, dass der Schienenverkehr Vorrang hat.

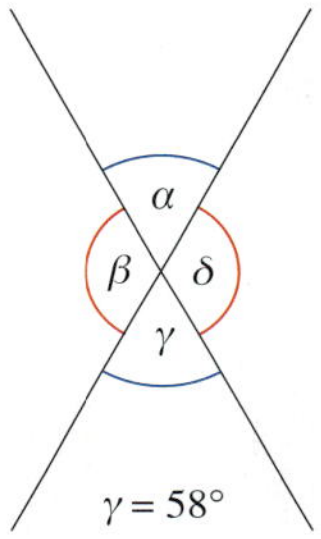

Celine, Martin und Petra fangen an, das Andreaskreuz unter Verwendung des von Petra gemessenen Winkels $\gamma = 58°$ zu zeichnen (s. nebenstehendes Bild). Anschließend messen sie die Größe der übrigen Winkel.

	α	β	γ	δ
Celine	58°	122°	58°	122°
Martin	59°	121°	58°	120°
Petra	57°	122°	58°	119°

Kurz und knapp

Es ist
$\beta + \gamma = 180°$ und
$\delta + \gamma = 180°$.
Daraus folgt $\beta = \delta$.

Celine behauptet, dass an einer **Geradenkreuzung** gegenüberliegende Winkel wie α und γ oder β und δ, so genannte **Scheitelwinkel**, gleich groß sind. Abweichungen lassen sich durch Messungenauigkeiten erklären.
Sie begründet: Nebeneinander liegende Winkel, so genannte **Nebenwinkel**, wie z. B. β und γ oder γ und δ ergeben zusammen einen gestreckten Winkel.
Also müssen β und δ gleich groß sein. 034-1

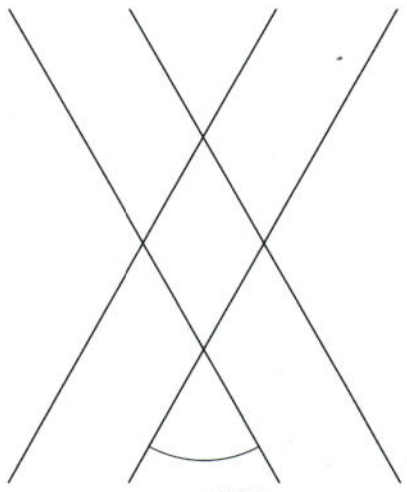

Die drei setzen das Zeichnen des Andreaskreuzes fort (s. Bild links) und stellen fest, dass nun vier Geradenkreuzungen vorkommen. An jeder dieser Geradenkreuzungen messen sie den Winkel 58°.
Um diese Beobachtung zu verstehen, betrachten sie zwei dieser Kreuzungen, eine so genannte **Doppelkreuzung** (s. Bild rechts).
Winkel, die wie α_1 und α_2 oder β_1 und β_2 oder δ_1 und δ_2 oder γ_1 und γ_2 zueinander liegen, heißen **Stufenwinkel**.
Martin meint, man kann sich anschaulich klar machen, dass Stufenwinkel gleich groß sind.

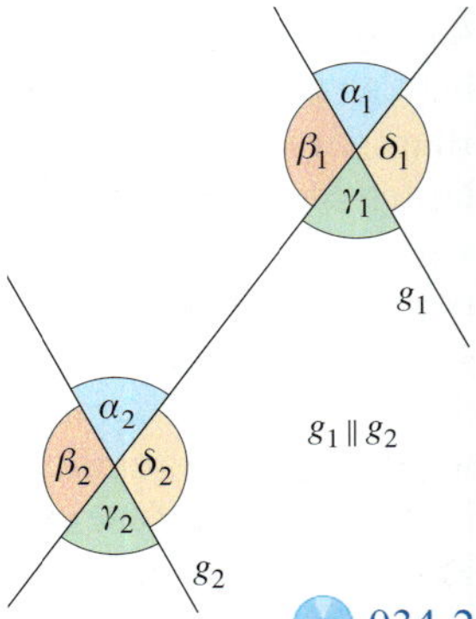

034-2

Dazu verkleinert er den Abstand der beiden parallelen Geraden immer mehr. Da die Geraden g_1 und g_2 zueinander parallel sind, werden sie schließlich zusammenfallen. Dann überdecken sich auch einander entsprechende Stufenwinkel.

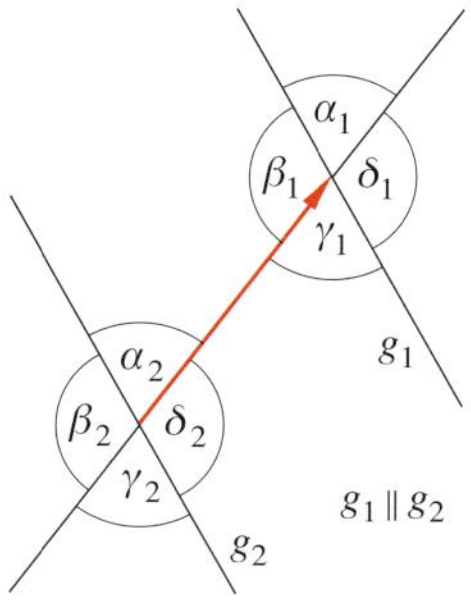

Winkelpaare wie α_1 und γ_2 oder β_1 und δ_2 oder γ_1 und α_2 oder δ_1 und β_2 heißen **Wechselwinkel**. Weiter behauptet Martin, dass auch Wechselwinkel gleich groß sind. Dies lässt sich am Beispiel von β_1 und δ_2 so begründen:

β_1 und β_2 sind gleich große Stufenwinkel ($\beta_1 = \beta_2$).
β_2 und δ_2 sind als Scheitelwinkel gleich groß ($\beta_2 = \delta_2$).
Also sind die Wechselwinkel β_1 und δ_2 auch gleich groß ($\beta_1 = \delta_2$).

Einen Schritt weiter gedacht: Celine und Martin verwenden bei ihren Argumentationen jeweils eine Feststellung als Fundamentalsatz und begründen damit einen Satz.
Celine entnimmt der Anschauung den Fundamentalsatz, dass sich an einer Geradenkreuzung Nebenwinkel zu einem gestreckten Winkel ergänzen, zusammen also 180° ergeben. Diesen Fundamentalsatz verwendet sie dann zur Begründung des Satzes, dass Scheitelwinkel gleich groß sind.
Martin gewinnt aus der Anschauung den Fundamentalsatz, dass an einer Doppelkreuzung Stufenwinkel gleich groß sind. Diesen Fundamentalsatz verwendet er dann zur Begründung des Satzes, dass an einer Doppelkreuzung Wechselwinkel gleich groß sind.
Beachte aber: Welche der beiden Winkelbeziehungen an Geraden- bzw. an Doppelkreuzungen Celine und Martin jeweils als Fundamentalsatz nutzen und welche sie daraus ableiten, ist ihnen freigestellt.

Willst du einen Satz begründen, dann kann es hilfreich sein, ihn mithilfe der Wörter „wenn" und „dann" zu formulieren, in einer **Wenn-dann-Form**:
Wenn die **Voraussetzung** gilt, **dann** folgt die **Behauptung.**

Beispiel:
An Doppelkreuzungen mit zueinander parallelen Geraden gilt:
„**Wenn** zwei Winkel Wechselwinkel sind, **dann** sind sie gleich groß."
Voraussetzung: Zwei betrachtete Winkel sind Wechselwinkel.
Behauptung: Die beiden Winkel sind gleich groß.

Zur Begründung eines Satzes kannst du Voraussetzung, Definitionen, Fundamentalsätze und bereits früher begründete Sätze verwenden. Eine so geführte Begründung nennt man auch **Beweis**. Beispielsweise wurde zum Beweis des Satzes, dass Wechselwinkel gleich groß sind, das Folgende verwendet:
- die Voraussetzung, dass beide Winkel Wechselwinkel sind;
- die Definition von Wechselwinkeln zur Auswahl eines geeigneten Winkelpaares an einer Doppelkreuzung;
- der Fundamentalsatz, dass Stufenwinkel gleich groß sind;
- der zuvor begründete Satz, dass Scheitelwinkel gleich groß sind;
- ein logischer Schluss, wie er in der Randspalte veranschaulicht ist.

Mathematische Sätze gibt es natürlich nicht nur in der Geometrie. Ein Beispiel:
„Wenn eine Zahl durch 4 teilbar ist, dann ist sie auch durch 2 teilbar."
Dies ist richtig, da es kein Vielfaches von 4 gibt, das auf eine ungerade Ziffer endet.

Beispiel

Schlussfolgerung:

Peter und Sabine sind gleich groß.

Sabine und Thomas sind gleich groß.

Also sind Peter und Thomas gleich groß.

Zusammenfassung

Entdeckungen an Geraden- und Doppelkreuzungen

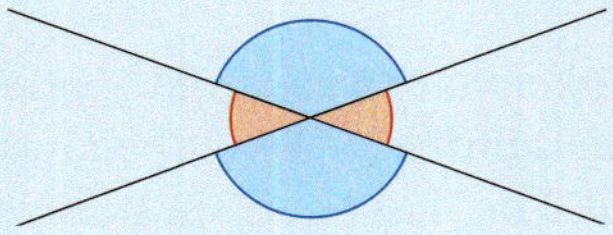

D An einer Geradenkreuzung unterscheidet man Nebenwinkel und Scheitelwinkel. Im Bild gleichfarbig gekennzeichnete Winkel sind Paare von **Scheitelwinkeln**, verschiedenfarbig gekennzeichnete Winkel sind Paare von **Nebenwinkeln**.

F Nebenwinkel ergeben zusammen 180°.

S Scheitelwinkel sind gleich groß.

D An einer Doppelkreuzung unterscheidet man Stufenwinkel und Wechselwinkel.

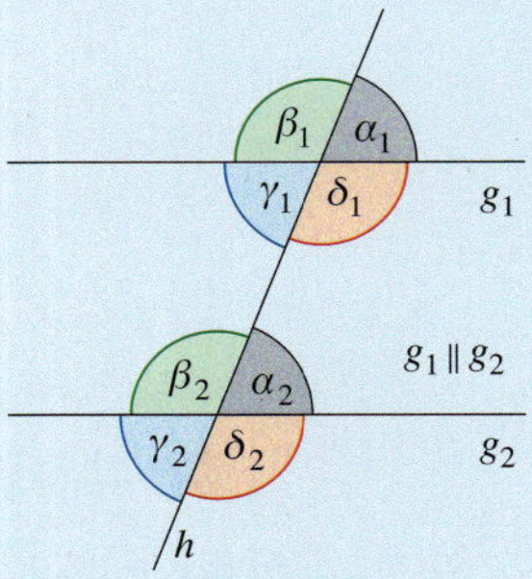

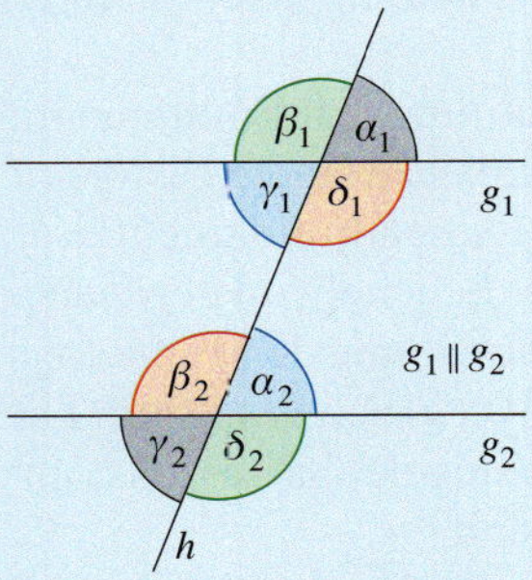

Im Bild gleichfarbig gekennzeichnet Winkel sind Paare von **Stufenwinkeln**. Sie haben die gleiche Lage bezüglich der Parallelen und die gleiche Lage bezüglich der schneidenden Geraden. Beispielsweise liegen α_1 und α_2 rechts von h und oberhalb von g_1 bzw. g_2.

Im Bild gleichfarbig gekennzeichnet Winkel sind Paare von **Wechselwinkeln**. Sie haben entgegengesetzte Lagen bezüglich der Parallelen und bezüglich der schneidenden Geraden. Beispielsweise liegt α_1 rechts von h und über g_1, aber γ_2 links von h und unterhalb von g_2.

An Doppelkreuzungen mit zueinander parallelen Geraden gilt:

F Stufenwinkel sind gleich groß.

S Wechselwinkel sind gleich groß.

Es ist auch möglich, die Aussagen über Scheitelwinkel oder über Wechselwinkel als Fundamentalsätze zu wählen und damit die Aussagen über Nebenwinkel oder Stufenwinkel als Sätze zu begründen.

Aufgaben

Verknüpfen
Anwenden
Trainieren

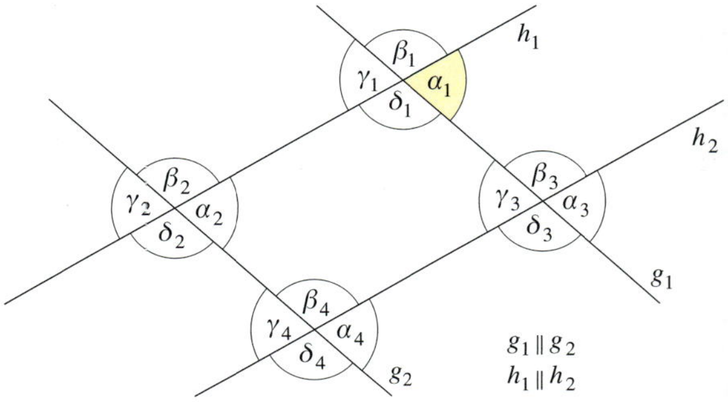

1 Betrachte das nebenstehende Bild.

a) Gib jeweils acht Paare von Nebenwinkeln, Scheitelwinkeln, Stufenwinkeln und Wechselwinkeln an.

b) Gib die Größe aller eingezeichneten Winkel für $\alpha_1 = 120°$ an.

2 Wie groß sind die eingezeichneten Winkel?

a)

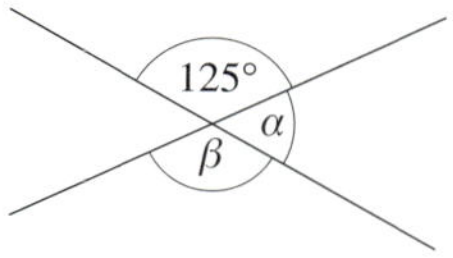

c)

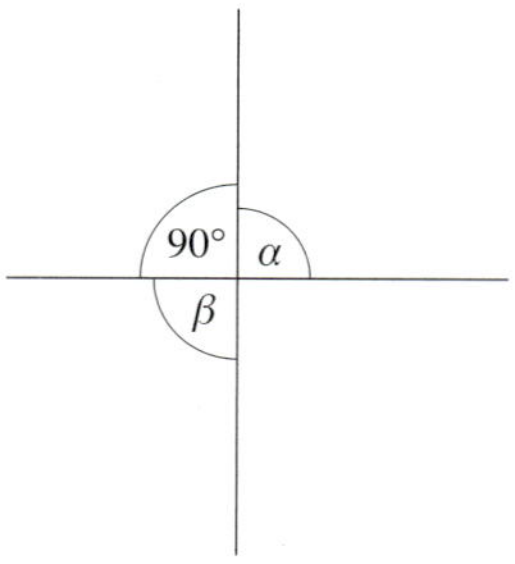

b)

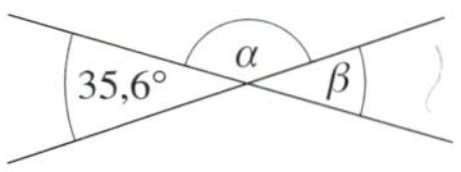

3 Berechne die Größe von α und β.

a)

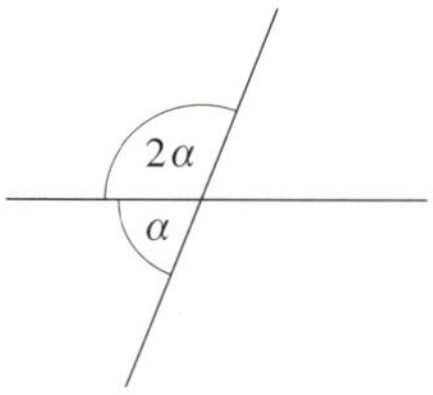

b)

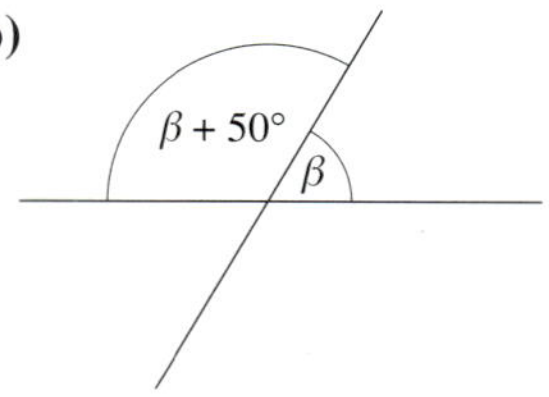

4 α und β sind Nebenwinkel.

a) Berechne β für $\alpha = 50°$ (95°; 75,3°; 113°; 200°).

b) Wie groß ist der Scheitelwinkel von α für $\beta = 79°$?

5 Gib, wenn möglich, die Größen der bezeichneten Winkel an. Begründe.

a)

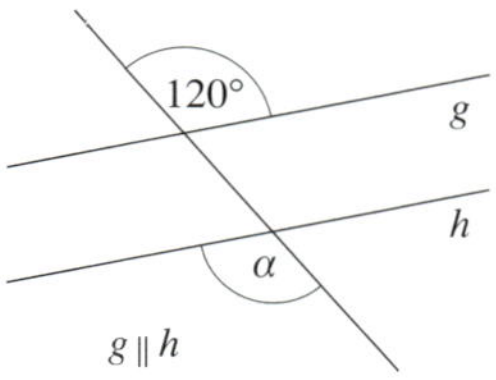

d)

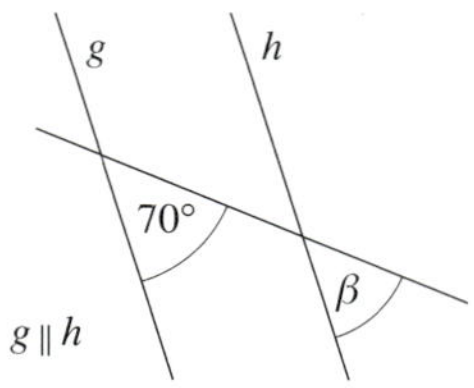

b)

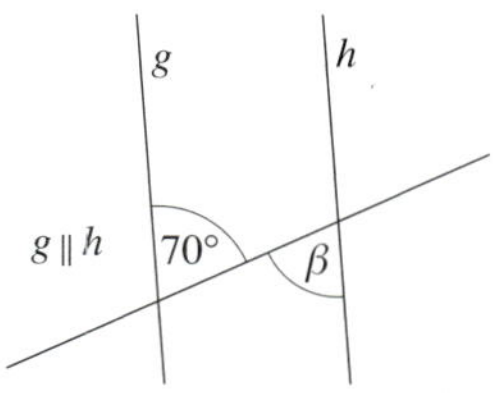

e)

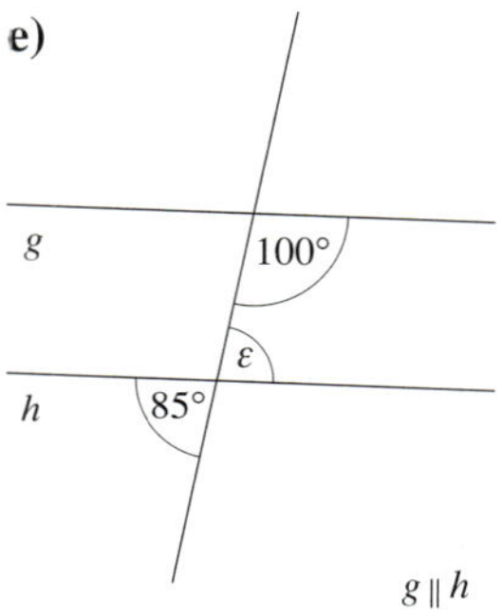

c)

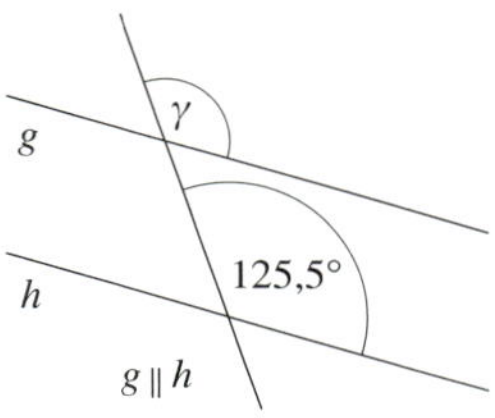

6 Erkläre, warum Wechselwinkel auch Z-Winkel genannt werden.
Überlege, ob diese Bezeichnung für alle Paare von Wechselwinkeln passt.

7 Zeichne eine Doppelkreuzung mit parallelen Geraden und beschrifte die Winkel so, dass α_1 und α_2 Stufenwinkel sind.
Begründe wie bei der Bearbeitung des Auftrags 2 auf Seite 35:
Die Wechselwinkel δ_1 und β_2 sind gleich groß.

8 Calculate the other angles.

a) $\alpha = 55°$; $\beta = 60°$

b) $\alpha = 55°$; $\beta = \eta$

c) $\alpha = \gamma$; $\beta = \delta$

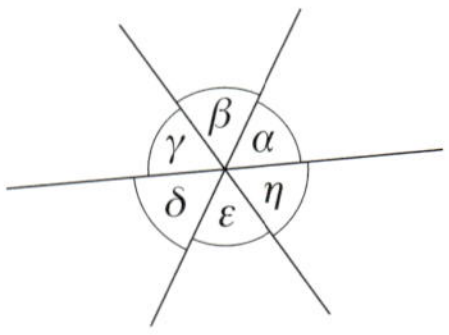

9 Zeichne die folgenden Schrägbilder von Buchstabenkörpern in dein Heft und kennzeichne gleich große Winkel in gleichen Farben.
Begründe mithilfe von Fundamentalsätzen bzw. Sätzen über Stufen-, Wechsel-, Neben- oder Scheitelwinkel.

10 Formuliere die folgenden Aussagen in Wenn-dann-Form.
Untersuche, ob die Aussagen wahr oder falsch sind. Gib bei falschen Aussagen ein Gegenbeispiel an.

a) Nebenwinkel haben einen gemeinsamen Scheitel und einen gemeinsamen Schenkel.

b) Zwei Winkel mit einem gemeinsamen Scheitel und einem gemeinsamen Schenkel sind Nebenwinkel.

c) Zwei gleich große Winkel mit gemeinsamem Scheitel sind Scheitelwinkel.

d) Zwei spitze Winkel sind keine Nebenwinkel.

e) Zwei stumpfe Winkel sind keine Nebenwinkel.

f) Zwei stumpfe Winkel sind keine Scheitelwinkel.

g) An einer Doppelkreuzung, an der zwei Nebenwinkel gleich groß sind, sind alle Winkel gleich groß.

Noch fit?

1 In einem Dreieck ABC gilt:
$a = 3{,}25$ cm;
$c = 5{,}25$ cm;
$h_c = 3{,}00$ cm und
$h_b = 3{,}15$ cm.

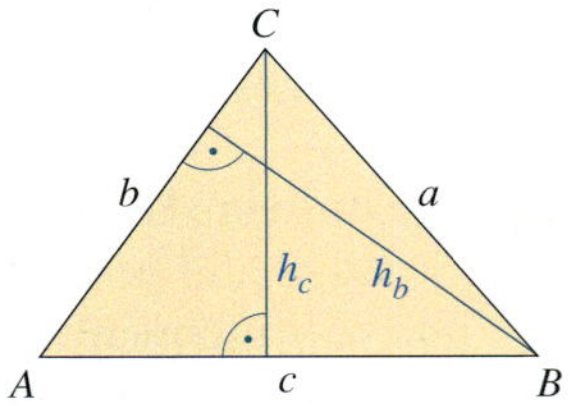

a) Berechne den Flächeninhalt A des Dreiecks.

b) Wie ändert sich der Flächeninhalt eines Dreiecks, wenn man die Länge einer Seite und der zugehörigen Höhe jeweils verdoppelt?

2 Der rechteckige Grundriss eines Raumes hat die in der Skizze angegebenen Maße. In der Ecke E steht ein Scheinwerfer. Er beleuchtet den hell dargestellten Teil des Bodens.

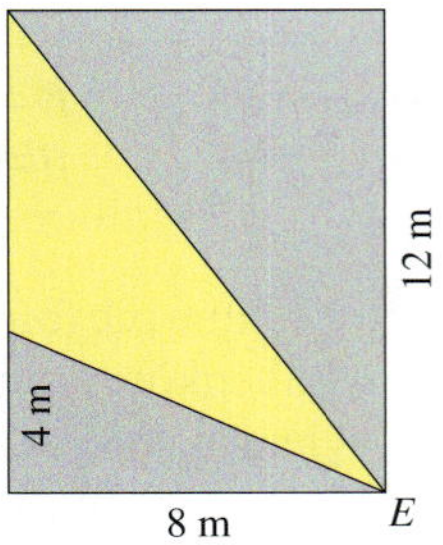

Ermittle den Inhalt der beleuchteten Bodenfläche. Wie viel Prozent der gesamten Bodenfläche sind das?

3 Ein Walmdach fällt nach allen Seiten schräg ab. Das abgebildete Walmdach soll neu eingedeckt werden. Gegenüberliegende Dachflächen haben dieselben Abmessungen. Berechne den Flächeninhalt der gesamten Dachfläche.

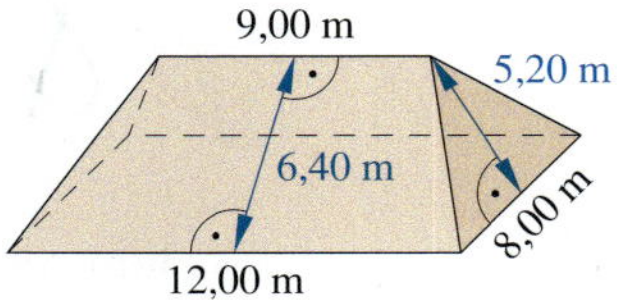

Aufgaben

Verknüpfen
Anwenden
Trainieren

11 Übertrage die Geradenkreuzung in dein Heft und berechne die Winkel α und β.

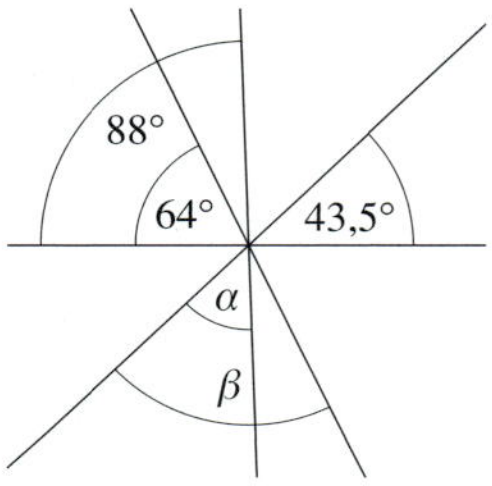

12 Gib die Größe aller bezeichneten Winkel an.

a)

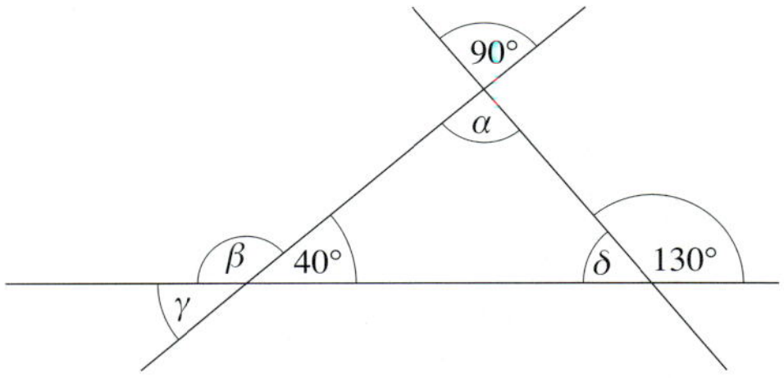

b)

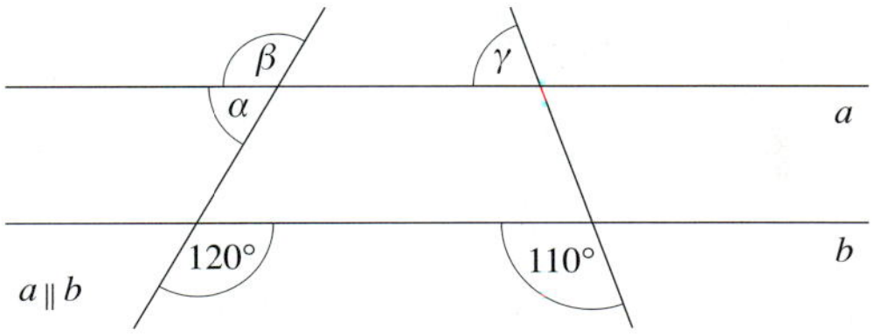

c)

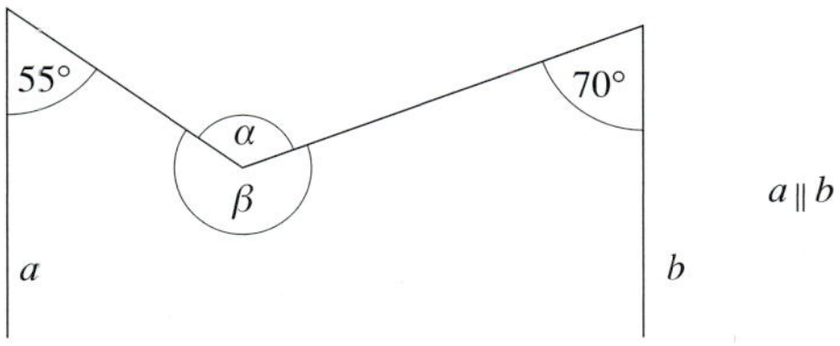

13 How large are the angles with names. What can you say about the position of the straight lines g und h?

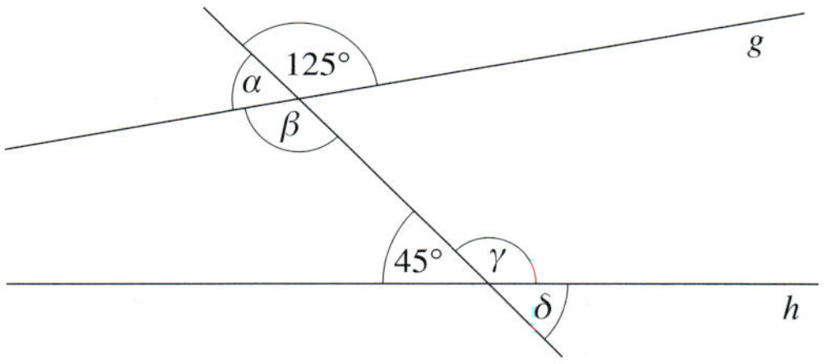

14 α und β sind Nebenwinkel. Überlege dir jeweils, wie groß α bzw. β ist, wenn gilt:

a) $\alpha = 95{,}5°$

b) $\beta = 105{,}35°$

c) β ist dreimal so groß wie α.

d) β weicht um 3° von einem rechten Winkel ab.

15 Übertrage ins Heft und ergänze die durch drei Pünktchen gekennzeichneten Stellen so, dass wahre Aussagen entstehen. Begründe.

a) Ein Nebenwinkel eines stumpfen Winkels ist ein … Winkel.

b) Der Scheitelwinkel eines spitzen Winkels ist ein … Winkel.

16

a) Zeichne eine der Wirklichkeit entsprechende Kreuzung von Eisenbahnschienen in dein Heft und kennzeichne gleich große Winkel mit gleicher Farbe.

b) Welchen Einfluss hat die perspektivische Aufnahme auf die Geraden und Winkel im Foto?

17 **Innenwinkel in einem Trapez**

a) Im Trapez $ABCD$ gilt $[AB] \parallel [CD]$ und $\alpha = 50°$ und $\gamma = 100°$. Berechne β und δ.

b) Formuliere einen Satz für die Innenwinkel eines Trapezes.

18 **Einmal keine Geometrie:** Beurteile die folgenden Aussagen und ihre Begründung.

a) Mit leerem Tank fährt ein Auto nicht bergauf.
Begründung: Wenn der Tank leer ist, dann kann das Auto nicht mit Motorkraft fahren. Es kann höchstens bergab rollen.

b) Wenn Hans den Fußball schießt, dann gibt es ein Malheur.
Begründung: Hans hat bereits eine Scheibe und eine Lampe mit dem Fußball zerschossen und neulich Frau Meyer mit dem Ball getroffen.

c) Wenn die Straße nass ist, dann hat es geregnet.
Begründung: Bei Regen wird die Straße nass.

d) Paul behauptet: „Wenn ich eine natürliche Zahl verdoppele und dazu 1 addiere, dann erhalte ich eine Primzahl.“ Er begründet: „$1 \cdot 2 + 1 = 3$, $2 \cdot 2 + 1 = 5$ usw.“

e) Eine durch 9 teilbare Zahl ist auch durch 3 teilbar.
Begründung: Jede durch 9 teilbare Zahl enthält in ihrer Primfaktorzerlegung das Produkt $3 \cdot 3 = 9$ und damit den Primfaktor 3.

Aufgaben

Verknüpfen
Anwenden
Trainieren

19 **Innenwinkel im Parallelogramm**
Im Kapitel 1.2 „Symmetrische Vierecke“ hast du gelernt, dass in einem Parallelogramm die gegenüberliegenden Winkel gleich groß sind und benachbarte Winkel sich zu 180° ergänzen. Wie lässt sich dies mit den (Fundamental-) Sätzen über Winkel an einer Doppelkreuzung erklären?

20 Zeichne eine beliebige Geradenkreuzung.

a) Zeichne, wenn möglich, in einer anderen Farbe Symmetrieachsen und das Symmetriezentrum ein. Beschreibe ihre Lage in Worten.

b) Was gilt für Paare zueinander symmetrisch liegender Winkel?

21 **Windradfigur**

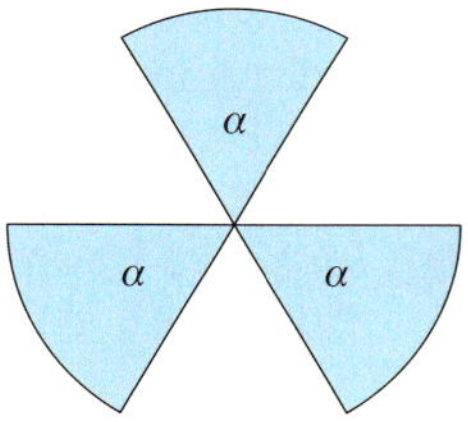

a) Zeichne die Windradfigur mit einem Radius von 3 cm in dein Heft. Welche Symmetrieeigenschaft liegt vor?

b) Überlege, ob solch eine Windradfigur auch aus 5 oder 7 Kreisteilen bestehen kann.

22 Zeichne eine beliebige Geradenkreuzung. Konstruiere die Winkelhalbierenden zweier Nebenwinkel.
Was fällt dir auf? Versuche deine Vermutung allgemein zu begründen.

23

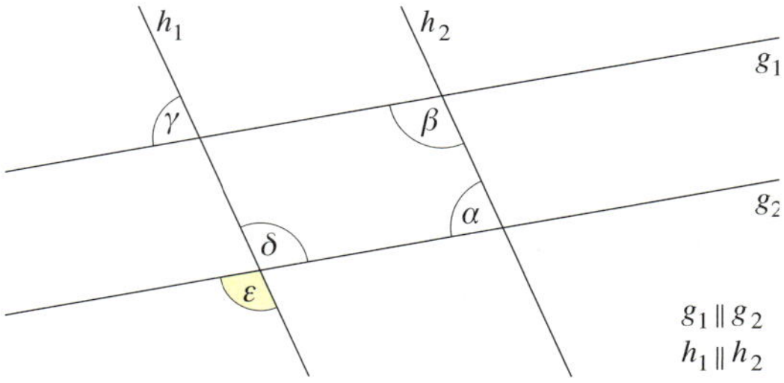

a) Berechne die genannten Winkel für $\varepsilon = 100°$.

b) Welche besonderen Vierecke können von den vier Geraden eingeschlossen werden? Begründe.

24 **Winkel auf dem Spielplatz**

Petra und Heiko schaukeln auf einer Wippe. Petra setzt sich 2 m vom Drehpunkt entfernt auf den Balken, Heiko in 3 m Entfernung.

a) Beim Wippen bewegt sich Petra 70 cm nach unten. Finde durch eine passende Zeichnung heraus, wie weit Heiko dabei nach oben bewegt wird.

b) Warum setzen sich Petra und Heiko nicht ungefähr gleich weit vom Drehpunkt entfernt auf die Wippe? Probiere es mit einer Freundin oder einem Freund selbst aus oder frage deinen Physiklehrer.

25 In einem Koordinatensystem sind durch die Punkte $A(-5\,|\,2)$, $B(1\,|\,-4)$, $C(-1\,|\,5)$ und $D(5\,|\,-1)$ die Geraden AB und CD gegeben. Die Gerade AB schneidet die x-Achse im Punkt R, die y-Achse im Punkt S.
Die Gerade CD hat als Schnittpunkt mit der x-Achse den Punkt T, als Schnittpunkt mit der y-Achse den Punkt U.
Außerdem sind die Punkte $E(-5\,|\,0)$, $F(6\,|\,0)$, $G(0\,|\,-4)$, $H(0\,|\,6)$ und $O(0\,|\,0)$ gegeben.

a) Nenne Scheitelwinkel und Stufenwinkel zum Winkel $\sphericalangle ARE$ und miss ihre Größe.

b) Nenne Nebenwinkel und Wechselwinkel zum Winkel $\sphericalangle CUO$ und miss ihre Größe.

c) Welcher Winkel ist genauso groß wie der Winkel $\sphericalangle CUH$? Begründe.

26 **Zeichnen von Parallelen**

Die Punkte P und Q sind die beiden Schnittpunkte der parallelen Geraden g_1 und g_2 mit der Geraden g.
Die Gerade g schneidet g_1 unter einem Winkel von 30°. Für die Punkte P und Q gilt: $\overline{PQ} = 7$ cm.
Zeichne mithilfe geeigneter Winkel die Parallele g_2 zur Geraden g_1.

27 Berechne alle im Inneren der Buchstaben liegenden Winkel und gib sie mithilfe der angegebenen Punkte an.

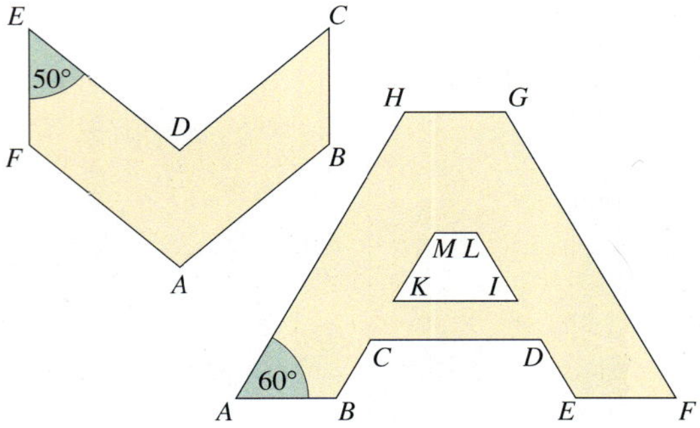

Aufgabe der Woche

Blick durch ein U-Boot-Periskop

Nicht nur auf Unterseebooten sind Periskope (Sehrohre) nützlich. Mithilfe eines Periskops kannst du z. B. einen Blick auf einen hohen Schrank werfen oder um die Ecke schauen.
Im Inneren eines einfachen Periskops reflektieren zwei Spiegel die Lichtstrahlen.
Experimentiere mit einer Taschenlampe und zwei Taschenspiegeln und finde heraus, wie diese im Periskop angeordnet sein müssen.
Was fällt dir an den Winkeln bei der Reflexion des Lichtstrahls am Spiegel auf?

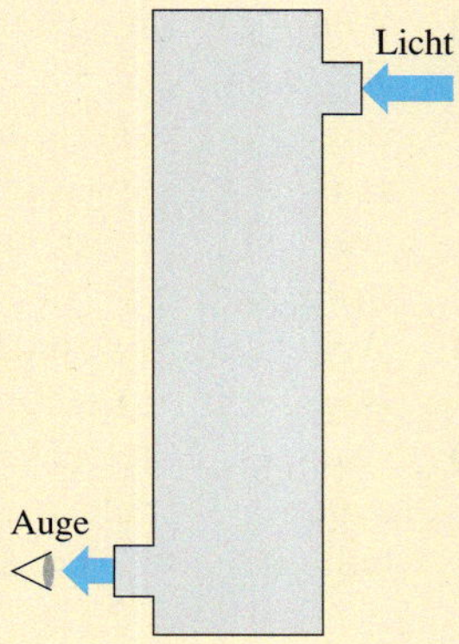

Tipp: Bastelanleitungen für ein Periskop findest du z. B. im Internet. Fertige Modellbausätze gibt es im Fachhandel.

040-1

2.2 Entdeckungen an Dreiecken und Vierecken

Dreiecke und Vierecke im Visier — Auftrag 1

Bei Fachwerkbauten erreichte man bereits im Mittelalter auch für große Häuser eine sichere Statik. Die sichtbare Balkenkonstruktion zeigt Dreiecke und Vierecke.
Zeichne möglichst viele verschiedene Dreiecke und Vierecke, die du an diesem Haus entdecken kannst, in dein Heft.
Untersuche die Summe der Innenwinkel in diesen Figuren.
Welche Vermutungen hast du?
Nutze die parallel verlaufenden Balken zur Begründung deiner Vermutung beim Dreieck.
Begründe mithilfe der Erkenntnis beim Dreieck deine Vermutung bei den Vierecken.

Entdecken durch Experimentieren — Auftrag 2

Zeichne ein Dreieck ABC mit den Innenwinkeln α, β und γ.
Schneide es aus, reiße die Ecken ab und lege die Winkel aneinander.
Welches Ergebnis vermutest du für die Summe der Innenwinkel deines Dreiecks?
Begründe nach Möglichkeit deine Vermutung.
Nutze diese Erkenntnis bei Vierecken.

Der Computer ist ein nützliches Hilfsmittel — Auftrag 3

Mit einem Computer-Geometrie-Programm kannst du nicht nur Konstruktionen durchführen. Du kannst z. B. auch Winkelgrößen und Summen von Winkelgrößen bestimmen lassen.
Konstruiere zuerst ein Dreieck ABC und zeichne durch den Punkt C eine Parallele zur Dreiecksseite $[AB]$.
Lass die Größe der Innenwinkel des Dreiecks messen und die Summe dieser Werte berechnen.
Verschiebe C auf der Parallelen hin und her.
Wie verändert sich die Summe der Innenwinkel des Dreiecks?
Suche nach einer Begründung für deine Beobachtung.

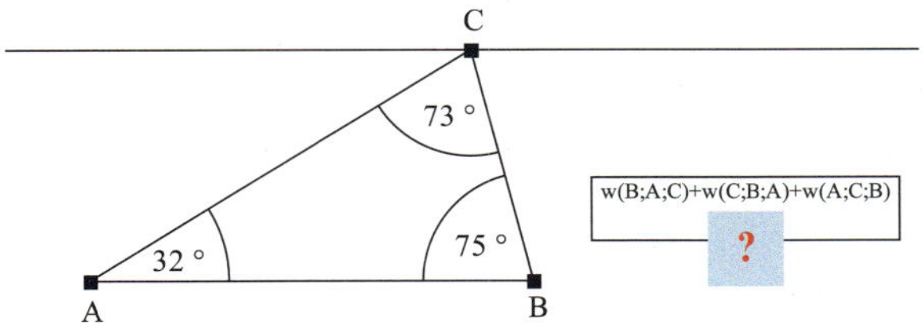

Konstruiere mit dem Computer auch verschiedene Vierecke und ermittle jeweils die Summe der Innenwinkel.
Begründe deine Beobachtung bei den Vierecken nach Möglichkeit mithilfe der Erkenntnis beim Dreieck.

Bearbeitung

Auftrag 2 **Entdecken durch Experimentieren**

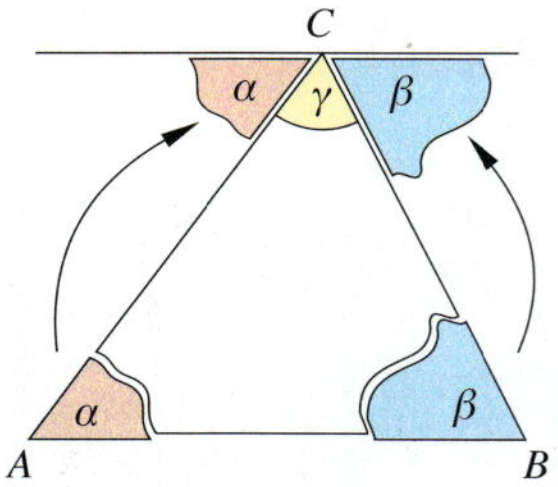

Eine der Möglichkeiten die abgerissenen Winkelecken aneinander zu legen zeigt das nebenstehende Bild. Eine weitere Möglichkeit wird in Aufgabe 1 auf Seite 43 behandelt.
Du kannst vermuten, dass α, β und γ zusammen einen gestreckten Winkel ergeben. Diese Vermutung lässt sich so begründen:
Denke dir durch C eine Parallele zu $[AB]$ gezeichnet.
Der ursprüngliche Winkel α und der abgerissene und bei C angelegte Winkel α liegen dann wie Wechselwinkel an einer Doppelkreuzung mit parallelen Geraden. Das Gleiche gilt für β.
α, β und γ ergeben also zusammen einen gestreckten Winkel, $\alpha + \beta + \gamma = 180°$.
Das bedeutet: Die Summe der Innenwinkel im Dreieck beträgt 180°.

Schon gewusst?

Das Verfahren des Zerlegens in Dreiecke lässt sich auf beliebige Vielecke, z. B. auf Sechsecke, anwenden.

So kannst du dir überlegen, dass die Innenwinkelsumme im Sechseck $4 \cdot 180° = 720°$ beträgt. 042-1

Mithilfe dieses Satzes kannst du auf die Winkelsumme im Viereck schließen: Hierzu zeichnest du eine Diagonale, die im Inneren des Vierecks verläuft, ein und erhältst zwei Dreiecke, deren Innenwinkelsumme jeweils 180° beträgt. Die Innenwinkelsumme in einem beliebigen Viereck beträgt somit $2 \cdot 180° = 360°$.

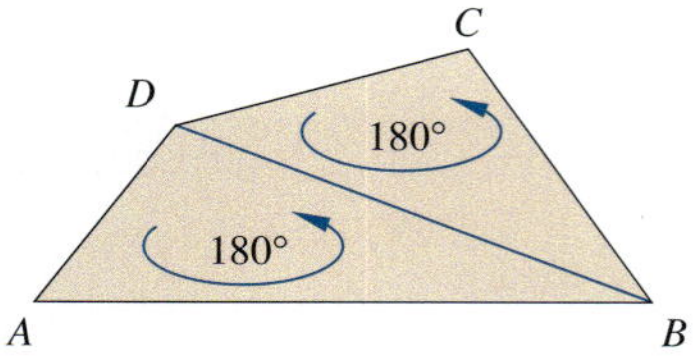

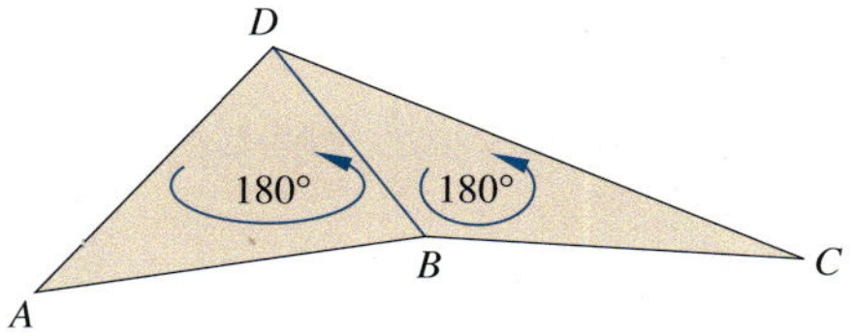

Einen Schritt weiter gedacht: Denkt man sich ein Dreieck auf der Erdoberfläche, dann beträgt die Innenwinkelsumme nicht 180°. So hat das Dreieck im Bild zwei rechte Winkel und seine Innenwinkelsumme ist damit größer als 180°.
Nur in Dreiecken auf einer ebenen, nicht gekrümmten Fläche beträgt die Innenwinkelsumme 180°. Das sind z. B. Dreiecke im Heft oder an der Tafel.
Du kannst formulieren: **Wenn** ein Dreieck in einer Ebene liegt, **dann** beträgt die Innenwinkelsumme 180°.

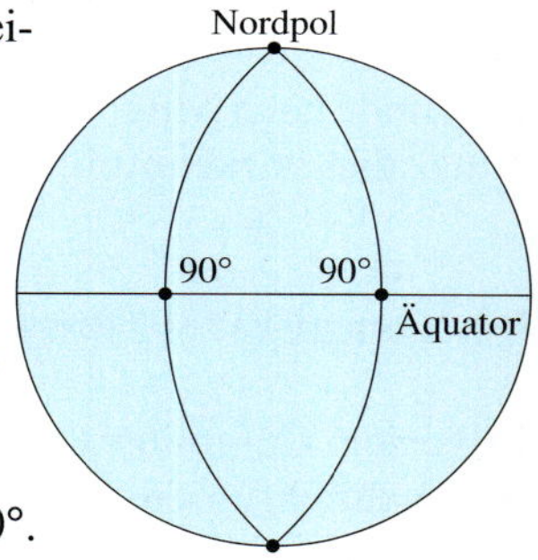

Zusammenfassung

Entdeckungen an Dreiecken und Vierecken

042-2

Für Dreiecke und Vierecke in einer Ebene gelten die folgenden Sätze.

S Die Summe der Innenwinkel im Dreieck beträgt 180°.
$\alpha + \beta + \gamma = 180°$

S Die Summe der Innenwinkel im Viereck beträgt 360°.
$\alpha + \beta + \gamma + \delta = 360°$

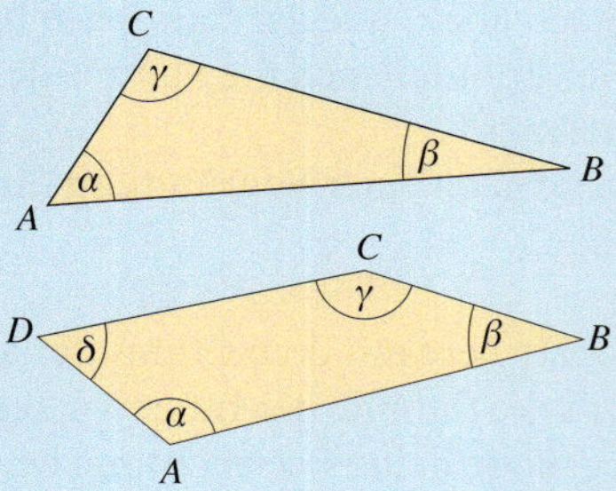

Aufgaben

Verknüpfen
Anwenden
Trainieren

1 Die abgerissenen Winkel eines Dreiecks können auch so aneinander gelegt werden:

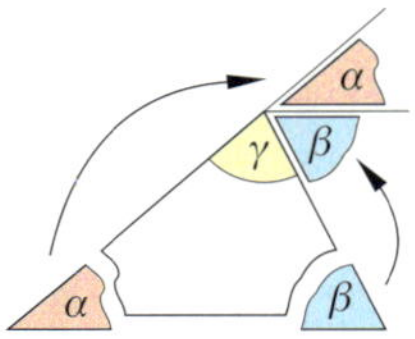

Begründe damit den Satz über die Innenwinkelsumme im Dreieck.

2 Berechne, wenn möglich, die fehlenden Winkel im Dreieck ABC.

a) $\alpha = 45°$; $\beta = 72°$
b) $\alpha = 37{,}4°$; $\gamma = 49{,}8°$
c) ein Winkel misst 125,5°; ein zweiter 15°
d) ein Winkel misst 130°; ein anderer 90°
e) $\beta = 110{,}3°$; $\gamma = 12{,}25°$
f) ein Winkel misst 51°; die beiden anderen sind jeweils 10° bzw. 20° größer.
g) $\alpha = 50°$; $\beta = \gamma + 20°$

3 Berechne, wenn möglich, die fehlenden Innenwinkel eines Dreiecks, von dem das Folgende bekannt ist.

a) Alle drei Winkel sind gleich groß.
b) Zwei Winkel sind gleich groß, der dritte Winkel misst 75°.
c) Ein Winkel ist um 10° kleiner und ein Winkel ist um 10° größer als der dritte Winkel.
d) Alle drei Winkel sind größer als 45°, einer davon ist ein stumpfer Winkel.

4 Calculate the named angles.

a)

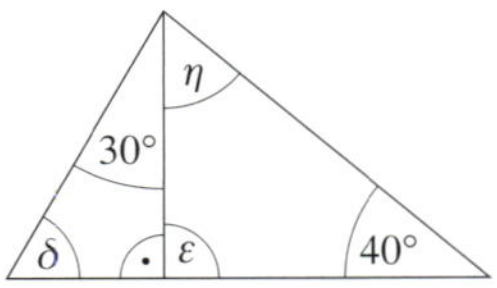

b)

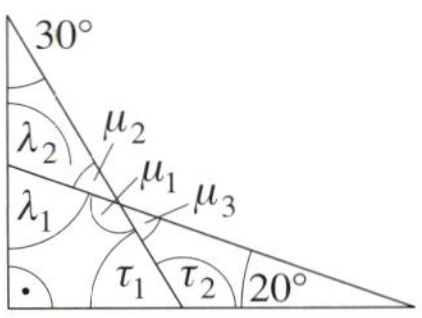

c)

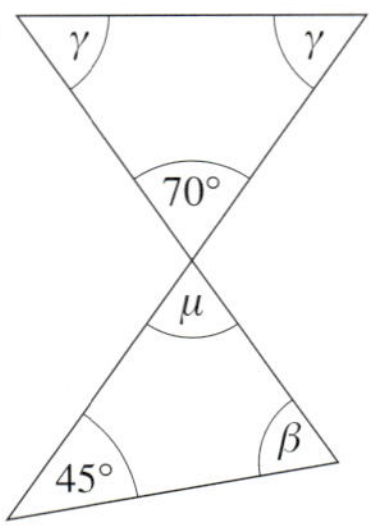

5 Berechne die nicht bekannten Winkelgrößen im Viereck $ABCD$.

	α	β	γ	δ
a)	?	90°	64°	136°
b)	57,9°	12,5°	?	130°
c)	37,3°	40°	102,7°	?
d)	$= \beta$	?	$= \beta$	120°

6 Berechne, falls möglich, die Größe aller in die Skizze eingezeichneten Winkel, wenn gilt:
$\alpha_1 = \beta_1 = \gamma_1 = \delta_1 = 30°$ und $\alpha_2 = \gamma_2$.

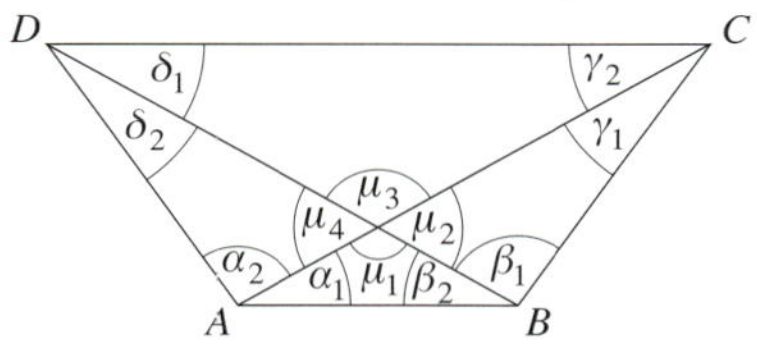

7 Diese Aufgabe kannst du mit einem Computer-Geometrie-Programm bearbeiten.

a) Zeichne ein Dreieck ABC mit $c = 5$ cm, $\alpha = 47°$ und $\beta = 43°$.
b) Bestätige, dass γ 90° misst.
c) Konstruiere die Winkelhalbierende des Winkels γ.
d) Die Winkelhalbierende schneidet c im Punkt W. Wie groß ist der Winkel $\sphericalangle CWA$?

Noch fit?

1 Familie Franz besitzt ein Auto, dessen Benzintank 50 Liter fasst. Nach 625 km ist der anfangs volle Tank leer.

a) Berechne, wie viele Kilometer Herr Franz mit den 5 Litern seines Reservekanisters noch fahren kann, wenn ein gleichmäßiger Benzinverbrauch vorausgesetzt wird?
b) Für eine geplante Urlaubsreise wird eine Fahrstrecke von etwa 2000 km angenommen. Wie oft muss mindestens getankt werden?

2 Peter hat eine 200-Gramm-Packung Gummibärchen. Mit einer ziemlich genauen Waage stellt er fest, dass 10 Gramm etwa 4 Gummibärchen entsprechen.

a) Wie viele Gummibärchen sind in der Packung?
b) Nachdem er 75 g Gummibärchen gegessen hat, möchte er den Rest mit Sybille und Renate teilen. Wie viele Gummibärchen kann jeder essen?

Aufgaben

Verknüpfen
Anwenden
Trainieren

8 Drücke für die nebenstehenden Figuren jeweils eine Beziehung zwischen α und β mithilfe einer Gleichung aus.

Figur 1

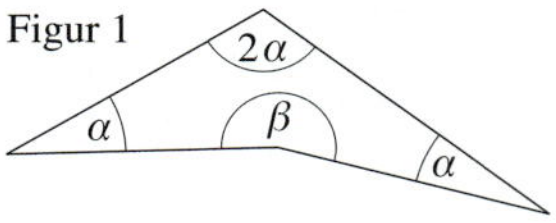

Figur 2

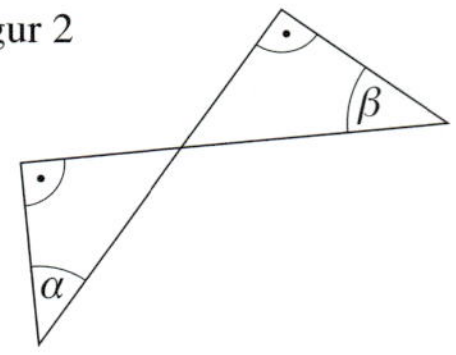

9 **Innenwinkelsummen**

a) Begründe: Die Summe der Innenwinkel in einem beliebigen Fünfeck beträgt 540°.

b) Wie groß ist die Summe der Innenwinkel in einem Siebeneck, Achteck, Zehneck?

c) Wie hängt die Summe der Innenwinkel mit der Eckenzahl zusammen?

d) Zeichne ein Vieleck mit der Innenwinkelsumme 1080°.

10 Du misst Winkelgrößen in der Einheit Grad (°). Es gibt aber auch kleinere Einheiten (s. Info). Berechne jeweils die restlichen Winkel im Dreieck ABC.

a) $\alpha = 35°$; $\beta = 72°\,25'$

b) $\beta = 120°\,35'$; $\gamma = 45°\,50'$

c) $\gamma = 110°\,22'$; $\beta = 12°\,27'\,30''$

d) $\beta = 75°\,12'\,6''$; $\alpha = \gamma$

Info

1 **Winkelminute** (1′)
1° = 60′
1 **Winkelsekunde** (1″)
1′ = 60″

Winkelminuten und Winkelsekunden verwendet man z. B. bei Messungen in der Astronomie, in der Raumfahrt oder bei Navigationssystemen, wenn es auf große Genauigkeit ankommt. Mit Winkelminuten und Winkelsekunden kannst du genauso rechnen wie mit den gleichnamigen Zeiteinheiten.

11 Berechne jeweils die restlichen Winkel im Viereck $ABCD$.

a) $\alpha = 60°$; $\beta = \gamma$; $\delta = 2\gamma$

b) $\alpha = 0{,}5\beta$; $\gamma = 1{,}5\beta$; $\delta = \beta$

12 **Hexerei im Wasser**
Eine 1-Cent-Münze ist am Boden einer Tasse festgeklebt. Schüttet man Wasser in die Tasse, sieht man die Münze näher an der Wand der Tasse liegen. Berechne, wie groß der Winkel ist, um den der „Blickstrahl“ an der Wasseroberfläche „abgeknickt“ wird, wenn die Blickwinkel, unter denen man die Münze am Tassenboden sieht, bekannt sind.

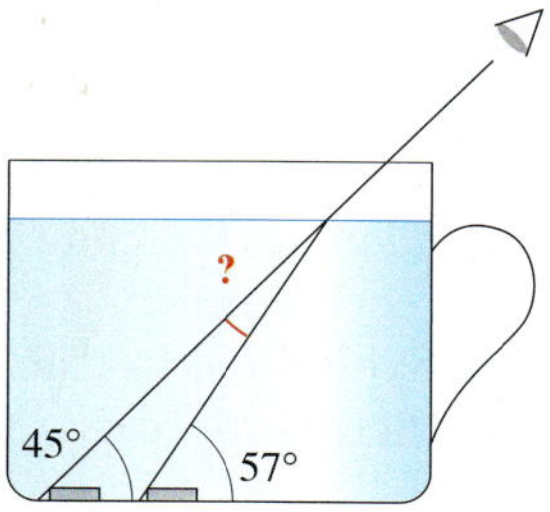

13 In the triangle ABC $\alpha = 75°$ and $\gamma = 50°$.
Calculate the angles where the bisectors of the angles α and γ meet. Check your calculation with a suitable construction.

14 Diese Aufgabe kannst du mit einem Computer-Geometrie-Programm bearbeiten.
Zeichne ein beliebiges Dreieck ABC. Konstruiere den Mittelpunkt M der Seite $[AB]$ und die Winkelhalbierende des Winkels γ. Verändere das Dreieck so, dass die Winkelhalbierende durch M verläuft. Was gilt für die Winkel des Dreiecks ABC?

15 Berechne die restlichen Winkel.

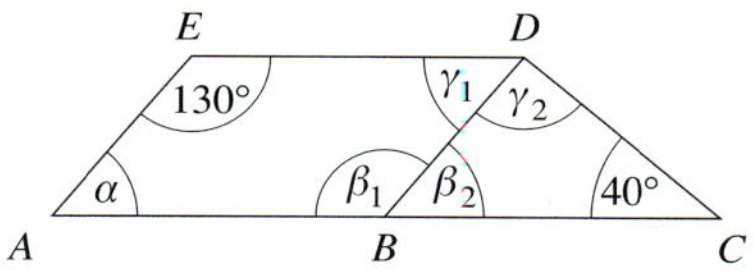

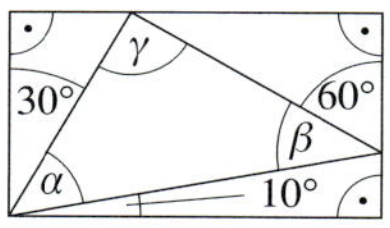

$AC \parallel ED$
$AE \parallel BD$

16 Zeige, dass im Dreieck ABC gelten muss: $\alpha = \gamma_2$ und $\beta = \gamma_1$.

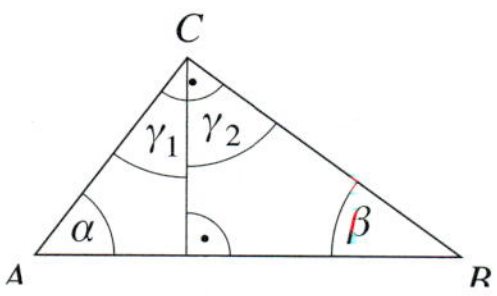

17 Wie hängen die anderen Winkel mit ε (Epsilon) zusammen?

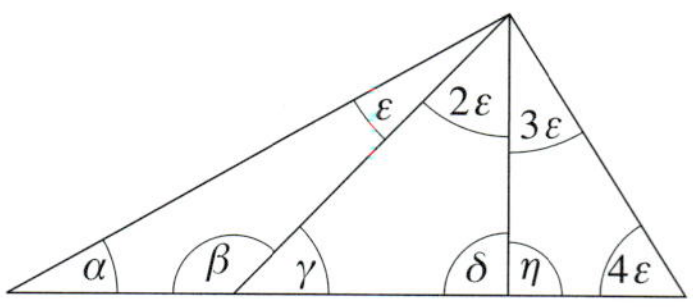

Aufgaben

Verknüpfen
Anwenden
Trainieren

18 Peter möchte zwischen zwei Parallelen ein regelmäßig sich wiederholendes Dreiecksmuster konstruieren.

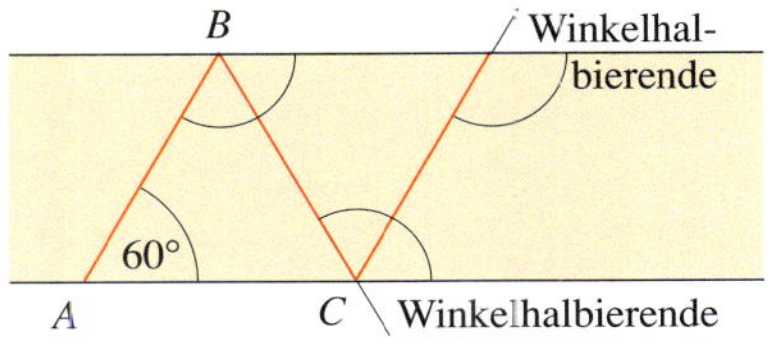

Er beginnt in A unter einem Winkel von 60°. In B konstruiert er die Winkelhalbierende des sich ergebenden Winkels, ebenso verfährt er in C usw.
Erkläre, warum er so ein sich wiederholendes Muster erhält, nicht aber, wenn er mit einem 80°-Winkel beginnt.

19 Berechne die bezeichneten Winkel, falls der Winkel δ viermal so groß ist wie α.

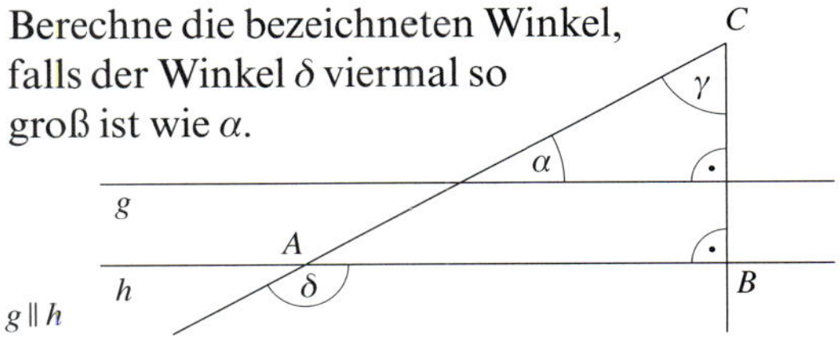

20 In den folgenden Vierecken $ABCD$ ist A der Scheitel von α, B der Scheitel von β usw. Berechne, wenn möglich, die restlichen Winkel.

a) Parallelogramm mit $\beta = 120°$
b) Rechteck mit $\alpha = 50°$
c) Trapez mit $a \parallel c$, $\alpha = 65°$, $\beta = 130°$
d) Raute mit $\delta = 70°$

21 Welche besonderen Vierecke $ABCD$ haben die genannten Eigenschaften?

a) Alle Winkel sind gleich groß.
b) Zwei Winkel messen 60°, die beiden übrigen Winkel sind gleich groß.
c) $\alpha = \gamma = 120°$
d) $\alpha = 70°$, $\beta = 50°$, $\gamma = 130°$ und $\delta = 110°$

22 Je ein Schenkel eines Winkels α verläuft senkrecht zu je einem Schenkel eines Winkels β. Mache Aussagen über α und β und begründe sie.

23 Zeichne die Drachenfliegerfigur mit den gegebenen Maßen in dein Heft.
Berechne zuerst die Winkel, die du für die Konstruktion brauchst.

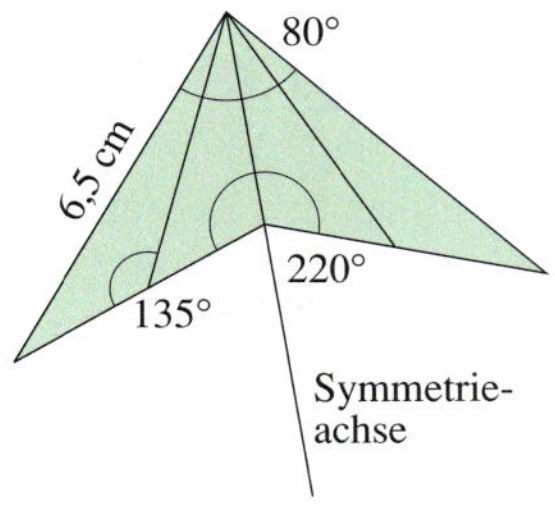

24 Berechne die Winkel des Dreiecks ABC, wenn das Folgende gilt.

a) $\alpha = 60°$ und β misst 60 % von α.
b) $\alpha = 60°$ und β misst 60 % von γ.

Aufgabe der Woche

Sterne basteln

Schneide zwei deckungsgleiche Dreiecke mit lauter gleich großen Winkeln aus. Klebe die Dreiecke so übereinander, dass die Seiten der Dreiecke jeweils parallel zueinander sind und die Klebefläche ein regelmäßiges Sechseck ist, d. h. ein Sechseck mit gleich langen Seiten.

- Untersuche die Symmetrieeigenschaften des Sterns.
- Berechne die Größen der am Stern auftretenden Winkel.
- Stelle dir vor, ein Stern wäre beim Aufkleben um 10° um den gekennzeichneten Punkt verdreht worden. Was kannst du in diesem Falle über Symmetrieeigenschaften und über die Größen der Winkel aussagen?

Bastle einen weiteren Stern, bei dem die Ecke eines Dreiecks genau in der Mitte einer Seite des anderen Dreiecks liegt und die Seiten der Dreiecke wieder jeweils parallel zueinander sind.

- Beschreibe die Form der Klebefläche.
- Untersuche wieder die Symmetrieeigenschaften und die Größe der auftretenden Winkel.

Variiere die Aufgabenstellung weiter und stelle sie deiner Nachbarin bzw. deinem Nachbarn.

Zeig, was du kannst!

1 Berechne die fehlenden Winkel, wenn die folgenden Angaben zur nebenstehenden Figur bekannt sind.

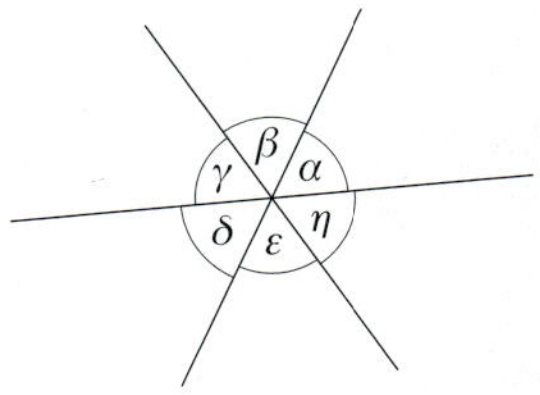

a) $\alpha = 30{,}7°$ und $\beta = 50°$
b) $\alpha + \beta = 90°$ und $\varepsilon = 68°$
c) $\alpha = \varepsilon$ und $\eta = 2\,\delta$

2 Berechne die restlichen Winkel.
a) Dreieck ABC mit $\alpha = 90°$ und $\beta = 2\,\gamma$
b) Dreieck ABC mit $\alpha = 22°35'$ und $\gamma = 99°45'52''$
c) Viereck $ABCD$ mit $\alpha = 15°$, $\beta = 70°$ und $\gamma = 10\,\alpha - \beta$

3 Wie groß sind die bezeichneten Winkel?
Welches besondere Viereck wird von den Geraden eingeschlossen?

a)

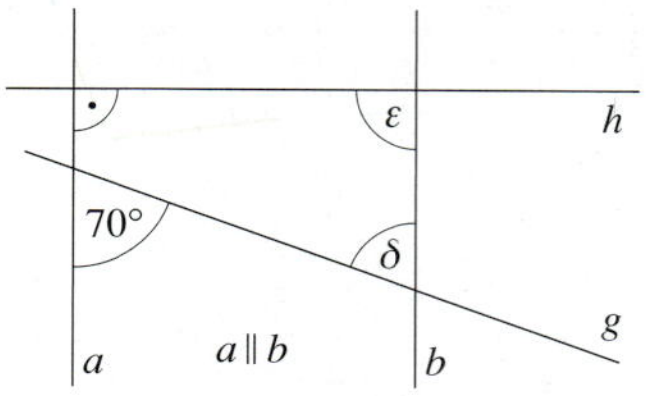

b)

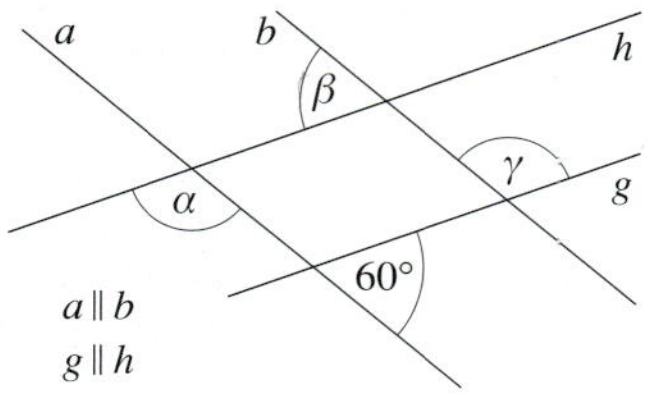

4 Berechne die Innenwinkel des Dreiecks ABC und des Vierecks $ABCD$.

a)

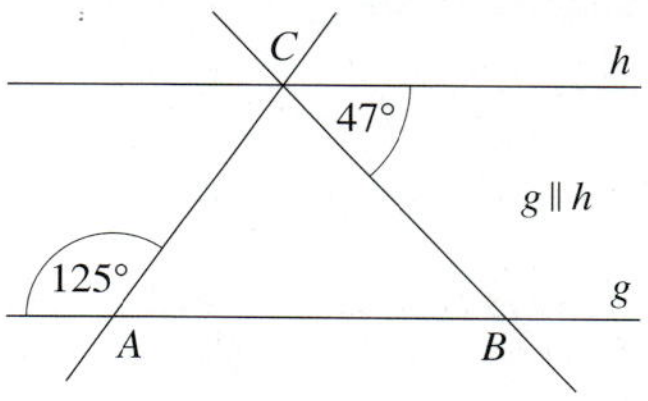

b)

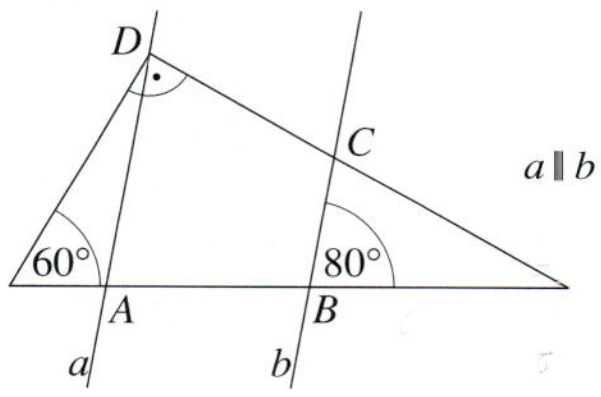

5 Was ist richtig, was ist falsch? Wo liegt der Fehler?

a)

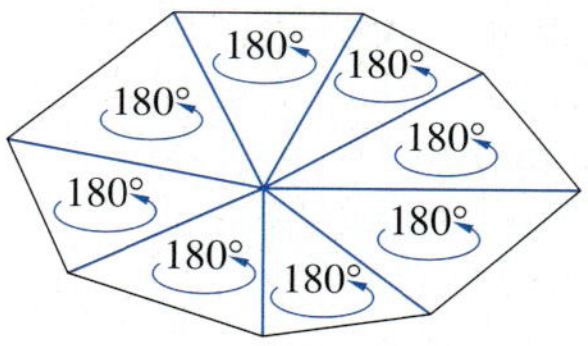

b)

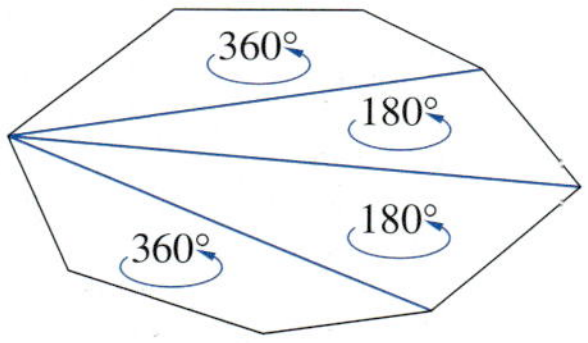

Die Winkelsumme im Achteck beträgt …
$8 \cdot 180° = 1440°$. $2 \cdot 360° + 2 \cdot 180° = 1080°$.

Aufg.-Nr.	Punkte	Lösungshinweise	Lösungen Seite 214
1	12 P	Vgl. Seite 37, Aufgaben 2, 8	
2	9 P	Vgl. Seite 43 f., Aufgaben 2, 3, 5, 10	35–40 Punkte
3	6 P	Vgl. Seite 37 f., Aufgaben 5, 12	
4	8 P	keine Hinweise	29–34 Punkte
5	5 P	Beachte Seite 42, Bearbeitung Auftrag 2.	
			23–28 Punkte

3 Beschreiben mithilfe von Termen

Welcher der vielen Handy-Tarife wäre für dich der günstigste?

In diesem Kapitel lernst du, Sachverhalte mithilfe von Variablen und Termen zu beschreiben und die Werte von Termen zu berechnen. Das Untersuchen von Abhängigkeiten anhand von Termen kann dir helfen, Probleme wie das genannte zu lösen oder Regelmäßigkeiten in verschiedenen Bereichen auf die Spur zu kommen.

Bergauf, bergab – wann treffen sich die Bergsteiger?

Der Bergsteiger Herr Müller startet von seinem Hotel, das auf 820 m Höhe liegt, um 7:00 Uhr zur Gipfelhütte auf 2150 m. Pro 10 Minuten schafft er 50 Meter an Höhe. Kollege Huber startet um 7:00 Uhr an der Gipfelhütte, wo er übernachtet hatte, läuft aber in 10 Minuten jeweils 80 Meter bergab. Wann treffen sich die beiden Bergsteiger?

Solche Fragestellungen wie die der beiden Bergsteiger lassen sich durch Probieren lösen: Du überlegst dir, auf welcher Höhe sie sich 10, 20, 30, … Minuten nach 7:00 Uhr befinden. Dazu legst du eine Tabelle an.
Nun musst du immer wieder dasselbe rechnen bis … (?)
Die eintönige Rechenarbeit kann dir ein Tabellenkalkulationsprogramm abnehmen. Übertrage dazu den Anfang der Tabelle auf ein leeres Tabellenblatt.

Minuten nach 7:00 Uhr	bergauf	bergab
0	820	2150
10	870	2070
20	920	1990
…	…	…

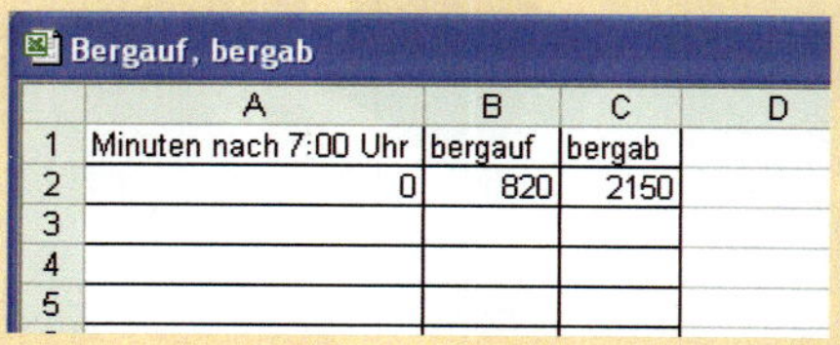

Bergauf, bergab

	A	B	C	D
1	Minuten nach 7:00 Uhr	bergauf	bergab	
2	0	820	2150	
3				
4				
5				

Eine Idee: Die Werte in den Zellen der Spalten A, B und C lassen sich jeweils aus dem Wert der unmittelbar darüber stehenden Zelle berechnen.

Anwendung der Idee auf die Zeile 3:

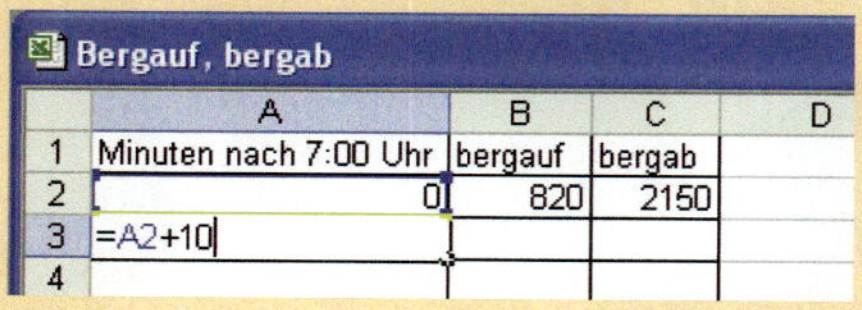

Bergauf, bergab

	A	B	C	D
1	Minuten nach 7:00 Uhr	bergauf	bergab	
2	0	820	2150	
3	=A2+10			
4				

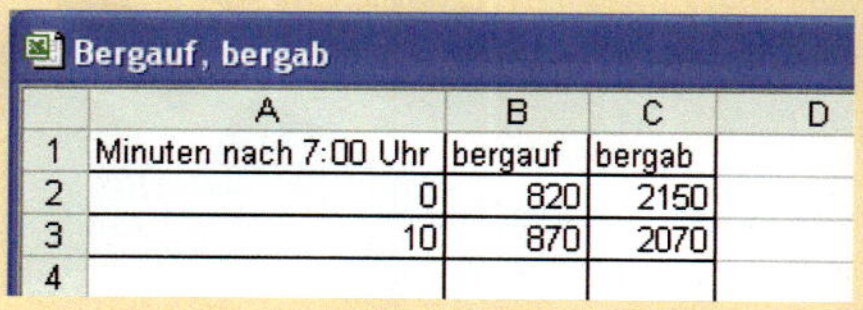

Bergauf, bergab

	A	B	C	D
1	Minuten nach 7:00 Uhr	bergauf	bergab	
2	0	820	2150	
3	10	870	2070	
4				

Den Wert in Zelle A3 lässt du berechnen, indem du zum Wert in der Zelle A2 10 addierst. Dazu schreibst du in Zelle A3 die Formel **=A2+10**.
Das Zeichen = steht hier für „Berechne!".
In die Zelle B3 wurde die Formel **=B2+50** geschrieben. Was bedeutet sie?
Welche Formel musste in die Zelle C3 geschrieben werden?

Übertragung der Idee auf die folgenden Zeilen 4, 5, 6, …:

Probiere es selbst aus. Achte dabei auf die Gestalt des Cursors: Ein weißes Kreuz bedeutet „markieren", ein schwarzes, „für die neuen Zellen weiterrechnen".

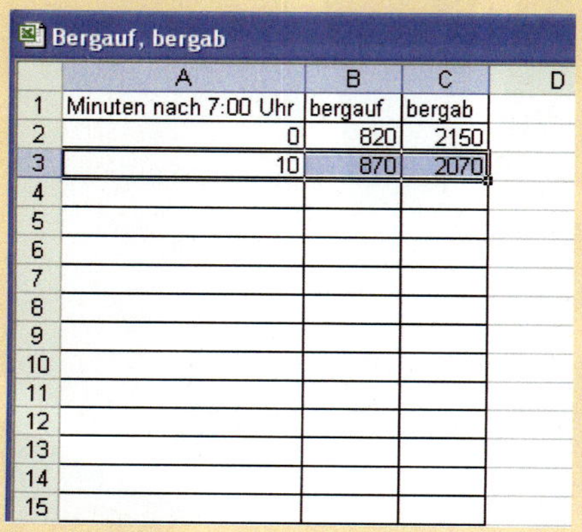

Bergauf, bergab

	A	B	C	D
1	Minuten nach 7:00 Uhr	bergauf	bergab	
2	0	820	2150	
3	10	870	2070	
4				
5				
6				
7				
8				
9				
10				
11				
12				
13				
14				
15				

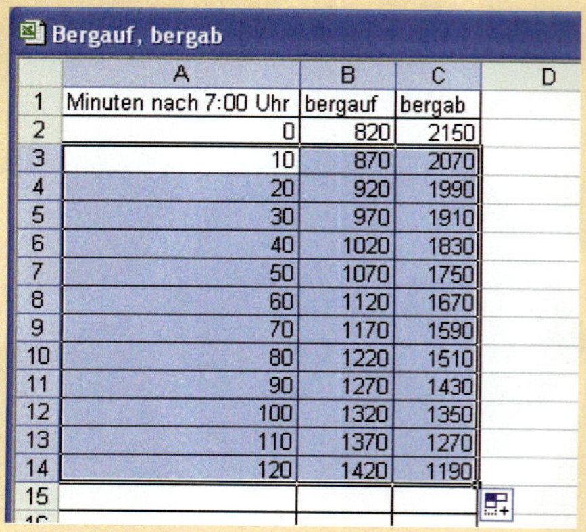

Bergauf, bergab

	A	B	C	D
1	Minuten nach 7:00 Uhr	bergauf	bergab	
2	0	820	2150	
3	10	870	2070	
4	20	920	1990	
5	30	970	1910	
6	40	1020	1830	
7	50	1070	1750	
8	60	1120	1670	
9	70	1170	1590	
10	80	1220	1510	
11	90	1270	1430	
12	100	1320	1350	
13	110	1370	1270	
14	120	1420	1190	
15				

Wenn du eine Zelle anklickst, kannst du in der Bearbeitungszeile den Inhalt der Zelle sehen. Vergleiche mit den Inhalten anderer Zellen derselben Spalte. Was fällt dir auf?

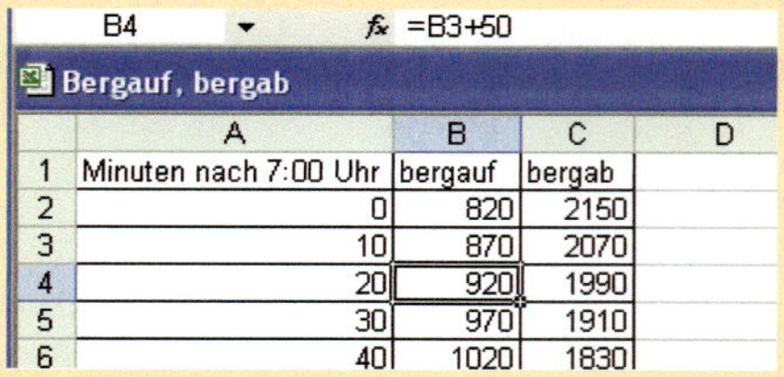

	A	B	C	D
1	Minuten nach 7:00 Uhr	bergauf	bergab	
2	0	820	2150	
3	10	870	2070	
4	20	920	1990	
5	30	970	1910	
6	40	1020	1830	

Mithilfe eines Diagrammassistenten kannst du auch ein Diagramm zur Tabelle zeichnen lassen. Probiere es selbst einmal, versuche das folgende Diagramm zu erzeugen.

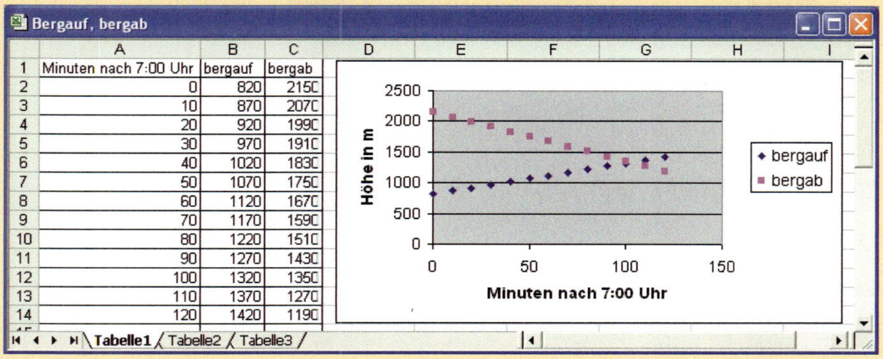

	A	B	C
1	Minuten nach 7:00 Uhr	bergauf	bergab
2	0	820	2150
3	10	870	2070
4	20	920	1990
5	30	970	1910
6	40	1020	1830
7	50	1070	1750
8	60	1120	1670
9	70	1170	1590
10	80	1220	1510
11	90	1270	1430
12	100	1320	1350
13	110	1370	1270
14	120	1420	1190

Erläutere, wie du aus der Tabelle und aus dem Diagramm ablesen kannst, wann sich Herr Müller und Herr Huber treffen.
Welche Werte erkennst du?
Mit welcher Genauigkeit konntest du aus der Tabelle und aus dem Diagramm den Zeitpunkt des Treffens ermitteln?

Mit einem Tabellenkalkulationsprogramm könntest du den Zeitpunkt des Treffens ohne großen Aufwand weiter eingrenzen.
Erläutere, wie du dazu vorgehen würdest.
Überlege, wie weit es sinnvoll ist, die Tabelle so zu verändern, dass der Zeitpunkt des Zusammentreffens weiter eingegrenzt wird.

Viele Wege führen bergauf und bergab – eine andere Idee:
Die Werte in den Zellen B und C lassen sich auch aus dem Wert der Zelle A in derselben Zeile berechnen.

Anwenden dieser Idee:
Beispielsweise steigt Herr Müller pro Minute durchschnittlich 5 Meter.
Begründe, dass sich der Wert in der Zelle B3 deshalb auch mit der Formel **=820+5*A3** berechnen lässt.
Welche Formel müsste entsprechend in der Zelle C 3 stehen?
Probiere es aus.

Noch ein Tipp:
Die Spalte A lässt sich auch ohne Formel ausfüllen! Es funktioniert, wenn du in Zelle A2 den Wert 0 und in Zelle A3 den Wert 10 schreibst und dann …

Info

Rechenzeichen bei einer Tabellenkalkulation:
Addition **+**
Subtraktion **–**
Multiplikation *****
Division **/**

Eine Tabellenkalkulation beachtet die Vorfahrtsregeln beim Rechnen.

Die Bearbeitungszeile kannst du auch für Eintragungen in eine Zelle und für die Korrektur einer Formel in einer Zelle nutzen.

Unter FORMAT findest du einen Unterpunkt ZELLEN... Hier hast du viele Möglichkeiten für die Formatierung eines markierten Bereichs.

3.1 Terme aufstellen und Termwerte berechnen

Auftrag 1 Geburtstagsrätsel – Hellseherei?

Viele Menschen geben ihren Geburtstag nicht gerne preis. Mit dem folgenden Rätsel kannst du jedem dieses Geheimnis entreißen.
„Multipliziere den Tag (nicht den Monat) deines Geburtstages mit 5 und addiere 6. Multipliziere das Ergebnis mit 20. Addiere zum Schluss den Monat des Geburtstages.
Sag mir die errechnete Zahl und ich sage dir, wann du Geburtstag hast.“
Notiere die Rechenanweisung schriftlich und versuche dem Geheimnis auf die Spur zu kommen. Das funktioniert am besten, wenn du eine Tabelle anlegst.
Zwei Schüler melden sich und geben ihre Ergebnisse bekannt: 3129 und 3321.
Was sagst du dazu?

Auftrag 2 Die vergessene Formel

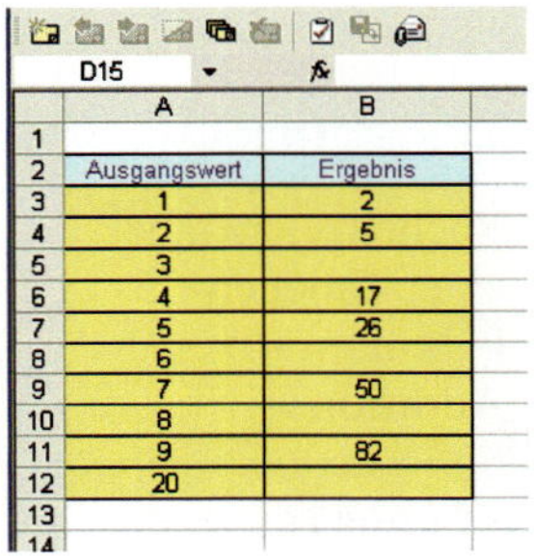

	A	B
1		
2	Ausgangswert	Ergebnis
3	1	2
4	2	5
5	3	
6	4	17
7	5	26
8	6	
9	7	50
10	8	
11	9	82
12	20	
13		

Herr Sch. Ussel soll für seine Firma eine Auswertung durchführen. Er verwendet dazu ein Tabellenkalkulationsprogramm.
Als er seinen Ausdruck kurz vor der Präsentation betrachtet, bemerkt er, dass er aus Versehen einige Zahlen gelöscht hat.
Schnell versucht er im Kopf die Zahlen noch einmal zu bestimmen: „Nimm die Ausgangszahl und …??“. Vor lauter Nervosität fällt ihm die Rechenvorschrift nicht mehr ein.
Erstelle für ihn die verlorene Formel, sodass er selbst auf eine Zwischenfrage wie „Und was ist bei 25?“, schnell antworten kann.
Suche auch nach einem Ausgangswert, bei dem sich das Ergebnis 145 ergibt.
Überlege, ob es noch einen weiteren Ausgangswert gibt, der auf das Ergebnis 145 führt.

Auftrag 3 Vielecke

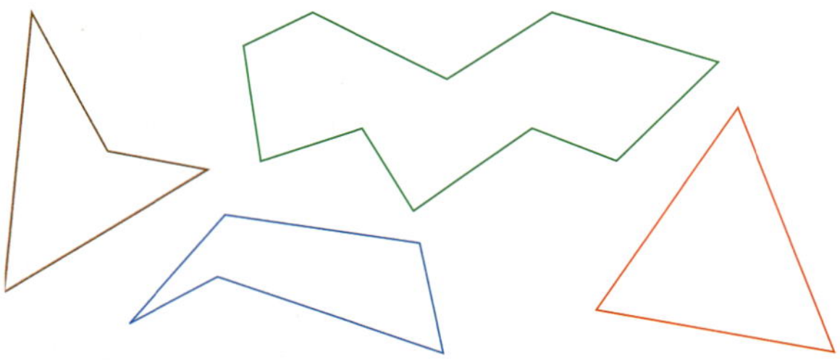

Um das genaue Arbeiten mit dem Geodreieck zu üben, bekommen die Schülerinnen und Schüler von ihrem Lehrer den Auftrag:
„Bestimme die Innenwinkelsumme der links dargestellten Figuren.“
Heini Hurtig notiert seine Ergebnisse sehr ordentlich und ordnet sie sinnvoll an. Als er das grüne Zehneck bearbeitet, bemerkt er, dass der Arbeitsaufwand nun sehr groß wird.
„Das muss doch einfacher zu bestimmen sein“, überlegt er, als er auf sein Arbeitsblatt blickt. Nach ein paar Minuten sagt er: „Ich muss nur wissen wie viele Ecken so eine Figur hat und schon kann ich die Innenwinkelsumme angeben!“
Mit welcher Formel rechnet er?
Gibt es ein Vieleck mit einer Innenwinkelsumme von 1800°?

Auftrag 1 **Geburtstagsrätsel – Hellseherei?** **Bearbeitung**

Das Rätsel enthält eine klare Anweisung wie zu rechnen ist. Nimm als Beispiel den 3. Februar (03.02.):

$3 \cdot 5 = 15$ $\quad 15 + 6 = 21$ $\quad 21 \cdot 20 = 420$ $\quad 420 + 2 = 422$

Das musst du immer wieder neu berechnen!

Um dem Rätsel auf die Spur zu kommen, schreibe zunächst einige Beispiele in einer Tabelle auf.

Datum	03.02.	11.01.	13.05	27.09	02.11.
Ergebnis	422	1221	1425	2829	331

Wenn du ein geübtes Auge für Zahlen hast, kannst du anhand solch einer Tabelle bereits eine Vermutung aufstellen: Vermutlich erhält man das Geburtsdatum immer, wenn 120 vom Ergebnis abgezogen wird.
Um diese Vermutung zu überprüfen, musst du eine Rechenanweisung aufstellen, die für alle möglichen Geburtstage gültig ist. Deshalb solltest du kein bestimmtes Datum verwenden, sondern **Platzhalter**, auch **Variablen** genannt.
Als Variablen kannst du Zeichen wie □, ∇, ⊗ oder Buchstaben benutzen.
Es ist sinnvoll, eine Variable auszuwählen, die einen Hinweis auf das gibt, was für sie eingesetzt werden soll. Nahe liegend sind z. B. „t“ für Tag und „m“ für den Monat. Somit lässt sich die Rechenanweisung in die mathematische Sprache übersetzen:

Beispiele:
$422 - 120 = 302$,
demnach 03.02.
$1221 - 120 = 1101$
demnach 11.01.

Multipliziere den Tag mit 5.	$t \cdot 5$
Addiere 6.	$t \cdot 5 + 6$
Multipliziere das Ergebnis mit 20.	$(t \cdot 5 + 6) \cdot 20$
Addiere den Monat.	$(t \cdot 5 + 6) \cdot 20 + m$

Für t darfst du nur natürliche Zahlen zwischen 1 und 31einsetzen und für m nur natürliche Zahlen zwischen 1 und 12.
Zu jeder Variablen gehört also eine Zahlenmenge, aus der du einsetzen darfst. Diese nennt man **Definitionsmenge**.

Ausdrücke wie $5\,t$, $(5\,t + 6) \cdot 20$, $(5\,t + 6) \cdot 20 + m$, aber auch Ausdrücke ohne Variablen wie $3 + 7$ oder $(3{,}5 - 8{,}7) : 13{,}5$, nennt man **Terme**.

Mithilfe eines Terms wird eine Rechenvorschrift in mathematisch kurzer Form angegeben. Das Ergebnis der Rechnung entsprechend dieser Vorschrift heißt **Wert des Terms**.
Bei Termen mit einer oder mit mehreren Variablen hängt der Wert des Terms davon ab, welche Zahl für die Variable jeweils eingesetzt wird. Um dies deutlich zu machen wird folgende Schreibweise festgelegt:
$\boldsymbol{T(t; m)} = (5\,t + 6) \cdot 20 + m$
Gesprochen: „T von t und m“
Das ist eine Kurzschreibweise für: Der Term T ist abhängig von den Variablen t und m.

Setzt du in den Term $T(t; m) = (5\,t + 6) \cdot 20 + m$ verschiedene Geburtstage ein und formst ihn dann wie in den folgenden Beispielen um, erkennst du, warum du nach Subtrahieren von 120 das Geburtsdatum ablesen kannst.

Tipps

Verwende als Zeichen für Platzhalter/Variable im Normalfall kleine Buchstaben.

Überlege dir immer, welche Zahlen du für eine Variable einsetzen darfst.

Einen Malpunkt zwischen Zahl und Variable darfst du weglassen.
Beispielsweise kannst du statt $5 \cdot t$ bzw. $t \cdot 5$ kurz $5\,t$ schreiben.
Setzt du aber für die Variable eine Zahl ein, dann musst du den Malpunkt wieder hinschreiben. Ist z. B. $T(t) = 5\,t$, so ist
$T\left(\frac{1}{2}\right) = 5 \cdot \frac{1}{2} = 2{,}5$
$\left(\text{und nicht } 5\frac{1}{2} = 5{,}5\right)$.

Beispiele für die Berechnung von Termwerten:

03.02. $T(3; 2) = (5 \cdot 3 + 6) \cdot 20 + 2 = 5 \cdot 20 \cdot 3 + 120 + 2 = 100 \cdot 3 + 120 + 2 = 302 + 120$

27.05. $T(27; 5) = (5 \cdot 27 + 6) \cdot 20 + 5 = 5 \cdot 20 \cdot 27 + 120 + 5 = 100 \cdot 27 + 120 + 5 = 2705 + 120$

12.11. $T(12; 11) = (5 \cdot 12 + 6) \cdot 20 + 11 = 5 \cdot 20 \cdot 12 + 120 + 11 = 100 \cdot 12 + 120 + 11 = 1211 + 120$

Beachte

In $T(t; m)$ stehen t und m für Tage und Monate, während der Wert des Terms weder die Bedeutung von Tagen noch von Monaten hat, sondern eine formale Zahl ist.

Wäre $T(t; m)$ für beliebige natürliche Zahlen definiert, dann ließe sich aus dem Termwert nicht mehr eindeutig zurückrechnen, welche Zahlen für t und m eingesetzt wurden: $T(34; 7) = 3527$ und $T(32; 207) = 3527$.

Für welches Datum du auch den Wert des Terms $T(t; m) = (5t + 6) \cdot 20 + m$ berechnest, immer ergibt sich als eindeutig bestimmte Zahl das Hundertfache des Tages der Geburt plus Geburtsmonat plus 120.

Nun lassen sich auch die zwei Schülerantworten erklären:
Aus 3129 folgt wegen $3129 - 120 = 3009$ das Geburtsdatum 30.09.
Aus 3321 würde wegen $3321 - 120 = 3201$ ein Geburtsdatum 32.01. folgen. Da es dieses Geburtsdatum aber nicht gibt, muss sich der Schüler beim Berechnen des Termwerts verrechnet haben.

Das Geburtsdatum kannst du auch finden, indem du, ausgehend vom berechneten Termwert – z. B. 422 –, rückwärts rechnest:

1. Schritt: Wenn du von der berechneten Zahl m subtrahierst, erhältst du eine Zahl, die ein Vielfaches von 20 sein muss: $T(t; m) = \underbrace{(5t + 6)}_{\text{irgendeine Zahl}} \cdot 20 + m$

   Im Falle 422 kann m nur den Wert 2 haben, denn den Monat 22 gibt es nicht und wenn du 12 subtrahierst, erhältst du 410, was kein Vielfaches von 20 ist. Als Vielfaches von 20 erhältst du 420.
2. Schritt: Nun wird durch 20 dividiert. $420 : 20 = 21$.
3. Schritt: 6 wird subtrahiert. $21 - 6 = 15$
4. Schritt: Es wird durch 5 dividiert. $15 : 5 = 3$ t muss den Wert 3 haben.

Der Geburtstag ist folglich der 3. Februar.

Zusammenfassung

Terme aufstellen und Termwerte berechnen

Zahlen, Variablen und deren sinnvolle rechnerische Verknüpfung sind **Terme**.
Den Malpunkt zwischen Zahl und Variable darfst du weglassen, aber nicht zwischen Zahlen.

Terme sind z. B. 3, x, $2a + 3$, $(5m - 4) \cdot 2n$.
Keine Terme sind z. B. $5c+:3$ oder $2x < 5$.

$7 \cdot a - 5 \cdot b = 7a - 5b$, aber $2 \cdot 3 \neq 23$

Um den **Wert eines Terms** mit einer Variablen zu berechnen, muss erst eine Zahl aus der **Definitionsmenge** eingesetzt werden.

$T(a) = 7a - 5$; a aus $\mathbb{Q}$
$T(-3{,}2) = 7 \cdot (-3{,}2) - 5 = -22{,}4 - 5 = -27{,}4$

Enthält ein Term ein und dieselbe Variable an mehreren Stellen, so muss an jeder Stelle derselbe Zahlenwert eingesetzt werden.

$T(a) = a^2 + 2a$
$T(3) = 3^2 + 2 \cdot 3 = 9 + 6 = 15$

Für verschiedene Variable musst du die entprechenden Zahlen einsetzen.

$T(a; b) = 3a + 5b$
$T(4; 7) = 3 \cdot 4 + 5 \cdot 7 = 12 + 35 = 47$

Wenn du mehrere unterschiedliche Zahlen nacheinander für die Variablen einsetzen willst, ist es sinnvoll eine **Tabelle** anzulegen.

$T(a; b) = 3a + 5b$

a	1	–5	2	–10
b	2	3	2	5
$T(a; b)$	13	0	16	–5

052-1

Aufgaben

Verknüpfen
Anwenden
Trainieren

1 Setze für die Variable der Reihe nach die Zahlen $0, \frac{1}{3}, 3, -0{,}25, 11, \frac{1}{5}$ sowie $1\frac{1}{2}$ ein und berechne jeweils den Wert des Terms.

a) $T(x) = x^2 + 1$
b) $T(a) = a^2 - 2a$
c) $T(c) = 2c + 2$
d) $T(b) = \frac{b+1}{b-1}$
e) $T(a) = 4 \cdot (a+1)^2$

053-1

2 Schreibe die Anweisungen als Term auf.
a) Multipliziere eine Zahl mit ihrem Nachfolger.
b) Addiere 5 zu einer Zahl und multipliziere das Ergebnis mit 2.
c) Dividiere eine Zahl durch ihren Vorgänger.
d) Quadriere eine Zahl und subtrahiere anschließend das Doppelte der Zahl.
e) Addiere das Fünffache einer Zahl zum Dreifachen dieser Zahl.
f) Addiere die Hälfte einer Zahl mit dem Drittel einer anderen Zahl.

3 Übertrage die Tabelle ins Heft und ergänze sie.

a	$-2{,}5$	-1	0	0,2	4	5
$T(a)$						

a) $T(a) = a^2 + a + 1$
b) $T(a) = a^3 - 3a$
c) $T(a) = \frac{1}{a+1} - 2$

4 Übertrage die Tabelle ins Heft und ergänze sie.

a	-2	-1	0	0,2	4
b	3	2	1	0	$-0{,}5$
$T(a; b)$					

a) $T(a; b) = a^2 - ab + 0{,}5b$
b) $T(a; b) = 2(a+b) - ab$
c) $T(a; b) = \frac{a+b}{a-b}$

5 Übertrage die Tabelle in dein Heft und vergleiche die Termwerte, wenn du die entsprechenden Zahlen für die Variable einsetzt.

b	$b(1+b)$	$b^2 + b - 3$	$(b-1)(b+2)$
$-0{,}5$			
0			
1,5			
3			

6 Ziegelbauweise: Um quadratische Türme zu bauen hat sich Herr Fleißig Ziegelsteine besorgt. Diese sind kleine Quader mit 20 cm Länge, 10 cm Breite und ebenfalls 10 cm Höhe. Die Steine werden fugenlos aneinander gelegt.

Ein Turm soll eine Seitenlänge von 1 m haben.
a) Die Variable x zählt die Anzahl der gemauerten Reihen. Stelle einen Term auf, der den Verbrauch der Ziegelsteine für x Reihen beschreibt.
Berechne damit den Ziegelsteinverbrauch für, 2, 3, 5, 10 und 20 Reihen.
b) Stelle einen Term auf, der bei Eingabe der Höhe in Meter direkt den Ziegelsteinverbrauch liefert.
c) Erstelle dieselben Terme wie in a) und b), aber für einen Turm, der 1,5 m Seitenlänge besitzt.
d) Wie sieht der Term aus, wenn die oberste Reihe Zinnen hat, d. h. dass nur jeder zweite Stein gesetzt wird?

7 Finde mindestens drei Terme, die zu den Ergebnissen passen. Für die Variablen wurden aufeinander folgende ganze Zahlen eingesetzt.

a)

n			
$T(n)$	7	9	11

b)

a			
$T(a)$	-5	$-1{,}5$	2

c)

a			
$T(a)$	-2	5	12

8 Finde diejenige Zahl (oder Zahlen), für die der Wert des Terms 0 wird.
a) $T(a) = 2a - 5$
b) $T(b) = b^2 - 4$
c) $T(c) = 4c \cdot (c-3)$
d) $T(d) = (6d - 3)(4 + 2d)$

9 Beschreibe die Rechenanweisung des Terms in eigenen Worten.
a) $4a - 3$
b) $a + \frac{1}{a}$
c) $a^2 - 3a$
d) $(a-1) \cdot a \cdot (a+1)$, für a ganze Zahlen einsetzen.
e) $(a+b)(a-b)$
f) $\frac{ab}{a+b}$
g) $(a+b+c) \cdot abc$
h) $\frac{a+1}{a-1}$

Noch fit?

1 Eine Umfrage hat ergeben, dass in Klasse 7 a von 25 Schülern 7 mit dem Bus zur Schule fahren. Klasse 7 b hat 30 Schüler, von denen 9 mit dem Bus fahren, und in Klasse 7 c sind 32 % Busfahrer.
Vergleiche die Ergebnisse.

2 60 Schüler wurden befragt, was sie in der Pause am häufigsten am Pausenstand kaufen. Es gab drei Antwortmöglichkeiten:
1 Butterbreze, 2 Semmel, 3 nichts.
Anschließend wurde dieses Diagramm veröffentlicht:

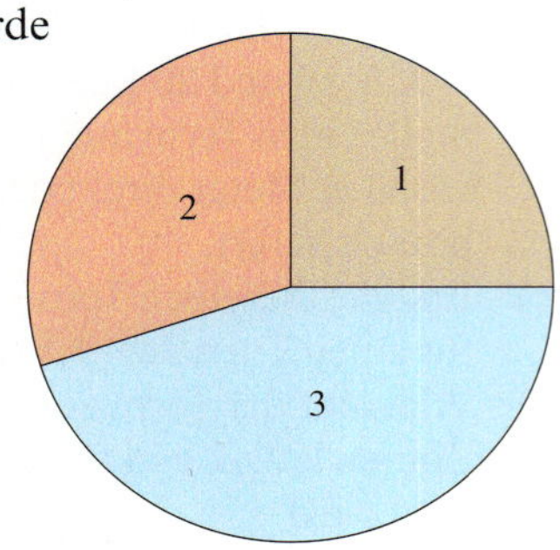

a) Gib die Anteile der einzelnen Antworten in Prozent an.
b) Wie viele Schüler kauften Brezen?

Aufgaben

Verknüpfen
Anwenden
Trainieren

10 Die Telefongesellschaft Kelepromm bietet ihren Kunden folgenden Vertrag an: Grundgebühr 11,50 €, Gespräche im Ortsnetz 2 Cent pro min, Ferngespräche 5 Cent pro min.
a) Stelle einen Term auf, mit dem du die Telefongebühren berechnen kannst. Überlege dir zuerst, was Variablen wie z. B. o und f bedeuten sollen.
b) Berechne die Kosten, wenn der Kunde 220 min Ortsgespräche und 150 min Ferngespräche geführt hat.

11 Beim schnellen Abschreiben hat Herr Hastig leider nicht angegeben, welchen Wert die Variable hatte. Nur die Ergebnisse hat er noch. Hilf ihm die passenden Werte für die Variable zu finden, wenn der Term $T(u) = u^2 - 2$ heißt.
Beachte: Es gibt meist zwei Möglichkeiten.
a) $T(?) = 23$ **c)** $T(?) = -2$
b) $T(?) = 14$ **d)** $T(?) = 2$

12 Stelle jeweils einen Term auf, der den Flächeninhalt der abgebildeten Figur in cm^2 berechnet. Warum ist es möglich, dass Mitschüler andere Terme aufstellen?
Berechne anschließend den Flächeninhalt der Figur, indem du für die Variable(n) die angegebenen Zahlen einsetzt.

a)
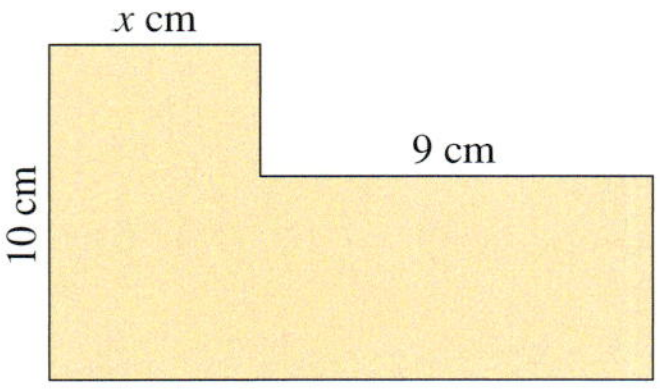

2, 4, 7 und 9 für x einsetzen

b)
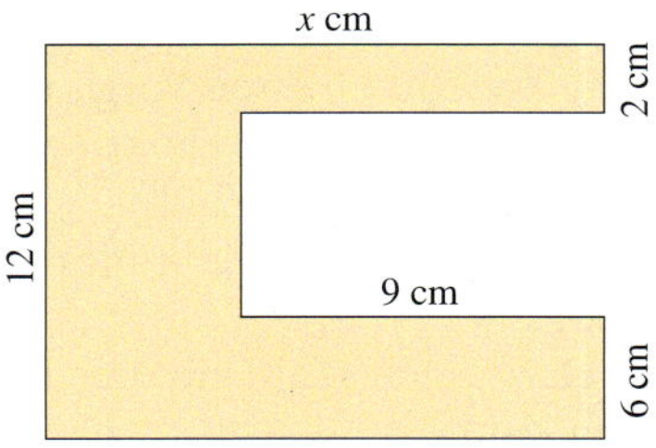

10, 11, 14 und 9 für x einsetzen

c) Die Figur ist achsensymmetrisch.
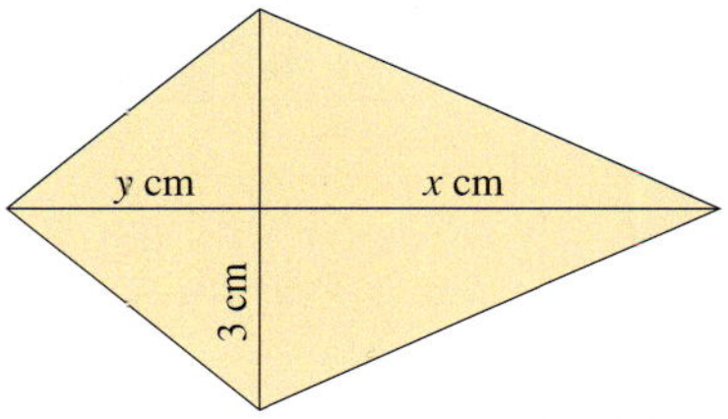

8, 11, 13 und 15 für x einsetzen
2, 3, 4 und 5 für y einsetzen

d)
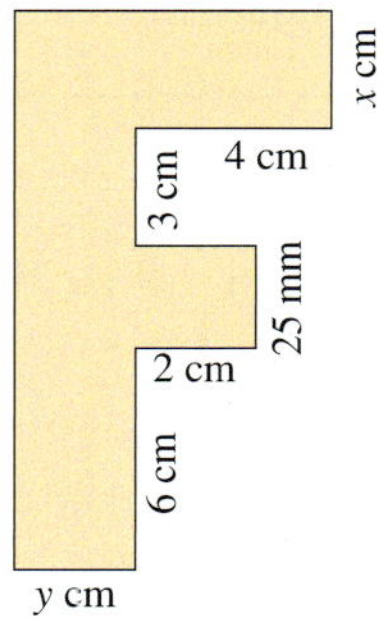

2, 3, 5 und 7 für x einsetzen
2, 3, 4 und 5 für y einsetzen

13 Die Türme aus Aufgabe 6 sollen gelb gestrichen werden (innen, außen und oben). Stelle einen Term auf, der den Farbverbrauch je nach Anzahl der gemauerten Reihen ermittelt, wenn man für 1 m^2 einen Liter Farbe benötigt.

14 Welcher Term steckt dahinter? Bestimme jeweils einen Term, durch den die Tabellenwerte erzeugt werden, und ergänze im Heft die leeren Felder.

a)

x	-3	-2	0		4	7
$T(x)$	-5	-3	1	5	9	

b)

a	-2	0	1	5	10	
$T(a)$	-11	-5	-2		25	31

15 Wenn man Geld auf der Bank hinterlegt, bekommt man Zinsen. Die in einem Jahr anfallenden Zinsen werden mithilfe des Terms $Z(K;p) = K \cdot p$ berechnet. Dabei ist K das Kapital (das Geld, das man zur Bank bringt) und p ist der Zinssatz in Prozent, den die Bank anbietet.
Wie viel Zinsen erhält man nach einem, nach zwei und nach drei Jahren bei a) bis c)?

a) $K = 120$ €; $p = 4\%$
b) $K = 1100$ €; $p = 3{,}5\%$
c) $K = 350$ €; $p = 2{,}95\%$
d) Beim Aufgabenteil a) gibt es in der Klasse zwei Ergebnisse für die Zinsen nach zwei Jahren: 9,79 € und als Alternative 9,60 €.
Wie lassen sich die unterschiedlichen Ergebnisse erklären?

16 Der Bergsteiger Kurt Kraxel schafft im Durchschnitt 400 Höhenmeter pro Stunde. Er startet seine Bergtouren immer von einer Hütte, die auf 720 m Höhe liegt.

a) Erstelle einen Term, mit dem Herr Kraxel die momentane Höhe ermitteln kann, wenn er weiß, wie lange er unterwegs ist.
b) Wie sieht der Term für seinen Freund Ernst Extrem aus, der auf 680 m Höhe wohnt, aber in 30 min 240 Höhenmeter aufsteigen kann.

17 Diesmal benötigst du für den Term keine Variablen, nur Rechenzeichen. Nimm die Ziffern des heutigen Datums und die Rechenzeichen +, –, · und :. Setze die Rechenzeichen so zwischen die Ziffern, dass das Ergebnis den Wert 19 liefert.
Beispiel: 30. 10. 2004
3 0 1 0 2 0 0 4
$3 + 0 \cdot 1 + 0 + 20 + 0 - 4 = 19$
Funktioniert dies auch für die Ergebnisse 1, 2, 3 oder 4 oder …?

Aufgaben

Verknüpfen
Anwenden
Trainieren

18 Stelle jeweils einen Term zur Berechnung des Flächeninhalts eines Rechtecks mit dem vorgegebenen Umfang auf und gib die Definitionsmenge an.

a) $u = 40$ cm
b) $u = 14$ cm
Tipp: Eine Variable kann ersetzt werden.

19 „Der Term $T(n) = -n$ produziert ja lauter negative Zahlen!“, behauptet ein Mitschüler. Zeige ihm mit einer Tabelle, dass das nicht stimmt.

20 **Plätze auf einer Bank**

Auf eine Bank mit einer festen Anzahl von Sitzplätzen will sich eine bestimmte Zahl von Personen setzen. Beschreibe jeweils mit einem Term die Anzahl der sich dafür ergebenden Möglichkeiten.

a) Bank mit vier Plätzen; vier Personen
b) Bank mit n Plätzen; n Personen
c) Bank mit sechs Plätzen; vier Personen
d) Bank mit n Plätzen; vier Personen
e) Bank mit n Plätzen; k Personen

21 **Streitfall**
Der Lehrer zeichnet an der Tafel eine Tabelle.

b	0	2	3
$T(b)$	2	4	

Die Schüler sollen in Einzelarbeit den Term finden, der zu dieser Tabelle passt und die weiteren Werte ergänzen. Beim Ergebnis zu „3“ entbrennt ein Streit: „Da muss 5 rein!“. „Nein. 8 ist die richtige Antwort!“
Kläre, was hinter diesem Streit steht!

22 Wetterkartenvergleich

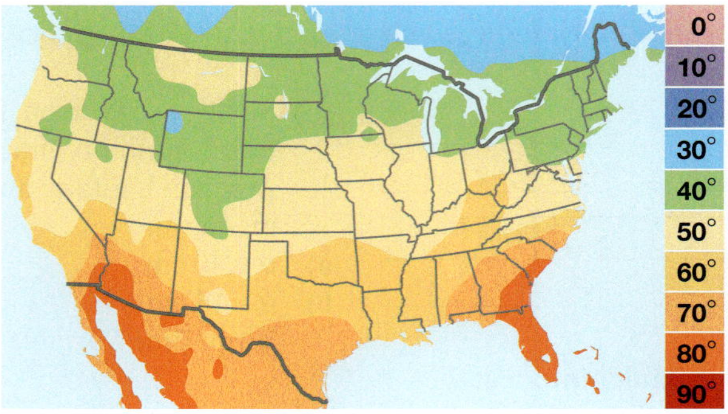

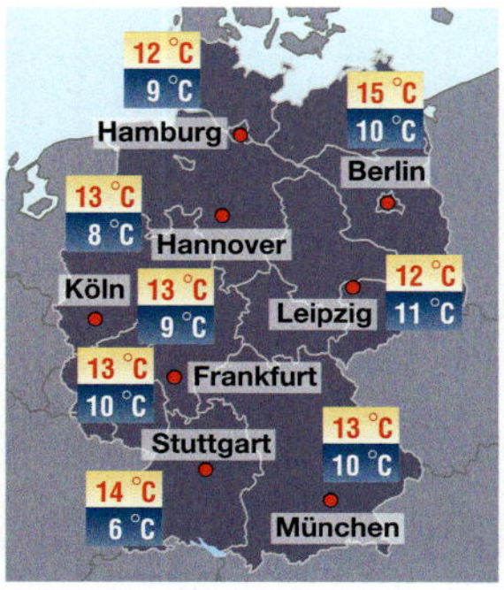

Info

Umrechnungsterm von Grad Fahrenheit in Grad Celsius:

$c = (f - 32) \cdot \frac{5}{9}$

c, f Maßzahlen der Celsius- bzw. Fahrenheit-Temperatur

Die Temperaturdaten werden in den USA in Fahrenheit angegeben.

a) Wo war es am 4. November wärmer – in New Orleans oder in München?

b) Finde Städte in USA und Deutschland, die etwa dieselbe Tagestemperatur hatten.

c) Um wie viel Grad war es in Florida wärmer als in Stuttgart?

d) Finde weitere solcher Fragen.

23 Termbäume: Welcher Term gehört jeweils zum dargestellten Termbaum?

a)

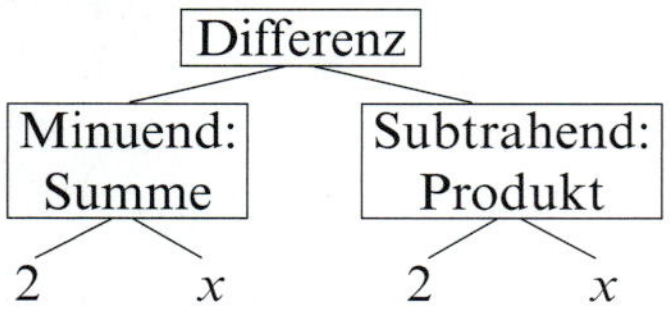

b)

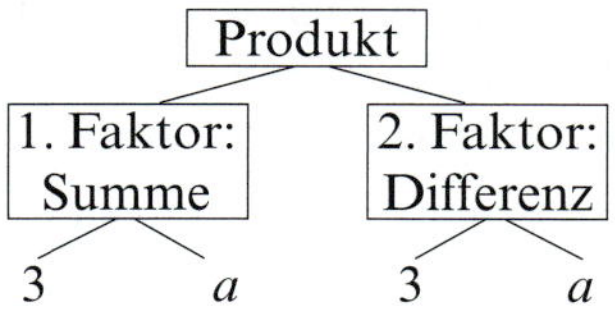

24 Noch einmal Türme

Siehe auch Aufgabe 6 auf Seite 53.

a) Herr Fleißig baut einen neuen quadratischen Turm mit dem Ziegelsteinverbrauchsterm $T(r) = 44\,r$, wobei r der Platzhalter für die Reihen ist. Wie sieht sein Turm diesmal aus?

b) Warum kann der Turm mit dem Ziegelsteinverbrauchsterm $T(r) = 42\,r$ keinen quadratischen Turm ergeben? Wie könnte der Turm aussehen?

c) Könnte ihn eine Säge, mit der er Ziegelsteine halbieren kann, retten, sodass er wieder einen quadratischen Turm bauen kann?

d) Er muss für einen Ziegelstein 0,05 € und für die Anlieferung der Steine 50 € bezahlen. Stelle einen Term für die Kosten aus Aufgabe a) auf.

25 Die verschwundenen Rechenzeichen

Bei den folgenden Termen ist jeweils ein Rechenzeichen oder eine Klammer beim Abschreiben verschwunden. Finde mithilfe der vorhandenen Ergebnisse heraus, wo welche Rechenzeichen verloren gegangen sind.

a) $T(a) = 2\,a^2 + 7\,a$; $T(3) = 28$ und $T(0) = 7$

b) $T(b) = 3\,b - 2\,b$; $T(1) = 1$ und $T(2) = 8$

c) $T(c) = 2\,c^2 + 2\,c$; $T(0) = 2$ und $T(3) = 17$

Aufgabe der Woche

Stelle ein Geburtstagsrätsel her, bei dem du 220 vom Wert des Terms subtrahieren musst um das Geburtsdatum ablesen zu können.

3.2 Abhängigkeiten beschreiben und untersuchen

Meerschweinchengehege

Auftrag 1

Für die Meerschweinchen der Familie Sorglos soll es nur das Beste geben. Also wird hinter dem Haus ein rechteckförmiges Gehege gebaut. Schnell werden im Baumarkt 25 Latten mit 10 cm Breite und 50 cm Länge gekauft. Aus diesen soll ein möglichst großes, nach oben offenes Gehege gebaut werden.
Als der Vater anfängt eine Latte nach der anderen in den Boden zu klopfen, überlegen die Kinder, wie viele Latten in welche Richtung gebaut werden sollen.
Ermittle, wie groß das Gehege wird, je nachdem, wie viele Latten in welche Richtung gebaut werden.

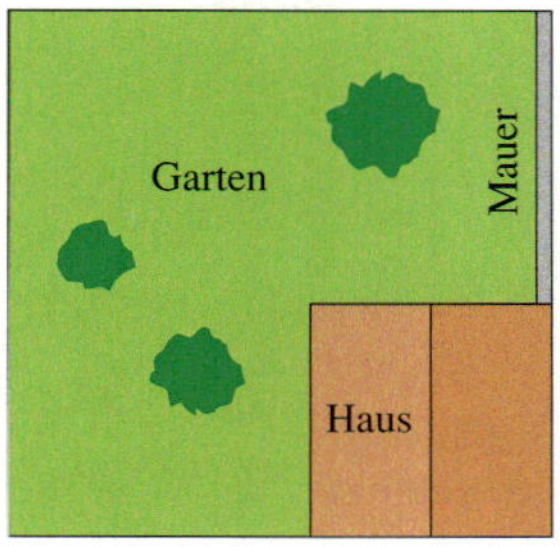

Verdienstmöglichkeiten

Auftrag 2

Frau Arbeitsam hat endlich eine gute Arbeitsstelle gefunden. Beim Anstellungsgespräch macht ihr der Chef einen Vorschlag:
„Wir geben für jeden Angestellten eine Formel in den Computer ein, mit der sein Verdienst berechnet wird. Wir setzen dabei für die Variable die Anzahl der Monate ein, die Sie schon für uns arbeiten, und das berechnete Ergebnis überweisen wir mit dem Faktor 1000 € auf Ihr Konto. Hier unsere Vorschläge.

$$V_1(m) = \frac{10}{m}$$

$$V_2(m) = \frac{1}{10}m^2 - m + 3$$

$$V_3(m) = 0{,}2\,m + 3$$

Suchen Sie sich einen aus! In einer viertel Stunde will ich von Ihnen wissen, welche Formel wir eingeben sollen.“

Sonderangebot im Fitnessclub

Auftrag 3

Herr Tüchtig geht einigermaßen regelmäßig ins Fitnessstudio. Da er beim Sport sehr viel Flüssigkeit verliert, trinkt er bei jedem Besuch im Studio ein großes Wasser mit Zitrone für 2,50 €.
Der Jahresbeitrag beträgt 320 €.
Beim letzten Besuch las er ein Plakat, das eine Sonderaktion für das nächste Jahr bekannt gibt.
Außerdem gibt es für alle, die an dieser Sonderaktion teilnehmen, eine Rückzahlung am Jahresende: Für jeden Besuch erhält der Besucher 20 Cent mal Anzahl der Besuche zurück.
Nun möchte er vergleichen, bei wie vielen Besuchen des Studios er welches Angebot annehmen soll.
Er erstellt eine Tabelle, die …

Bearbeitung

Auftrag 2 Verdienstmöglichkeiten

Um eine Entscheidung treffen zu können, musst du Werte in die vorgeschlagenen Terme einsetzen und so die zu erwartenden Gehälter berechnen. Du weißt bereits, dass man diese Berechnungen zweckmäßig in Tabellenform darstellt. Für die drei Verdienstvorschläge ergeben sich die folgenden Tabellen.

Monate	m	1	2	3	4	5	6	7	8	9	10
Formelwert 1	$V_1(m)$	10	5	3,333	2,5	2	1,667	1,429	1,25	1,111	1
Verdienst in €		10 000	5000	3333	2500	2000	1667	1429	1250	1111	1000

Monate	m	1	2	3	4	5	6	7	8	9	10
Formelwert 2	$V_2(m)$	2,1	1,4	0,9	0,6	0,5	0,6	0,9	1,4	2,1	3
Verdienst in €		2100	1400	900	600	500	600	900	1400	2100	3000

Monate	m	1	2	3	4	5	6	7	8	9	10
Formelwert 3	$V_3(m)$	3,2	3,4	3,6	3,8	4	4,2	4,4	4,6	4,8	5
Verdienst in €		3200	3400	3600	3800	4000	4200	4400	4600	4800	5000

Beachte

Wer zu schnell entscheidet, kann in die Irre gehen!

Du kannst an den Tabellen sehen, wie wichtig es ist, nicht zu schnell mit der Tabelle aufzuhören. Stelle dir vor, du hättest die Tabellen für die Monate 1 bis 5 angelegt. Dann wäre dir sicher entgangen, welcher Umschwung sich beim Vorschlag 2 vollzieht.
In vielen Fällen kannst du mit Tabellen schon fast alles begründen. Beispielsweise ist zu erkennen: Wenn Frau Arbeitsam plant, nur für wenige Monate in dieser Firma zu arbeiten, wird sie bestimmt das Angebot 1 für günstig erachten. Aber wie soll sie sich entscheiden, wenn sie langfristig dort beschäftigt sein will?

Mithilfe eines Diagramms lässt sich die Entwicklung des Verdienstes übersichtlich darstellen. Sehr gut eignet sich dafür ein Koordinatensystem. Dazu wird jede Achse beschriftet und mit Einheiten versehen. Anschließend wird zu jeder eingesetzten Zahl das dazugehörige Ergebnis eingetragen.

Tipp

Zur Veranschaulichung einer Entwicklung reicht es, wenn du in einem Stabdiagramm die Stäbe weglässt und nur die Spitzen stehen lässt.
Du erhältst so Punkte in einem Koordinatensystem.

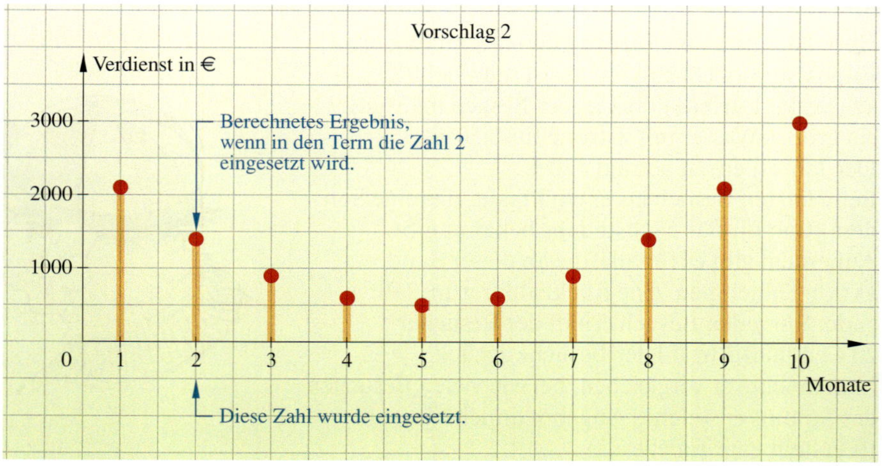

Auf diese Art und Weise erhältst du eine grafische Darstellung von Zusammenhängen durch Punkte in einem Koordinatensystem.
Der **Rechtswert** der Punkte ist jeweils die Zahl, die du für die Variable einsetzt, der **Hochwert** ist der berechnete Wert.

Du kannst zwar jede durch einen der drei Terme erzeugte Tabelle einzeln in ein Koordinatensystem übertragen, eine bessere Übersicht erreichst du aber, wenn du alle drei Tabellen in einem gemeinsamen Koordinatensystem darstellst. Dabei erhöhen verschiedene Farben die Übersichtlichkeit.
Wenn du außerdem noch die Werte für weitere Monate berücksichtigst, was mit einem Tabellenkalkulationsprogramm ganz leicht möglich ist, dann siehst du sofort: Auf Dauer ist der Vorschlag 2 am günstigsten.

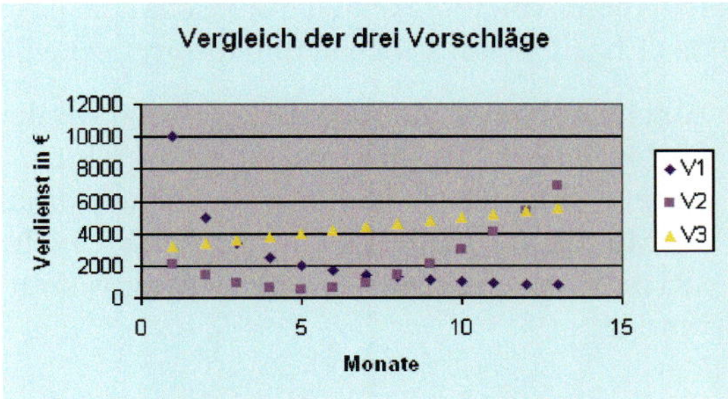

Mit einem Tabellenkalkulationsprogramm erzeugt

Es bleibt noch die Frage, welche Zahlen für die Variable m eingesetzt werden sollen. Wenn der Verdienst monatlich ausgezahlt wird, dann sind nur natürliche Zahlen sinnvoll. Dies würde sich jedoch ändern, sobald die Firma ihre Mitarbeiter alle 14 Tage auszahlt, d. h. halbe Monate müssten nun auch berücksichtigt werden.
Darüber hinaus dürfen manche Zahlen nicht eingesetzt werden. Beispielsweise darf beim Verdienstvorschlag 1 für m nicht 0 eingesetzt werden, da sonst der Nenner den Wert 0 annehmen würde. Der Nenner eines Bruchs darf aber nie 0 sein. Aus der Definitionsmenge des Terms muss also die 0 ausgeschlossen werden.

Beachte

Auch dieses Beispiel zeigt wieder:
Variable und Termwert entsprechen oft verschiedenen Größenarten.
m steht für die in ganzen oder halben Monaten gemessene Zeit und $V(m)$ für den in 1000 € gemessenen Verdienst.

Einen Schritt weiter gedacht: Um Abhängigkeiten zu erkennen, hilft oft nur ein Einsetzen von Zahlen und Probieren. Ein typisches Beispiel dafür ist die Formel für den Verdienstvorschlag 2. Manchmal lässt sich aber bereits am Term selbst erkennen, was passiert, wenn du verschiedene Werte für die Variable einsetzt.

Beispiele:

Der Term $V_1(m) = \frac{10}{m}$ hat die Struktur eines Quotienten bzw. eines Bruchs. Du weißt: Wenn der Nenner größer wird, dann wird der Wert des Bruches (bei positivem Zähler) kleiner. Das heißt, der Monatsverdienst nimmt im Laufe der Zeit ständig ab (siehe oberste Tabelle auf Seite 58).

Der Term $V_3(m) = 0{,}2\,m + 3$ hat die Struktur einer Summe, wobei der erste Summand ein Produkt ist. Du weißt: Eine Summe wird größer, wenn ein Summand größer wird. Ein Produkt aus lauter positiven Faktoren wird größer, wenn ein Faktor größer wird. Demnach muss im Laufe der Zeit der Verdienst ständig zunehmen (siehe dritte Tabelle auf Seite 58).

Der Wert des Terms $T(x) = x^2$ wächst sowohl bei größer werdenden positiven Werten als auch bei kleiner werdenden negativen Werten.

Zusammenfassung

Abhängigkeiten beschreiben und untersuchen

Terme sind ein gutes Mittel, um die Abhängigkeit zweier Größen voneinander zu beschreiben. Um diese Abhängigkeit zu durchschauen, gibt es zwei wichtige Methoden: das Erstellen von Tabellen und die grafische Darstellung im Koordinatensystem.

Welche Zahlen in einen Term eingesetzt werden dürfen, also die Definitionsmenge des Terms, hängt nicht nur vom beschriebenen Sachverhalt ab. Manchmal dürfen bestimmte Zahlen auch aus mathematischen Gründen nicht eingesetzt werden.

Im Term $T(a) = \frac{1}{1-a}$ darf für die Variable a nicht die Zahl 1 eingesetzt werden, da sonst der Nenner 0 würde.

Oft kannst du bereits aus der Struktur des Terms etwas über die Abhängigkeit der Größen voneinander ablesen. Du brauchst also keine Zahlenwerte für die Variable einsetzen. Der Aufbau des Terms verrät bereits so viel, dass du allgemeine Aussagen treffen kannst.

Beim Term $T_1(a) = 3a + 2$ ist zu erkennen, dass bei größer werdenden Werten für a auch die Termwerte größer werden.

Beim Term $T_2(a) = \frac{1}{3a+2}$ ist zu sehen, dass er jeweils den Kehrbruch zu T_1 liefert. Die Termwerte müssen immer kleiner werden.

Aufgaben

Verknüpfen
Anwenden
Trainieren

1 Bei welchem der Terme steigt der Wert jeweils am schnellsten an?
Lege eine Wertetabelle an und stelle deine Ergebnisse im Koordinatensystem dar. Verwende für jeden Term eine andere Farbe

a) $T_1(a) = 0{,}5a + 2$; $T_2(a) = 2a - 5$; $T_3(a) = 2{,}5 + a$

b) $T_1(b) = 2{,}5b - 2{,}5$; $T_2(b) = 4 - b^2$; $T_3(b) = b + 2$

c) $T_1(c) = 0{,}25c + 2$; $T_2(c) = -2c + 4$; $T_3(c) = 2 - c$

2 Was fällt dir auf, wenn du die Entwicklung der Termwerte vergleichst?
Lege dazu eine Wertetabelle an und stelle deine Ergebnisse im Koordinatensystem dar.

a) $T_1(a) = 2a + 2 - 0{,}5a$; $T_2(a) = -3 + 1{,}5a$; $T_3(a) = 1{,}5a$

b) $T_1(b) = 2 \cdot (3 + 0{,}5b)$; $T_2(b) = (0{,}25b - 1) \cdot 4$; $T_3(b) = 2b + 2{,}5 - b$

c) $T_1(c) = \frac{1}{c}$; $T_2(c) = \frac{2c}{2c^2}$; $T_3(c) = \frac{2c+3}{2c^2+3c}$

3 Zwei Größen werden mithilfe der Variablen x berechnet:
Für die erste Größe G_1 wird die Variable x verdoppelt und drei subtrahiert.
Um die Größe G_2 zu erhalten, musst du von 4 das Dreifache der Variablen x subtrahieren.

a) Stelle die Differenz der beiden Größen in einem Term dar.

b) Stelle das Produkt der beiden Größen in einem Term dar.

c) Stelle den Quotienten der beiden Größen in einem Term dar.

d) Stelle die Summe der beiden Größen in einem Term dar.

e) Welcher der Terme aus a) bis d) erzeugt für $x = 2$; 4 und 10 die größten (die kleinsten) Werte?

4 **Quadratisches**
Herr Meier behauptet, eine neue Methode zur Berechnung von Quadratzahlen gefunden zu haben, wenn man eine bestimmte Quadratzahl kennt:
„Nimm eine Zahl und quadriere diese. Anschließend addiere zu der Quadratzahl die ursprüngliche Zahl und ihren Nachfolger.“
Stelle den Term auf und überprüfe durch Berechnung, ob man so Quadratzahlen erhält.

5 Ein Quader hat folgende Eigenschaften: Die Länge l beträgt das Doppelte der Breite b und die Höhe h ist gleich der Breite b.

a) Stelle einen Term auf, mit dem die Oberfläche des Quaders aus b berechnet wird.

b) Finde durch Einsetzen heraus, für welche Werte von b der Quader eine Oberfläche von 90 cm² (10 dm²; 490 cm²) hat.

c) Was geschieht mit der Oberfläche, wenn du die Breite b verdreifachst?

d) Arbeite wie in b) um den Wert für b zu finden, bei dem der Quader eine Oberfläche von 100 cm² hat.

6 Primzahlen

Herr Meier hat angeblich Formeln gefunden um Primzahlen zu erzeugen. Überprüfe durch Einsetzen (n steht für natürliche Zahlen).

a) $P(n) = 2^n + 1$

b) $P(n) = n^2 + n + 41$ (Warum kannst du bei einer bestimmten Zahl die Überprüfung auf alle Fälle abbrechen?)

7 Termstrukturen

Welcher der Terme stellt einen Quotient dar, welcher eine Differenz?
Begründe.

a) $T_1(a) = (2 + a^2) - 3 : a$; $T_2(a) = -3 + 1{,}5\,a$; $T_3(a) = 1{,}5\,a : (a - 2)$

b) $T_1(b) = (3 + b) : 3 - b$; $T_2(a) = b + b - b : 2$; $T_3(b) = (b - 2) : (b - 5)$

c) $T_1(c) = 2c + c - c : 2$; $T_2(a) = (2c + c - c) : 2$; $T_3(c) = 2c^2 : (2 - c)$

8 Sinnloses Einsetzen

Die folgenden Terme sollen zur Berechnung von Flächen dienen. Welche Zahlenwerte können hier sinnvoll für die Länge der Strecke x eingesetzt werden?

a) $A(x) = (x + 3) \cdot (12 - x)$

b) $A(x) = (10 - x) \cdot x$

c) $A(x) = (x + 2) \cdot (x - 2)$

d) $A(x) = (x - 2) \cdot (12 - x)$

e) Gib einen Term $A(x)$ an, in dem nur alle Zahlen von 1 bis 11 eingesetzt werden können.

9 Der Term $A(l; b) = l \cdot b$ beschreibt den Flächeninhalt eines Rechtecks. Die Fläche soll immer den Wert 12 (FE) haben, d. h. der Termwert ist konstant 12. Welche Werte kannst du dann für die Variablen l und b einsetzen?

Noch fit?

1 In der Klasse 7 a gab es in der letzten Mathematikschulaufgabe 3 Einser, 4 Zweier, 4 Dreier, 8 Vierer, 3 Fünfer und 2 Sechser.

a) Berechne die relative Häufigkeit für die Zensuren und gib sie als Bruch, als Dezimalzahl und als Prozentsatz an.

b) Stelle die Ergebnisse in einem Kreisdiagramm dar.

2 An einer Schule wurden alle 200 Schüler der siebten Klassen befragt, ob sie am Morgen rechtzeitig aufstehen um ohne Hektik zur Schule zu kommen. Die Ergebnisse wurden in einer Vierfeldertafel festgehalten.

	rechtzeitig	nicht rechtz.	
Jungen	30		90
Mädchen	60		

a) Ergänze die Vierfeldertafel.

b) Berechne die relative Häufigkeit dafür, dass ein Schüler rechtzeitig aufsteht.

c) Berechne die relative Häufigkeit dafür, dass ein Junge nicht rechtzeitig aufsteht.

Aufgaben

Verknüpfen
Anwenden
Trainieren

10 Gerade und ungerade Zahlen

a) Stelle einen Term auf, der aus jeder ganzen Zahl, die man einsetzt, eine gerade Zahl macht.

b) Stelle einen Term auf, der aus jeder ganzen Zahl, die man einsetzt, eine ungerade Zahl macht.

c) Zeige, dass die Summe zweier ungerader Zahlen immer eine gerade Zahl ergeben muss.

11 Teilbarkeit von Summen

a) Zeige, dass die Summe dreier aufeinander folgender ganzer Zahlen eine Zahl ergibt, die durch drei teilbar ist.

b) Zeige, dass die Summe von vier aufeinander folgenden ganzen Zahlen eine Zahl ergibt, die nicht durch vier teilbar ist.

c) Wie sieht das mit fünf aufeinander folgenden Zahlen aus?

12 Für die Planung einer Radtour, die eine Woche dauern soll, arbeiten drei Freunde mit folgenden Werten: Sie wollen pro Tag 9 Stunden Fahrrad fahren und sie sind sicher, dass sie mindestens 18 km pro Stunde schaffen.

a) Wie lang darf die Gesamtstrecke der Radtour sein, wenn sie 18, 19, 20 oder 22 Kilometer pro Stunde schaffen.
Gib einen Term an, mit dem du die Fahrstrecke in Kilometer berechnen kannst.

b) Ein Freund macht einen Vorschlag: Wir fahren nicht jeden Tag einen Schnitt von 18 Kilometer pro Stunde, sondern wir fahren ein wenig schneller und machen dann einen ganzen Tag Badepause. Wie schnell müssen sie dann fahren, um die gleiche Strecke zu schaffen?

13 Um eine offene Schachtel zu falten, werden an den Ecken jeweils Einschnitte gemacht um dann die Seitenflächen nach oben klappen zu können.

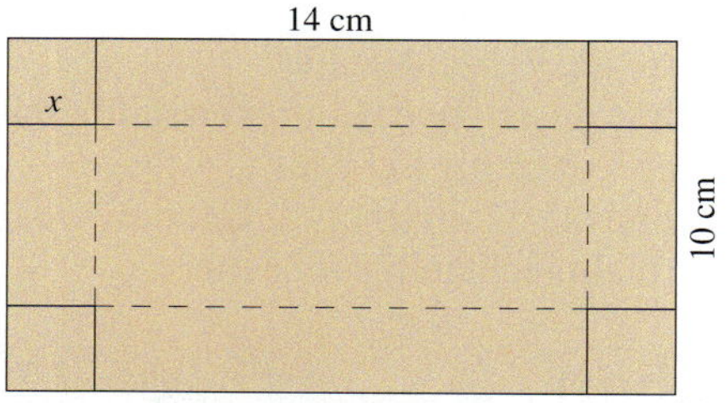

Ein Schüler behauptet nun: „Je tiefer der Einschnitt an den Ecken geschnitten wird, desto größer wird das Volumen der offenen Schachtel.“

a) Stelle einen Term auf, der das Volumen der Schachtel berechnet und verwende die Angaben aus der Skizze.

b) Zeige durch Einsetzen, dass die obige Aussage nicht stimmen kann.

c) Welche Zahlen können nur sinnvoll für x eingesetzt werden?

d) Stelle die Abhängigkeit von der Tiefe des Einschnitts und dem dazu gehörenden Volumen der Schachtel grafisch dar.

e) Stelle einen Term auf, der die Fläche berechnet, die jeweils von der oben abgebildeten Pappe übrig bleibt.

f) Wie tief muss man einschneiden, damit 60 % der oben abgebildeten Pappe übrig bleiben? Versuche diesen Wert auf einen Millimeter genau zu bestimmen.

14 Setze Klammern in den Term, sodass der Term einmal eine Summe, einmal ein Produkt und einmal ein Quotient wird.
$T(x) = 2 \cdot x + x^2 - 3 : x$

15 Du sollst eine Preistafel für den Verkauf von Popcorntüten an der Kinokasse schreiben.

Die kleinste Tüte hat die Gestalt eines Quaders (natürlich oben offen) und ist 5 cm breit, 10 cm lang und 20 cm hoch. Der Preis für die mit Popcorn aufgefüllte Tüte beträgt 1,50 €. Damit alle Tüten „ähnlich“ aussehen, müssen, wie du durch Messen herausfinden kannst, alle Kanten immer um den gleichen Faktor x vergrößert werden.

a) Wie errechnest du aus der Länge der Tüten (12 cm, 15 cm, 17,5 cm, 20 cm, …) den Vergrößerungsfaktor?

b) Stelle einen Term auf, der mithilfe der Originalseitenlängen und des Vergrößerungsfaktors den jeweiligen Tüteninhalt liefert.

c) Stelle einen Term auf, mit dem aus dem Preis von 1,50 € und dem Vergrößerungsfaktor einer Seite der neue Preis errechnet werden kann.

d) Was kosten demnach Tüten, die doppelt (dreifach) so lange Kanten wie die kleinste Tüte haben?

e) Kann man eine Tüte, die 96 € kostet, noch mit ins Kino nehmen?

16 **Handy-Tarife**

a) Informiere dich über verschiedene Handy-Tarife, die derzeit angeboten werden. Beschreibe die anfallenden Kosten mithilfe von Termen (ohne den Kaufpreis des Handys).

b) Überlege dir, wie lange du etwa im Monat telefonieren und wie viele SMS du etwa verschicken würdest. Wofür möchtest du das Handy evtl. noch nutzen? Welcher Tarif ist dann für dich der günstigste?

c) Untersuche, ob ein anderer Tarif günstiger für dich ist, wenn du viel mehr (viel weniger) telefonierst.

Aufgaben

Verknüpfen
Anwenden
Trainieren

17 In der Tabelle siehst du in der ersten Spalte die Werte, die für die Variable in die Terme eingesetzt wurden. In den weiteren Spalten sind die dazu gehörenden Termwerte mithilfe eines Computers berechnet worden.

	A	B	C
1	Spalte 1	Erg. Term 1	Erg. Term 2
2	-2	-2	1
3	-1,5	-1	2
4	-1	0	3
5	-0,5	1	4
6	0	2	5
7	0,5	3	6
8	1	4	7
9	1,5	5	8
10	2	6	9
11	2,5	7	10
12	3	8	11
13	3,5	9	12
14	4	10	13
15	4,5	11	14
16	5	12	15
17	5,5	13	16

a) Suche anhand der Tabelle nach einem Zusammenhang zwischen beiden Termen.
b) Stelle die Termwerte in Abhängigkeit von dem für die Variable eingesetzten Wert grafisch dar.
c) Stelle die passenden Terme auf.

18

	A	B	C	D
1	Spalte 1	Erg. Term 1	Erg. Term 2	Erg. Term 3
2	-4	16	18	10
3	-3	9	11	3
4	-2	4	6	
5	-1	1	3	
6	0	0	2	
7	1	1	3	
8	2	4	6	
9	3	9	11	
10	4	16	18	
11	5	25	27	
12	6	36	38	
13	7	49	51	
14	8	64	66	
15	9	81	83	
16	10	100	102	
17	11	121	123	

In der Tabelle siehst du in der ersten Spalte die Werte, die für die Variable in die Terme eingesetzt wurden. In den weiteren Spalten sind die dazu gehörenden Termwerte eingetragen, die mithilfe eines Computers berechnet wurden.

a) Was kannst du anhand der Tabellen über den Unterschied der ersten beiden Terme aussagen?
b) Ergänze die Spalte D.
c) Gib die drei Terme an.
d) Stelle die Termwerte in Abhängigkeit von dem für die Variable eingesetzten Wert grafisch dar – so weit dies sinnvoll machbar ist.

19 Erkläre das Geheimnis dieses Zahlenrätsels. Denke dir eine Zahl – verdopple die Zahl – addiere das Dreifache der Zahl – addiere das Fünffache der Zahl – addiere 111. Anschließend behauptet der Rätselsteller: Sag mir das Ergebnis und ich sage dir deine Zahl!

20

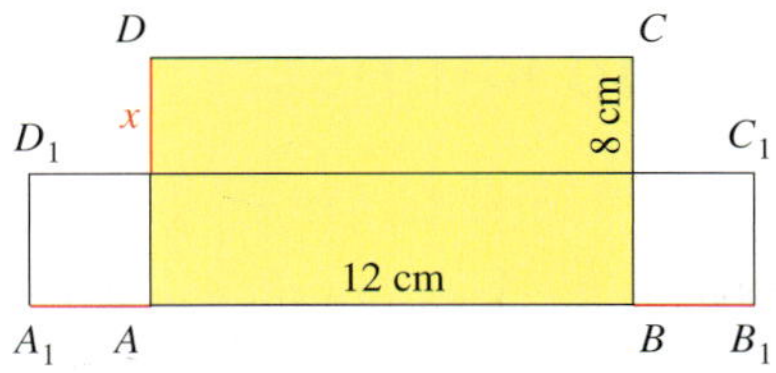

a) Gib den Flächeninhalt des abgebildeten Rechtecks $ABCD$ an.
b) Nun wird die Breite um x cm verkürzt und die Länge jeweils nach links und rechts um x cm verlängert. Stelle den Term auf, der die Fläche des Rechtecks $A_1B_1C_1D_1$ berechnet.
c) Welche Werte können für x sinnvollerweise eingesetzt werden?

21 Auf dem Umfang des Quadrats $EFGH$ werden Strecken der Länge x abgetragen und die neuen Punkte wieder zu einem Quadrat verbunden.

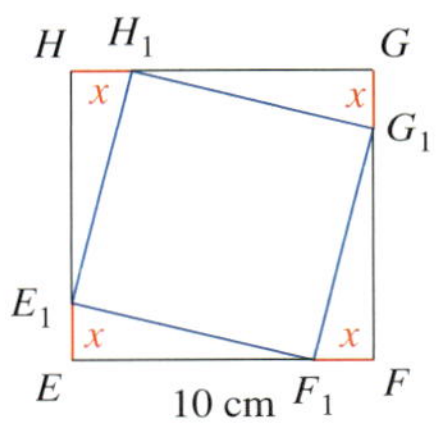

a) Stelle einen Term für den Flächeninhalt des neuen Quadrats $E_1F_1G_1H_1$ in Abhängigkeit von x auf.
b) Wie groß ist der Flächeninhalt des kleinsten Quadrats?

Aufgabe der Woche

Körper, die viele Flächen besitzen, nennt man **Polyeder.**

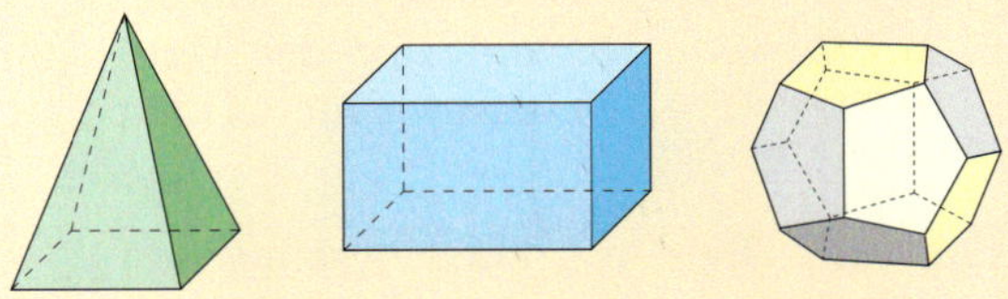

Die Variablen e, f und k stehen für die Anzahl der Ecken, die Anzahl der Flächen und die Anzahl der Kanten eines Körpers.
Versuche einen Term T (e; f; k) zu finden, der für jeden beliebigen Körper den gleichen Termwert liefert.

063-1

Zeig, was du kannst!

1 Betrachte den Term $T(a; b) = \frac{a+b}{a-b}$.

a) Beschreibe die Rechenanweisung in Worten unter Verwendung der Fachsprache.
b) Berechne $T(-3; 2)$ und $T(-4; 4)$.
c) Begründe, warum $T(3; 3)$ nicht zu berechnen ist.

2 Bestimme einen Term, der die in der Tabelle angegebenen Werte liefert, und ergänze die Tabelle.

a)

x	2	3	4	
$T(x)$	5		9	13

b)

a	−2	0	1	3	
$T(a)$	2	−2		7	14

3 Zeige mit Hilfe eines Terms: Addiert man das Dreifache einer Zahl zum Doppelten der Zahl, ist das Ergebnis durch fünf teilbar.

4 Schreibe zum Text einen Term.

a) Dividiere das Dreifache einer Zahl durch ihren Nachfolger.
b) Quadriere eine Zahl und subtrahiere sie anschließend. Dividiere diese Differenz durch die Summe aus dieser Zahl und der Zahl 3.

5 Das dargestellte Dreieck ABC hat eine Höhe von 9 cm und die Länge der Grundlinie $[AB]$ beträgt 8 cm. Nun wird die Höhe um x cm verkürzt und die Grundlinie wird nach links und rechts jeweils um x cm verlängert, sodass das Dreieck $A_1B_1C_1$ entsteht.

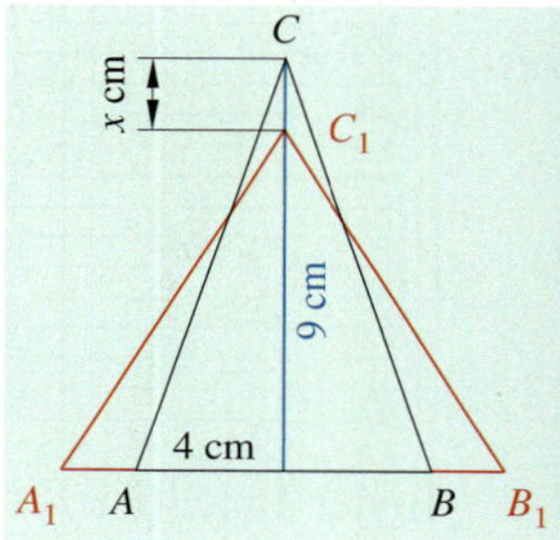

a) Stelle einen Term auf, der die Fläche dieses Dreiecks liefert. Welche Zahlen können sinnvoll für x eingesetzt werden?
b) Jemand behauptet, dass die Fläche um so kleiner wird, je mehr die Höhe verkürzt wird. Widerlege dies durch Einsetzen.

6 Erkläre das Geheimnis dieses Zahlenrätsels:
Denke dir eine Zahl – verdoppele die Zahl – addiere das Dreifache der Zahl – addiere das Fünffache der Zahl – addiere 11. Nennst du dein Ergebnis, so behauptet der Rätselsteller: Ich kenne deine Zahl.

7 Finde die Fehler.

a) In $T(a) = 2a + 5$ wurde für a der Wert 0 eingesetzt: $T(0) = 20 + 5 = 25$
b) In $T(b) = 3b - 99$ wurde für b der Wert 100 eingesetzt: $T(100) = 3 \cdot 100 - 99 = 3$
c) In $T(c) = c^2 + 2c + 10$ wurde für c etwas eingesetzt: $T = 100 + 4 + 10 = 114$

Aufg.-Nr.	Punkte	Lösungshinweise
1	6 P	Beachte Zusammenfassungen, Seiten 52 und 60
2	6 P	Vgl. Seiten 53 und 55, Aufgaben 7, 14, 21
3	4 P	Vgl. Seite 61, Aufgaben 10, 11
4	4 P	Vgl. Seite 53, Aufgaben 2, 9
5	8 P	Vgl. Seiten 62 f., Aufgaben 13, 20 21
6	3 P	Beachte Seiten 51 f., Bearbeitung Auftrag 1
7	3 P	Beachte Zusammenfassung, Seite 52

Lösungen Seite 214

29–34 Punkte
23–28 Punkte
17–22 Punkte

4 Daten, Diagramme und Prozente

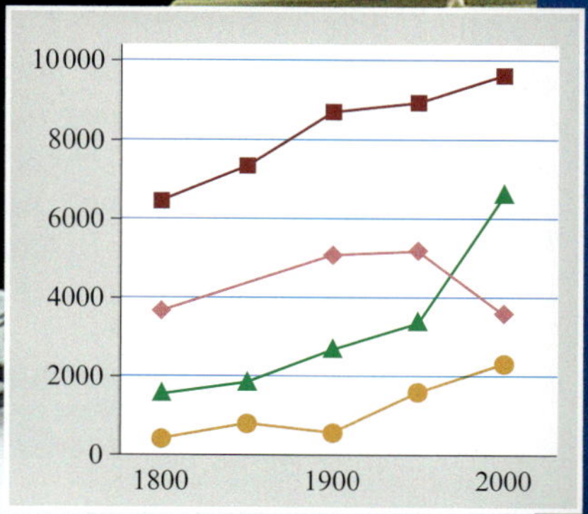

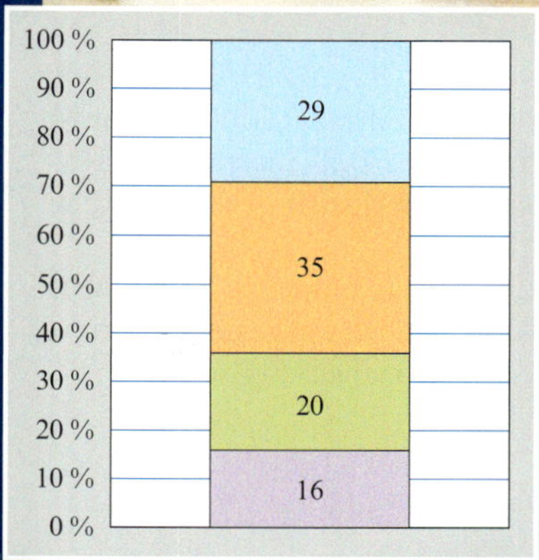

Neben dem Gewinnen von Daten ist ihre Darstellung eine wichtige Methode, um sie zu bewerten und zu interpretieren. Prozentangaben spielen in diesem Zusammenhang eine wichtige Rolle und du wirst hierüber dein Wissen vertiefen.

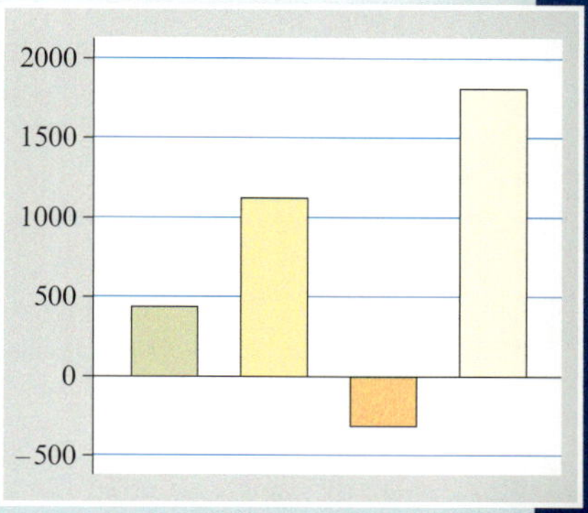

Statistische Erhebungen

Als **Statistik** (von lat. „status“ Zustand) bezeichnet man die zahlenmäßige Erfassung, Untersuchung und Auswertung von Massenerscheinungen und ihre Darstellung in Tabellen und Grafiken.

Die Anfänge statistischer Erhebungen liegen in Volkszählungen, wie sie z. B. bereits aus dem antiken Ägypten und dem Alten Testament bekannt sind.
Das 4. Buch Moses heißt „Numeri“, weil es mit der Zählung der Israeliten beginnt.
Auch im römischen Reich wurde alle fünf Jahre eine Volkszählung (census) durchgeführt.

Die Statistik der Neuzeit hat ihre Ursprünge in England, wo seit dem 17. Jahrhundert Sterbelisten angelegt und Bevölkerungsdaten gesammelt wurden.
Durch die elektronische Datenverarbeitung erlebte die Statistik im 20. Jahrhundert ihren großen Aufschwung, sodass statistische Verfahren heute fast überall in Wirtschaft und Wissenschaft verbreitet sind.
In Deutschland sind für amtliche Statistiken das **Bundesamt für Statistik in Wiesbaden** und die Statistischen Landesämter zuständig. Von ihnen erstellte Statistiken (wie z. B. die hier dargestellten Diagramme) werden im Internet veröffentlicht (http://www.destatis.de). Beschreibe, was in den beiden Diagrammen dargestellt ist und warum diese Daten ermittelt werden.

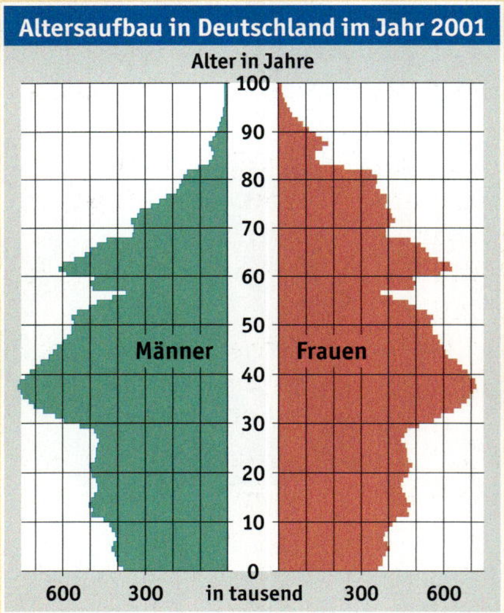

Altersaufbau in Deutschland im Jahr 2001

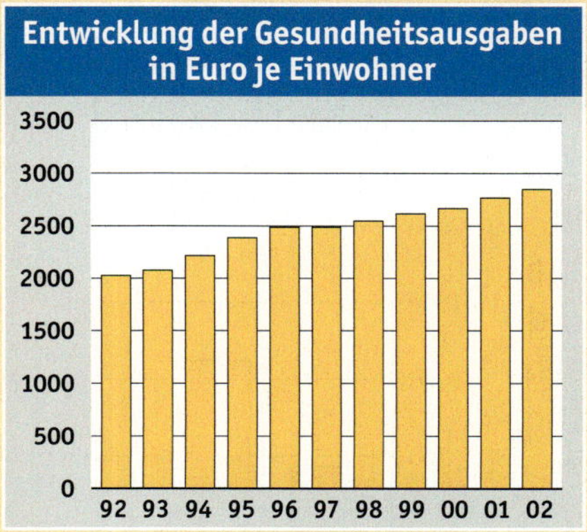

Entwicklung der Gesundheitsausgaben in Euro je Einwohner

Die bedeutendste regelmäßige Erhebung stellt der so genannte **Mikrozensus** dar. Dabei werden 1 % aller Haushalte in Deutschland, das sind fast 400 000 Haushalte mit über 800 000 Personen, einmal jährlich, meist durch Interviewer, befragt. Ein Viertel der Befragten wird jährlich ausgetauscht, sodass ein ausgewählter Haushalt vier Jahre in der Auswahl **(Stichprobe)** bleibt.
Informiere dich im Internet, aus welchen Bereichen das Statistische Bundesamt Daten zusammenstellt und wie sie dargestellt werden. Suche auch einen Fragebogen für den Mikrozensus heraus.

4.1 Daten und Diagramme

Müll-Tonnen

Auftrag 1

Die Tabelle mit Daten des Statistischen Bundesamtes gibt an, wie viel Müll aus den deutschen Haushalten in den drei angegebenen Jahren entsorgt wurde.
Stelle die Daten für das Jahr 2001 auf verschiedene Arten in Diagrammen dar (z. B. Balken- und Kreisdiagrammen) und beurteile, welche Darstellungen sich gut eignen.
Verwende dabei nach Möglichkeit auch ein Tabellenkalkulationsprogramm und gib die Anteile prozentual an.
Stelle die Entwicklung der weiteren Abfälle über die Jahre hinweg grafisch dar.
Tom meint, dass während der drei angegebenen Jahre durchschnittlich 36 692 000 t an Haushaltsabfällen anfiel. Wie beurteilst du seine Aussage?

Haushaltsabfälle (in 1 000 t)

Jahr	**1999**	**2000**	**2001**
Müllabfuhr	17 173	18 030	16 466
Sperrmüll	3 021	2 568	2 676
Biotonnen	3 189	3 531	3 753
Weitere Abfälle	12 815	13 491	13 364
Glas	3 543	3 443	3 152
Papier, Pappe, Karton	6 944	7 264	7 550
Leichtverpackungen (Kunststoffe)	1 719	1 894	1 870
Elektronische Geräte	401	476	458
Sonstiges (z. B. Verbunde, Metall)	208	414	334
Haushaltsabfälle	**36 198**	**37 620**	**36 259**

Sonne und Regen

Auftrag 2

Nebenstehendes Diagramm kennzeichnet das Klima in Palermo.
Was lässt sich alles daraus ablesen?
Warum ist der verwendete Diagrammtyp besonders gut geeignet?
Wodurch werden Ableseungenauigkeiten hervorgerufen?
Nenne noch andere geeignete Darstellungsweisen.
Stelle zum Diagramm eine Temperatur- und Niederschlagstabelle auf.
Wie lassen sich die mittleren Werte von Temperatur und Niederschlagsmenge berechnen?

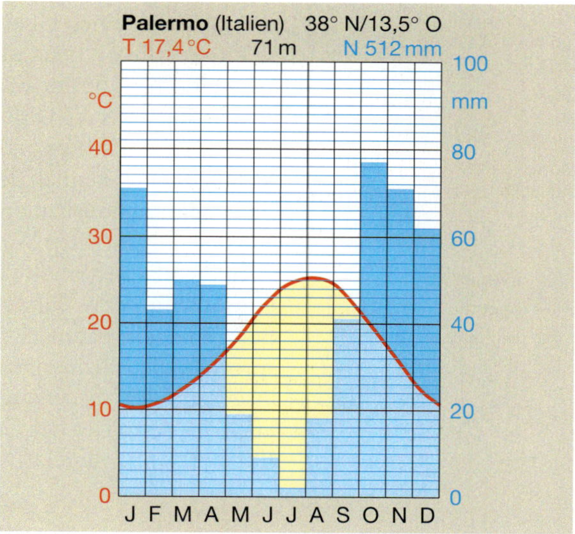

Fertige mithilfe der untenstehenden Tabelle ein Klimadiagramm von Würzburg an.
Finde heraus, was die letzte Spalte bedeutet und wie deren Werte berechnet werden.

Würzburg, Lage 49° 48′ N/9° 56′ O, Höhe 174 m

	J	F	M	A	M	J	J	A	S	O	N	D	
T in °C	–0,6	–0,5	4,7	9,3	13,5	16,7	18,4	17,8	14,4	9,2	4,3	0,8	9,1
N in mm	54	47	35	45	56	72	72	68	53	49	47	48	646

Auftrag 3 Bilanz

Die Firma Supper & Söhne wirbt mit ihrem Erfolg in den letzten Jahren: „Nicht nur der gesamte Umsatz des Betriebes ist enorm gestiegen, sondern besonders der Absatz von Kugelschreibern hat sich gewaltig erhöht.“

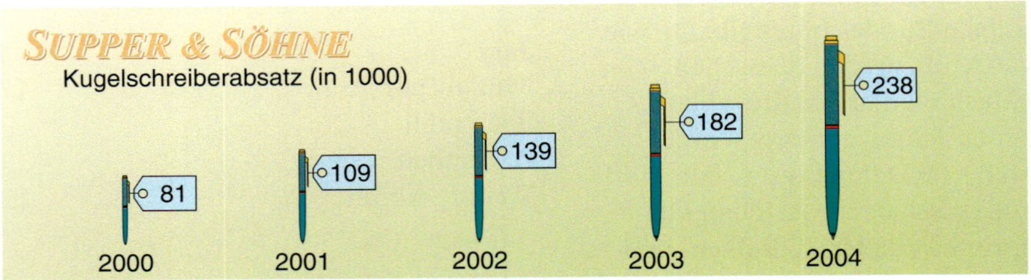

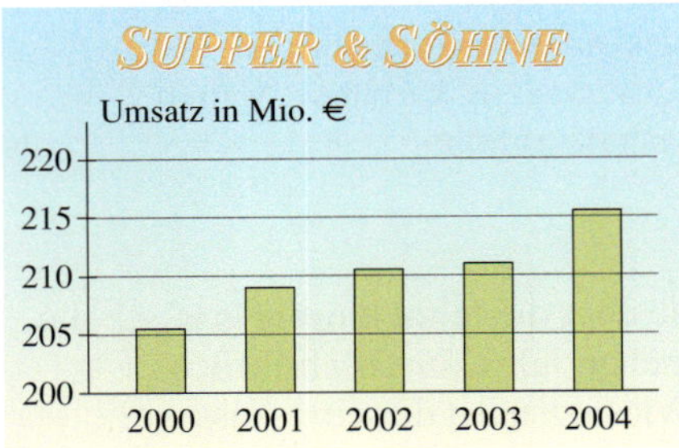

Beurteile die Aussage kritisch, indem du z. B. prozentuale Veränderungen und die Art der Darstellung betrachtest. Nimm einen eigenen Standpunkt ein und belege ihn durch geeignete Diagramme.
Welchen mittleren Umsatz erzielte der Betrieb in den letzten Jahren?

Bearbeitung

Auftrag 1 Müll-Tonnen

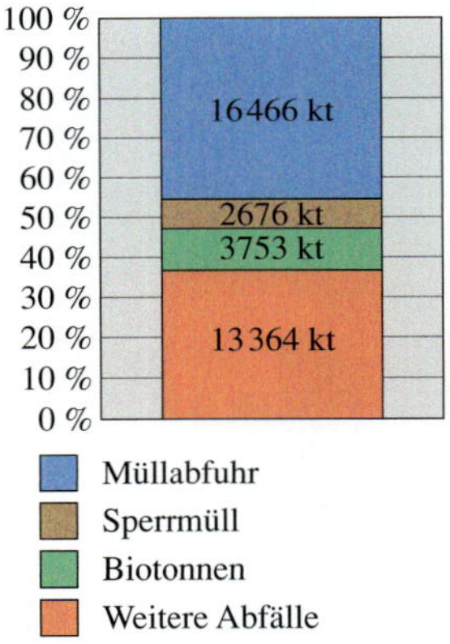

Um umfangreiche Tabellen richtig zu lesen und zu interpretieren, sollte man sich zunächst einen Überblick verschaffen, wie die Tabelle aufgebaut ist.
In unserer Tabelle sind die Haushaltsabfälle in vier Gruppen und davon die „weiteren Abfälle“ noch einmal in fünf Untergruppen (Glas, ...) untergliedert, zu denen jeweils die Daten angegeben sind.
Für die Darstellung von Daten in Diagrammen hast du bereits verschiedene Möglichkeiten kennen gelernt. Bei den häufig verwendeten **Säulen-** und **Balkendiagrammen** entsprechen die Höhen der Säulen bzw. Längen der Balken den dargestellten Werten. Da die Säulen jeweils gleich breit sind, entspricht auch ihr Flächeninhalt den dargestellten Werten (s. Säulendiagramm oben, Umsatz Supper & Söhne).
Beim **Kreisdiagramm** (s. Seite 69 oben) und beim **Prozentstreifen** (s. links) entsprechen die Flächeninhalte den dargestellten Werten. Da diese Diagramme insgesamt nur aus einem Kreis bzw. Rechteckstreifen bestehen, wird bei ihnen auch der Anteil an der Gesamtmenge gut sichtbar.
Es ist oft sinnvoll, relative Anteile als Prozentsätze anzugeben:

Beachte

Durch Rundungsfehler kann die Summe der relativen Anteile geringfügig von 100% abweichen.

Jahr 2001	in 1 000 t = 1 kt	relativer Anteil
Müllabfuhr	16466	45,4 %
Sperrmüll	2676	7,4 %
Biotonnen	3753	10,4 %
Weitere Abfälle	13364	36,9 %

Bei einem Kreisdiagramm werden die Prozentsätze in Winkel umgerechnet, wobei gilt: 100 % ≙ 360°, woraus folgt 1 % ≙ 3,6°.
Für eine umfangreiche Tabelle, bei der Daten noch einmal untergliedert sind, ist ein zusammengesetztes Diagramm übersichtlicher:

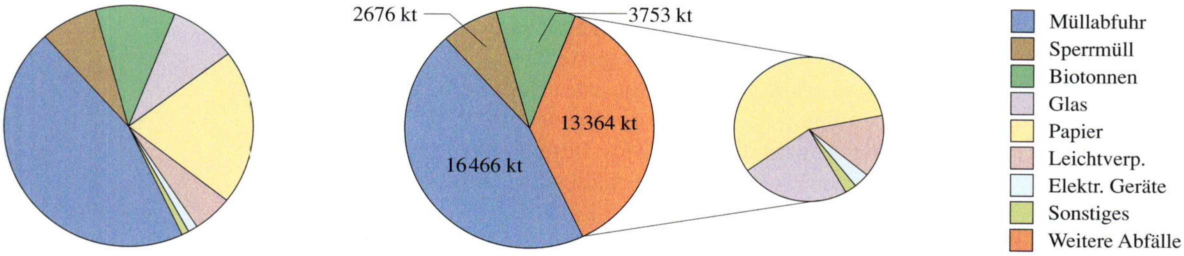

Bei der Verwendung von **Symbolen** wird der Datenwert durch die Größe der Figur ausgedrückt. Bei diesem Bild wird die Höhe als Bezugsgröße genommen:

Liest du in der Tabelle den Wert für „Weitere Abfälle" ab, so stellst du fest, dass dieser etwa fünfmal so groß ist, wie der des Sperrmülls. Sein Bild nimmt aber im Diagramm oben die 25-fache Fläche ein, da nicht nur die Höhe, sondern auch die Breite verändert wurde, um die Figur ähnlich aussehen zu lassen. Hierdurch kann ein völlig falscher Eindruck hervorgerufen werden. Deshalb ist es sinnvoller, nicht die Höhe, sondern die Fläche als **Bezugsgröße** zu nehmen:

Info

Wählst du die Figurengröße so, dass ihr Volumen dem dargestellten Wert entsprechen würde, kannst du so besonders gut Daten mit sehr unterschiedlicher Größenordnung darstellen:

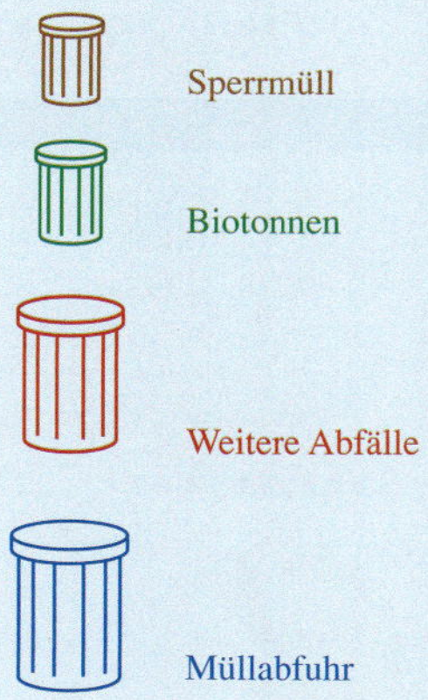

Die Entwicklung von Daten über einen längeren Zeitraum, z. B. über mehrere Jahre hinweg, kannst du zwar auch durch Säulendiagramme gut darstellen, besser aber eignen sich meistens **Liniendiagramme**, da du hierbei mehrere Datenreihen in einem Diagramm veranschaulichen kannst. Das Diagramm rechts zeigt die Entwicklung der „weiteren Abfälle".

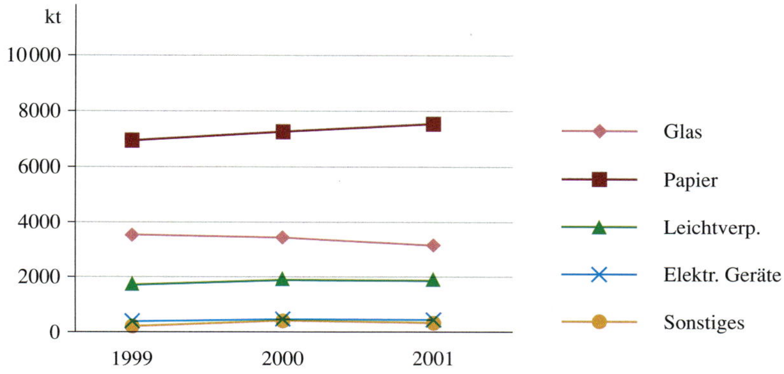

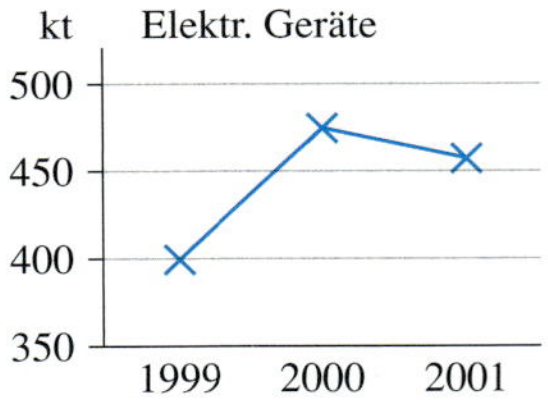

Lässt du die Werte auf der y-Achse nicht bei 0 beginnen, so kannst du Veränderungen stärker sichtbar machen. Die Linien können dann allerdings den Eindruck einer unverhältnismäßig intensiven Veränderung erwecken.

Die Veränderung kann auch in einem Säulendiagramm gezeigt werden. Eine Abnahme wird dann durch eine nach unten weisende Säule dargestellt.

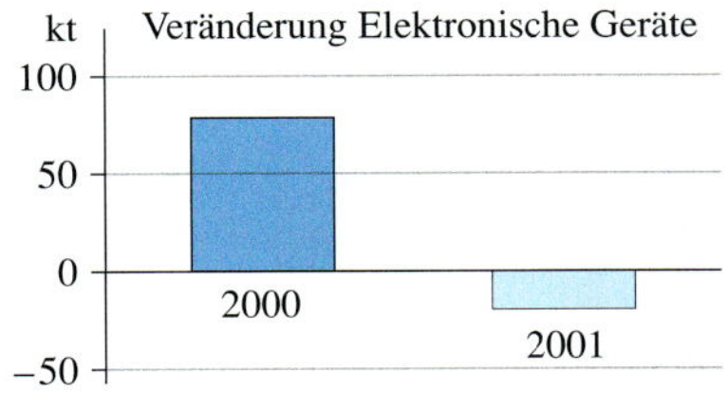

Durchschnittliche Jahreswerte erhält man, wenn man die Summe der Werte durch ihre Anzahl dividiert. Man bezeichnet diesen Durchschnittswert auch als **arithmetisches Mittel**.

Info

Ein weiterer Mittelwert ist der **Median**. Bei den Haushaltsabfällen ist er 36 259 kt (s. Seite 193, Aufg. 8).

Beispiel (ges. Haushaltsabfälle): (36 198 kt + 37 620 kt + 36 259 kt) : 3 ≈ 36 692 kt
Das arithmetische Mittel wird sehr häufig als Mittel- oder Durchschnittswert verwendet (z. B. Durchschnittsnote, Durchschnittstemperatur). Es gibt an, wie groß gleich viele unveränderliche Einzelwerte sein müssten, um die gleiche Gesamtsumme zu ergeben. Es macht allerdings keine Aussagen darüber, ob die verarbeiteten Einzelwerte selbst nahe an diesem Mittelwert liegen.

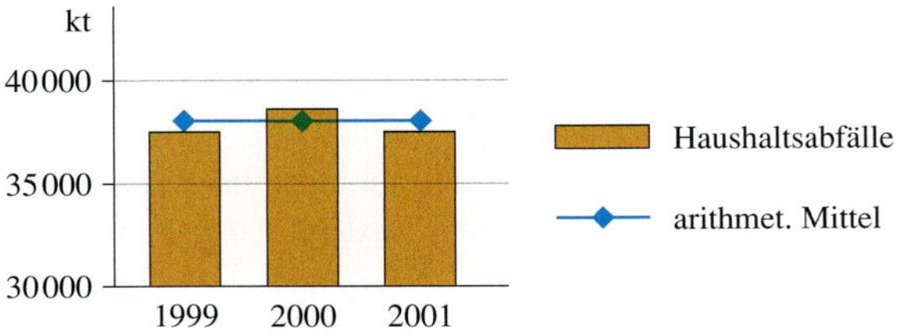

mittlere Haushaltsabfälle 1999–2001 (in 1 000 t)	
Müllabfuhr	17 223
Sperrmüll	2 755
Biotonnen	3 491
Weitere Abfälle	13 223
Haushaltsabfälle	36 692

Zusammenfassung

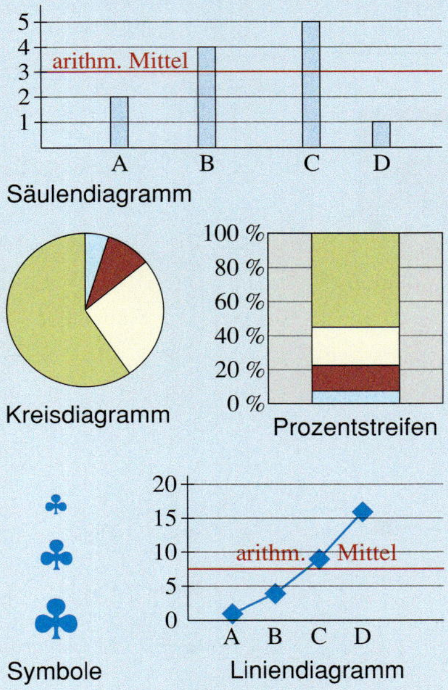

$$\frac{1+4+9+16}{4} = \frac{30}{4} = 7{,}5$$

Daten und Diagramme

Welche Diagrammtypen beim grafischen Auswerten von Daten gut geeignet sind, hängt von der Art der Daten ab und davon, was du besonders hervorheben willst.
Säulen- und Balkendiagramme eignen sich dann gut, wenn Daten einander gegenübergestellt werden sollen.
Soll die Verteilung innerhalb einer Gesamtmenge zum Ausdruck kommen, so sind **Kreisdiagramme**, **Prozentstreifen** und **Symbole** eine gute Lösung. Bei diesen Diagrammen entsprechen die Datenwerte den Flächeninhalten im Diagramm.
Veränderungen von Daten werden durch Säulen- und durch **Liniendiagramme** gut veranschaulicht.
Diagramme können gewollt oder ungewollt aber auch einen falschen Eindruck vermitteln, wenn z. B.
- die Achsenwerte nicht bei 0 beginnen
- die Achsen ungleichmäßig unterteilt sind
- eine falsche **Bezugsgröße** genommen wird

070-1

Das **arithmetische Mittel** („Durchschnitt") einer Datenreihe erhält man, wenn man die Summe aller Werte durch die Anzahl der Werte teilt.

Aufgaben

Verknüpfen
Anwenden
Trainieren

1 Die Tabelle zeigt die Anteile regenerativer Energiequellen an der Stromerzeugung in Deutschland 2002 in Mrd. kWh. Stelle die Werte in verschiedenen geeigneten Diagrammen dar.

Wasserkraft	23,9
Windkraft	16,8
Biomasse u. Müll	4,2
Photovoltaik	0,1

2 Stelle die Umsatzzahlen der Firma Istegal so in einem Diagramm dar, dass die Veränderungen besonders deutlich werden. Fertige außerdem ein Diagramm an, das die tatsächliche Entwicklung gut darstellt.

Umsatz **Istegal GmbH** (Mio. €)				
2000	2001	2002	2003	2004
124,2	133,4	132,0	140,7	141,6

3 Conny and Tim are planning a bicycle tour over six days. The distances of each stage are 70 km, 54 km, 66 km, 45 km, 81 km and 74 km.
Find the average distance per day in km.

4 Julia notices daily, how much time she needs for doing her homework.
How does it average out on a daily basis?

Mo	Tu	We	Th	Fr
1 h 15 min	2 h	55 min	2 h 20 min	1 h 35 min

5 Schätze und berechne die mittlere Anzahl der Buchstaben pro Wort in diesem Aufgabentext.

6 Die Tabelle gibt die Einwohnerzahlen der Kontinente für 1950 und 2003 in Millionen an. Stelle die Zahlen in zwei Kreisdiagrammen dar. Aus welchem Grund ist es sinnvoll, den Radius beim zweiten Diagramm etwa 1,6-mal so groß wie beim ersten zu wählen?

	1950	**2003**
Europa	547	727
Asien	1402	3830
Afrika	224	861
Amerika	338	863
Australien	13	32

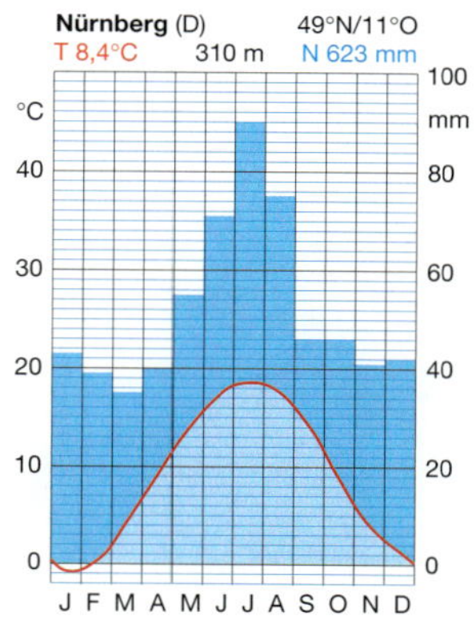

7 **Klimadiagramm**

a) Stelle die Daten für die mittleren Temperaturen und Niederschläge in Nürnberg in einer Tabelle dar.

b) Welche zusätzlichen Angaben enthält das Diagramm? Welche lassen sich auch aus dem Diagramm ermitteln?

c) Niederschläge werden oft auch in Litern pro Quadratmeter angegeben. Welche Zahlenwerte ergeben sich dann?

8 Bei der 2. Mathematikschulaufgabe in der Klasse 7 c ergab sich folgendes Notenbild:

a) Berechne den Notendurchschnitt.

b) Stelle die Notenverteilung und den Notendurchschnitt in einem geeigneten Diagramm dar.

Note	1	2	3	4	5	6
Anzahl	3	5	11	8	4	1

Noch fit?

1 Berechne Oberflächeninhalt und Volumen
a) für einen Würfel mit der Kantenlänge 1,2 m
b) für einen Quader, der 1,5 m lang, 0,8 m breit und 75 cm hoch ist
c) für ein 15 cm hohes Prisma, dessen Grundfläche ein rechtwinkliges Dreieck mit den Seitenlängen 9 cm, 12 cm und 15 cm ist

2 Ein 7,50 m langer, 4,20 m breiter und 1,80 m tiefer Swimmingpool soll frisch gestrichen werden.
a) Wie viele Dosen Farbe werden benötigt, wenn eine Dose für 12 m^2 reicht?
b) Wie lange dauert das Wiedereinfüllen, wenn pro Minute 25 Liter zufließen und das Becken bis 10 cm unter den Rand gefüllt werden soll?
c) Wie groß ist das abfließende Wasservolumen pro Minute, wenn der Swimmingpool in 10 h leer ist?

Aufgaben

Verknüpfen
Anwenden
Trainieren

9 Erdölverbrauch
a) Stelle die Daten über den weltweiten Erdölverbrauch mit anderen Diagrammtypen dar. Welchen Vorteil hat die in der Karte gewählte Darstellung?
b) Warum hat das Quadrat für Nordamerika eine circa dreimal so große Kantenlänge wie das afrikanische?
Schätze ab, wie groß ein Quadrat sein müsste, das den Weltgesamtverbrauch darstellt.

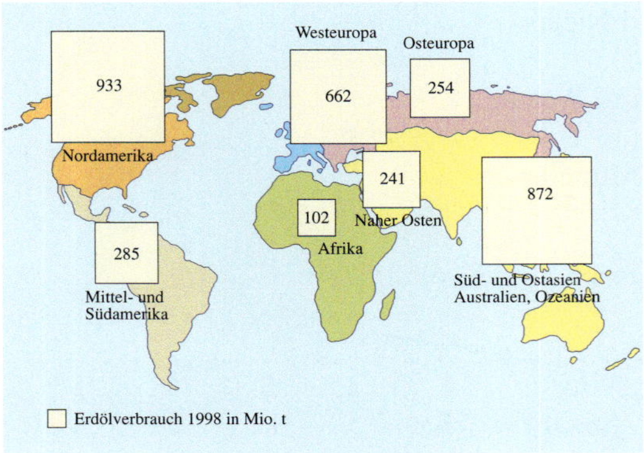

10 Das Diagramm soll den Zusammenhang zwischen Körpergröße und optimalem Körpergewicht für Erwachsene darstellen.
a) Wie schwer sollte demnach ein „normalgewichtiger" Erwachsener bei einer Körpergröße von 1,80 m bzw. 1,70 m sein?
b) Betrachte das Diagramm genauer.
Was erscheint merkwürdig?

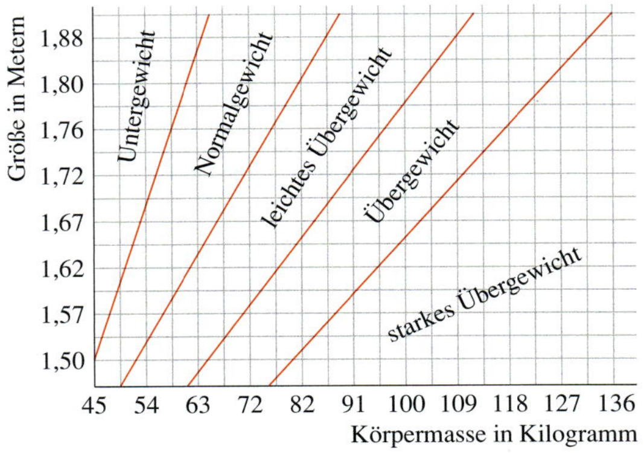

11 Bevölkerungsexplosion
Welchen Vorteil, welchen Nachteil hat diese Darstellungsart?
Lies die Daten für 1960 und 2000 aus dem Diagramm ab und stelle sie in einer Tabelle zusammen.

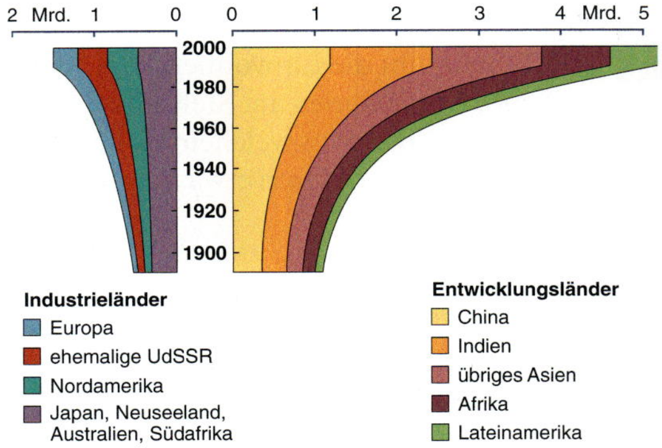

12 Herr Müller besitzt ein 12 m langes und 9 m breites Haus am Stadtrand von Nürnberg. Wie viele Hektoliter Wasser kann er etwa durchschnittlich in einem Jahr von Mai bis September zum Gießen seines Gartens einsparen, wenn er das Wasser vom Dach in einer Regentonne sammelt?
Verwende zur Beantwortung dieser Frage das Klimadiagramm Nürnbergs auf Seite 71.

Aufgaben

Verknüpfen
Anwenden
Trainieren

13 **Bevölkerungsentwicklung**

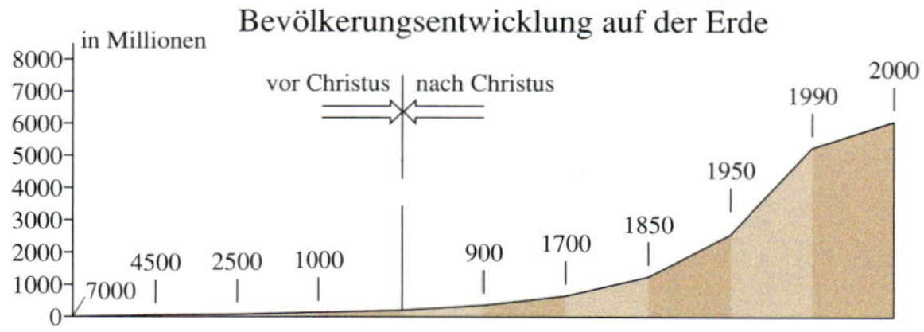

a) Lies die Bevölkerungszahlen der Erde an den markierten Zeitpunkten so genau wie möglich ab.

b) Welche Auswirkungen hat die ungleichmäßige Einteilung der Zeitachse? Zeichne ein Diagramm zu den Bevölkerungszahlen mit einer gleichmäßigen Zeitachse.

14 Beantworte mithilfe nebenstehender Grafik folgende Fragen.

a) Wie viel Einkommensteuer muss ein Ehepaar 2005 bei einem zu versteuernden Jahreseinkommen von 50 000 € bezahlen?

b) Um wie viel steigt die Steuer noch, wenn sich das Einkommen um 2 000 € erhöht?

c) Wie setzt sich die Linie für die Durchschnittsbelastung für noch höhere Einkommen fort?

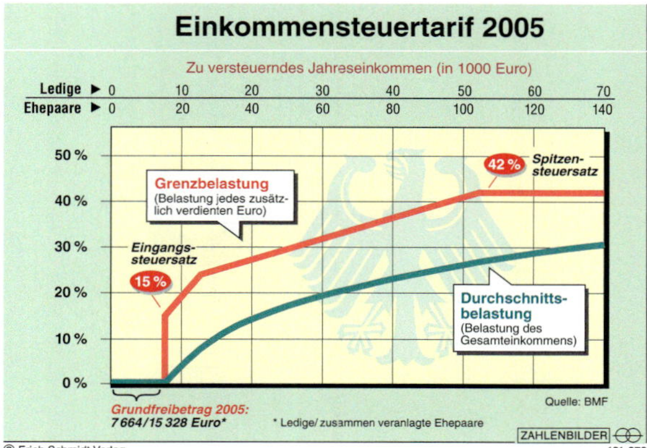

© Erich Schmidt Verlag

15

Bei Straßenverkehrsunfällen im Jahr 2000 verunglückte Kinder im Alter von 6 bis unter 15 Jahren nach Monaten und Art der Verkehrsbeteiligung

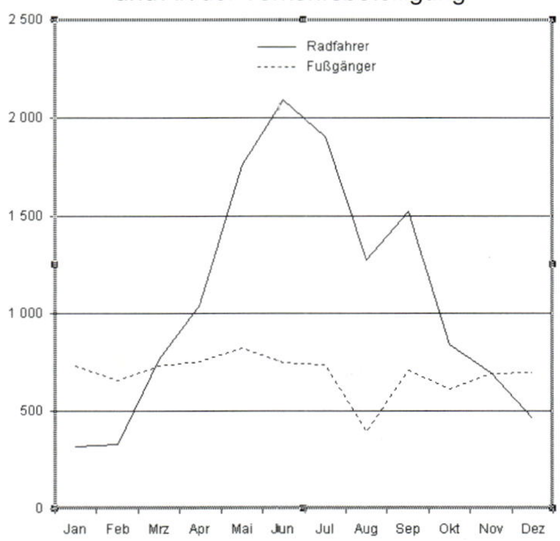

Bei Straßenverkehrsunfällen im Jahr 2000 verunglückte Kinder im Alter von 6 bis 15 Jahren nach Tageszeit und Art der Verkehrsbeteiligung

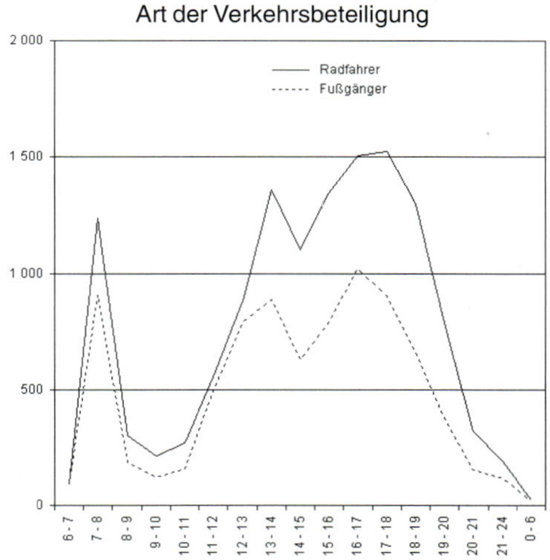

a) Erkläre mit eigenen Worten, was die beiden Diagramme darstellen.

b) Wie lässt sich der Verlauf der Linien erklären?

c) Erik meint, es sei sicherer, im Sommer zu Fuß zu gehen und im Winter mit dem Rad zu fahren. Was sagst du dazu?

d) Welche Auswirkungen hat die veränderte Einteilung zwischen 21 Uhr und 6 Uhr im zweiten Diagramm?

e) Wie viele Kinder verunglückten durchschnittlich in einem Monat?

16 Two shooters fired on a target with an air gun. Which one is a better shooter? Give reasons.

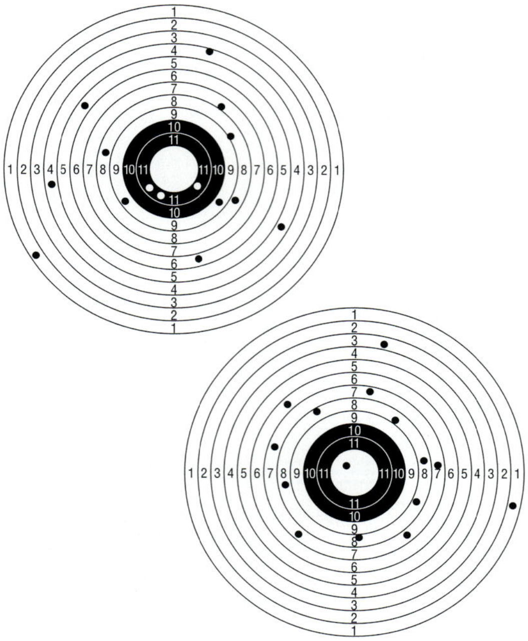

17 Stelle die jährlichen Veränderungen bei Einfuhr, Ausfuhr und Ausfuhrüberschuss in getrennten Säulendiagrammen dar.
Ermittle auch die Durchschnittswerte.
Welche Beziehungen bestehen zwischen den Diagrammen?

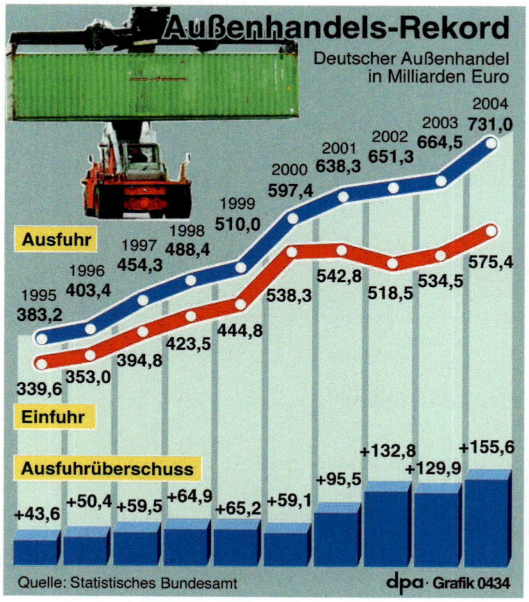

18 Die Tabelle unten zeigt für die Länder mit den größten Produktionszahlen von TV-Geräten die Einwohnerzahlen und die Anzahl der 1999 produzierten Fernsehgeräte.
Fertige dazu aussagekräftige Diagramme an. Benutze nach Möglichkeit ein Tabellenkalkulationsprogramm.

	produzierte TV-Geräte in Mio.	Einwohner in Mio.
China	49,1	1 272
Südkorea	15,6	47
Hongkong	13,0	7
USA	11,1	285
Malaysia	7,6	24
Türkei	6,9	66
Welt	135,0	6 000

19 **CO_2-Emissionen**

a) Erläutere, wodurch im Diagramm die Gesamtmenge der Emission einer Region dargestellt wird. Wie groß ist demnach die Gesamtemission in der Europäischen Union?

b) Wie ergibt sich die Linie für den Durchschnittswert?

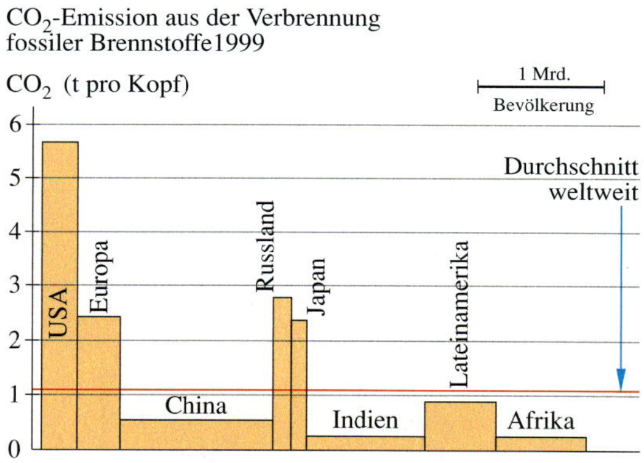

Aufgabe der Woche

Durchsuche deinen Schulatlas oder dein Erdkundebuch nach Klimadiagrammen.
An welchen Orten sind die Niederschläge besonders hoch bzw. besonders niedrig?
Wo sind die Temperaturunterschiede im Jahresverlauf besonders stark ausgeprägt?
Wo würdest du am liebsten leben, wenn du nur nach dem Klima entscheidest?

4.2 Wiederholen und Vertiefen des Prozentrechnens

Bundestagswahl

Auftrag 1

Bei den beiden Bundestagswahlen 1998 und 2002 ergaben sich bei den so genannten Zweitstimmen nebenstehende Ergebnisse.
Wie veränderten sich die Ergebnisse 2002 gegenüber 1998 prozentual?
Welche Stimmenanzahl haben die zwei großen Parteien bei den beiden Wahlen erhalten?
Welche prozentualen Veränderungen liegen bei den Stimmenzahlen vor? Runde sinnvoll.
Warum konnte ein Vertreter vom Bündnis 90/Die Grünen behaupten, seine Partei habe am stärksten zugenommen?
Ein PDS-Anhänger behauptete 1998, seine Partei habe ihren Stimmenanteil gegenüber der letzten Wahl um 16 % steigern können und werde diese Steigerung bei der nächsten Wahl wiederholen. Welches Ergebnis hatte sie demnach 1994 erhalten und welchen Stimmenanteil hätte sie 2002 erreichen müssen?
Bei einer „repräsentativen" Umfrage vor der Wahl 2002 wurden 2000 Personen befragt, welche Partei sie wählen wollten.
Wie viele dürften etwa eine der „sonstigen" Parteien angegeben haben?

	1998	2002
gültige Stimmen	49,3 Mio.	48,0 Mio.
SPD	40,9 %	38,5 %
CDU/CSU	35,1 %	38,5 %
B90/Grüne	6,7 %	8,6 %
F.D.P.	6,2 %	7,4 %
PDS	5,1 %	4,0 %
Sonstige	5,9 %	3,0 %

Computerkauf

Auftrag 2

Franziska will sich von dem Geld, das sie zur Firmung bekommen hat, einen Computer kaufen.
Sie geht zu einem Großhändler, der ihr ein Angebot für einen Laptop macht.
Franziska überlegt sich, dass auf den Nettopreis noch die Mehrwertsteuer von 19 % aufgeschlagen wird.
Wie viel Geld muss Franziska dem Großhändler für den Laptop geben, wenn sie bar bezahlt?
Um wie viel Prozent hat sich der Preis durch Mehrwertsteuer und Rabatt insgesamt verändert?
Franziska fragt sich, wie teuer das Gerät vor der Preissenkung war.
Was meinst du dazu?

Auftrag 3 Gesundheitskosten

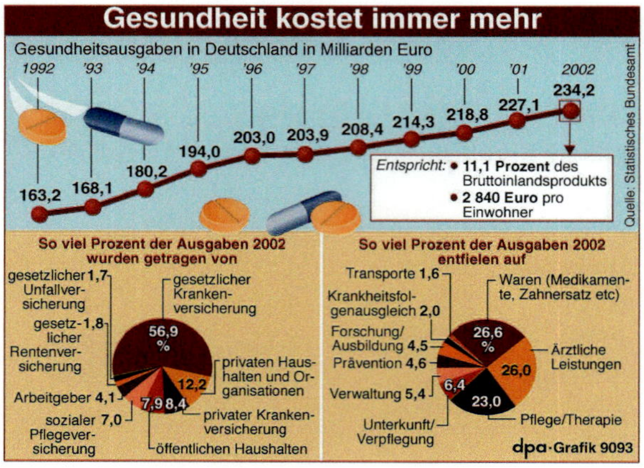

Lies die Gesundheitsausgaben im Jahre 2002 ab. Um wie viel Prozent waren die Ausgaben für ärztliche Leistungen höher als für Pflege und Therapie? Wie hoch war das Bruttoinlandsprodukt im Jahr 2002? Wie viele Einwohner hatte Deutschland in diesem Jahr?
Wie viel wurde pro Einwohner an Gesundheitskosten ausgegeben?
Stelle die jährliche absolute und prozentuale Steigerung der Gesundheitskosten im Zeitraum von 1992 bis 2002 in einer Tabelle zusammen und vergleiche. Wie hoch war die gesamte prozentuale Steigerung in den 10 Jahren?

Bearbeitung

Auftrag 1 Bundestagswahl

Beachte

Wenn du sagst, dass die CDU/CSU 2002 gegenüber 1998 3,4 % gewonnen hat, so ist das mathematisch nicht korrekt.

Die CDU/CSU hat sich von 35,1 % auf 38,5 % der gültigen Stimmen verbessert. Sie konnte also ihren Stimmenanteil um $\frac{3{,}4\,\%}{35{,}1\,\%} \approx 10\,\%$ erhöhen. Die Abnahme des Stimmenanteils bei der SPD beträgt $\frac{2{,}4\,\%}{40{,}9\,\%} \approx 6\,\%$.
Um die Differenz bzw. Veränderung von Wahlergebnissen einer Partei auszudrücken, verwenden Wahlanalysten jedoch den Begriff des **Prozentpunktes**: Die CDU/CSU hat 3,4 Prozentpunkte gewonnen. Die SPD hat entsprechend 2,4 Prozentpunkte verloren.

Info

Durch die Zweitstimmen wird festgelegt, wie die Sitze im Bundestag auf die Parteien verteilt werden.

Die Anzahl der Zweitstimmen für SPD und CDU/CSU betrug 1998:
SPD: 40,9 % von 49,3 Mio. = 0,409 · 49 300 000 = 20 163 700 ≈ 20,2 Mio.
CDU/CSU: 35,1 % von 49,3 Mio. = 0,351 · 49 300 000 = 17 304 300 ≈ 17,3 Mio.
2002 hatten beide großen Parteien in etwa dieselbe Stimmenanzahl:
38,5 % von 48,0 Mio. = 0,385 · 48 000 000 = 18 480 000 ≈ 18,5 Mio.
Die SPD hat 1,7 Mio. Stimmen verloren. Dies entspricht einer Abnahme der Stimmenanzahl von $\frac{1{,}7\text{ Mio.}}{20{,}2\text{ Mio.}} \approx 8\,\%$. Die CDU/CSU hat 1,2 Mio. Stimmen dazu gewonnen. Hier liegt eine Zunahme der Stimmenanzahl um $\frac{1{,}2\text{ Mio.}}{17{,}3\text{ Mio.}} \approx 7\,\%$ vor.

	Ergebnis 1998	**Ergebnis 2002**	Veränderung der Prozentpunkte	prozentuale Veränderung des Stimmenanteils	prozentuale Veränderung der Stimmenanzahl
gült. Stimmen	49,3 Mio.	48,0 Mio.			
SPD	40,9 %	38,5 %	–2,4	–6 %	–8 %
CDU/CSU	35,1 %	38,5 %	+3,1	+10 %	+7 %
B90/Grüne	6,7 %	8,6 %	+1,9	+28 %	+24 %
F.D.P.	6,2 %	7,4 %	+1,2	+19 %	+15 %
PDS	5,1 %	4,0 %	–1,1	–22 %	–24 %
Sonstige	5,9 %	3,0 %	–2,9	–49 %	–50 %

Die CDU/CSU hat den größten Stimmengewinn (1,2 Mio.) und die größte Zunahme von Prozentpunkten (3,1) zu verbuchen. Betrachtest du jedoch die prozentuale Veränderung des Stimmenanteils, so liegt hier B90/Grüne klar vorn (28 % gegenüber 10 % der CDU/CSU). Diese beiden letzten prozentualen Veränderungen beziehen sich jedoch auf verschiedene Grundwerte (Grundwert 6,7 % bei dem B90/Grüne und Grundwert 35,1 % bei der CDU/CSU).
Bei der Angabe von prozentualen Veränderungen musst du deshalb immer genau darauf achten, auf welchen Grundwert diese bezogen werden, damit du z. B. politische Aussagen richtig bewerten kannst.

Erinnere Dich

$$1\,\% = \frac{1}{100}$$

Wenn die PDS ihren Stimmenanteil 1998 um 16 % verbessert hat, so liegt dieser nun bei 116 % des Anteils von 1994, der hier den Grundwert darstellt.

116 % entsprechen 5,1 % der Stimmen
1 % entspricht 0,044 % der Stimmen
100 % entsprechen 4,4 % der Stimmen

Die PDS hatte 1994 demnach 4,4 % der Stimmen erhalten.
Das für 2002 angekündigte nochmals um 16 % verbesserte Ergebnis wäre

$$5{,}1\,\% + (16\,\% \text{ von } 5{,}1\,\%) = 5{,}1\,\% + 0{,}16 \cdot 5{,}1\,\% = 5{,}1\,\% + 0{,}8\,\% = 5{,}9\,\%$$

Die Partei hätte 2002 nach dieser Prognose also 5,9 % der Stimmen erhalten müssen.

Erinnere Dich

Weitere Berechnungsmöglichkeiten:

$5{,}1\,\% : 1{,}16 = 4{,}4\,\%$

$5{,}1\,\% \cdot 1{,}16 = 5{,}9\,\%$

Bei einer repräsentativen Umfrage werden die Befragten so ausgewählt, dass jede Bevölkerungsgruppe (wie z. B. Frauen, Katholiken, Handwerker, Rentner) in etwa mit demselben Bruchteil vertreten ist wie in der Gesamtbevölkerung. Man kann auch sagen, dass die relative Häufigkeit jeder Gruppe bei der Umfrage in etwa genauso groß wie in der Gesamtbevölkerung ist. Bei einer Umfrage vor der Wahl erwartet man, dass dann auch die Wähler jeder Partei etwa mit derselben relativen Häufigkeit wie bei der Wahl vertreten sind.
Da 3 % von 2000 = 60 ist, müssten bei der Umfrage etwa 60 Befragte eine „sonstige“ Partei angegeben haben.

Erinnere Dich

Hat man z. B. bei 200 Versuchen 50 Treffer erzielt, so beträgt die relative Häufigkeit der Treffer $\frac{50}{200} = \frac{1}{4}$.

Zusammenfassung

Wiederholen und Vertiefen des Prozentrechnens

077-1

Bei der Angabe prozentualer Veränderungen muss immer klar sein, auf welchen Grundwert sich die Änderung bezieht.

Beispiel 1

17,5 %	von	120 kg	=	21 kg
Prozentsatz		Grundwert		Prozentwert

Berechnung des Prozentwerts: $0{,}175 \cdot 120\text{ kg} = 21\text{ kg}$

Berechnung des Prozentsatzes: $\frac{21\text{ kg}}{120\text{ kg}} = 0{,}175 = 17{,}5\,\%$

Berechnung des Grundwerts: $21\text{ kg} : 0{,}175 = 120\text{ kg}$

Beispiel 2

Der Preis steigerte sich um 15 % auf 736 €.
736 € sind dann 115 % des Grundwertes (alter Preis).

Berechnung des Grundwertes: 736 € : 1,15 = 640 €
umgekehrt: neuer Preis: 736 € = 1,15 · 640 €

Aufgaben

Verknüpfen
Anwenden
Trainieren

1 Berechne die fehlenden Werte.

	Grundwert	Prozentsatz	Prozentwert
a)	238 €	12 %	×××
b)	750 m	×××	90 m
c)	×××	35 %	280 g
d)	17,5 ha	8,4 %	×××
e)	3,2 kg	×××	120 g
f)	×××	7,5 %	12,6 m^3

2 Wo können Prozentsätze über 100 sinnvoll sein, wo nicht? Gib Beispiele an.

3 Berechne die ursprüngliche Länge.
a) Ein um 16 % seiner ursprünglichen Länge verkürzter Stab misst noch 2,94 m.
b) Eine um 15 % verlängerte Straße ist jetzt 4,14 km lang.

4 Der Preis für die Eintrittskarte ins Neustädter Freibad hat sich um 30 Cent auf 2,70 € erhöht. Wie viel Prozent betrug die Erhöhung?

5 Ein Fahrrad kostet nach einer Preiserhöhung um 15 % jetzt 289,80 €.
a) Wie viel kostete es vorher?
b) Wie viel kostet es noch, wenn der Preis nun wieder um 15 % gesenkt wird?

6 Von den Schülern des Einstein-Gymnasiums kommen 36 % mit dem Fahrrad zur Schule. 75 % der übrigen, nämlich 348 Schüler, kommen mit dem Bus.
Wie viele Schüler besuchen die Schule insgesamt?

7 **Vierfeldertafel**
Am Beethoven-Gymnasium beträgt der Anteil der Mädchen 45 %.
28 % der Mädchen und 36 % der Jungen kommen gewöhnlich mit dem Rad zur Schule.
Welcher Prozentsatz aller Schüler nimmt für den Schulweg das Rad?

8 Wenn ich eine Zahl um 30 % vergrößere und das Ergebnis um 30 % verkleinere, erhalte ich 273. Wie heißt die ursprüngliche Zahl?

9 Compare 70 % of 40 % and 40 % of 70 %. Give reasons for your result.

10 Die Gesamtproduktion eines Unternehmens ist in zwei Jahren jeweils um 25 % gestiegen. Wie hoch müsste die Steigerung im dritten Jahr ausfallen, damit sich die Produktion in den drei Jahren insgesamt verdoppelt hat?

11 In der Mathematikschulaufgabe der Klasse 7a ergab sich folgende Notenverteilung:

Note	1	2	3	4	5	6
Anzahl	2	6	9	7	5	1

Stelle die relative Häufigkeit der einzelnen Notenwerte in einem Streifendiagramm dar.

12 Kati kauft sich ein Fahrrad, das 450 € kostet.
a) Da es ein Auslaufmodell ist, gewährt ihr der Händler 12 % Rabatt. Wie viel muss Kati bezahlen, wenn sie auf den ermäßigten Preis außerdem noch 2 % Skonto für Barzahlung erhält?
b) Kati hat nur 314 €. Welchen prozentualen Preisnachlass müsste ihr der Händler insgesamt geben, damit ihr Geld reicht?

Noch fit?

1 Welche Zahl muss man
a) zu $4\frac{2}{3}$ addieren, um $-3\frac{1}{4}$ zu erhalten?
b) von $-1{,}8$ subtrahieren, um 5,19 zu erhalten?
c) durch $\frac{3}{8}$ dividieren, um 7,6 zu erhalten?
d) mit sich selbst multiplizieren, um 0,0144 zu erhalten?
e) mit dem Quadrat von 1,5 multiplizieren, um das Quadrat von 1,8 zu erhalten?

2 Welche Zahl passt?
a) $4{,}29 + a = 9{,}24$
b) $b - 2{,}468 = 8{,}642$
c) $17{,}86 - c = 8{,}761$
d) $3{,}6 \cdot d = 1{,}44$
e) $e : 0{,}25 = 8$

Aufgaben

Verknüpfen Anwenden Trainieren

LOL Das ist lüstich

13 Tim verliert beim Tennis gegen Christine 6 : 1, 6 : 7 und 5 : 7.
Wie viel Prozent der Spiele haben beide jeweils gewonnen?
Wie viel Prozent der Spiele hat Christine weniger gewonnen als Tim?

14 In einer Metzgerei ist Rinderlende um 25 % teurer als Schweinelende.
Wie viel Rinderlende erhält man zum gleichen Preis wie 1 kg Schweinelende?

Tipp

Nimm für Schweinelende einen bestimmten Preis an, der realitätsnah ist.

15 Herr Obermaier muss auf sein Bruttogehalt 20 % Lohnsteuer und 21,3 % Sozialabgaben zahlen. Dazu kommen Kirchensteuer und Solidaritätsbeitrag, die 8,0 % bzw. 5,5 % der Lohnsteuer ausmachen.

a) Welchen Prozentsatz des Gehalts machen die Abgaben insgesamt aus?

b) Wie viel verdient Herr Obermaier monatlich brutto, wenn ihm 1743 Euro ausbezahlt werden?

16 Bei den letzten beiden Parlamentswahlen in Geometrien ergaben sich folgende Ergebnisse. Dabei hat die Zahl der Wahlberechtigten von 2000 bis 2005 um 4 % auf 78 000 zugenommen.

	2000	2005
Partei der Dreiecke	31 %	32 %
Geradenliga	27 %	34 %
Kreisunion	34 %	26 %
Sonstige	8 %	8 %
Wahlbeteiligung	84 %	75 %

a) Wie viele Stimmen haben die einzelnen Gruppen erhalten?

b) Wie veränderten sich die Ergebnisse prozentual?

c) Stelle die absoluten und die prozentualen Veränderungen der Parteien in Säulendiagrammen dar und vergleiche.

d) Vergleiche, wie sich die relativen Häufigkeiten der Wähler und der Nichtwähler prozentual verändert haben.

17 Sieh dir die Wahlergebnisse auf Seite 75 an.
Zeichne mit einem Tabellenkalkulationsprogramm zwei Kreisdiagramme, um die Wahlergebnisse darzustellen. Zeichne dann ein Säulendiagramm, das die Gewinne und Verluste der Parteien zeigt.

18 Tobias erhält von der Bank für sein angelegtes Geld einen Zins von 6 % pro Jahr. Am Ende eines jeden Jahres wird der Zins gutgeschrieben und im folgenden Jahr mitverzinst („Zinseszins"). Wie viel Prozent des angelegten Geldes hat Tobias nach 3 Jahren zusätzlich auf seinem Konto?

19 Untersuche die Zeitungsmeldung.

a) Sind alle Zahlenangaben stimmig? Welche Rundungen wurden wohl vorgenommen?

b) Welche weiteren absoluten Zahlen kann man dem Bericht entnehmen?

c) Schreibe eine Zeitungsmeldung zum Thema Gesundheitskosten (s. Grafik S. 76).

Wie das Statistische Bundesamt in Wiesbaden mitteilte, lebten zum Jahresende 2003 in Deutschland 6,6 Mill. schwerbehinderte Menschen; das waren rund 70 000 oder 1,1% weniger als am Jahresende 2001. Bezogen auf die gesamte Bevölkerung war damals in Deutschland jeder zwölfte Einwohner (8,0 %) schwerbehindert. Knapp über die Hälfte (52 %) der Schwerbehinderten waren dabei Männer.

20 Können folgende Zeitungsmeldungen stimmen?

a) Es beteiligten sich in diesem Jahr 12 % der Einwohner an der Aktion „Saubere Umwelt“. Dies ist gegenüber dem Vorjahr eine Steigerung um 20 %.

b) 13 % der Frauen und 9 % der Männer, also 22 % aller Besucher, waren über 60 Jahre alt.

c) Während im letzten Jahr noch 10 % aller Besucher Dauerkarten lösten, war es dieses Jahr nur noch jeder Achte.

d) Nachdem die Anzahl der Anmeldungen in diesem Jahr um 50 % gestiegen war, konnten zum Ausgleich die Teilnehmergebühren um 50 % gesenkt werden.

e) Die Eintrittspreise sind in den letzten 10 Jahren um 150 % gestiegen.

f) Während vor 10 Jahren die Krankheit noch in mehr als 20 % der Fälle tödlich verlief, können heute fast 80 % der Kranken geheilt werden.

g) Schreibe selbst jeweils zwei Zeitungsmeldungen, die stimmen können bzw. offensichtlich falsch sind.

21 Ein Fruchtsaftgetränk enthält 40 % reinen Saft.

a) Wie viel Wasser müsste man zu einem Liter des Getränks zugießen, damit der Saftgehalt nur noch 25 % beträgt?

b) Wie viel Saft müsste man zu einem Liter des Getränks zugießen, damit der Saftgehalt auf 60 % steigt?

22 Nimm Stellung.

a)

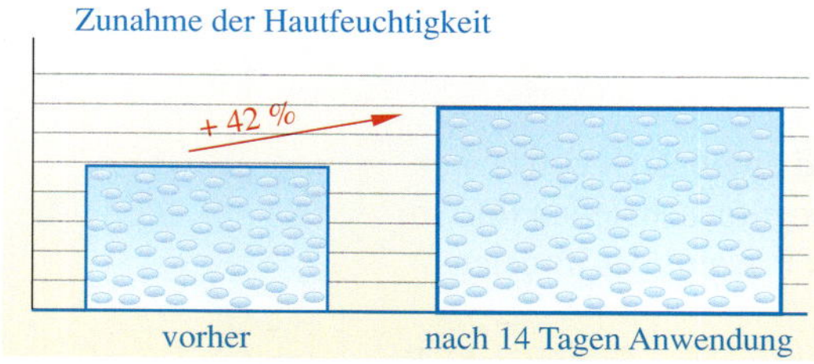

b)

Laden-Verkaufspreis	499,00 €
./. 8% Extra-Rabatt	39,92 €
./. 7% BSW-Bonus	32,14 €
= Endpreis	426,94 €
Sie sparen	15%

23 Was sagst du zum Wahrheitsgehalt der folgenden Werbeslogans?

a) „Mit unseren Telefontarifen können Sie bis zu 200 % einsparen.“

b) „Bei uns erhalten Sie die Mehrwertsteuer zurück. Wir geben 19 % Rabatt.“

c) „Sparen Sie 50 % des Eintrittspreises, wenn Sie Ihren Partner zum halben Preis mitnehmen.“

d) „Zahlen Sie zwei Packungen und nehmen Sie drei mit. Sparen Sie dadurch 33 %.“

24 Das Diagramm stellt für einige europäische Länder durchschnittliche Arbeitskosten für eine Stunde dar.

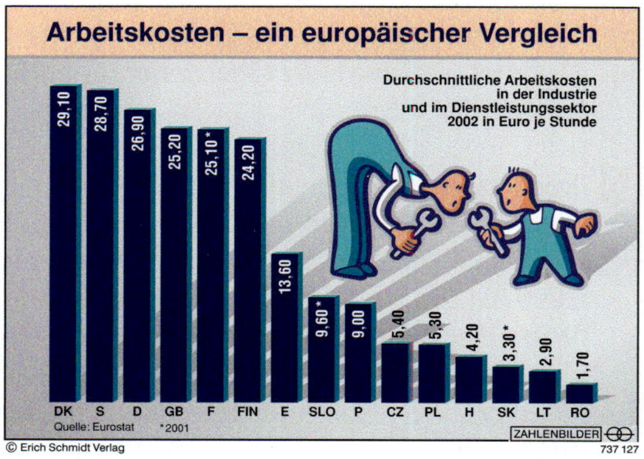

a) Welche prozentualen Unterschiede bestehen zwischen den Kosten in Deutschland und denen in Dänemark bzw. in Rumänien?

b) Warum bekommt man keinen sinnvollen Mittelwert für die dargestellten Länder, wenn man das arithmetische Mittel aus den Werten der Tabelle bildet?

c) Welche weiteren Daten müsste man für einen sinnvollen Mittelwert berücksichtigen?

25 Zeichne ein Kreisdiagramm, das die Ausfuhr tropischer Hölzer 1993 für die drei angegebenen Länder zusammenfasst.

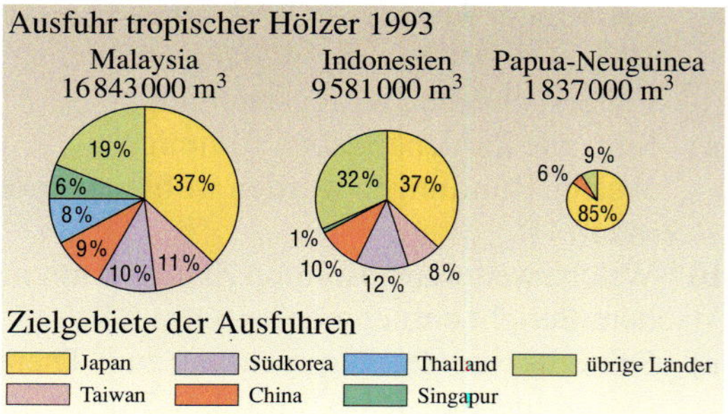

Aufgaben

Verknüpfen
Anwenden
Trainieren

26 How many per cent of the water of a saline solution, which contains 10 per cent salt, have to evaporate to get a solution, which has 20 per cent salt in it?

27 Sitzverteilung im Deutschen Bundestag nach der Wahl 2002:
a) Vergleiche mit dem Wahlergebnis (siehe Auftrag 1, Seite 75). Wie viel Prozent der Sitze erhielten die einzelnen Parteien?
b) Erkundige dich, wie die Sitzverteilung ermittelt wird.

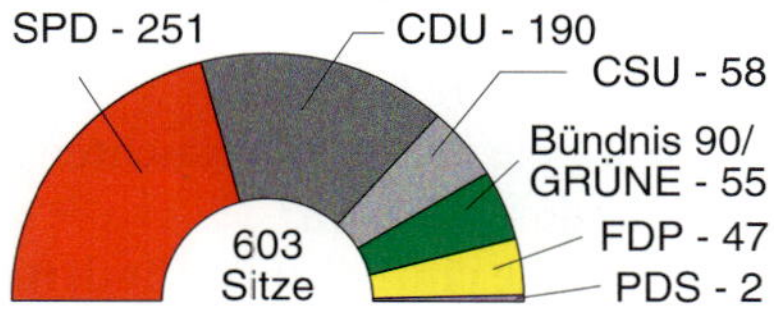

28 Um wie viel Prozent vergrößern sich Volumen und Oberfläche eines Würfels mit der Kantenlänge 1 m, wenn man Länge, Breite und Höhe um 10 % verlängert? Begründe, dass sich für jeden Quader die gleichen prozentualen Volumen- und Oberflächenänderungen ergeben, wenn man Länge, Breite und Höhe um jeweils 10 % verlängert.

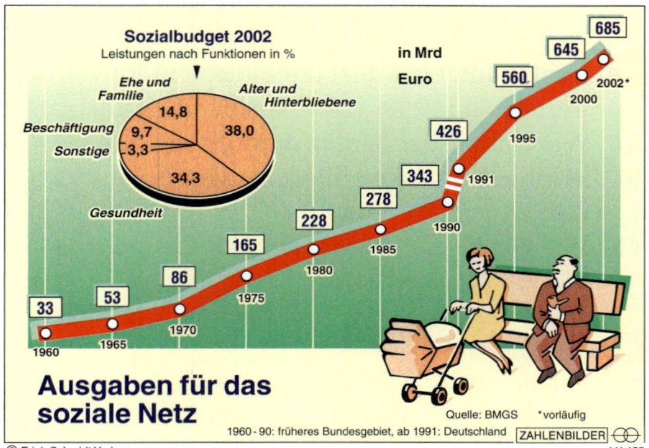

29 Das Diagramm rechts zeigt die Entwicklung der Sozialausgaben in der Bundesrepublik Deutschland.
Zeichne Säulendiagramme für die absoluten und für die prozentualen Veränderungen in den Fünfjahreszeiträumen und stelle Vergleiche an.
Welche Besonderheit beeinflusst den Zeitraum 1990–1995?

Haushalte mit	Anteil
1 Person	35 %
2 Personen	33 %
3 Personen	14 %
4 Personen	13 %
5 und mehr Pers.	5 %

30 Die Tabelle zeigt, wie groß der Anteil der Haushalte mit einer, zwei usw. Personen in Bayern 2001 war.
Zeichne ein Diagramm, das verdeutlicht, wie groß der Anteil der Personen war, die als Single, zu zweit usw. leben.
Warum spielt die fehlende Aufschlüsselung für Haushalte mit mehr als 4 Personen keine große Rolle?

31 Eine elektronische Waage zeigt Massen bis zu 99,9 kg auf 100 g genau an.
a) Wie groß ist der maximale Messfehler („absoluter Fehler“) dieser Waage?
b) Wann kann der relative Fehler besonders groß werden? Wie groß ist der relative Fehler höchstens, wenn du dich auf dieser Waage wiegst?

Info

Den prozentualen Anteil des Fehlers am Messwert bezeichnet man als „relativen Fehler“.

Aufgabe der Woche

Wie oft muss man einen Betrag um 10 % erhöhen, damit sich eine Gesamtsteigerung um mehr als 100 % bzw. mehr als 200 % ergibt?
Wie oft muss man einen Betrag um 10 % verkleinern, damit er auf weniger als 50 % des Ausgangswertes sinkt?

Zeig, was du kannst!

1 Berechne den fehlenden Wert.

a) 17,5 % von 28 kg sind ⊠.

b) 14,4 m^2 von 120 m^2 sind ⊠.

c) 3,6 % von ⊠ sind 126 €.

2 Die Tabelle zeigt die Entwicklung der Besucherzahlen eines Museums über 5 Jahre hinweg.

a) Wie viele Personen besuchten in diesem Zeitraum durchschnittlich pro Jahr das Museum?

b) Stelle die jährlichen Veränderungen in einem Säulendiagramm dar.

c) Wie groß war die prozentuale Veränderung im letzten Jahr?

d) 2004 kauften 777 Besucher den großen Museumsführer. Welcher relativen Kaufhäufigkeit entspricht das?

Jahr	Besucherz.
2000	90 812
2001	92 347
2002	88 341
2003	93 750
2004	97 125

3 Ein Händler gewährt auf einen CD-Player, der laut Katalog ohne Mehrwertsteuer (19 %) 120 € kostet, bei Sofortzahlung 15 % Rabatt.

a) Wie viel hat der Kunde dann zu zahlen?

b) Wie hoch ist die prozentuale Veränderung gegenüber dem Katalogpreis insgesamt?

c) Wie viel Rabatt müsste der Händler geben, damit der Kunde nur noch 115 € bezahlen muss?

4 **Vergangenes**

a) Nachdem 24 % des Öls verbraucht sind, befinden sich noch 950 l im Tank. Wie groß war das Anfangsvolumen?

b) Nachdem sich der Preis für eine Hose um 12 % erhöht hat, beträgt er jetzt 39,20 €. Wie viel kostete sie vorher?

5 Das Diagramm zeigt die Entwicklung des Umsatzes einer Firma im ersten Halbjahr 2005.

a) Welchen falschen Eindruck vermittelt das Diagramm auf den ersten Blick?

b) Zeichne ein Diagramm, das die Entwicklung realistisch darstellt.

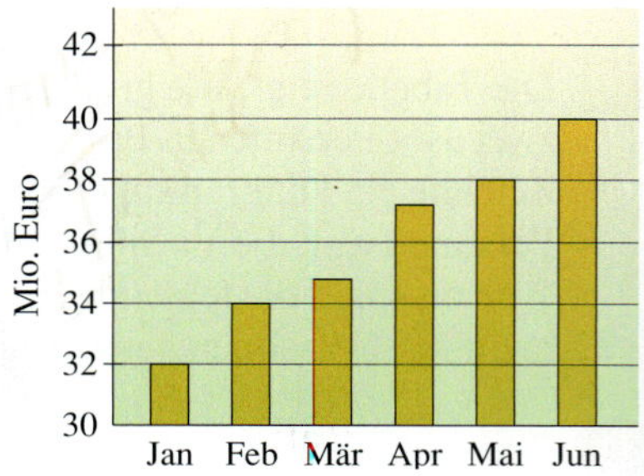

Aufg.-Nr.	Punkte	Lösungshinweise
1	6	Seite 77
2	9	Seite 49 und Seite 70
3	8	Seite 77
4	6	Seite 77
5	5	Seite 70

Lösungen Seite 215

29–34 Punkte

23–28 Punkte

17–22 Punkte

5 Umformen von Termen

Verkehrszeichen und Verkehrsregeln sorgen im Straßenverkehr dafür, dass alle sicher ans Ziel kommen.

Rechenzeichen (+ , − , · , :) und Klammern weisen dir in der Mathematik den Weg zum richtigen Ergebnis. Dabei sind Regeln zu beachten, die du weitgehend schon vom Rechnen mit rationalen Zahlen kennst. In diesem Kapitel lernst du Terme entsprechend den Regeln richtig umzuformen.

Summenformeln

Die Anekdote, wie der 10-jährige Carl Friedrich Gauß (1777–1855) seinen Lehrer mit der trickreichen Berechnung der Summe der Zahlen von 1 bis 100 überraschte, kennst du vielleicht noch aus dem Buch der 5. Jahrgangsstufe. Scherzhaft behauptete Gauß selbst von sich, dass er früher rechnen als sprechen konnte.
Besagte Summe berechnete Gauß nach dieser allgemeinen Regel:

$$1 + 2 \ + 3 + 4 + \ldots + n = \frac{n \cdot (n+1)}{2}$$

Setze in die Gleichung für n nacheinander 5, 10 und 20 ein und ergänze, was anstelle der drei Pünktchen stehen muss. Kontrolliere jeweils, ob sich tatsächlich eine wahre Aussage ergibt.
Versuche zu begründen, warum die Regel für alle natürlichen Zahlen immer auf das richtige Ergebnis führt.
Wie groß ist demnach die Summe der ersten 1000 natürlichen Zahlen?

Versuche auch für die Summe der ersten n geraden bzw. ungeraden Zahlen, also für $2 + 4 + 6 + 8 + \ldots + 2n$ und für $1 + 3 + 5 + 7 + \ldots + (2n - 1)$, jeweils eine allgemeine Regel zu finden.

Die Anzahlen der Kugeln, aus denen sich die Dreiecksmuster zusammensetzen, nennt man „Dreieckszahlen". Erläutere den Zusammenhang zwischen den Dreieckszahlen und den Überlegungen des jungen Gauß.

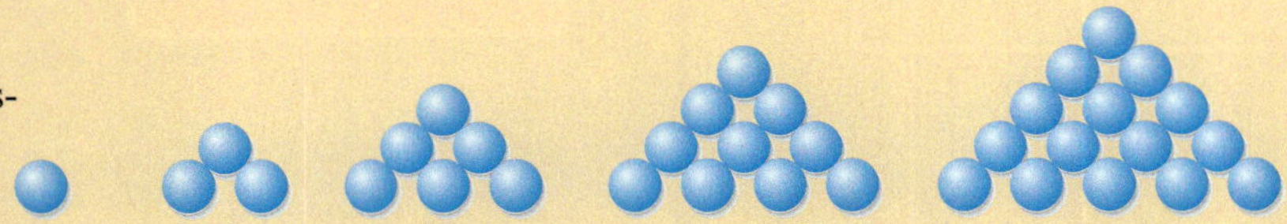

usw.

usw.

Mithilfe der nebenstehenden Figuren lassen sich die Quadratzahlen veranschaulichen. Sieh dir genau an, wie die jeweils folgende Figur aus der vorhergehenden Figur entsteht.

Stelle dementsprechend die Quadratzahlen als Summen von Zahlen dar. Fällt dir etwas auf?
Welchen Zusammenhang zu vorher gelösten Aufgaben erkennst du?

Für die Berechnung der Summe der ersten n Quadratzahlen $1^2, 2^2, 3^2, 4^2, \ldots, n^2$ lässt sich ebenfalls eine Regel angeben:

$$1^2 + 2^2 + 3^2 + 4^2 + \ldots + n^2 = \frac{n \cdot (n+1) \cdot (2n+1)}{6}$$

Überzeuge dich an vier selbst gewählten Beispielen, dass die Regel zum richtigen Ergebnis führt. Berechne die Summe der 100 ersten Quadratzahlen.

Oben stehende Figur verdeutlicht, wie immer größere Fünfecksmuster erzeugt werden können. Versuche eine allgemeine Regel für die Berechnung der „Fünfeckszahlen" zu finden.

5.1 Zusammenfassung der Rechengesetze für rationale Zahlen

Mathematik mit Blumen

Auftrag 1

Um ein Kunstwerk sollen in gleichen Abständen Blumenstöcke in Form eines Quadrats aufgestellt werden.
Wie viele Pflanzen braucht man, wenn wie nebenstehend skizziert an jeder der Quadratseiten 7 (6; 10; 20) Stöcke sein sollen.
Die Blumen können auf verschiedene Arten geschickt abgezählt werden. Zwei Abzählbeispiele sind vorgeschlagen. Bestimme nach beiden Abzählarten einen Term für die Anzahl der Stöcke, wenn n Stöcke eine Quadratseite bilden, und vergleiche die Terme.

Flächenformel für das Trapez

Auftrag 2

Unter Verwendung der bekannten Flächenformeln für Figuren wie Parallelogramm oder Dreieck wurde in Jahrgangsstufe 6 eine Flächenformel für das Trapez hergeleitet. Je nach Betrachtungsweise kannst du für das Trapez $ABCD$ verschiedene Terme finden, die den Flächeninhalt beschreiben.

Methode 1
Diese Methode liefert als Term für den Flächeninhalt $A_T = \frac{1}{2} \cdot (a+c) \cdot h$. Erläutere diese Herleitung.
Berechne den Flächeninhalt des Trapezes für $a = 6$ cm, $c = 3$ cm, $h = 2$ cm und kontrolliere die Richtigkeit durch Abzählen der Kästchen.

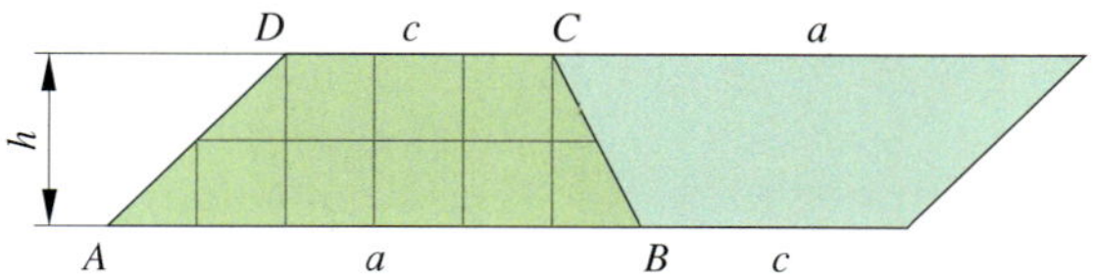

Methode 2
Erstelle entsprechend nebenstehender Zeichnung einen Term für den Flächeninhalt. Bestätige die Richtigkeit deiner Formel durch Berechnung des Flächeninhalts für $a = 6$ cm, $c = 3$ cm, $h = 2$ cm.

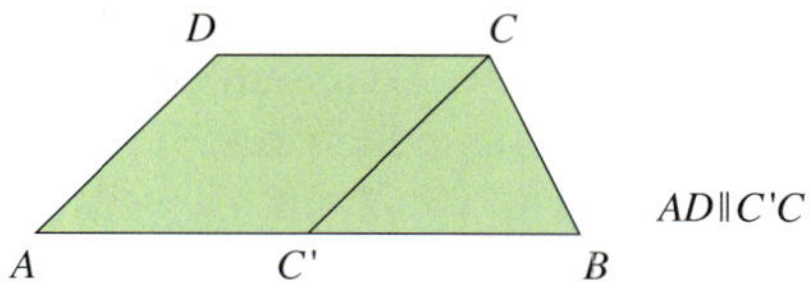

Versuche den Term, den du gefunden hast, in die Form $\frac{1}{2} \cdot (a+c) \cdot h$ zu bringen.
Welche Rechengesetze verwendest du dabei?

Auftrag 3 Heizschlangen

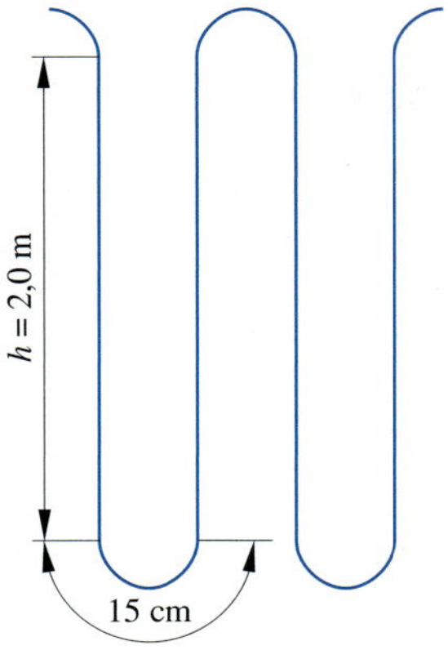

Bei einer Wandheizung werden die Rohre in Schlangenlinien unter dem Putz verlegt. Wie viele Meter biegsames Rohr werden gebraucht, wenn die Heizschlange mit den Maßen im Bild 3 (4; 6; 10) Kurven haben soll?
Finde einen Term, mit dem du die Gesamtlänge des Heizungsrohrs für eine beliebige Anzahl k von Kurven beschreiben kannst.
Der Heizungsinstallateur behauptet, die Gesamtlänge (in cm) einer Heizschlange mit k Windungen ließe sich mit dem Term $215 \cdot k + 200$ beschreiben.
Kontrolliere, ob du deine zuvor berechneten Ergebnisse erhältst, wenn du diesen Term für $k = 3$ (4; 6; 10) berechnest.
Versuche den von dir gefundenen Term in die Form des Fachmanns zu bringen. Welche Rechengesetze verwendest du dabei?
Suche einen Term für die Länge einer Heizschlange mit k Kurven und einer noch nicht genau vorgegebenen Höhe h in cm.

Bearbeitung

Auftrag 1 Mathematik mit Blumen

Stöcke je Quadratseite	Gesamtzahl der Stöcke	
	Abzählmodell 1	Abzählmodell 2
7	$6 \cdot 4 = 24$	$7 \cdot 2 + 5 \cdot 2 = 24$
6	$5 \cdot 4 = 20$	$2 \cdot 6 + 2 \cdot 4 = 20$
10	$9 \cdot 4 = 36$	$10 \cdot 2 + 8 \cdot 2 = 36$
20	$19 \cdot 4 = 76$	$20 \cdot 2 + 18 \cdot 2 = 76$
n	$(n-1) \cdot 4$	$n \cdot 2 + (n-2) \cdot 2$

Info

commutare (lat.) vertauschen, to commute (engl.)

Erinnere dich

Beim Rechnen musst du die folgenden Vereinbarungen beachten:
Bearbeite Klammern zuerst. Beginne mit der innersten.
Führe die Punktrechnung vor der Strichrechnung aus.
Berechne Potenzen vor der Punktrechnung.

In der Tabelle wurde beim Abzählmodell 1 stets die um 1 verminderte Zahl der Pflanzen in einer Reihe mit 4 multiplizierst. Dieselben Ergebnisse erhältst du, wenn du 4 mit der um 1 verminderten Zahl der Pflanzen in einer Reihe multiplizierst. Nach dem **Kommutativgesetz** für die Multiplikation ist es gleichgültig, ob du $4 \cdot 5$ oder $5 \cdot 4$, $6 \cdot 4$ oder $4 \cdot 6$ rechnest.
Für beliebige rationale Zahlen a und b schreibt man: $\boldsymbol{a \cdot b = b \cdot a}$.
Das Kommutativgesetz gilt auch bei der Addition, z. B. $4 + 5 = 5 + 4$.
Entsprechend schreibt man für beliebige rationale Zahlen a und b:
$\boldsymbol{a + b = b + a}$.

Bei der Berechnung nach Abzählmodell 2 ist die Vereinbarung „Punktrechnung vor Strichrechnung" zu beachten.

Die Terme für n Stöcke sehen bei den beiden Abzählmodellen völlig unterschiedlich aus. Sie beschreiben aber dieselbe Situation, da z. B. Einsetzen von 7; 6; 10; 20 für n jeweils zum gleichen Ergebnis führen. Welche Zahl du auch einsetzt, immer liefern beide Terme denselben Wert.
Wenn Terme bei allen möglichen Einsetzungen denselben Wert ergeben, nennt man sie **gleichwertig** oder **äquivalent**.
Durch Einsetzen von Zahlen zu überprüfen, ob zwei Terme äquivalent sind, ist etwas mühsam und bei unendlich vielen Einsetzungen sogar unmöglich.

Deshalb versucht man die Terme durch Umformen nach mathematischen Regeln in die gleiche Form zu bringen. So kannst du auch zeigen, dass die Terme $(n-1)\cdot 4$ und $n\cdot 2+(n-2)\cdot 2$ äquivalent sind:

$(n-1)\cdot 4$	(Auflösen der Klammern nach dem **Distributivgesetz**)
$=n\cdot 4-1\cdot 4$	(Kommutativgesetz der Multiplikation)
$=4\cdot n-4$	(Weglassen des Malpunktes)
$=4n-4$	

$n\cdot 2+(n-2)\cdot 2$	(Auflösen der Klammern nach dem Distributivgesetz)
$=n\cdot 2+(n\cdot 2-2\cdot 2)$	(Kommutativgesetz, Weglassen des Malpunktes)
$=2n+(2n-4)$	(**Assoziativgesetz** der Addition)
$=(2n+2n)-4$	(Es ist $2n+2n=n+n+n+n=4n$.)
$=4n-4$	

Das Distributivgesetz sowie die Assoziativgesetze der Addition und der Multiplikation kann man ebenfalls allgemein für beliebige rationale Zahlen a, b und c schreiben:

$\mathbf{a\cdot(b+c)=ab+ac}$ bzw. $\mathbf{a\cdot(b-c)=ab-ac}$

$\mathbf{a+b+c=(a+b)+c=a+(b+c)}$

$\mathbf{a\cdot b\cdot c=(a\cdot b)\cdot c=a\cdot(b\cdot c)}$

Info

aequus (lat.) gleich;
valere (lat.) wert sein, gelten;
distribuere (lat.) verteilen, to distribute (engl.)
associare (lat.) verbinden, to associate

Wenn du beim Umformen von Termen nach den Rechengesetzen und Vereinbarungen vorgehst, erhältst du stets äquivalente Terme. So sind nicht nur die Terme $(n-1)\cdot 4$ und $n\cdot 2+(n-2)\cdot 2$ zueinander äquivalent, sondern auch jede Umformung dieser Terme, die auf oben genannten Gesetzen beruht.
So ausführlich, wie voranstehend gezeigt, brauchst du eine Rechnung nur selten durchführen. Viele Schritte zur Anwendung der Rechengesetze kannst du im Kopf vollziehen und schreibst nur noch wenige Zwischenschritte an.

Einige Schritte weitergedacht:
Um zu zeigen, dass beispielsweise der Term $[n+(n-1)]\cdot 2$ **nicht äquivalent** zu $(n-1)\cdot 4$ oder $n\cdot 2+(n-2)\cdot 2$ ist und somit nicht die Gesamtzahl der Blumenstöcke für n Pflanzen je Quadratseite beschreibt, brauchst du diesen Term nicht umzuformen. Es reicht aus, für eine Zahl zu zeigen, dass der Term zu einem falschen Wert führt:
$[n+(n-1)]\cdot 2$ liefert für $n=10$ unter Beachtung der Vereinbarungen
$[10+(10-1)]\cdot 2=[10+9]\cdot 2=19\cdot 2=38\neq 36$.

Du weißt, dass du das Distributivgesetz und die Assoziativgesetze zum vorteilhaften Rechnen nutzen kannst.

Beispiele:

$95\cdot 4=(100-5)\cdot 4=100\cdot 4-5\cdot 4=400-20=380$
$105\cdot 4=(100+5)\cdot 4=100\cdot 4+5\cdot 4=400+20=420$
$1234+999+1=1234+(999+1)=1234+1000=2234$
$1234\cdot 5\cdot 2=1234\cdot(5\cdot 2)=1234\cdot 10=12\,340$

Das Distributivgesetz gilt auch für die Division. So kannst du z. B. rechnen:

$1050:7=(700+350):7=700:7+350:7=100+50=150$

Allgemein gilt für alle rationalen Zahlen a, b und c mit $c \neq 0$:
$(a+b):c = a:c + b:c$ bzw. $(a-b):c = a:c - b:c$

Das Distributivgesetz verwendet man nicht nur zum Auflösen von Klammern, manchmal ist es vorteilhaft Klammern zu setzen. Du kannst z. B. vorteilhaft so rechnen:
$4 \cdot 125 - 4 \cdot 25 = 4 \cdot (125 - 25) = 4 \cdot 100 = 400$

Erinnere dich

Ausmultiplizieren →
$a \cdot (b+c) = ab + ac$
$a \cdot (b-c) = ab - ac$
← **Ausklammern**

Zusammenfassung

Zusammenfassung der Rechengesetze für rationale Zahlen

Zwei Terme nennt man **äquivalent** oder **gleichwertig**, wenn jede mögliche Einsetzung bei beiden Termen zum gleichen Ergebnis führt.

$6a - 1$ ist nicht äquivalent zu $2 \cdot (3a - 1)$, denn setzt man für a die Zahl 1 ein, dann liefert der erste Term 5 und der zweite Term 4.

Formst du Terme entsprechend den folgenden Rechengesetzen um, dann erhältst du zueinander äquivalente Terme.
Für alle rationalen Zahlen a, b, c gilt:

Wegen
$[2 \cdot (3a - 4) - 5a] + a = [6a - 8 - 5a] + a$
$= a - 8 + a = 2a - 8$
sind u. a. $[2 \cdot (3a - 4) - 5a] + a$ und $2a - 8$ zueinander äquivalente Terme.

Kommutativgesetz der Addition und der Multiplikation
$a + b = b + a$ $a \cdot b = b \cdot a$
In einer Summe oder einem Produkt darf man die Reihenfolge der Summanden bzw. der Faktoren verändern, ohne dass sich der Wert der Summe bzw. des Produkts ändert.

$5 + 4 = 4 + 5 = 9$
$7 + 64 + 93 = 7 + 93 + 64 = 164$

$5 \cdot 4 = 4 \cdot 5 = 20$
$25 \cdot 19 \cdot 4 = 25 \cdot 4 \cdot 19 = 100 \cdot 19 = 1900$

Assoziativgesetz der Addition und der Multiplikation
$a + b + c = (a + b) + c = a + (b + c)$
$a \cdot b \cdot c = (a \cdot b) \cdot c = a \cdot (b \cdot c)$
In einer Summe oder in einem Produkt darf man beliebig Klammern setzen oder weglassen, ohne dass sich der Wert der Summe bzw. des Produkts ändert.

$3a + (4a + 5) = (3a + 4a) + 5 = 7a + 5$

$(37 \cdot 8) \cdot 25 = 37 \cdot (8 \cdot 25) = 37 \cdot 200 = 7400$

Distributivgesetz für die Multiplikation einer Summe und einer Differenz (unter Berücksichtigung des Kommutativgesetzes)
$a \cdot (b + c) = (b + c) \cdot a = ab + ac$
$a \cdot (b - c) = (b - c) \cdot a = ab - ac$
Bei einem Produkt aus einer Zahl und einer Summe (Differenz) darf man jeden Summanden (den Minuenden und den Subtrahenden) mit der Zahl multiplizieren und die entstehenden Produkte anschließend addieren (subtrahieren), ohne dass sich der Wert des Terms ändert.

$30 \cdot (14 + 25) = 30 \cdot 14 + 30 \cdot 25 = 420 + 750$
$= 1170$
$(901 + 50) \cdot 7 = 901 \cdot 7 + 50 \cdot 7 = 6307 + 350$
$= 6657$

$5 \cdot (3 + 7n) = 5 \cdot 3 + 5 \cdot 7n = 15 + 35n$

$30 \cdot (1059 - 25) = 30 \cdot 1059 - 30 \cdot 25$
$= 31\,770 - 750 = 31\,020$

Umgekehrte Richtung, Ausklammern:
$1048 \cdot 102 - 48 \cdot 102 = (1048 - 48) \cdot 102$
$= 1000 \cdot 102 = 102\,000$

Aufgaben

Verknüpfen
Anwenden
Trainieren

1 Berechne vorteilhaft. Welche Rechengesetze wendest du an?

a) $142+399+418+101$
b) $725{,}3+0{,}0015+6{,}7+0{,}0985$
c) $0{,}00023+0{,}0028+0{,}00402+0{,}00077$
d) $3\frac{1}{6}+5\frac{3}{8}+15\frac{5}{6}+15\frac{1}{8}$
e) $24\frac{1}{7}+6\frac{7}{20}+12\frac{5}{14}+3\frac{3}{20}$
f) $5\cdot 1863\cdot 2$
g) $45\cdot 25\cdot 4$
h) $607\cdot 15$
i) $499\cdot 42$

2 Vereinfache. Welche Rechengesetze wendest du an?

a) $a+3+a+2$
b) $7a+14-11+2a$
c) $12b+18a+9b$
d) $(77+3a)+19a$
e) $122b+(25a+222b)+17a$
f) $(113a+15b)+(77a-39b)$

089-1

3 Calculate.

a) $(26+24)\cdot 13$
b) $(108+8)\cdot 25$
c) $13\cdot(26-24)$
d) $(108-8)\cdot 25$
e) $(147+77):7$
f) $(14{,}7+7{,}7):7$

4 Löse die Klammern auf.

089-2

a) $7\cdot(n+5)$
b) $(7-n)\cdot 13$
c) $(n-1)\cdot 13$
d) $(13{,}5-n)\cdot 2$
e) $(127-24)\cdot 2$
f) $(n+24)\cdot 4$
g) $15\,(n+3)$
h) $(n-3)\cdot 3$
i) $7(2n+5)$
j) $(7-7n)\cdot 13$
k) $(4n-1)\cdot 25$
l) $0{,}1\,(4{,}4n+2{,}2)$
m) $8\,(1{,}01-0{,}1n)$
n) $7{,}7\,(3n-2)$

5 Vereinfache.

a) $(2a+3b)\cdot 4$
b) $11\,(19a-7b)$
c) $(5\cdot x-4\cdot y)\cdot 10$
d) $8\cdot(22\cdot x+7\cdot y)$
e) $(5a+3a)\cdot 71$
f) $(29\cdot a-14\cdot a)\cdot 5$
g) $100\,(7{,}7x+0{,}77y)$
h) $(3x-3y)\cdot 3$
i) $0{,}35\cdot(8m+4n-6o)$
j) $0{,}7\,(0{,}9x-1{,}2y)$

6 Wende das Distributivgesetz auf ganze Zahlen an.

Beispiel:
$[(-3)+(-4)]\cdot(-5)=(-3)\cdot(-5)+(-4)\cdot(-5)$
$=(+15)+(+20)=+35=35$ oder
$[(-3)+(-4)]\cdot(-5)=[-3-4]\cdot(-5)$
$=(-3)\cdot(-5)-4\cdot(-5)=\dots$

a) $[(-2)+(+8)]\cdot(-5)$
b) $(-2+8)\cdot(-5)$
c) $[(+13)+(+24)]\cdot(-5)$
d) $(13+24)\cdot(-5)$

7 Finde die Terme heraus, die zueinander äquivalent sind. Erläutere, wie du die Aufgabe gelöst hast.

a) $(a+4)\cdot 5$
b) $(a-4)\cdot 5$
c) $(-a+4)\cdot 5$
d) $(-a-4)\cdot 5$
e) $(a+4)\cdot(-5)$
f) $(a-4)\cdot(-5)$
g) $(-a+4)\cdot(-5)$
h) $(-a-4)\cdot(-5)$

8 Auch hier gilt das Distributivgesetz.

a) $(3+a+b)\cdot 4$
b) $13\cdot(4-2a-3b)$
c) $5\,(a-b+c)$
d) $11\,(2a-b-2c)$

9 Setze Klammern und berechne dann.

a) $\frac{4}{7}\cdot 4\frac{1}{4}+\frac{4}{7}\cdot 2\frac{3}{4}$
b) $1{,}5\cdot 41-39\cdot 1{,}5$
c) $14\frac{1}{3}:2-2\frac{1}{3}:2$
d) $3\frac{3}{8}\cdot\frac{2}{10}-\frac{1}{5}\cdot 1\frac{1}{4}$
e) $126{,}5:15+173{,}5:15$
f) $\frac{7}{8}-(-0{,}125)\cdot\frac{2}{3}:\frac{1}{9}$

10 Prüfe die Ergebnisse. Erläutere, was bei den fehlerhaften Ergebnissen falsch gemacht wurde und korrigiere sie, wenn möglich.

a) $(2x-7)\cdot(-3)=21-6x$
b) $x\,(2x+1)=2x^2+1$
c) $(12x:2x)\cdot 3=12x:(2x\cdot 3)$
d) $(13x-7)+5x=13x-(7+5x)$
e) $(13x+7)-5x=13x+(7-5x)$
f) $(3x+2)\cdot(7-3)=(3-7)\cdot(2+3x)$

11 Überprüfe durch Einsetzen der Zahlen 0; 1; 2; 3; 4; 5 für x, ob die Terme äquivalent sein könnten.

a) $x-2$; x^2-2
b) $2x+2$; $2\cdot(x+1)$
c) $(x+1)\cdot x$; $x+x$
d) $x\cdot(x+1)$; x^2+x
e) $x\,(5-x)$; $5x+(-x)^2$
f) $x-x^2+x^3$; $x\,(x^2-x+1)$
g) $(2x+3)-2x$; $4x+3$
h) $x^2\,(5-x)$; $5\,(-x)^2+(-x)^3$

12 Welche der gegebenen Terme sind zu $x^2 + x$ äquivalent? Welche Gesetze hast du bei deinen Untersuchungen angewandt?

a) $x \cdot x + 1x$
b) $x(x+1)$
c) $(x+x) \cdot x$
d) $x(x+0)$
e) $(1+x) \cdot x$
f) $3x + (x-2) \cdot x$

13 Vereinfache so weit wie möglich.

a) $14a - 3b + 4a - 9b$
b) $-12a + 3b - 1{,}7a - 1{,}5b$
c) $1{,}2 + 1{,}2a - a$
d) $2a + 3b + 2$
e) $2{,}5a + (1{,}7 + 3{,}5a - 1{,}2) - a$
f) $11{,}3a + (3{,}4b - 7{,}5) + (2{,}1b - 10{,}3a) - 5b$

14 Löse die Klammern auf und fasse zusammen.

a) $[4 \cdot (3x - 5) + 7] - 2x$
b) $5a + [4a - (3^3 - 25)]$
c) $3k(3 \cdot 0{,}72 + 1{,}1^2) + 0{,}5(k-2)$
d) $(-1{,}5)(5p - 4) + [(0{,}3 - 0{,}3 \cdot 0{,}2 - 0{,}2) + 0{,}06]$
e) $2 \cdot [x(3x + 2) - 2x^3]$
f) $\frac{4}{7} \cdot \left[z\left(2z - \frac{3}{8}\right) - \left(-\frac{1}{2}\right)^3 z\right]$

Noch fit?

1 Anna und Peter haben jeweils ihre Mitschüler gefragt, ob sie lieber Schokolade oder Gummibärchen mögen. Die Ergebnisse haben sie in einer Vierfeldertafel dargestellt. Anna gibt die relativen Häufigkeiten bezogen auf die Gesamtzahl der Befragten an, Peter die absoluten.

Anna	Mädchen	Jungen	gesamt
Schokolade	25 %	xxx	xxx
Gummibärchen	xxx	36 %	xxx
gesamt	43 %	xxx	xxx

Peter	Mädchen	Jungen	gesamt
Schokolade	5	xxx	13
Gummibärchen	xxx	6	xxx
gesamt	xxx	xxx	25

a) Ergänze die Vierfeldertafeln im Heft.
b) Ermittle für Peters Klasse die Vierfeldertafel mit den relativen Häufigkeiten.
c) Anna stellt fest, dass in ihrer Klasse Gummibärchen bevorzugt werden. Stimmt das auch für Peters Klasse?

Aufgaben

Verknüpfen
Anwenden
Trainieren

15 Multipliziere aus.

a) $x(y+z)$
b) $y(x+z)$
c) $(-x-y)z$
d) $(-z)(-x-y)$
e) $(x+y)z$
f) $-x(y+z)$
g) $(-y+z)(-x)$
h) $(z+y)(-x)$

16 Erinnere dich an die Potenzschreibweise, z. B. $2 \cdot 2 \cdot 2 = 2^3$; $x \cdot x = x^2$.
Verwende diese Schreibweise beim Auflösen der Klammern.

a) $(25 + x)x$
b) $(25x + y)x$
c) $(x - y)x$
d) $(x + y)y$
e) $(2x + 3y - 5z) \cdot 3x$
f) $(-22x + 33y - 44z) \cdot 2y$
g) $(31y - 31x + 31z)(-z)$
h) $(x \cdot x + y \cdot x)x$
i) $(-3x - 2y - 4z)(-2z)$

17 Du weißt: $2x + 3x = 5x$.
Wie kann das mit dem Distributivgesetz begründet werden?

18 Vereinfache so weit wie möglich.

a) $15(n+n)$
b) $(17-4) \cdot 2n$
c) $8 \cdot n \cdot (23n - 4)$
d) $(n + 2n) \cdot 33$
e) $3n(23n + 4 + 14n)$
f) $(7n - 4n - 9n) \cdot 30$

19 Apply the distributive law to:

a) $\frac{35}{6} \cdot \left(\frac{6}{25}a - \frac{9}{14}b\right)$
b) $2\left(3\frac{4}{5}a - 2\frac{4}{7}b\right)$
c) $(24a + 4b) \cdot \frac{1}{4}$
d) $(24a + 4b) : 4$
e) $\left(\frac{3}{4}a + \frac{7}{12}b\right) \cdot 4$
f) $\left(\frac{3}{4}a + \frac{7}{12}b\right) \cdot \frac{1}{4}$
g) $\left(\frac{3}{4}a + \frac{7}{12}b\right) : 4$
h) $\left(\frac{3}{4}a + \frac{7}{12}b\right) : \frac{1}{4}$

20 Klammere so weit wie möglich aus.

a) $7 \cdot a + 7 \cdot b$
b) $21a + 7b - 14c$
c) $7ab - 2ac$
d) $4ab + 8ac$
e) $27c^2 - 9c$
f) $ab + a$
g) $12a - 12b$
h) $40a - 50b - 60c$
i) $15ab + 4bc$
j) $26a - 13b - 39c$
k) $3a - 3$
l) $a \cdot a + a$

21 Welche der angegebenen Terme sind äquivalent? Begründe.

a) $x+x+x+y$
x^3+y
$2x-y+x+2y$
$3x+y$
$(x+y)\cdot 2-x$

b) $5x+5y$
$y+2x+2y+3x+3y$
$(2{,}5x+2{,}5y)\cdot 2$
$x+x\cdot 4+y$
$x^2+x^3+y^4+y$

22 Da sind aber viele Fehler zu finden! Schreibe die Umformungen richtig in dein Heft.

a) $5(a+b)=5a+b$
b) $8a-a=8$
c) $8a-8=a$
d) $3+4\cdot a=7a$
e) $(3a+6b+3):3=a+2b$
f) $15a+35b=5(3a+7b)$
g) $7:(2a+3b)=7:2a+7:3b$
h) $7\cdot 3a-3a\cdot 5=0$
i) $8a-a=7a$
j) $a+b=ab$

Aufgaben

Verknüpfen
Anwenden
Trainieren

23 Löse die Klammern auf.

a) $3x(y+z)$
b) $x(x^2+x)$
c) $2a(a-2)$
d) $(6x^2+4x+2)\cdot 5$
e) $x(y+z)\cdot 3$
f) $-x(-x^2-x)$
g) $ab(a+b)$
h) $5(6x^2+4x+2)x$

24 Verwandle, wenn möglich, in ein Produkt.

a) $2a-2b$
b) $4a+3b$
c) $6a^2+90$
d) $6a^2+3a-2$
e) $2ab+2b^2$
f) $4a-2b$
g) a^2-a
h) $6a^2+3a$
i) $2ab+2b$
j) $2ab+2b^2+c$

25 Vereinfache so weit wie möglich.

a) $3\cdot 7a-7\cdot 3a$
b) $a\cdot 4+5\cdot b-2\cdot a-b\cdot 9$
c) $4\cdot a+4-2\cdot b\cdot 8$
d) $1456\cdot 7a\cdot 3b\cdot 0$
e) $3\cdot(x-x)$

26 Erläutere, wie anhand der folgenden Figur erklärt werden kann, dass gilt:
$(a+b+c)\,d=ad+bd+cd$

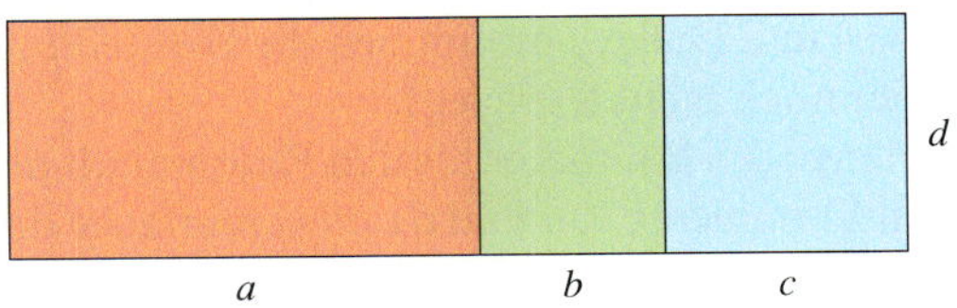

27 Veranschaulichung des Distributivgesetzes

a) a, b und c seien Streckenlängen in dem unterteilten Rechteck. Zeichne im Heft ein solches Rechteck und trage a, b, c so ein, dass mithilfe der Flächeninhalte gezeigt werden kann: $(a+b)\cdot c=ac+bc$.

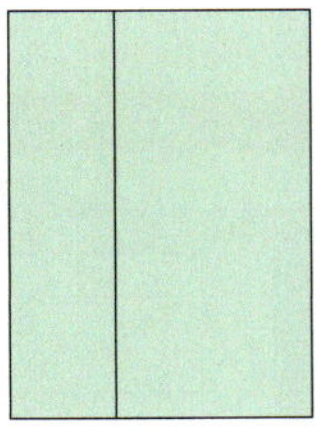

b) Verdeutliche in entsprechender Weise:
$(a-b)\cdot c=ac-bc$.

28 Explain the associative law with this example of the cuboid.
$(4\cdot 3)\cdot 5=4\cdot(3\cdot 5)=4\cdot 3\cdot 5$

LOL

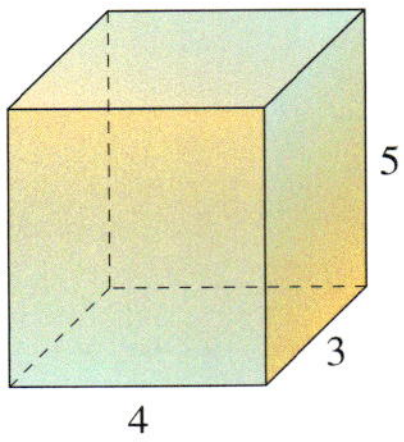

29 Peter erstellt die folgende Tabelle und behauptet, dass die Terme x^2 und $2x$ gleichwertig sind. Was sagst du dazu?

	x^2	$2x$
$x=0$	0	0
$x=2$	4	4

30 Überlege, welche der folgenden Terme äquivalent sein könnten.
$(a+3)\cdot(b+4)$; $ab+12$; $ab+4a+3b+12$

Aufgabe der Woche

Kniffel fällt etwas auf: Wenn er drei aufeinander folgende natürliche Zahlen addiert, erhält er dasselbe Ergebnis, wie wenn er die mittlere Zahl mit 3 multipliziert.
Versuche diese verblüffende Tatsache allgemein mithilfe von Termen und Termumformungen zu erklären.
Gilt das auch für 3 aufeinander folgende ganze Zahlen?
Kannst du auch so eine Regel für 4 oder 5 aufeinander folgende natürliche Zahlen finden?

5.2 Umformen von Summen und Produkten

Auftrag 1 Gleichwertige Terme?

	A	B	C	D	E	F	G	H
1								
2		a	b			T_1(a,b)	T_2(a,b)	T_3(a,b)
3								
4								
5		0	0			0	0	0
6		0	1			0	0	0
7		0	2			0	0	0
8		1	0			13	13	13
9		1	1			30	30	30
10		1	2			47	47	47
11		2	0			304	304	304
12		2	1			348	348	348
13		2	2			392	392	392
14								

Marleen überprüft die Gleichwertigkeit (Äquivalenz) der drei Terme
$T_1(a, b) = 2a(5a + 4b) + 3a^2(3a^3 + 2b - 2) + 2ab(2{,}5a - a^2)$,
$T_2(a, b) = 4a^2 + 8ab + 11a^2b - 2a^3b + 9a^5$ und
$T_3(a, b) = 4a^2 + 6ab + 14a^2b - 3a^3b + 9a^5$
mithilfe eines Tabellenkalkulationsprogramms. Beschreibe dieses Verfahren und zeige seine Möglichkeiten und Grenzen auf.
Überprüfe die Äquivalenz der drei Terme auf eine andere Art.

Auftrag 2 Grundriss

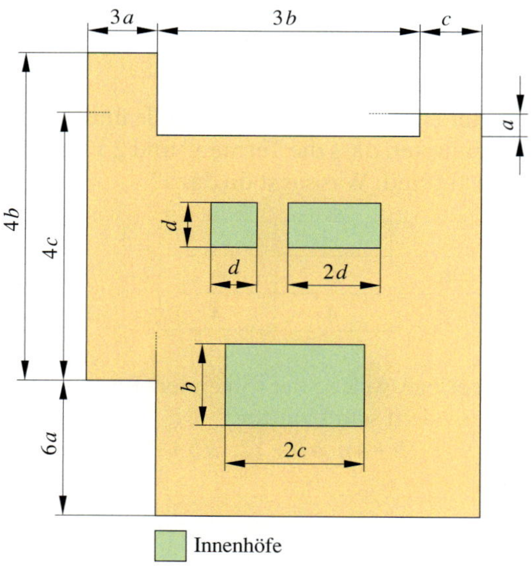

Der Plan zeigt den Grundriss eines neuen Einkaufszentrums. Die Werte für die Längen *a*, *b*, *c* und *d* sind noch nicht festgelegt.
Berechne den Flächeninhalt des Grundrisses (gelbe Fläche) in Abhängigkeit von diesen Variablen und vereinfache den Term so weit wie möglich.

Für die Längen *a*, *b*, *c* und *d* sind die folgenden Bereiche vorgegeben:
$10\text{ m} \le a \le 12\text{ m}$, $60\text{ m} \le b \le 65\text{ m}$,
$40\text{ m} \le c \le 45\text{ m}$ und $20\text{ m} \le d \le 24\text{ m}$
Berechne den Inhalt der größten möglichen und den Inhalt der kleinsten möglichen Grundrissfläche.

Auftrag 3 Festung

Eine Festung aus einem Computerspiel soll als Filmkulisse nachgebaut werden. Die Proportionen der Festung sind näherungsweise der Bildschirmgrafik entnommen worden (siehe Abbildungen auf Seite 93). Die Werte für die Länge *l*, die Breite *b*, die Höhe *h* und Dicke *d* bestimmen die Herstellungskosten des Modells und sind daher noch nicht festgelegt.
Berechne zur Bestimmung der Menge des Baumaterials den Rauminhalt der Festung in Abhängigkeit von den Variablen *l*, *b*, *h* und *d* und vereinfache den Term so weit wie möglich.

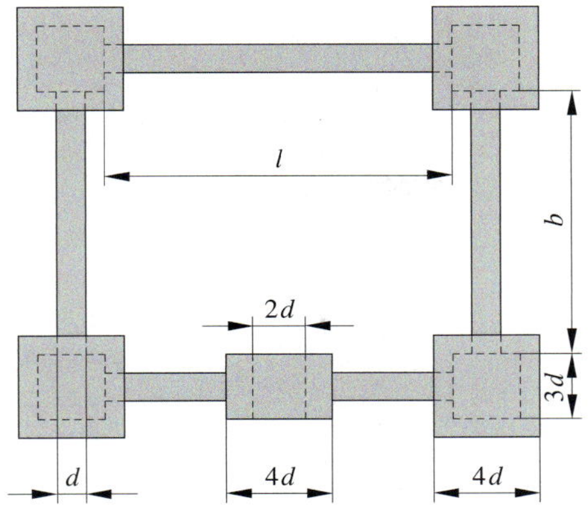

Wie ändert sich der Rauminhalt der Festung, wenn die Werte für die Länge l und die Breite b vertauscht werden?

Termumformungen — Auftrag 4

Welche Terme sind jeweils zum blau gefärbten Ausgangsterm äquivalent? Begründe deine Antworten.

$3x \cdot x$	$4x$	x^4	$3x^2$	$5x^2$
$3x^2y^3 \cdot 4x^4y^2z$	$7x^6y^5z$	$12x^6y^5z$	$12(x^2y^3 + x^4y^2z)$	$12x^8y^6z$
$2x^3(5x^2y + 3xz)$	$10x^5y + 3xz$	$7x^5y + 3xz$	$10x^5y + 6x^4z$	$16x^6yz$
$6x^2y + 3xy^2 - 2x^2y + 5x^2y^2 + 2xy^2$		$4 + 5xy^2 + 5x^2y^2$	$14x^2y^2$	$4x^2y + 5xy^2 + 5x^2y^2$

Bearbeitung

Auftrag 1 — Gleichwertige Terme?

Mithilfe eines Tabellenkalkulationsprogramms können Termwerte schnell berechnet werden.
Um die Gleichwertigkeit der drei Terme $T_1(a, b)$, $T_2(a, b)$, $T_3(a, b)$ zu überprüfen, lässt Marleen die Termwerte für verschiedene Einsetzungen von a und b berechnen und vergleicht sie.
Obwohl sie bei jeder der ersten Einsetzungen bei allen Termen den gleichen Wert erhält, kann Marleen daraus aber nicht auf die Gleichwertigkeit der Terme schließen.
Die Einsetzung $a = 3$ und $b = 3$ liefert nämlich unterschiedliche Werte (siehe Tabelle).

	A	B	C	D	E	F	G	H
1								
2		a	b			T_1(a,b)	T_2(a,b)	T_3(a,b)
3								
4								
5		0	0			0	0	0
6		0	1			0	0	0
7		0	2			0	0	0
8		1	0			13	13	13
9		1	1			30	30	30
10		1	2			47	47	47
11		2	0			304	304	304
12		2	1			348	348	348
13		2	2			392	392	392
14		3	3			2430	2430	2412
15								

T_1 und T_2 sind sicher nicht äquivalent zu T_3. Wie überprüft man aber die Gleichwertigkeit von T_1 und T_2?
Da die Berechnung von Termwerten nur im Falle der Nicht-Gleichwertigkeit zum Erfolg führen kann, wählt Marleen das andere Verfahren: Sie versucht schrittweise durch geeignete Termumformungen Term T_1 auf Term T_2 zu bringen.

$2a(5a+4b)+3a^2(3a^3+2b-2)+2ab(2{,}5a-a^2)$
$=2a\cdot 5a+2a\cdot 4b+3a^2\cdot 3a^3+3a^2\cdot 2b-3a^2\cdot 2+2ab\cdot 2{,}5a-2ab\cdot a^2$

Die Klammern werden durch Ausmultiplizieren (Distributivgesetz) aufgelöst.

$=10a^2+8ab+9a^5+6a^2b-6a^2+5a^2b-2a^3b$

Die Produkte der Form $2a\cdot 4b$ und $3a^2\cdot 3a^3$ werden vereinfacht, indem die Zahlenfaktoren multipliziert und die Variablen gemäß dem Kommutativ- und dem Assoziativgesetz zusammengefasst werden: $2a\cdot 4b=8ab$ und $3a^2\cdot 3a^3=9a^5$.
Begründung: $a^2\cdot a^3=(a\cdot a)\cdot(a\cdot a\cdot a)=a^5$
Allgemein gilt $\boldsymbol{a^m\cdot a^n=a^{m+n}}$ für alle natürlichen Exponenten m und n.

$=10a^2-6a^2+8ab+9a^5+6a^2b+5a^2b-2a^3b$

Terme wie $10a^2$ und $6a^2$ oder $6a^2b$ und $5a^2b$, die sich nur im Zahlenfaktor unterscheiden, nennt man **gleichartige Terme**.
Die Summanden werden unter Verwendung des Kommutativgesetzes nach gleichartigen Termen sortiert.

$=4a^2+8ab+9a^5+11a^2b-2a^3b$

Gleichartige Terme werden unter Verwendung des Distributivgesetzes zusammengefasst:
$10a^2-6a^2=(10-6)a^2=4a^2$, $6a^2b+5a^2b=(6+5)\cdot a^2b=11a^2b$.
Gleichartige Terme werden somit addiert bzw. subtrahiert, indem man die Zahlenfaktoren addiert bzw. subtrahiert und das Variablenprodukt beibehält. Dagegen können nicht-gleichartige Terme, wie $5a^2b$ und $2a^3b$ nicht zusammengefasst werden.

Durch Termumformungen konnte Marleen somit die Gleichwertigkeit der Terme $T_1(a,b)$ und $T_2(a,b)$ bestätigen. Da der Term $T_2(a,b)$ einfacher gebaut ist, spricht man von einer **Termvereinfachung**.

Einige Schritte weiter gedacht:

Bei der Termumformung $a^2(-b+3ab)=-a^2b+3a^3b$ wird verwendet, dass **$-b$ gleich $(-1)\cdot b$** ist:
$a^2\cdot(-b)=a^2\cdot(-1)\cdot b=(-1)\cdot a^2b=-a^2b$.
In entsprechender Weise kannst du z. B. verwenden:
$(-b)^3=(-1)^3\cdot b^3=(-1)\cdot b^3=-b^3$. Somit ist $a^2\cdot(-b)^3=a^2\cdot(-b^3)=-a^2b^3$.

Manchmal ist es je nach Art der Fragestellung zweckmäßig, **Summen durch Ausklammern in ein Produkt zu verwandeln,** z. B. in folgenden Fällen:

Schreibweise eines Terms vereinfachen: $\frac{1}{6}a^2+\frac{5}{6}bc-\frac{1}{3}d^3=\frac{1}{6}(a^2+5bc-2d^3)$

Teiler eines Terms bestimmen: $8nm^3-12n^2m^2=4nm^2(m-3n)$ $(n, m$ aus $\mathbb{Z})$
$2, 4, n, m, m^2, (m-3n)$ sind Teiler des Terms. Insbesondere ist der Wert des Terms immer gerade.

Vorzeichen eines Terms bestimmen: $a^4c^3+b^2c=(a^4c^2+b^2)\cdot c$ $(a, b, c\neq 0)$
Da die Summe in der Klammer aufgrund der geraden Exponenten positiv ist, bestimmt allein das Vorzeichen von c das des gesamten Terms.

Info

Da der Endterm in allen nebenstehenden Beispielen ein Produkt ist, spricht man von **Faktorisieren einer Summe**.

Zusammenfassung

Umformen von Summen und Produkten

095-1

Potenzen mit gleicher Basis kann man multiplizieren, indem man die gemeinsame Basis mit der Summe der Exponenten potenziert.

$x^5 \cdot x^3 = x^8$
allgemein:
$x^n \cdot x^m = x^{n+m}$ $(n, m$ aus $\mathbb{N})$

Produkte der Art $6\,x^3 y\,z^2 \cdot 3\,x^2 z^2$ werden vereinfacht, indem sowohl die Zahlenfaktoren als auch die Potenzen mit gleichen Basen multipliziert werden.

$6\,x^3 y\,z^2 \cdot 3\,x^2 z^2 = 6 \cdot 3 \cdot x^3 x^2 \cdot y \cdot z^2 z^2 = 18\,x^5 y\,z^4$

Produkte der Art $4\,x^2(2\,x^3 z - 4\,x\,y\,z)$ werden durch Anwenden des Distributivgesetzes („Ausmultiplizieren") vereinfacht.

$4\,x^2(2\,x^3 z - 4\,x\,y\,z) = 8\,x^5 z - 16\,x^3 y\,z$

Terme, die sich nur im Zahlenfaktor unterscheiden, heißen **gleichartige Terme**.

$3\,x\,z^2$ und $4\,x\,z^2$ sind gleichartig.
$3\,x\,z^2$ und $4\,x^2 z^2$ sind nicht gleichartig.

Gleichartige Terme werden addiert (subtrahiert), indem die Zahlenfaktoren addiert (subtrahiert) werden und das Variablenprodukt beibehalten wird.
Ungleichartige Terme können nicht zusammengefasst werden.

$3\,x\,z^2 + 4\,x^2 z^2 - x\,z^2$
$= 3\,x\,z^2 - x\,z^2 + 4\,x^2 z^2$
$= 2\,x\,z^2 + 4\,x^2 z^2$

Je nach dem verfolgten Ziel (z. B. Vereinfachen, Vorzeichen oder Teiler eines Terms bestimmen) ist es zuweilen zweckmäßig, Summen durch Ausklammern zu **faktorisieren**, d. h. in ein Produkt zu verwandeln.

$\frac{1}{7}x\,y^6 + \frac{3}{7}x\,z^2 = \frac{1}{7}x\,(y^6 + 3\,z^2)$

Für $y, z \neq 0$ ist der Klammerterm stets positiv, somit bestimmt das Vorzeichen von x das Vorzeichen des Terms.

Aufgaben

Verknüpfen
Anwenden
Trainieren

1 Vereinfache.
a) $x \cdot x^2$ **b)** $x^7 \cdot x^5$ **c)** $a^8 \cdot 3\,a^5$ **d)** $7\,u^8 \cdot 8\,u^7$ **e)** $x^7 \cdot x^{n+3}$ **f)** $x^{n+1} \cdot x^{n-1}$

2 Vereinfache.
a) $a\,b^2 \cdot a\,b^3$
b) $3\,u\,v^2 \cdot 4\,u^2 v^2$
c) $5\,x^2 y^3 z \cdot 2\,x^3 y^3 z^4$
d) $r^2 s \cdot r^2 s^2 t^3$
e) $2 \cdot (3\,a\,b \cdot b^2 c^3)$
f) $\left(\frac{1}{3}x\,y \cdot 7\,x^2 z\right) \cdot 5\,z^2$

3 Simplify the following products.
a) $\frac{5}{6}x^2 y \cdot 9\,y^2$
b) $\frac{1}{3}a^2 \cdot \frac{1}{5}b \cdot \frac{1}{2}c^3$
c) $3 \cdot \left(\frac{2}{3}u\,v^3 \cdot \frac{1}{3}u\,v^3\right)$
d) $0{,}75 \cdot (8\,g^2 \cdot h) \cdot 10\,f^3$
e) $\left(2\,r\,s^2 \cdot \frac{1}{8}\right) \cdot (5\,r^2 \cdot 7\,s\,t^2)$
f) $p\,q^2 \cdot (r^3 p^2 q) \cdot (3\,p^2 q^4 r^2)$

Merke

$(a \cdot b)^4 = a^4 \cdot b^4$
allgemein:
$(a \cdot b)^n = a^n \cdot b^n$

$(a^3)^2 = a^6$
allgemein:
$(a^n)^m = a^{n \cdot m}$

4 Begründe ausführlich die Termumformungen.

a) $(a\,b)^3 = a^3 b^3$ **b)** $(2\,x\,y\,z)^3 = 8\,x^3 y^3 z^3$ **c)** $(c^2)^3 = c^6$ **d)** $(3\,w^3)^2 = 9\,w^6$ **e)** $(2\,w^2)^3 = 8\,w^6$ **f)** $(3\,a^2 b)^3 = 27\,a^6 b^3$

5 Vereinfache und begründe dein Ergebnis.

a) $(-a) \cdot b$ **b)** $(-a) \cdot b^2$ **c)** $(-a)^2 \cdot b$ **d)** $(-a^2) \cdot b$ **e)** $(-a)^3 \cdot b^2$ **f)** $(-a)^2 \cdot (-b)^3$

6 Vereinfache.

a) $x \cdot (-y)^3 \cdot (-x)$ **b)** $2\,x \cdot (-3\,x)^2$ **c)** $(-x)^5 \cdot (-2\,y)^4 \cdot (-3)$ **d)** $\left(-\frac{1}{10}x\,y\right)^5 \cdot 100\,x\,y^5$ **e)** $(-3x) \cdot (-2\,x\,y)^2$ **f)** $\left(-\frac{1}{2}x\right)^3 \cdot \left(-\frac{1}{5}x\,y\right)^2$

7 Schreibe ohne Klammer und vereinfache.

a) $(3\,a)^2 \cdot 3\,a^2$ **b)** $4\,p \cdot (3\,p\,q^3)^2$ **c)** $(-4\,u) \cdot 4\,v \cdot (4\,u^2 v)^3$ **d)** $(-2\,g^2 h^5)^3$ **e)** $(-3\,d^2 f)^4$ **f)** $\frac{1}{2}x^2 \cdot \left(-\frac{1}{3}y\right)^3 \left(-\frac{1}{4}z^4\right)$

8 Fasse zusammen, falls möglich.

a) $4 + a^2 b$ **b)** $2\,a^2 + 3\,b^2$ **c)** $3\,a \cdot 2\,a\,b^3 - 4\,a^2 b^3$ **d)** $-7{,}5\,a^2 b\,c^3 + 2{,}5\,a^3 b\,c^2$ **e)** $2{,}8\,a\,b^2 c + 1{,}2\,x\,y^2 z^3$ **f)** $\frac{9}{2}a^2 b \cdot \frac{1}{3}a\,b^2 - \frac{2}{5}a^3 b^3$ **g)** $8\,a^3 b^2 c^4 - 4\,a^3 b^2$ **h)** $2\,a^4 b^2 \cdot b\,c^3 - 3\,a^4 b^3 c^3$ **i)** $3\frac{1}{2}a\,b^4 + 2\frac{1}{3}a\,b^4$

9 Vereinfache soweit wie möglich.

a) $3\,x^2 y - 2\,u\,v^2 + 8\,x^2 y + 4\,u\,v$
b) $8\,r\,s\,t^2 - 5\,r\,s^2 t^2 + 3\,r^2 s^2 t + 7\,r\,s^2 t^2 + 11\,r^2 s^2 t$
c) $-8\,u^3 v + (9\,u\,v^3 + 13\,u^3 w) - 10\,u\,v^3 + 2{,}5\,u^3 v$
d) $0{,}8\,a\,b\,c^3 - 1{,}2\,a\,b + 5{,}3\,a\,b\,c^3 + (2{,}7\,a\,b + c^3)$
e) $\frac{2}{3}k\,l^2 m - \frac{3}{5}k^2 l\,m - \frac{7}{9}k\,l^2 m + \left(\frac{2}{25}k^2 l\,m + \frac{4}{7}k\,l\,m^2\right)$

10 Fasse soweit wie möglich zusammen.

a) $3\,x \cdot 2\,y^2 + 5\,x\,y^2$ **b)** $1{,}5\,p \cdot 2\,q - 3{,}5\,q \cdot 4\,p$ **c)** $-\frac{2}{3}r\,s^2 \cdot (-6\,s) - \frac{4}{5}r\,s \cdot (-3\,s)$ **d)** $3\,a^3 + (-3\,a)^3$
e) $3 \cdot (u^2 v)^3 - (4\,u^3)^2 \cdot v^3$ **f)** $e^4 \cdot 3f^2 - f^2 g + (2\,e^2 f)^2 - (-3\,f)^2 \cdot 4\,g$ **g)** $-(x^2 y)^4 + (2\,x^3 y^2)^2 \cdot \frac{1}{2}x^2$ **h)** $(-a^2 b^3) + 2\,a^5 b^3 - (2\,a^3)^2 b^3 + (-a^3 \cdot b^3 \cdot a^2)$

11 Löse die Klammer auf. Welches Gesetz wendest du an?

a) $3\,b^2 \cdot (b^2 + 2\,a\,b)$ **b)** $(d^2 e - 4\,d\,f^2) \cdot 2\,d^3 e\,f$ **c)** $(x^2 + 2\,y^2) \cdot (-1)$ **d)** $3\frac{1}{2}a\,b^2 \cdot (-6\,a^2 + 4\,b^3 d)$
e) $(-2{,}4) \cdot (5\,q - 6\,p^2)$ **f)** $3{,}75\,x^3 y\,z \cdot (2\,x\,y^4 + y^3 z^2 - 0{,}5)$ **g)** $(u\,v^2 + 2\,u\,w^2 - 7\,v^2 w) \cdot (-2{,}1\,u\,v\,w^2)$ **h)** $\frac{5}{6} \cdot (r^2 - 8\,s^3) \cdot \frac{1}{3}r\,s^2$

12 Solve the brackets and simplify.

a) $(a + b) \cdot c + (a - 2\,b) \cdot 3\,c$
b) $(s^2 + s\,t) \cdot t + s \cdot (2\,t^2 - s\,t)$
c) $(-u\,v + u\,w^3) \cdot u^2 + w^2 \cdot (u^3 \cdot w)$
d) $\frac{5}{7}x \cdot \left(-x^3 y^2 + \frac{2}{3}x\,y^2\right) + \left(x^3 y + 6\frac{2}{3}x\,y\right) \cdot \left(-\frac{1}{14}x\,y\right)$

13 Faktorisiere den Term.

a) $2z + 3az$ **d)** $8pqr^2 - 2pq^2r^2 + 3pr^2s^3$

b) $4b^2y^2 - 3b^2x$ **e)** $21x^2yz^3 + 14x^2y^3z^3 - 49x^2z^3$

c) $\frac{2}{3}a^2c - \frac{1}{3}a^2b^3$ **f)** $\frac{1}{7}u^2v^3w^2 + \frac{1}{14}v^3w^2x^2$

14 Was kannst du über das Vorzeichen des Terms aussagen, wenn alle Variablen für von Null verschiedene rationale Zahlen stehen?

a) $a^3b^2c^2 + a^5b^4d^4$ **d)** $14a^2bc^4 + 7a^4bc^4 + 7a^2b^3c^8$

b) $6a^4b^2 - 2a^5b^2$ **e)** $2r^5s^{2n} + 2r^4s^{2n+1} - 8r^4s^{2n}$ (n aus $\mathbb{N}$)

c) $3x^3y^6z^4 - 18x^2y^6z^4$ **f)** $2u^4v^6w^{10} - 3uv^3w^6 \cdot 6uv^3w^4$

Beispiel

$a^4b^3c^2 - 2a^4b^2c^2$
$= a^4b^2c^2 \cdot (b-2)$
Aufgrund der geraden Exponenten bestimmt alleine $(b-2)$ das Vorzeichen des Terms:
Für $b > 2$ ist der Wert des Terms positiv, für $b < 2$ negativ.

15 Alle Variablen stehen für ganze Zahlen. Bestimme möglichst viele Teiler des Terms durch Ausklammern.

a) $3p^3q^2 + 6p^2q^5$ **c)** $5a^4b^3c + 20a^3bc - 5a^2bc^3$

b) $2a^2b^3 - 4ab^5$ **d)** $5x^{5n}y^mz - 10x^4y^{m+3}z$ (n, m aus $\mathbb{N}$)

16 Sind die Terme äquivalent? Begründe deine Entscheidung.

a) $a^2 + b^2$; $(a+b)^2$ **c)** a^2a^3; a^5 **e)** $(a \cdot b)^3$; $a^3 \cdot b^3$

b) $a^2 \cdot b^3$; $(ab)^5$ **d)** $a^n \cdot a^m$; $a^{n \cdot m}$ **f)** $(a \cdot b) \cdot 3$; $a \cdot 3 \cdot b \cdot 3$

17 Welche Terme sind zum Startterm äquivalent? Begründe deine Entscheidung.

a) $7x^3 \cdot 2x^5$ $9x^8 \mid 14x^{15} \mid 14(x \cdot x)^{15} \mid 14x^8$

b) $3a^5b^3 + 6a^7b^2$ $(b + 2a^2) \cdot 3a^5b^2 \mid 9a^{12}b^5 \mid 3a^5b^2 \cdot (b + 6a^7b^2)$

c) $21a^6b^2c^4$ $3a^2bc^2 + 18a^4bc^2 \mid a^4bc^3 \cdot 21a^2bc \mid 36 - 15a^6b^2c^4 \mid 3a^3c^3 \cdot 7a^2b^2c$

d) $3x^2(xy - xz^2)$ $3x^3 - xz^2 \mid 3x^3y - 3x^3z^2 \mid 3x^2y - 3x^2z^2 \mid -3x^2yz^2$

e) $7u^2 - 3uv - 6u^2 + 3uv^2 + uv$ $1u^2 + 3uv^2 - 3 \mid u^2 + 3uv^2 - 2uv \mid 1 - 3 + 3uv^2$

097-1

18 Berechne den Wert des Terms, wenn die Variablen durch die angegebenen Zahlen ersetzt werden.

a) $-3u^2v^3 + \left(\frac{2}{3}uv^2\right) \cdot 6uv$ $u = 1{,}5$; $v = 2$

b) $1{,}5x^2y(2yz - 3x^2yz^2) + \frac{1}{2}(3x^2yz)^2$ $x = y = 3$; $z = 1$

Tipp

Vereinfache zuerst den Term.

19 Ergänze die fehlende Terme im Heft.

a) $7a^2bc^3 \cdot \square = 35a^5bc^4$ **c)** $8uv^4 - \square = 10uv^4$

b) $(\square)^3 = 125x^6y^3$ **d)** $(4p)^3(pr + \square) - 64p^4r = \frac{8}{3}p^5q^2$

Noch fit?

1 Zeichne eine Doppelkreuzung mit einem Geradenpaar wie im Bild 1, wenn $\overline{AB} = 6$ cm und $\alpha_3 = 2\beta_1$ ist.

2 Die Geraden g_1 und g_2 sowie die Geraden h_1 und h_2 sind zueinander parallel (s. Bild 2). Weiter ist $\alpha = 52°$, $\beta = 144°$ und $\gamma = 99°$. Berechne die Winkel $\sphericalangle CAD$ und $\sphericalangle EBC$.

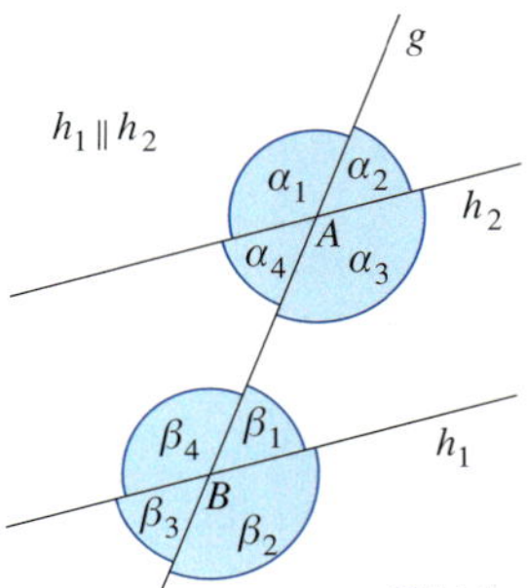

Bild 1

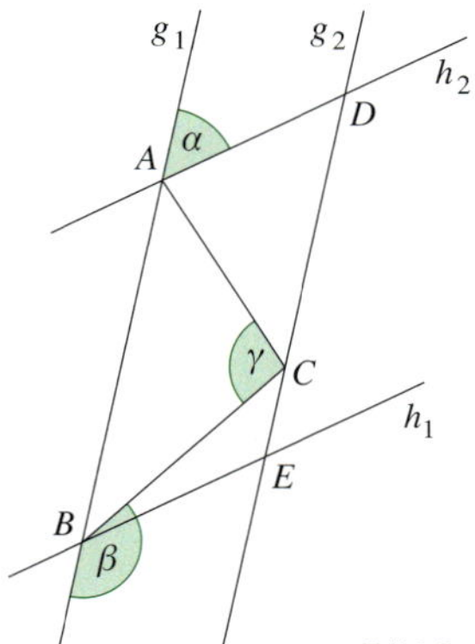

Bild 2

Aufgaben

Verknüpfen
Anwenden
Trainieren

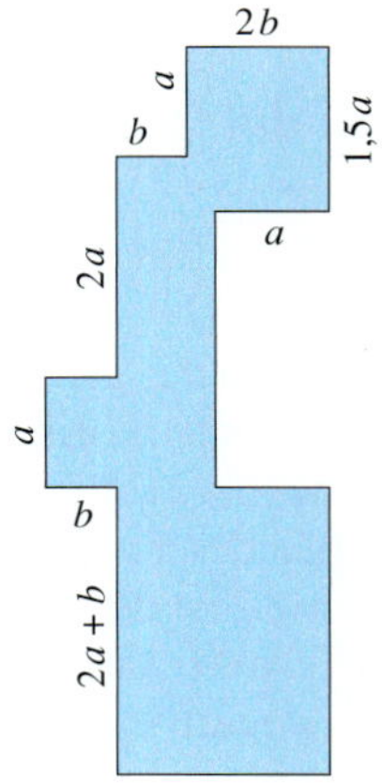

20 Berechne den Umfang und den Flächeninhalt der in der Randspalte abgebildeten Figur.

21 Ermittle möglichst einfache Terme für den Rauminhalt und den Oberflächeninhalt des Körpers.

a)

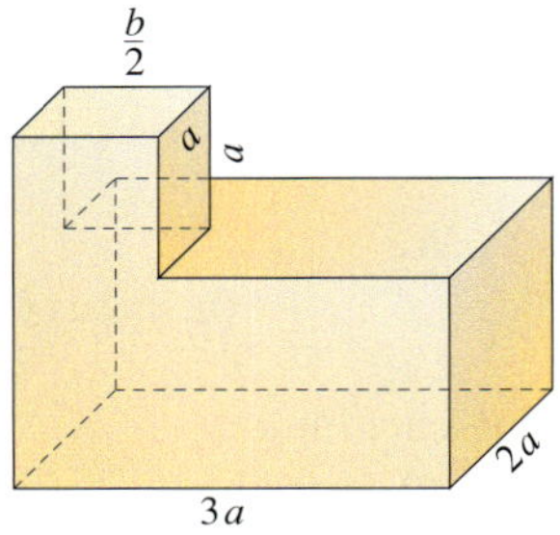

b)

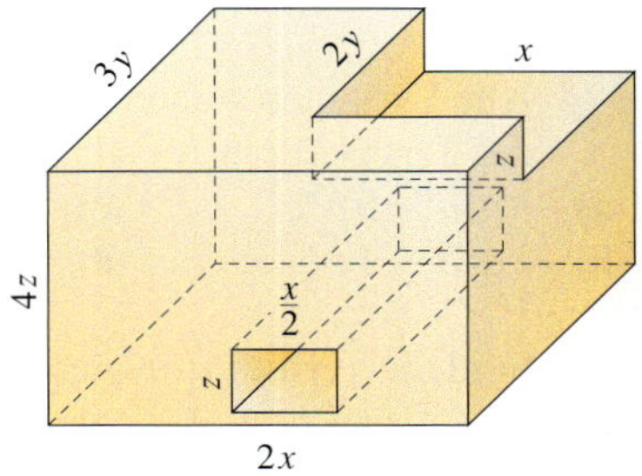

22 Um ein rechteckiges Schwimmbecken der Länge x und der Breite y soll ein Steinplattenweg der Breite b angelegt werden.

a) Berechne den Flächeninhalt des Wegs.

b) Herr Gnau wundert sich, dass die Materialkosten für den doppelt so breiten Weg mehr als doppelt so hoch sind. Finde eine Erklärung.

Info

Das Volumen einer Pyramide mit quadratischer Grundfläche lässt sich nach der Formel $V = \frac{1}{3} a^2 h$ berechnen (a: Seitenlänge der quadratischen Grundfläche, h: Höhe der Pyramide).

23 **Überlegungen zum Bau von Pyramiden**

a) Ein Pharao überlegt, welches Grabmal er für seine Familie erbauen soll: Drei Pyramiden, für seinen Sohn, seine Gattin und sich selber, oder einen einzigen großen Quader (alle Bauwerke mit quadratischer Grundfläche). Entscheide anhand der Bauskizze, welches der beiden Bauvorhaben weniger Steine als Baumaterial benötigt.

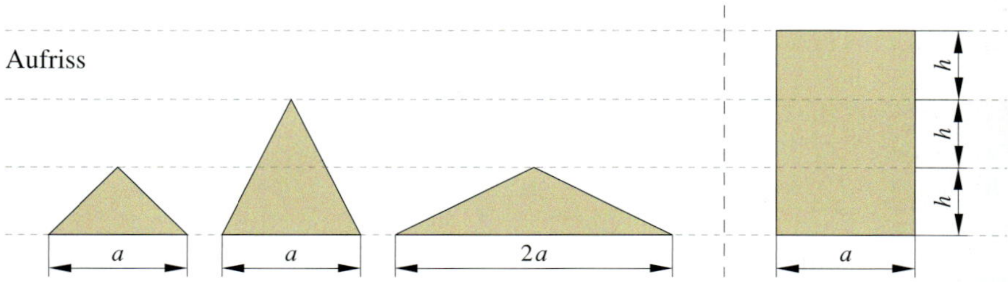

b) Bestimme den Rauminhalt der Pyramiden von Giseh (s. auch Seite 186).

Pyramiden von Giseh	Seitenlänge (etwa)	Höhe (etwa)	Neigungswinkel der Seiten gegenüber der Grundfläche (etwa)
Cheops	231 m	147 m	
Mykerinos	103 m		51°
Chephren		143 m	53°

Aufgaben

Verknüpfen
Anwenden
Trainieren

24 Übertrage in dein Heft und fülle die Lücken aus.

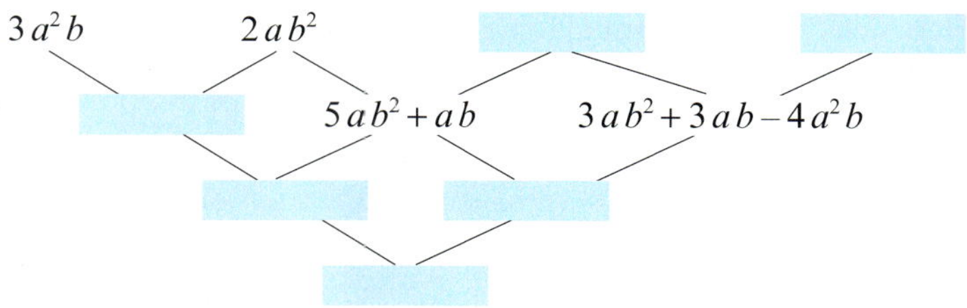

25 Den Inhalt der farbig markierten Fläche kannst du auf verschiedene Arten berechnen.

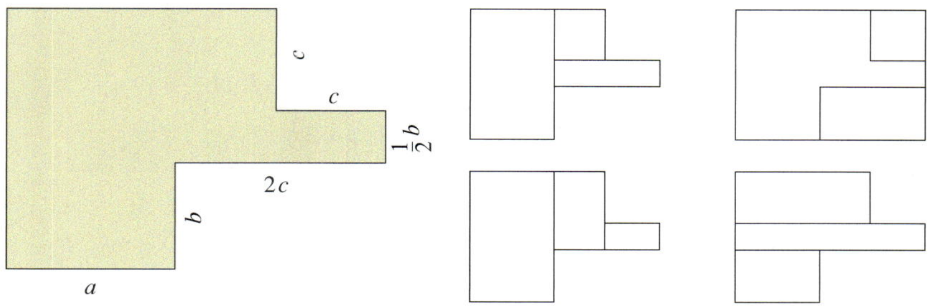

a) Berechne vier Terme für den Flächeninhalt gemäß den vier Skizzen rechts und bestätige deren Gleichwertigkeit.

b) Finde mindestens eine weitere Zerlegung und gib den zugehörigen Term für den Flächeninhalt an.

26 Übertrage die magischen Quadrate in dein Heft und fülle die Lücken aus.

a) Additives magische Quadrat

xxx	xxx	$5uv^2 - 4uw$
xxx	$3uv^2 - 5uw$	xxx
$uv^2 - 6uw$	xxx	$-3uv^2 - 8uw$

b) Multiplikatives magische Quadrat

$18b^3c^2$	xxx	$12a^2b^2c$
xxx	$6a^2b^3c$	xxx
$3a^2b^4c$	xxx	xxx

c) Das additive magische Quadrat aus a) ist von der nebenstehenden Form. Was entspricht dabei der Variablen a und der Variablen b? Bestimme ein weiteres magisches Quadrat dieser Form.

$a+3b$	$a-4b$	$a+b$
$a-2b$	a	$a+2b$
$a-b$	$a+4b$	$a-3b$

Erinnere dich

In einem additiven (multiplikativen) magischen Quadrat ist die Summe (das Produkt) in jeder Zeile, Spalte und Diagonalen gleich.

Erinnere dich

Die letzte auszuführende Rechenart bestimmt die Art des Terms.

27 Um welche Art von Term handelt es sich?

a) $3x^2y - 7x \cdot 5xy^3$

b) $(5u^2v + 8vw^2 - 7u^2 \cdot 2v) \cdot 3uv$

c) $(2a + 3bc^4)^2 - 7ab \cdot c^3$

d) $(4p - 5q) \cdot 3pq^2 - 4 : c$

28 Prozentuale Veränderung

a) Wie ändert sich der Flächeninhalt eines Rechtecks, wenn seine Länge a verdreifacht und seine Breite b geviertelt wird? Wie viel Prozent des ursprünglichen Flächeninhalts entspricht diese Änderung?

b) Wie ändert sich der Rauminhalt eines Quaders, wenn seine Länge a verachtfacht, seine Breite b auf 50 % und seine Höhe c auf ein Sechstel reduziert wird? Wie viel Prozent des ursprünglichen Rauminhalts entspricht diese Änderung?

29 Vereinfache den Term, indem du den Faktor (– 1) ausklammerst.

a) $-13ab - 5xy^2$

b) $-15{,}7x^2 - 2\frac{1}{4}yz - 5xy - 3{,}75yz$

c) $-8a^2b - 2{,}3a^2c + 7{,}5ac^2 - 9{,}4a^2b$

d) $7{,}2 - 12{,}8uv^2 - 2\frac{3}{8}uvw - 8{,}02u^2v$

30 Schreibe als Term und vereinfache soweit wie möglich.

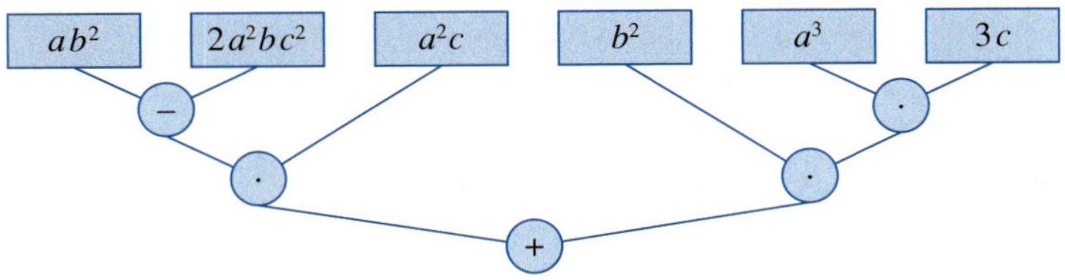

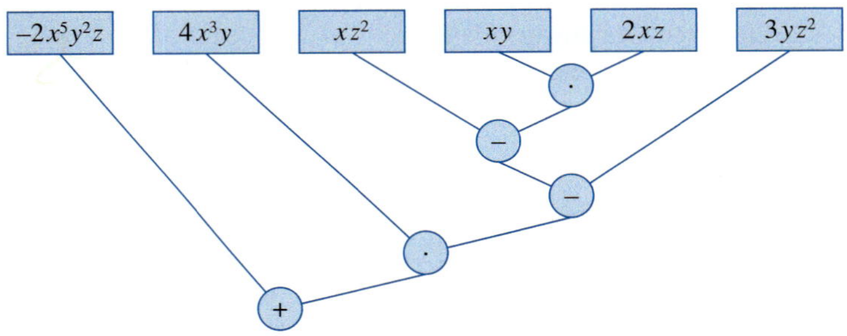

Aufgabe der Woche

Aus einem quaderförmigen Holzstück mit der Länge a, Breite b und Höhe c werden an drei Ecken kleine Quader herausgeschnitten, sodass der Restkörper ein Volumen von $\frac{7}{8}abc$ besitzt. Dabei hat der größte den dreifachen und der zweitgrößte den doppelten Rauminhalt wie der kleinste der drei herausgeschnittenen Quader.

Zeichne einen solchen Restkörper und gib die Längen aller Kanten an.

5.3 Klammerregeln – Das Multiplizieren von Summen

Kopfrechentricks

Auftrag 1

Dein Lehrer behauptet, solche Rechnungen innerhalb von Sekunden im Kopf zu lösen ohne einen Taschenrechner zu benutzen.
Wie macht er das?

Um ihm auf die Spur zu kommen, stelle zunächst einen Term auf.

Nimm ein Vielfaches von Zehn.
Addiere …, subtrahiere …

Leider muss der Lehrer zugeben, dass der Trick für $12 \cdot 12$ nicht mehr funktioniert! Warum?

Grundstücksverhandlungen

Auftrag 2

Herr Ganzschlau besitzt ein schönes rechteckiges Grundstück mit 19 m Länge und 15 m Breite (Schraffur).
Für die neue Radwanderroute, die direkt neben dem Grundstück vorbeigeht, muss er mindestens einen 1 m breiten Streifen seines Grundstücks abgeben, bekommt dafür aber etwas hinzu (rote Linien).
Folgendes Angebot macht ihm die Gemeinde:
Wenn er auf der längeren Seite x m abgibt (in der Skizze rechts), bekommt er auf der kürzeren Seite das Doppelte dazu.
Gibt es eine optimale Lösung für ihn?

Damit er nicht jedes Mal so große Zahlen multiplizieren muss, stellt Herr Ganzschlau einen Term auf und formt diesen so um, dass er nur noch mit kleinen Zahlen rechnen muss.

Fehlersuche

Auftrag 3

In Einzelarbeit sollen die Schülerinnen und Schüler der Klasse 7 c einige Terme umformen. Max sucht sich den Term $(2x - 1)(x - 5)$ aus und glaubt sofort fertig zu sein.
Als der Lehrer sein Blatt kontrolliert, erntet er leider einen dicken roten Strich.
„Setze doch einmal eine Zahl für x ein und du wirst merken, dass das gar nicht stimmen kann!“, sagt der Lehrer.
Daraufhin versucht es Max noch einmal und diesmal sind alle zufrieden. „Gar nicht schwer“, behauptet Max.

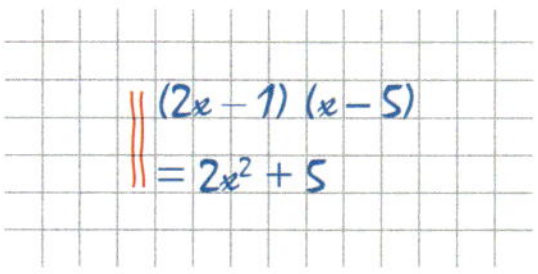

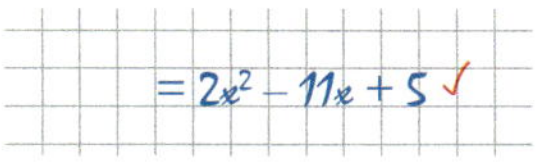

Wie hat Max die Aufgabe gelöst?

Auftrag 4 Die verschwundenen Rechtecke

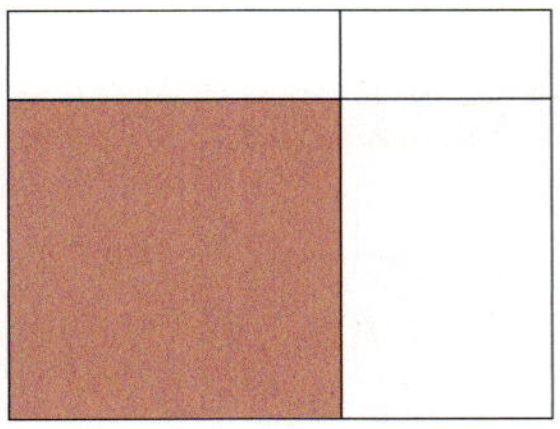

Ein Quadrat von 7 cm Seitenlänge wird auf der einen Seite um 2 cm und auf der anderen um 3 cm verlängert.
Heini behauptet, dass die Fläche sich folglich um 6 cm^2 vergrößert.
Das Rechteck hat jedoch eine Fläche von $9\text{ cm} \cdot 10\text{ cm} = 90\text{ cm}^2$.
Wo sind die 35 cm^2 geblieben?
Welchen Fehler hat Heini gemacht?
Verbessere die Berechnung von Heini.

Bearbeitung

Auftrag 3 Fehlersuche

$(2 \cdot 2 - 1)(2 - 5)$
$= 3 \cdot (-3) = -9$
aber
$2 \cdot 2^2 + 5$
$= 8 + 5 = 13$

Setzt Max in den Term $(2x - 1)(x - 5)$ die Zahl 2 ein, so erhält er den Wert -9, während der von ihm „umgeformte" Term $2x^2 + 5$ den Wert 13 erzeugt.
Du weißt schon: Wenn die Umformung richtig gewesen wäre, hätten beide Terme den gleichen Wert liefern müssen.
Aus diesem Grund ist die verlockende Umformung, die Max durchgeführt hat, falsch.

Um der zweiten, der richtigen Lösung von Max auf die Spur zu kommen, betrachte die zweite Klammer zunächst als eine Zahl oder eine Variable:

$$(2x - 1)\underbrace{(x - 5)}_{\text{„Zahl" } a}$$

Du erhältst den Term $(2x - 1) \cdot a$
Damit ist das Problem auf einen Term zurückgeführt, den Max schon umformen kann. Er löst die Klammer auf:
$2x \cdot a - 1 \cdot a$.

Jetzt muss er nur noch a durch den Term $(x - 5)$ ersetzen, also den Tausch von oben rückgängig machen:
$2x \cdot (x - 5) - 1 \cdot (x - 5)$.

Mit dem Distributivgesetz und dem Wissen aus den vorangehenden Buchabschnitten kann er den Term $2x \cdot (x - 5) - 1 \cdot (x - 5)$ vereinfachen:
$2x^2 - 10x - 1x + 5$.
Da er gleichartige Terme zusammenfassen darf, lässt sich der Term nochmals einfacher schreiben und Max erhält:
$2x^2 - 11x + 5$.

Beachte

Jedes Glied der ersten Klammer wird mit jedem Glied der zweiten Klammer unter Berücksichtigung der Vorzeichen multipliziert. Anschließend werden die Produkte addiert.

Als Max einen Blick auf seine schrittweise Lösung wirft, fällt ihm auf, dass er sich das Ersetzen und wieder Zurück-Einsetzen eigentlich sparen kann. Der Ausdruck $2x \cdot (x - 5) - 1 \cdot (x - 5)$ ist nur durch eine Zerlegung der ersten Klammer entstanden:

$$(2x - 1)(x - 5) = 2x(x - 5) - 1(x - 5) = 2x \cdot x + 2x \cdot (-5) - 1 \cdot x - 1 \cdot (-5)$$

Überspringt Max noch den mittleren Schritt, so erhält er direkt die gewünschte Umformung:

$$(2x - 1)(x - 5) = 2x \cdot x + 2x \cdot (-5) - 1 \cdot x - 1 \cdot (-5)$$

Einige Schritte weitergedacht:

Manchmal tauchen Terme wie $-1\,(x-5)$ auch alleine auf. Wie kannst du solche Terme vereinfachen?

Du kannst den Ausdruck $-1\,(x-5)$ auch als $-(x-5)$ schreiben.
Ein Minuszeichen vor einer Klammer lässt sich aber vermeiden, wodurch das Rechnen einfacher wird. Beim Umformen wird das Minuszeichen wie die -1 behandelt:
$-(x-5) = (-(+x)-(-5)) = (-x+5) = -x+5$

Wenn der Term $(2x-1)\,(x-5)$ noch mit einer weiteren Klammer multipliziert wird, z. B. mit $(x+1)$, sodass der Term $(2x-1)\,(x-5)\,(x+1)$ entsteht, dann kannst du trotzdem nach dem gleichen Verfahren vorgehen:

Du betrachtest zunächst nur die beiden ersten Klammern und berechnest sie genauso wie vorher. Dies kannst du dir durch weitere Klammern deutlich machen:
$[(2x-1)\,(x-5)]\,(x+1)$.
Du führst die oben beschriebenen Umformungen durch und betrachtest die hintere Klammer zunächst überhaupt nicht.
$[2x^2-11x+5]\,(x+1)$
Ab jetzt gehst du wieder genauso vor wie oben: Jeder Teil der ersten Klammer wird mit jedem der zweiten multipliziert.

Beachte

$-(x-5) = -x+5$
Die Vorzeichen in der Klammer werden „umgedreht“.
Vergiss dabei nicht den ersten Ausdruck in der Klammer!

Zusammenfassung

Klammerregeln – Das Multiplizieren von Summen

Jedes Glied der ersten Klammer wird mit jedem Glied der zweiten Klammer unter Berücksichtigung der Vorzeichen multipliziert. Anschließend werden die Produkte addiert.

$(x+1)\,(x+3) = x^2+3x+1x+3 = x^2+4x+3$

$(x-1)\,(x-3) = x^2-3x-1x+3 = x^2-4x+3$

Für das beschriebene Verfahren wird, genauso wie im Falle der Multiplikation einer Summe mit einem einstelligen Term (Distributivgesetz), die Bezeichnung **Ausmultiplizieren** verwendet.

Ein Minuszeichen vor der Klammer dreht alle Vorzeichen in der Klammer um.

$-(2+x-b) = -2-x+b$

Werden mehr als zwei Summen (Differenzen) miteinander multipliziert, so geht man der Reihe nach vor: zuerst die ersten beiden multiplizieren, dann das Ergebnis mit der nächsten Klammer multiplizieren.

$$\begin{aligned}[(x+1)\,(x-2)]\,(x+3) &= [(x^2-x-2)]\,(x+3)\\ &= x^3+3x^2-x^2-3x-2x-6\\ &= x^3+2x^2-5x-6\end{aligned}$$

Aufgaben

Verknüpfen
Anwenden
Trainieren

1 Multipliziere aus und fasse zusammen.

a) $(x+5)(x+2)$
b) $(2+x)(x+3)$
c) $(y+7)(3+y)$
d) $(2a+7b)(3a+b)$
e) $(ab+a)(b+ab)$
f) $(a-5)(1+a+2)$
g) $(2ab+5)(4+ab)$
h) $(4+2d+5+d)(d+2)$

2 Vereinfache – u. a. durch Multiplikation.

a) $\left(\frac{1}{2}x+5\right)(x-2)$
b) $\left(ab+\frac{1}{2}\right)(2-2ab)$
c) $\left(\frac{1}{2}x+\frac{5}{2}\right)(x-2)$
d) $(x+y+5)(x+y-5)$
e) $(0{,}2c-5)(c+10)$
f) $(a+b+c)(a-b-c)$
g) $(b+m+w)(v+w)$
h) $(2x-1)\left(-3{,}5+3x+4\frac{1}{2}-x\right)$

3 Vorsicht mit den Minuszeichen!

a) $(x^2+2x)(x-4)-(x^3-8x)$
b) $-(-a^2-a)-(4+a)(a-3)$
c) $3a(-a-1)-(4+a)(a-3)$
d) $m(m-2)-(4+m)(m-6)$
e) $(2+u)(3u-5)-3u(u-1)$
f) $(x-y)-(x-y)(x-y)$
g) $e(e-1)-(4e-e)(e-3)$
h) $-c^2-d^2-(c+d)^2$

4 Achte auf die Exponenten.

a) $(a^2+a)(a^2-a^3)$
b) $(x^3+3x)(x^2-2x)$
c) $(-d^2+d)(d^4-d^3)-(d^4-2d^6)$
d) $(3a^2+a-1)(a-a^3)-(3a^5-a)$
e) (e^2+e)
f) $x(x^2+3)(x^3-3x)$

5 Ausmultiplizieren lohnt sich.

a) $(x^4+x^3+x^2+x+1)(x-1)$
b) $(x^3+x^4-x)(x^4+x-x^3)$
c) $(2c^4+d^3-1)(d^3-1-2c^4)$
d) $(e^6-e^4+e^2-1)(e^2+1)$
e) $(x^2+1)(x^2-1)(x^8+x^4+1)$
f) $(a^2b+ab)(ab-b)$
g) $(x^2+2x+1)(x^2-2x+1)$

6 Vorsicht Rechenzeichen und Brüche!

a) $-\left(\frac{1}{3}-a\right)\left(\frac{1}{3}a-3\right)$
b) $\left(-x-\frac{1}{5}\right)\left(x-\frac{1}{5}\right)$
c) $\left(-\frac{1}{2}a-\frac{1}{3}b+\frac{1}{4}\right)\left(\frac{1}{2}a+\frac{1}{3}b-\frac{1}{4}\right)$
d) $\left(-\frac{1}{2}-\frac{1}{2}x-\frac{1}{2}\right)\left(\frac{1}{2}+\frac{1}{2}x+\frac{1}{2}\right)$
e) $\left(-0{,}2c+\frac{1}{5}\right)(5c+5)$

Noch fit?

1 In einem Koordinatensystem ist das Dreieck ABC durch die Punkte $A(1\,|\,2)$, $B(0\,|\,4)$ und $C(-2\,|\,1)$ festgelegt. Vom gespiegeltem Dreieck $A'B'C'$ ist nur noch der Punkt $A'(2\,|\,1)$ vorhanden.

a) Finde die Spiegelachse und konstruiere das vollständige Dreieck $A'B'C'$.
b) Wo liegen die Schnittpunkte der Geraden durch entsprechende Dreiecksseiten?

2 Wie viele Symmetrieachsen hat ein Quadrat, ein Rechteck, eine Raute, ein Drachenviereck?

3 Das Dreieck EFG mit den Eckpunkten $E(-1{,}5\,|\,0)$, $F(3{,}5\,|\,1)$ und $G(1{,}5\,|\,3)$ ist rechtwinklig. Spiegle das Dreieck so, dass

a) ein Drachenviereck entsteht (Achsenspiegelung);
b) ein Rechteck entsteht (Punktspiegelung).

4 Ein Dreieck ABC soll an einer Seitenlinie gespiegelt werden, sodass wieder ein Dreieck entsteht. Wie muss das Dreieck ABC aussehen, bzw. welche Eigenschaften hat es, damit dies funktioniert?

5 Die abgebildete Figur ist entstanden, indem man durch ein Quadrat eine beliebige Achse gelegt hat und dieses Quadrat entlang dieser Achse zerschnitten hat.

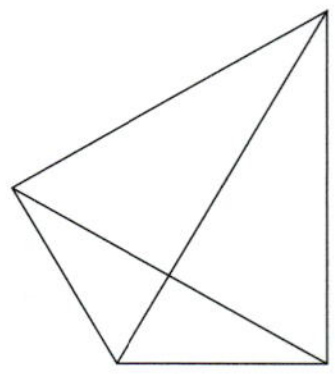

Die eine übrig gebliebene „Hälfte“ wurde dann an der Achse gespiegelt. Zeichne ein Quadrat mit einer passenden Achse.

Aufgaben

Verknüpfen
Anwenden
Trainieren

7 Nicht zu schnell!

a) $(2ab + a - 3ab + 2a)(34 - 3ab - 31{,}5 + ab - 0{,}5)$

b) $\left(3c^2 + 15{,}4 - 2c^2 - 10\frac{2}{5}\right)(3 - 2c^2)$

c) $\left(4\frac{1}{5}xy - y - 4{,}2xy + 5\right)(-24{,}7 - 5xy + 30{,}2 + y + 5xy - 0{,}5)$

d) $(2ab + a - (3ab + 2a))(34 - 3ab - (31{,}5 + ab - 0{,}5))$

e) $(2ab - a - b)(22 - 3b - 23 + b)$

f) $(4x^2 + x - 3x^2 + 2x)(31{,}25 - 5{,}5x - 31{,}5 + 2{,}5x)$

g) $(31 + cd - 2d + 2c)(c^2 - 2{,}2c + 1 + 5c - 2{,}8c^2 - 1)$

h) $(5ab + 3a - (3ab + 2a))(b - 3ab^2 - 0{,}5 - (ab^2 - 0{,}5))$

Beachte

Klammern von innen nach außen umformen (vereinfachen, ausmultiplizieren, …).

8 Multipliziere aus und fasse zusammen.

a) $\left(\frac{1}{2}x + 5\right)(x - 2) - 4x$

b) $(2yx + 3)(2 - 3yx) - (6 - 6y^2x^2)$

c) $-(c^2 + c)(c^3 - c) - (c^2 + c^5)$

d) $\left(\frac{1}{2}d + 4\right)\left(\frac{1}{4}d - 2\right) - \left(\frac{1}{8}d^2 + 8\right)$

e) $\left(\frac{2}{5}a + 1{,}6a\right)(2b + 2) - (-2ba + b)$

f) $(2 + x + y)(2 - x - y)(4 - x^2 - y^2)$

9 **Flächenberechnung:** Die Terme stellen Flächeninhalte von Rechtecken dar (x in cm). Setze für x die Zahlen 1, 2 und 3 ein und bestimme damit die größte der entstandenen Flächen.
Warum ist hier das Ausmultiplizieren der Klammern eine Erleichterung?

a) $A(x) = (19 - x)(18 + x)$

b) $A(x) = (17 + 2x)(12 - x)$

c) $A(x) = (25 + x)(22 - x)$

d) $A(x) = (2x + 23)(11 - x)$

e) $A(x) = (404 + 10x)(40 - x)$

f) $A(x) = (75 - 5x)(30 - 2x)$

10 **Flächengleichheit**

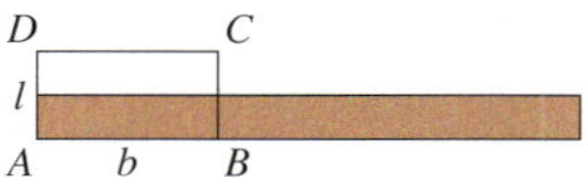

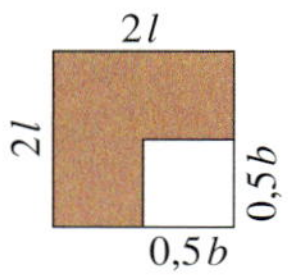

Das Rechteck $ABCD$ hat die Breite b und die Länge l. Nun wird von l ein Viertel der Länge von b abgezogen und die Strecke b wird um das Vierfache von l verlängert. Zeige, dass das neu entstandene Rechteck den gleichen Flächeninhalt besitzt wie die oben rechts dargestellte Fläche.

11 **Schachteln:** Das kennst du schon: Aus einer Pappe (20 cm mal 25 cm) soll eine offene Schachtel gefaltet werden. An den gekennzeichneten Stellen muss x cm tief eingeschnitten werden. Inzwischen kannst du den Term für die weiteren Berechnungen vereinfachen!
Berechne das Volumen der Schachtel, wenn du 1 cm (2 cm, 3 cm, 4 cm, 5 cm) tief einschneidest.
In welcher Form lässt sich dies am einfachsten berechnen?
Wie tief würdest du einschneiden?

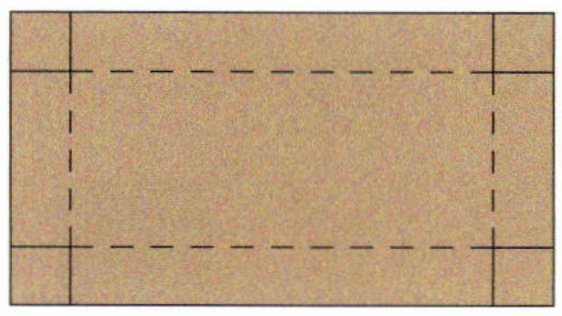

12 Die Termumformungen sind falsch. Finde die Fehler.

a) $(2x-3)(2+3x) = (6x-9x) = 3$

b) $(x^4-x^3)(x^2+x) = (x^6+x^5-x^3) = x^8$

c) $(xa^4-ax^3)(a-x) = (-x^2a^3)(a-x) = -x^2a^4-x^3a^3$

d) $(x^6+x^5-x^3)^2 = (x^{12}+x^{10}-x^6)$

e) $(4a-3{,}5b+2)-(3{,}5b+a-2) = 3a+4$

f) $3ab-2ab(a-2) = ab(a-2) = a^2b-2$

g) $(b-2)(a+3)-(ab+6) = ba+3b-2a-ab+6 = 3b-2a$

13 **Grundstücksberechnung**

Von dem nebenstehend abgebildeten Grundstück ist noch zusätzlich bekannt, dass die Rasenfläche 69 m² beträgt.
Wie groß ist das gesamte Grundstück?

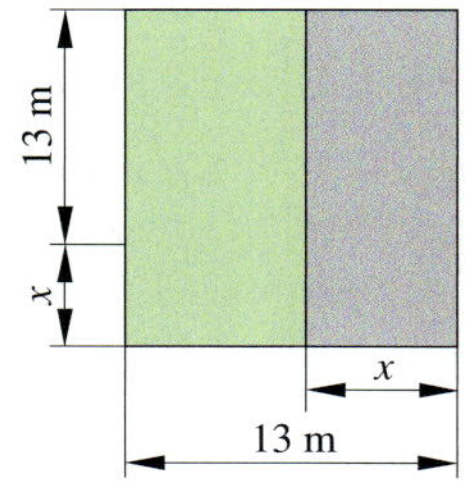

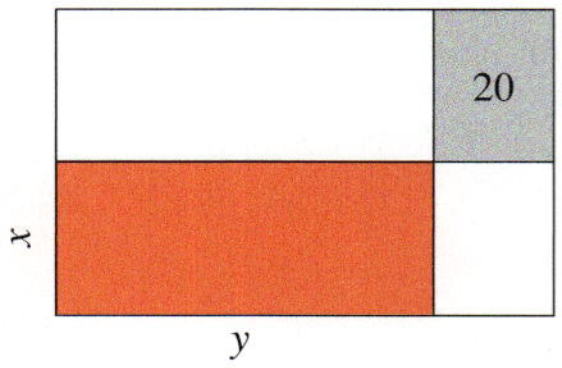

14 **Noch mal Grundstück**

Aus organisatorischen Gründen werden in einer Stadt nur Grundstücke vergeben, deren Seitenlängen immer ganze Zahlen sind (in m).
Das alte Grundstück (rot) wurde an beiden Seiten verlängert, so dass das neue Grundstück eine Gesamtfläche von 289 m² besitzt. Die Stellfläche für das Auto im Grundstück ist 20 m² groß.
Welche Fläche hatte das rote Grundstück?
Wie viele Lösungen gibt es? Welche sind sinnvoll?

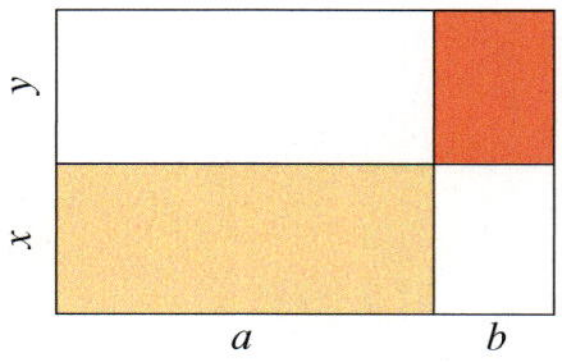

15 **Klammerregel mit Flächen nachweisen**

Zeige anhand der nebenstehenden Figur, dass die Klammerregeln für die Multiplikation von Summen und Differenzen allgemein gelten müssen.

Aufgaben

Verknüpfen
Anwenden
Trainieren

16 Finde passende Zahlen oder Variablen, sodass die Umformung richtig ist.

a) $(2x-5)(x+\bullet) = 2x^2+x-15$

b) $(x+7)(\bullet-\bullet) = 2x^2+\bullet-\bullet$

c) $(\bullet-5)(x+\bullet) = \frac{1}{4}x^2-x-\bullet$

d) $(\bullet-4)(\bullet+\bullet) = a^2+3a-28$

e) $(3h-3)(\bullet+\bullet) = h^2+8h-9$

f) $(c+\bullet)(\bullet+\bullet) = c^2+7c+\bullet$

g) $\left(\frac{1}{2}-\bullet\right)(\bullet+2y) = \frac{1}{8}+\bullet+\bullet$

h) $\left(\frac{1}{5}-\bullet\right)(\bullet+\bullet) = \bullet+2x-\bullet$

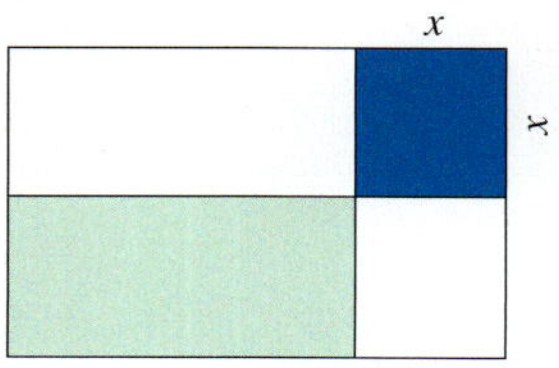

17 **Quadratspiel**

a) Das nebenstehend abgebildete Rechteck habe die Seitenlängen $l = 15$ cm und $b = 10$ cm. Welche Seitenlänge muss das blaue Quadrat haben, damit die Fläche genauso groß ist wie die des grünen Rechtecks?

b) Erfinde selbst weitere Aufgaben wie die Aufgaben 14, 15 und 17 a). Stelle sie deinem Nachbarn und vergleicht eure Lösungen.

18 Pascalsches Dreieck

Der französische Gelehrte Blaise Pascal hat das rechts abgebildete Dreieck entdeckt.

				1				
			1		1			
		1		2		1		
	1		3		3		1	
1		4		6		4		1

Blaise Pascal (1623–1662)

107-1

a) Ergänze die nächsten drei Zeilen nach unten.

b) Führe die Multiplikationen $(a+b)^2$, $(a+b)^3$, $(a+b)^4$ durch. Finde einen Zusammenhang zwischen dem Dreieck und den ausmultiplizierten Termen, um damit ohne weitere Rechnung $(a+b)^7$ in ausmultiplizierter Form darzustellen.

c) Nimm ein Blatt DIN-A4-Papier und ergänze die nächsten 10 Zeilen des Dreiecks. Markiere alle Vielfachen von 3 mit grüner Farbe. Was fällt dir auf? Wo liegen alle Zahlen, die Vielfache von 5 sind?
Wenn du mehr dazu wissen willst, besorge dir das Buch „Der Zahlenteufel" von M. Enzensberger.

19 Kann das sein?

Max hat zwei Klammern mit jeweils drei Summanden miteinander multipliziert und einem Term mit 6 Summanden erhalten.
Unter welcher Bedingung kann das nur funktionieren?

20 Rückwärts-faktorisieren (siehe nebenstehendes Beispiel)

a) $a^2+5a+3a+15$
b) $x^2-4x+3x-12$
c) $x^2-7x+2x-14$
d) $x^3-0{,}5x+2x^2-1$
e) $ab^2-2a-2b^2+4$
f) $2c+c^2-4-2c$

Beispiel

$x^2+2x+6x+12$ lässt sich stückweise durch Ausklammern zurückverwandeln:
$x(x+2)+6(x+2)$
$=(x+2)(x+6)$
Probe nicht vergessen!

21 Gewinnoptimierung

Nach einer Umfrage stellt der Kinobesitzer Herr Flimmer fest: Bei einem Preis von 8 € verkauft er 2000 Karten pro Tag. Für jeden Euro, um den er den Preis senkt, kann er 400 Karten mehr verkaufen.
Berechne seinen Gewinn, wenn er die Preise um 1 € (2 €, 3 €) senkt und versuche zu ermitteln, wann er den größten Gewinn macht.

22 Vom Würfel zum Quader

An einem Würfel mit 10 cm Kantenlänge wird die Breite um x cm verkürzt und die Höhe um x cm verlängert. Wie groß muss der Wert für x sein, damit der neu entstandene Quader 36 % weniger Volumen hat als der ursprüngliche Würfel?

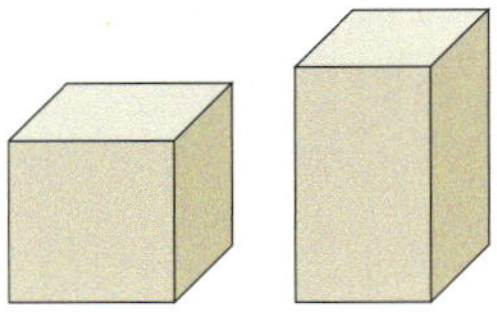

Aufgabe der Woche

Rückwärts

Von einem Term ist nur bekannt, dass er als Produkt zweier Summen in der Form $(x+a)(x+b)$ geschrieben werden kann. Dabei darf man für a und b ganze Zahlen einsetzen.
Leider sind bei den folgenden Termen nur die Ergebnisse der Umformung vorhanden:
beim 1. Term x^2-x-12, beim 2. Term $x^2+x-110$.
Finde eine Methode, um die fehlenden Werte für a und b herauszubekommen, sodass du selbst solche Rätsel stellen kannst.

Zeig, was du kannst!

1 Multipliziere aus und vereinfache so weit wie möglich.

a) $(7a-2b)\cdot 4$

b) $(-6a-2b+4c)\cdot(-2)$

c) $(uv^2)^3+2u^3v^5-(4uv^3)^2\cdot u$

d) $3p^2q^3r+4q^2(p^2q+r\cdot 2p^2q)-3p^2q^3$

2 Faktorisiere die Terme. Welche Informationen über den jeweiligen Term gewinnst du dadurch? Alle Variablen sind von Null verschiedene ganze Zahlen.

a) $2x+4y-2$ **b)** $21a^2-14ab$ **c)** $12x^3y^4z^2+3x^5z^6$

3 Welche Terme sind zum Startterm äquivalent? Begründe deine Entscheidung.

$18a^6b^2c$ | $24a^8b^3c^4-6a^2bc^3$ | $(3a^2b)^2\cdot 2a^2c$ | $-3a^4c\cdot 5a^2b^2+33a^6b^2c$

4 Bestimme möglichst einfache Terme für den Rauminhalt und den Oberflächeninhalt des abgebildeten Körpers.

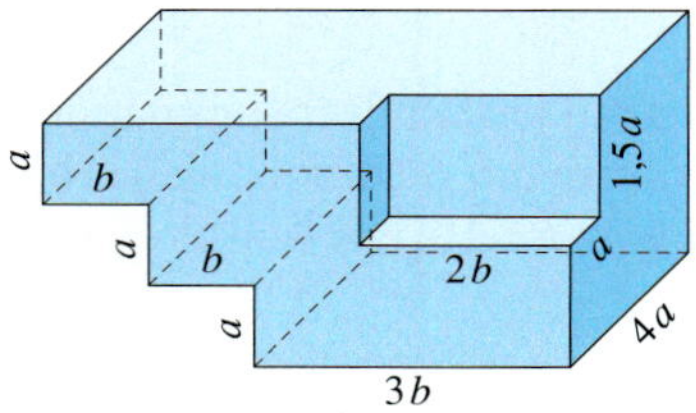

5 Multipliziere.

a) $(2x+3)(4+3x)$

b) $(x-5)(2-x)$

c) $\left(\frac{1}{5}x+3\right)\left(5+\frac{1}{3}x\right)$

d) $(ab^2-a^2b)(a+b)$

6 Suche die Fehler und korrigiere sie.

a) $(3-b)(4+b)-(12-b^2)=12+3b-b^2-12-b^2=3b-2b^2$

b) $(x-2)(x+3)-(x-6)=x^2-6-x+6=x$

7 Formuliere unter Verwendung nebenstehender Figur eine Klammerregel und begründe sie.

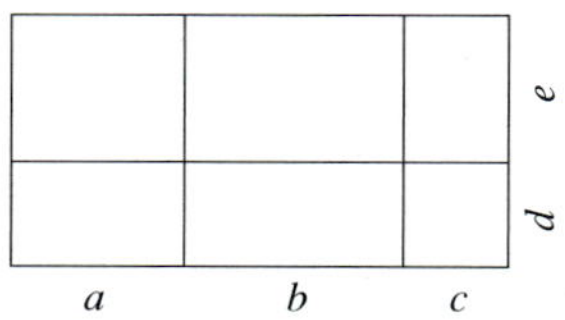

Aufg.-Nr.	Punkte	Lösungshinweise
1	6 P	Beachte Distributivgesetz und Zusammenfassung auf Seite 95
2	7 P	Wie bei Aufgabe 1
3	4 P	Vgl. Seite 93 f., Bearbeitung des Auftrags 1
4	6 P	Vgl. Seite 98, Aufgabe 21
5	6 P	Beachte Zusammenfassung auf Seite 103
6	4 P	Beachte Zusammenfassung auf Seite 103
7	6 P	Vgl. Seite 106, Aufgabe 15

Lösungen Seite 215

34–39 Punkte

27–33 Punkte

19–26 Punkte

6 Gleichungen

Viele Probleme des täglichen Lebens können mit Gleichungen beschrieben und gelöst werden. Auch in Natur-, Wirtschafts- und vielen anderen Wissenschaften werden Gleichungen zur Beschreibung von Sachzusammenhängen verwendet. Die Einsteinsche Gleichung $E = m \cdot c^2$ ist ein weltbekanntes Beispiel dafür.

In diesem Kapitel lernst du das Werkzeug „Gleichungen“ sinnvoll einzusetzen und Gleichungen mit geeigneten Verfahren zu lösen.

Denke dir eine Zahl . . .
Zaubereien mit Termen und Gleichungen

Tobias behauptet Gedanken lesen zu können. Hedi hält dies für pure Angeberei und stellt sich als Testperson zur Verfügung. Nachdem Tobias beschwörend seine magische Rechenanweisung gesprochen hat, schreibt Hedi das Ergebnis auf einen Zettel und legt diesen verdeckt auf den Tisch. Dann nennt Tobias die Zahl 28 und deckt den Zettel auf. Stimmt genau! Nach etwas Überlegen erinnert sich Hedi, dass Tobias als Klassensprecher die Geburtstagsliste der Klasse verwaltet...

Auch Miriam behauptet, magische Fähigkeiten zu besitzen. Anders als Tobias könne sie sogar direkt die gedachte Zahl „sehen“. Florian führt die Rechenanweisung Miriams aus und nennt 21 als Ergebnis. Miriam blickt ihm tief in die Augen: „Ich sehe die Zahl 11 in deinen Augen.“ Verblüfft bestätigt Florian seine gedachte Zahl.
In den nächsten Runden genannte Ergebnisse und die von Miriam richtig genannte Zahl: 13 und 7, 29 und 15, 65 und 33, -13 und -6. Plötzlich kommt Florian auf eine Idee...

Zauberlehrling Matthias hat mit seinem „Trick“ beim Publikum keinen Erfolg. Maja errechnet nämlich die Zahl 16, woraus Matthias auf 11 als gedachte Zahl schließt, was Maja aber verneint. Sie tröstet Matthias und erklärt ihm, warum sein „Zauber“ nicht wirkte ...

6.1 Durch Probieren und Überlegen zur Lösung

Training macht den Meister — Auftrag 1

Sandra hat sich das Ziel gesetzt, beim Stadtmarathon in zwei Monaten teilzunehmen. In einem Laufsportbuch findet sie Hinweise für ein geeignetes Training.
Bestimme für die erste Woche die empfohlenen Streckenlängen der drei Trainingstage. Bezeichne die Länge der Montagsstrecke mit x und formuliere dann für das Wochenpensum einen Term. Erstelle mithilfe dieses Terms eine mathematische Beziehung, eine Gleichung, aus der sich x leicht bestimmen lässt.
Ermittle nun auch den empfohlenen Trainingsplan für die fünfte Woche.

erade junge Läufer sollten nicht überfordert werden und auf keinen Fall zum Laufen „gezwungen" werden. Freizeitläufer, die sich auf einen Marathon vorbereiten wollen, sollten nicht jeden Tag das gleiche Pensum absolvieren. Es wird empfohlen, am Montag zu laufen, am Mittwoch dann die Laufstrecke um 3 km zu verlängern und am Freitag das Doppelte des Montags-Pensums zu absolvieren. Die übrigen Tage in der Woche sollte sich der Läufer erholen. Unbedingt sollte auf geeignete Laufschuhe geachtet werden. Gerade die Gelenke werden durch das Laufen auf der Straße stark belastet.

	empfohlenes Wochenpensum
1. bis 4. Woche	35 km
5. bis 8. Woche	45 km

Mit Tabellen zur Lösung — Auftrag 2

Welche natürliche Zahl x erfüllt die Gleichung
$3(x-4)+6=26-5x$?
Marco sucht und findet die Lösung mithilfe eines Tabellenkalkulationsprogramms.
Gibt es weitere Lösungen in der Menge der natürlichen Zahlen? Kann es eine negative oder eine nicht-ganzzahlige Lösung geben?

B	C	D	E	F
		linke Seite		rechte Seite
x		3 (x - 4) + 6		26 - 5 x
1		-3		21
2		0		16
3		3		11
4		6		6
5		9		1
6		12		-4
7		15		-9
8		18		-14
9		21		-19
10		24		-24

111-1

Finde alle Lösungen der folgenden Gleichungen.
$3x-5=7-x$
$3x-5=-11$
$x^2+4=0$
$1{,}5(x-2)=-3+1{,}5x$

Gleichungen in der Geometrie — Auftrag 3

Welche Fragestellungen aus der Geometrie passen zu den folgenden Gleichungen?
Welche Größen werden durch die Variablen beschrieben?

(1) $2\cdot\alpha+110°=180°$

(2) $2\cdot l+2\cdot 30\text{ m}=240\text{ m}$

(3) $(n-2)\cdot 180°=1080°$

(4) $s^2=2{,}25\text{ m}^2$

(5) $\frac{1}{2}\cdot g\cdot 5\text{ cm}=6{,}25\text{ cm}^2$

(6) $3\text{ cm}\cdot\frac{4\text{ cm}+b}{2}=13{,}5\text{ cm}^2$

Bestimme die Lösungen durch sinnvolles Probieren.

Bearbeitung

Auftrag 1 Training macht den Meister

Trainingsplan für die erste Woche			
Streckenlängen in km			
Montag	Mittwoch	Freitag	gesamt
6	9	12	27
7	10	14	31
8	11	16	35
x	$x+3$	$2x$	35

Zur Bestimmung des Trainingsplans stellt Sandra eine Tabelle mit Spalten für die drei Trainingstage und das Wochenergebnis auf. Versuchsweise setzt sie dann 6 km als Montagspensum an und berechnet daraus das Wochenergebnis. Da dieses nur 27 km ergibt, testet sie weitere Streckenlängen für den Montag. Bei 8 km erhält sie schließlich die empfohlene Gesamtstreckenlänge von 35 km. Damit hat sie den geeigneten Trainingsplan für die erste Woche ermittelt.

Um den Trainingsplan für die nächsten Wochen schneller finden zu können, bezeichnet Sandra die gesuchte Streckenlänge in Kilometer für den Montag mit der Variablen x, ermittelt einen Term für die Gesamtstreckenlänge in Kilometer und setzt diesen gleich 35:

$x + (x + 3) + 2x = 35$

Beachte

Vorsicht beim Rechnen ohne Einheiten! Alle Maßzahlen müssen zur gleichen Einheit gehören. Ein Antwortsatz darf nicht fehlen.

Diese Bedingung für die Zahl x nennt man eine **Gleichung**. Hier werden zwei Terme, von denen einer eine Variable enthält, nämlich $x + (x + 3) + 2x$ und 35, durch ein Gleichheitszeichen verbunden.

Nach Umformung des linken Terms erhält die Gleichung ein einfacheres Aussehen:

$4x + 3 = 35$ (1)

Anhand der Gleichung erkennt Sandra schnell, dass nur die Zahl 8 die Gleichung erfüllt. Denn mit wachsendem x wird auch der Wert des Terms $4x + 3$ ständig größer und kann somit nur einmal die Zahl 35 annehmen. Die Gleichung heißt **eindeutig lösbar** und die Zahl 8 nennt man die **Lösung der Gleichung**.

Ab der fünften Trainingswoche soll nun eine Gesamtstrecke von 45 km gelaufen werden. Die zugehörige Gleichung lautet demnach

$4x + 3 = 45$ (2)

Sandra setzt probeweise für x die Zahlen 9, 10 und 11 ein:

$4 \cdot 9 + 3 = 39$

$4 \cdot 10 + 3 = 43$

$4 \cdot 11 + 3 = 47$

Trainingsplan für die fünfte Woche			
Streckenlängen in km			
Montag	Mittwoch	Freitag	gesamt
10,5	13,5	21	45

Die Lösung der Gleichung (2) muss also zwischen 10 und 11 liegen. Sandra testet 10,5 mit Erfolg:

$4 \cdot 10{,}5 + 3 = 45.$

Die Gleichung (2) hat somit eine nicht-ganzzahlige Lösung. Die Streckenlängen für Mittwoch und Freitag berechnen sich zu 13,5 km und 21 km.

Einen Schritt weiter gedacht:

Da es nur positive Streckenlängen gibt, sind in den Gleichungen (1) und (2) nur positive rationale Zahlen sinnvolle Zahlen für die Variable x.

Bei jeder Gleichung muss überlegt werden, welche Zahlen im Hinblick auf den zugrunde liegenden Sachzusammenhang für die Variable in Frage kommen. Man fasst diese Zahlen zur **Grundmenge** der Gleichung zusammen.
Bezeichnet x in der Gleichung $x + 175 = 210$ eine Anzahl von Kindern, so bilden die natürlichen Zahlen einschließlich der Null die Grundmenge der Gleichung. Steht dagegen x für eine Temperatur in °C, so besteht die Grundmenge aus rationalen Zahlen.
Bei Gleichungen, bei denen kein zugrunde liegender Sachzusammenhang angegeben ist, nimmt man i. Allg. die rationalen Zahlen als Grundmenge an.

Noch einen Schritt weiter gedacht:
Die Gleichungen (1) und (2) haben jeweils nur eine einzige Lösung. In anderen Fällen muss dies nicht immer so sein, wie die folgenden Beispiele zeigen.

$x^2 = 4$ (3)
Diese Gleichung hat zwei Lösungen, -2 und 2.

$x^2 = -4$ (4)
Da das Quadrat einer rationalen Zahl nicht negativ sein kann, hat diese Gleichung überhaupt keine Lösung.
Man sagt: Die Gleichung ist **nicht lösbar** über der Grundmenge.

$x^3 + x = x(x^2 + 1)$ (5)
Wie man durch Ausmultiplizieren des Terms auf der rechten Seite erkennen kann, erfüllen alle rationalen Zahlen die Gleichung.
Man sagt: Die Gleichung ist **allgemein lösbar** über der Grundmenge.

$|x - 1| = 2$ (6)
Die Lösungen sind genau die Zahlen, die auf der Zahlengeraden von der Zahl 1 zwei Einheiten entfernt sind, nämlich -1 und 3.

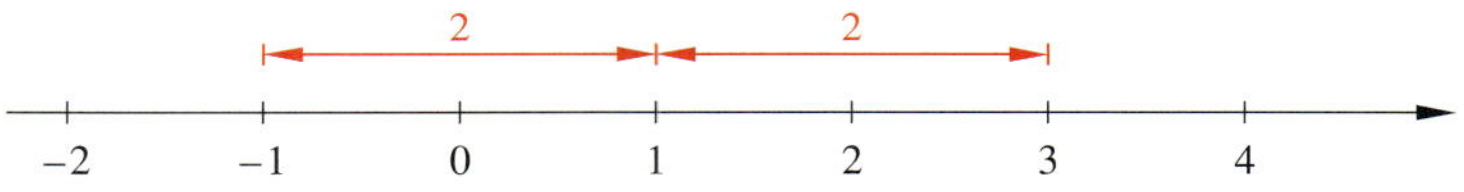

Gleichungen der Art $2x + 5 = 0$ oder $4x - 2 = 3$, wie auch die Gleichungen (1) und (2), gehören zu den **linearen Gleichungen**.
Die Gleichungen (3), (4), (5) und (6) sind dagegen nicht linear.

Info

Besteht die Grundmenge einer Gleichung beispielsweise aus den ganzen Zahlen, so schreibt man häufig abkürzend $G = \mathbb{Z}$.

Die Lösungen einer Gleichung werden zur **Lösungsmenge** zusammengefasst.
Besitzt eine Gleichung z. B. die Lösungen -4 und 8, so schreibt man kurz $L = \{-4; 8\}$.
Jede Lösung muss natürlich in der Grundmenge enthalten sein.

Zusammenfassung

Durch Probieren und Überlegen zur Lösung

Zahlreiche Fragestellungen können in der Mathematik durch **Gleichungen** vereinfacht dargestellt werden. Dabei wird die gesuchte Größe durch eine Variable ($x, y, z, a, b, \ldots$) bezeichnet und der Sachzusammenhang durch Gleichsetzen von Termen beschrieben.

Der Umfang eines Rechtecks beträgt 30 cm. Eine Seitenlänge ist um 3 cm länger als die andere.
Wie lange ist die kürzere Seite?

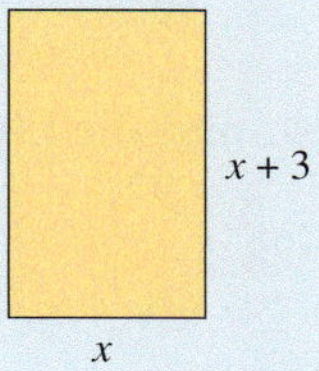

Die Variable x steht für die Länge (in cm) der kürzeren Seite: $2 \cdot x + 2 \cdot (x + 3) = 30$

Der zugrunde liegende Sachzusammenhang bestimmt die Zahlen, deren Einsetzung für die Variable in die Gleichung sinnvoll ist. Diese Zahlen bilden die **Grundmenge** der Gleichung.

In die Gleichung $2 \cdot x + 2 \cdot (x + 3) = 30$ können für x nur positive rationale Zahlen eingesetzt werden, da nur positive Streckenlängen möglich sind.

Bei Gleichungen ohne zugrunde liegenden Sachzusammenhang nimmt man i. Allg. die rationalen Zahlen als Grundmenge.

Durch Termvereinfachung und gezieltes Probieren, welche Zahlen die Gleichung erfüllen, können die **Lösungen der Gleichung** ermittelt werden.

Gleichung nach Termvereinfachung:
$4 \cdot x + 6 = 30$
$4 \cdot 4 + 6 = 22$
$4 \cdot 5 + 6 = 26$
$4 \cdot 6 + 6 = 30$
Die Lösung der Gleichung ist 6.

Wird ohne Einheiten gerechnet, ist ein Antwortsatz notwendig.

Die kürzere Seitenlänge beträgt 6 cm.

Eine Gleichung heißt
eindeutig lösbar über der Grundmenge, falls sie genau eine Lösung besitzt,
allgemein lösbar über der Grundmenge, falls alle Zahlen Lösungen sind,
nicht lösbar über der Grundmenge, falls sie keine Lösung besitzt.

$4 \cdot x + 6 = 30$	Lösung: 6
$2 \cdot (x - 1) + 3 = 2x + 1$	Lösungen: alle rationalen Zahlen
$3x = 3(x + 1)$	keine Lösung

Gleichungen der Art $2x + 5 = 0$ oder $4x - 2 = 3$ gehören zu den **linearen Gleichungen**.

$x^2 - 2 = 7$, $\frac{1}{x} = 3$ oder $|x - 3| = 4$ sind keine linearen Gleichungen.

114-1

Aufgaben

Verknüpfen
Anwenden
Trainieren

1 Überprüfe, ob die angegebene Zahl eine Lösung der Gleichung ist.

a) $2x - 17 = 9$ $\quad x = 13$
b) $5x - 3 = 3x + 5$ $\quad x = 4$
c) $|3 - x| = -4{,}5$ $\quad x = 7{,}5$
d) $x^2 + x - 7 = 5$ $\quad x = 3$
e) $-2687{,}3856 = x^4$ $\quad x = 7{,}2$
f) $\frac{3}{x} + 17{,}5 = 17{,}85$ $\quad x = 8$
g) $2x^3 = -16$ $\quad x = -2$

2 Bestimme die Lösungen im Kopf.

a) $13 + x = 97$
b) $x - 28 = -13$
c) $x + 2 = x + 3$
d) $5 \cdot x = 85$
e) $7 \cdot x = 13$
f) $x : 11 = 8$
g) $x^2 + 2x = x \cdot (x + 2)$
h) $7{,}2 : x = 0$

Lösungswort: $\frac{13}{7}$ (u); 17 (m); allg. lösb. (a); 84 (f); 88 (l); nicht lösb. (r); 15 (o)

3 In einer Klasse gibt es x Jungen und y Mädchen. Formuliere in Worten, was die Gleichungen aussagen.

a) $x = y$
b) $x = 2 \cdot y$
c) $y = x : 2$
d) $y = x + 2$
e) $x = y - 9$
f) $x = 2y - 3$

4 In einer Kiste liegen x grüne und y rote Äpfel. Beschreibe die folgenden Aussagen jeweils durch eine Gleichung.

a) Es gibt 10 Stück mehr rote als grüne Äpfel.
b) Es gibt dreimal so viele grüne wie rote Äpfel.
c) Wenn man aus der Kiste 5 grüne Äpfel herausnimmt, liegen gleich viele rote und grüne Äpfel in der Kiste.
d) Nimmt man die Hälfte aller roten Äpfel aus der Kiste und legt 5 grüne Äpfel noch dazu, so ist die Kiste mit 34 Äpfeln gefüllt.

5 Veranschauliche die Lösungen an einer Zahlengeraden.

a) $|x| = 2{,}75$
b) $|x - 3| = 2$
c) $|x + 4{,}5| = 2$
d) $|4 - x| = 5$

6 Löse die Gleichung durch geschicktes Überlegen.

a) $x^2 = 16$
b) $x^2 - 5 = 4$
c) $(x-1)(x-2) = 0$
d) $x^3 = 8$
e) $(x-3)^7 = 0$
f) $\frac{1}{x} = 0{,}25$
g) $x^2 = -8$
h) $x^3 = -8$
i) $x^4 + 2x^2 = x^2 \cdot (x^2 + 2)$
j) $1 + x^2 = 1$

Lösungswort: {1; 2} (r); 2 (t); 3 (e); 0 (n); {−4; 4} (g); −2 (a); allg. lösb. (u); 4 (n); nicht lösb. (z); {−3; 3} (a)

7 Die Zahlen −5; 3; 4 und 8 sind die Lösungen der folgenden linearen Gleichungen. Ordne sie durch Einsetzen den Gleichungen zu.

a) $2x = 20 - 3x$
b) $4x + 25 = 5$
c) $17 - 5x = 4x - 10$
d) $\frac{1}{2}x + 2x = 20$

8 Bestimme die Lösungen durch Aufstellen einer Tabelle.
Wie viele Lösungen gibt es? Begründe.

Beispiel: $5x + 4 = 19$

x	−3	−2	−1	0	1	2	3
$5x+4$	−11	−6	−1	4	9	14	19

a) $5 - 3x = -1$
b) $\frac{3}{2}x - 2 = -5$
c) $6x - 2{,}4 = 15\frac{3}{5}$
d) $-(x+1)^2 = 1$
e) $2 \cdot x^2 - 1 = 7$
f) $\left|\frac{5}{9} \cdot x\right| = 1{,}\overline{6}$

Lösungswort: nicht lösb. (k); {−3; 3} (n); 2 (m); −2 (o); {−2; 2} (a); 3 (s)

9 Bestimme mithilfe einer Tabelle die Lösungen der Gleichung.
(Wertebereich für x: von −3 bis 3)

a) $3x + 6 = 7x + 2$
b) $x^2 + 3 = 5 - x$
c) $|x + 3| = 2x + 1$
d) $x(x - 2x^2) = 1 - 2x^3 + x^2$

Lösungswort: 2 (r); {−2; 1} (u); nicht lösb. (z); 1 (k)

10 Die Zahlen −14; −6; 0; $2\frac{11}{12}$; 3,5; 4; 8 sind Lösungen der folgenden Gleichungen. Ordne sie durch geschicktes Überlegen den Gleichungen zu.

a) $4x - 5 = 19 - 2x$
b) $x^3 + 7 = -209$
c) $0 = x \cdot \left(x - \frac{7}{2}\right)$
d) $-8 = |2x - 7|$
e) $(x+3)^2 = 121$
f) $3x + 5 = 13\frac{3}{4}$

11 Löse durch systematisches Probieren.

a) $3 \cdot x + 4 = 46$
b) $28 + x \cdot 5 = 15{,}5$
c) $\frac{7}{2} \cdot x + 1{,}5 = 6$
d) $2{,}94 = 4{,}38 - x^2$

12 Set an equation with this solution:

a) −3
b) −7 and 7
c) $\frac{2}{7}$
d) all rational numbers
e) −3 and 1
f) no rational number

13 Stelle jeweils eine Gleichung auf und bestimme die Lösungen.

a) Welche Zahl muss man von 13,7 subtrahieren, um 9,9 zu erhalten?
b) Ich denke mir eine Zahl. Wenn ich deren Dreifaches durch 21 dividiere, erhalte ich 2.
c) Wenn ich das Doppelte einer gedachten Zahl von $\frac{2}{7}$ subtrahiere, erhalte ich $\frac{3}{14}$.
d) Addiert man 3,7 zum Quadrat einer Zahl, so erhält man 5,95.
e) Wenn ich vom Doppelten der gedachten Zahl $\frac{4}{7}$ subtrahiere und diese Differenz wieder mit $\frac{4}{7}$ multipliziere, dann erhalte ich Null.

14 Formuliere eine Wortform (siehe z. B. die Formulierungen in der Aufgabe 13) und löse die Gleichung.

a) $3 \cdot x - 5 = 22$
b) $6x + 2x = 20$
c) $3x^2 = 75$
d) $x \cdot (x - 2) = 0$

115-1

Noch fit?

1 Zeichne einen Kreis mit 5 cm Radius und markiere auf ihm zwei beliebige Punkte A und B.

a) Zeige und begründe, dass die Mittelsenkrechte der Strecke $[AB]$ durch den Kreismittelpunkt verläuft.
b) Konstruiere in diesem Kreis allein mit Zirkel und Lineal Mittelpunktswinkel der Größen 90°, 45°, 60° und 30°.

2 Zeichne die Punkte $A\,(2\,|\,-1{,}5)$, $B\,(5{,}5\,|\,-3)$, $C\,(4\,|\,2)$ und $A'\,(-1\,|\,-3{,}5)$ in ein Koordinatensystem. Konstruiere Punkte B' und C', sodass die Dreiecke ABC und $A'B'C'$ zueinander symmetrisch sind.

Aufgaben

Verknüpfen
Anwenden
Trainieren

15 Formuliere eine Fragestellung aus der Geometrie und löse die Gleichung. (Die Einheiten wurden weggelassen.)
Gib auch an, welche Zahlen für die Variable in Frage kommen, welche Zahlen also hier die Grundmenge bilden.

a) $2 \cdot (15 + x) = 45$
b) $27 + x + 2 \cdot 90 = 360$
c) $6x^2 = 294$
d) $(x - 2) \cdot 180 = 900$

16 Stelle eine Gleichung auf und löse sie. Überlege vorher, welche Zahlen für die Variable in Frage kommen können.

a) Die Morgentemperatur stieg bis Mittag um 7,5 °C und sank bis zum Abend um 12,8 °C, sodass gerade Frost einsetzte. Bestimme die Morgentemperatur.

b) Ein Brett wird in genau 5 gleich lange Teile zersägt. Jedes Teilstück wird an beiden Enden um 3 mm abgefeilt, sodass es 16,4 cm lang ist. Wie lang war das ursprüngliche Brett?

c) In einem Freizeitpark zahlen Kinder 4 € und Erwachsene 8 € Eintritt. An einem Tag nimmt der Park 1480 € an Eintrittsgelder ein. Wie viele Kinder besuchten den Park, wenn 110 Erwachsene kamen?

d) Herr Rasch fährt von Kempten nach Würzburg (265 km). Die erste halbe Stunde kommt er mit einer durchschnittlichen Geschwindigkeit von 110 km pro Stunde gut voran. Auf der restlichen Strecke kann er allerdings nur noch durchschnittlich 60 km in der Stunde fahren. Wie lange dauert die Fahrt?

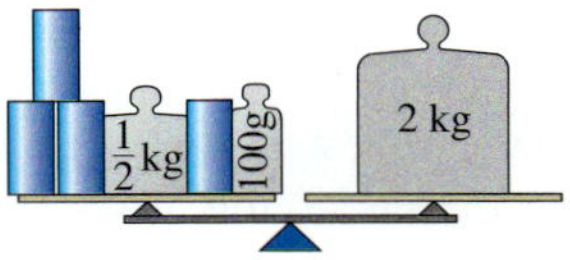

17 Die vier Dosen auf der linken Seite der Tafelwaage haben gleiche Masse. Berechne diese.

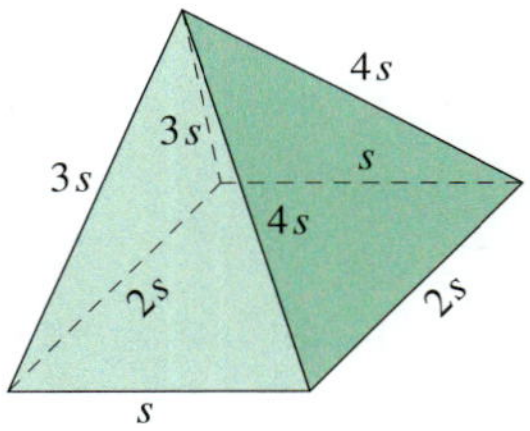

18 Die Figur zeigt ein Drahtmodell einer schiefen Pyramide mit rechteckiger Grundfläche.

a) Berechne geschickt die Länge des Drahts, der benötigt wird, wenn die Breite s der Pyramide 12 cm (15,25 cm) beträgt.

b) Sebastian hat nur einen $1\frac{1}{2}$ m langen Draht zur Verfügung. Wie breit wird sein Modell?

c) Die Grundfläche bespannt Sebastian mit rotem Transparentpapier. Welchen Anteil eines DIN-A4-Bogens benötigt er davon (Angabe in Prozent).

19 Die Hälfte aller Gleichungen hat die dahinter angegebene Zahl nicht als Lösung. Finde die Gleichungen, für die das zutrifft, ohne zu rechnen heraus und begründe deine Entscheidung.

a) $10217 - 13 \cdot x = 9801$ 32
b) $x^4 = 81$ -3
c) $|391 - 17 \cdot x| = -17$ 24
d) $x \cdot (17{,}5x - 3x) = 14\frac{1}{2}x^2$ $0{,}\overline{4}$
e) $22 - 2 \cdot x^2 = -12$ -17
f) $217 + 8 \cdot x = 150$ 27
g) $x^3 + 125 = x^3 - 135$ 133
h) $\frac{1}{x} = 0{,}08\overline{3}$ 12

Aufgaben

Verknüpfen
Anwenden
Trainieren

20 Schreibe als Gleichung und löse sie.

a)

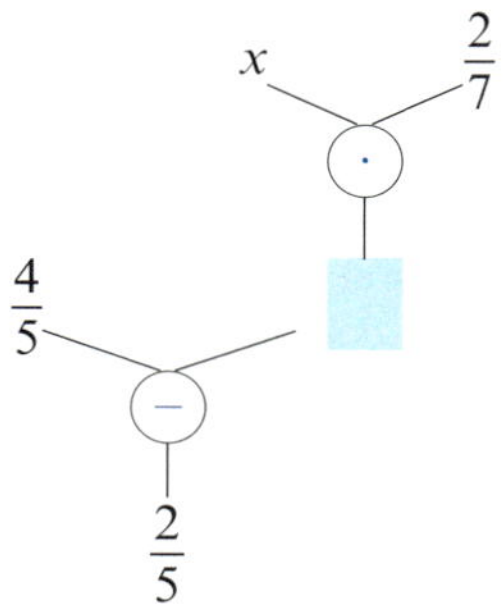

b)

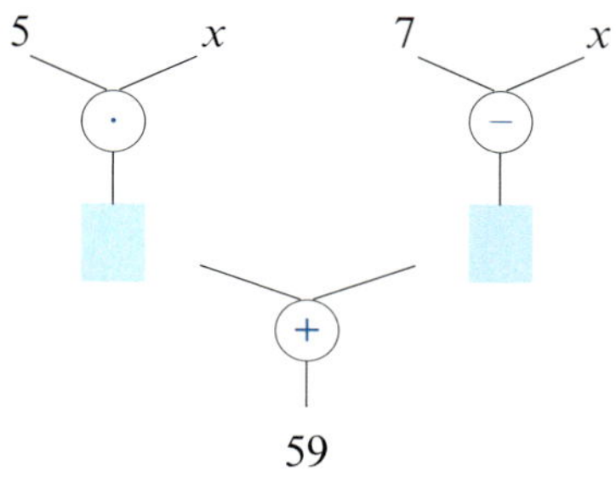

21 Gib jeweils eine Gleichung an, die

a) nicht lösbar über der Grundmenge $\mathbb{Q}$ ist;
b) allgemein lösbar über der Grundmenge $\mathbb{Q}$ ist;
c) eindeutig lösbar über der Grundmenge $\mathbb{Q}$, aber nicht lösbar über der Grundmenge $\mathbb{Z}$ ist;
d) eindeutig lösbar über der Grundmenge $\mathbb{Z}$, aber nicht lösbar über der Grundmenge $\mathbb{N}$ ist;
e) eindeutig lösbar über der Grundmenge $\mathbb{N}$, aber nicht eindeutig lösbar über der Grundmenge $\mathbb{Z}$ ist.

Erinnere dich

$\mathbb{N} = \{1; 2; 3; ...\}$
Menge der natürlichen Zahlen.

$\mathbb{Z} = \{...; -3; -2; -1; 0; 1; 2; 3; ...\}$
Menge der ganzen Zahlen.

$\mathbb{Q}$ Menge der rationalen Zahlen, d. h. die Menge aller Zahlen, die durch einen Bruch $\frac{a}{b}$ mit ganzzahligem Zähler a und natürlichem Nenner b darstellbar sind.

22 a ist eine ganze, b eine natürliche Zahl. Bestimme die Lösungen x in Abhängigkeit von a und b.

a) $b \cdot x = a$
b) $b \cdot (x - 3) = a$
c) $x^2 = b^4$
d) $|x| = b$
e) $|2x| = b$
f) $b\,x\,(x + 2) = 6 + b\,x^2$
g) $-x = 1{,}5\,a$
h) $x^3 = -b^6$

23 Bestimme die Lösungen unter Beachtung des Hinweises in der Randspalte.

a) $x\,(x - 3) = 0$
b) $0 = (x + 2)\,(x - 8)$
c) $(x - 15)^{27} = 0$
d) $(x - 3)\,x^2\,(x + 3) = 0$
e) $x^2 - 3x = 0$
f) $x^3 = 2x^2$

Erinnere dich

Ein Produkt hat genau dann den Wert Null, wenn mindestens ein Faktor gleich Null ist.

Aufgabe der Woche

Ein regelmäßiges Viereck (Quadrat) besitzt 2 Diagonalen, ein regelmäßiges Fünfeck besitzt 5 Diagonalen.

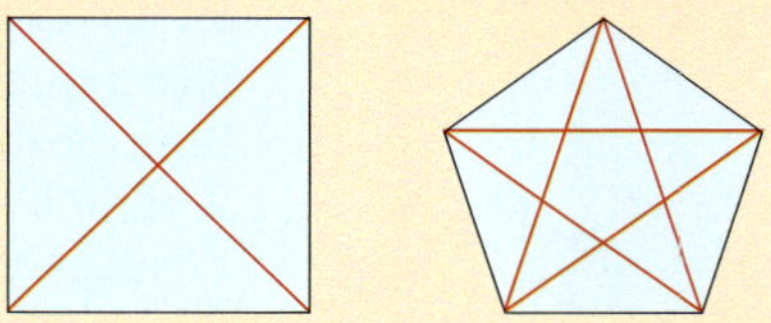

Wie viele Diagonalen besitzt ein regelmäßiges Zwölfeck?
Welches regelmäßige Vieleck besitzt 90 Diagonalen?

6.2 Mit Kalkül zur Lösung

Auftrag 1 Verdeckte Karten

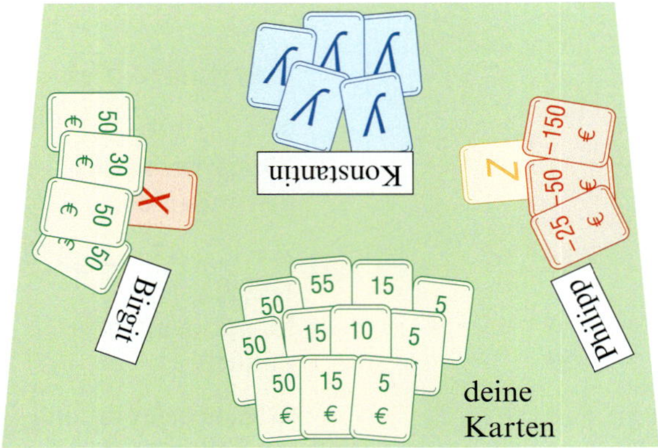

Du spielst mit drei Freunden ein Gesellschaftsspiel, bei dem Spielkarten mit positiven Zahlen Geldscheine und Spielkarten mit negativen Zahlen Schuldscheine bedeuten. Zu Beginn des Spiels hat jeder Spieler Karten vom gleichen Gesamtwert. Einige der Karten deiner Mitspieler sind aufgedeckt, andere jedoch verdeckt (siehe Bild links). Ermittle den Wert der Karten, die mit x, y, z bezeichnet sind, indem du jeweils eine Gleichung aufstellst und diese schrittweise löst.

Tipp: Den Wert der Karte x kannst du einfach ermitteln, indem du (in Gedanken) dir und Birgit zugleich Karten im Wert von 180 € wegnimmst. Verdeckte Karten mit gleichem Buchstaben auf der Rückseite haben auch den gleichen Wert.

Zu einem späteren Zeitpunkt des Spiels wird bekannt, dass Birgit und Konstantin wiederum Karten von gleichem Gesamtwert haben (siehe Bild links). Bestimme den Wert der u-Karte.

Auftrag 2 Ein Dreieck mit zwei gleich langen Seiten

Aus einer 19 cm langen Schnur soll ein Dreieck mit zwei gleich langen Seiten und einer dritten Seite von 4,5 cm Länge gebildet werden. Gesucht ist die Länge der gleich langen Seiten.

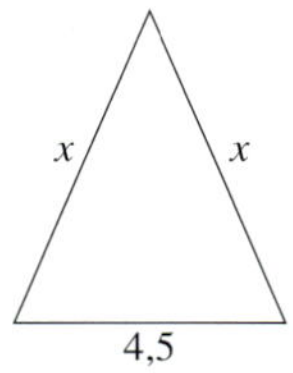

I
II
III

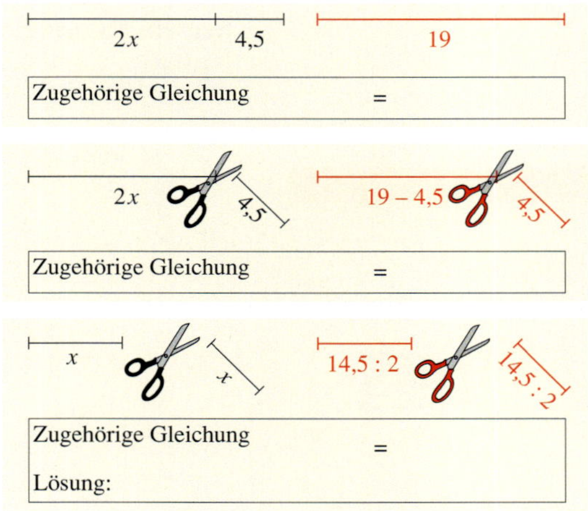

Nebenstehend findest du ein Verfahren, wie man durch Abschneiden geeigneter Stücke die nicht bekannte Seitenlänge ermitteln kann.
Schreibe für die Stationen I, II und III die zugehörigen Gleichungen in dein Heft und formuliere, wie du von Gleichung I zu Gleichung II und von da zu Gleichung III gekommen bist.
Löse die folgenden Gleichungen mithilfe dieses Verfahrens (bei b), c) und d) kannst du dir das Lösungsverfahren nicht mehr durch „Abschneiden" veranschaulichen).

a) $3x + 8 = 21$

b) $5x - 28 = 4{,}5$

c) $\frac{1}{4}x + 3 = -12{,}2$

d) $9x = 2x + 2{,}1$

Gleichwertige Gleichungen

Auftrag 3

$3x+7=17{,}5$	$3x-5=4{,}3$	$\frac{1}{3}x+6{,}3=5$	$\frac{1}{3}x-8{,}1=-6{,}9$	$9x=6x+12{,}6$
Lösung				

Übertrage die Tabelle in dein Heft. Diese soll nun so ausgefüllt werden, dass untereinander immer einfachere gleichwertige (äquivalente) Gleichungen stehen, die direkt zur Lösung hinführen.
Begründe deine Entscheidung, indem du jeweils die Umformung von der schwierigeren zur einfacheren Gleichung beschreibst.

Info

Zwei Gleichungen heißen **gleichwertig** oder **äquivalent**, wenn sie dieselben Lösungen besitzen.

$\frac{1}{3}x=-1{,}3$ $x=3{,}6$ $3x=12{,}6$ $3x=10{,}5$

$\frac{1}{3}x=1{,}2$ $x=3{,}1$ $x=-3{,}9$ $3x=9{,}3$

$x=4{,}2$ $x=3{,}5$

Löse anschließend gemäß dieses Kalküls folgende Gleichungen:

a) $4x-9=5$ **b)** $\frac{2}{3}x+5=11$ **c)** $2x=-7-8x$

Tafelwaage

Auftrag 4

Die Tafelwaage befindet sich im Gleichgewicht. Sie ist mit Gewichtstücken (Massenangabe in kg) und mit Dosen gleicher Masse (x kg) beladen.
Bestimme die Masse einer Dose durch geschicktes gleichmäßiges Verändern der Lasten auf beiden Seiten der Waage. Skizziere jeden Gleichgewichtszustand der Waage und beschreibe ihn durch eine Gleichung.

Veranschauliche die Gleichung $7x+0{,}3=2x+4{,}8$ mithilfe einer Skizze einer Waage und bestimme die Lösung.

Bearbeitung

Auftrag 1 Verdeckte Karten

Wird, wie unten gezeigt, bei zwei Spielern mit gleichem Spielkapital der Kartenstand geschickt auf die gleiche Weise verändert, kann der Wert der verdeckten Karten ermittelt werden.
Beachte: Bei den zugehörigen Gleichungen werden die entsprechenden gleichen Rechenoperationen auf beiden Seiten mit einem senkrechten Strich hinter der Gleichung und Nennung der Operation angezeigt.

Zugehörige Gleichungen:

Birgit ich

$x + 180 = 275 \quad | -180$

$x = 95$

Der Wert der x-Karte kann bestimmt werden, wenn beiden Spielern (in Gedanken) 180 € weggenommen werden.
Von beiden Seiten der Gleichung wird also zugleich 180 subtrahiert.
Auch nach dieser Rechenoperation sind beide Spielstände gleich.

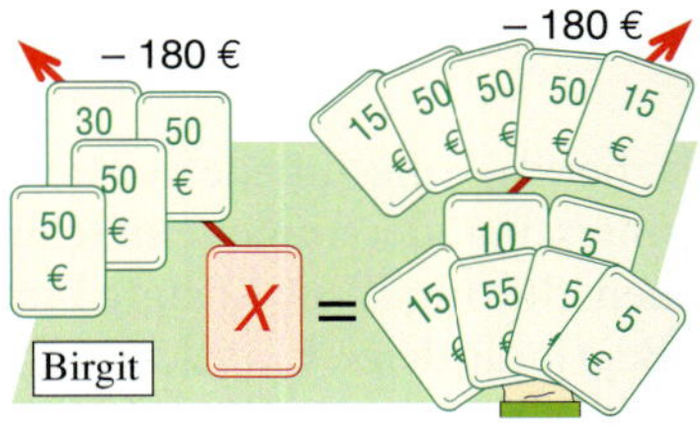

Konstantin ich

$5y = 275 \quad |:5$

$y = 55$

Den Wert der y-Karte erhält man, wenn man auf beiden Seiten nur noch den 5. Teil des Kapitals übrig lässt und den Rest wegnimmt. Beide Seiten der Gleichung werden also durch 5 dividiert.
Auch hier sind die beiden Spielstände nach dieser Rechenoperation gleich.

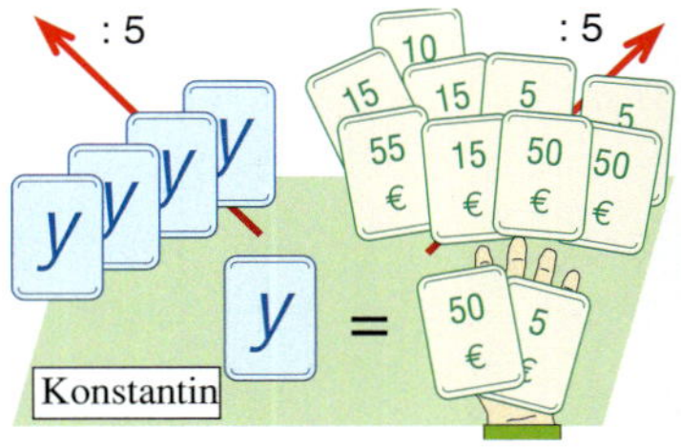

Philipp ich

$z - 225 = 275 \quad | +225$

$z = 500$

Bekommen beide Spieler Karten im Wert von 225 €, so erhält man den Wert der z-Karte.
Zu beiden Seiten der Gleichung wird also 225 addiert.
Auch hier ändert sich an der Gleichheit der Spielstände nichts.

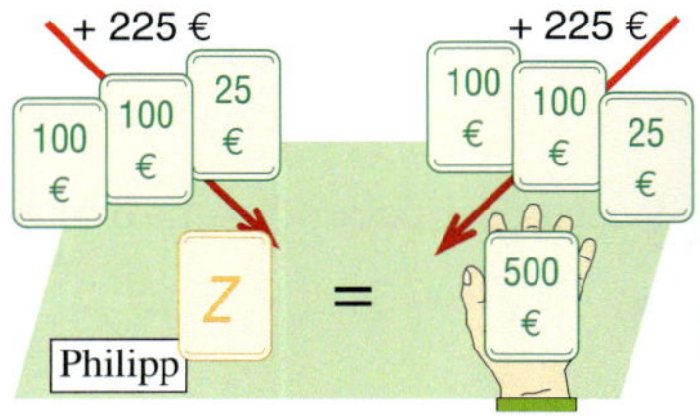

Die Bestimmung des Werts der u-Karte erfolgt in mehreren Schritten:

Zuerst erhalten beide Spieler 30 €.
Anschließend werden beiden Spielern Karten im Wert von $2u$ abgenommen.
Vom Rest lässt man nur noch den 3. Teil auf beiden Seiten übrig.
Der Wert der u-Karte beträgt somit – 70 €.

Birgit Konstantin

$5u - 30 = 2u - 240 \quad | +30$

$5u = 2u - 210 \quad | -2u$

$3u = -210 \quad |:3$

$u = -70$

Besonders bei aufwändigeren Rechnungen prüft man die ermittelten Lösungen durch Einsetzen. So hat man eine Kontrolle, ob man richtig gerechnet hat.

Probe:
Linke Seite:
$5 \cdot (-70) - 30 = -380$
Rechte Seite:
$2 \cdot (-70) - 240 = -380$
– 70 ist tatsächlich die Lösung der Gleichung.

Einen Schritt weitergedacht: Gleichungen können durch geeignete, auf beiden Seiten des Gleichheitszeichens durchgeführte Rechenoperationen umgeformt werden, ohne dass Lösungen wegfallen oder hinzukommen. Solche Rechenoperationen heißen **Äquivalenzumformungen**.
Ziel von Äquivalenzumformungen ist es, eine Gleichung in eine einfachere Gleichung zu verwandeln, an der man die Lösungen direkt ablesen kann, z. B. $u = -70$. Man spricht dann vom **Lösen der** (ursprünglichen) **Gleichung**.

Folgende Äquivalenzumformungen wurden bisher verwendet:

- Auf beiden Seiten der Gleichung wird dieselbe Zahl oder derselbe Term addiert oder subtrahiert.
- Auf beiden Seiten der Gleichung wird durch dieselbe von Null verschiedene Zahl dividiert. (Da die Division durch 0 nicht möglich ist, muss diese Zahl ausgeschlossen werden.)

Weitere oft benötigte Äquivalenzumformungen sind:

- Vereinfachen der Terme auf beiden Seiten der Gleichung.
- Auf beiden Seiten der Gleichung wird mit derselben von Null verschiedenen Zahl multipliziert.

Beispiel:

$0{,}125\,x = -3 \quad |\cdot 8$
$x = -24$

Dagegen ist die beidseitige Multiplikation mit Null keine Äquivalenzumformung, wie das folgende Beispiel zeigt.

Die Gleichung	Die Gleichung
$x + 1 = 3$	$(x+1)\cdot 0 = 3 \cdot 0$
hat nur die 2 als Lösung.	hat jede rationale Zahl als Lösung.

Die Lösungen von linearen Gleichungen findet man meist schnell mit folgender Strategie:

$x - 7 + 4x = 2(x - 2{,}5)$	**Vereinfachen** der Terme auf beiden Seiten: Klammern auflösen und gleichartige Glieder zusammenfassen
$5x - 7 = 2x - 5 \quad \vert -2x$ $3x - 7 = -5 \quad \vert +7$	**Ordnen:** Beidseitiges Addieren oder Subtrahieren, um ein Vielfaches von x allein auf einer Seite zu erhalten
$3x = 2 \quad \vert :3$ $x = \frac{2}{3}$	**Isolieren:** Beidseitiges Multiplizieren oder Dividieren, um x allein auf einer Seite zu erhalten

Tipp

Bei Äquivalenzumformungen ist es oft von Vorteil, mit dem Kehrbruch zu multiplizieren statt durch den Bruch zu dividieren.

Beispiel:

$\frac{3}{7}x = 6 \quad \Big|\cdot \frac{7}{3}$
$x = 14$

Probe:
Linke Seite:
$\frac{2}{3} - 7 + 4 \cdot \frac{2}{3} = \frac{2 - 21 + 8}{3} = -\frac{11}{3}$
Rechte Seite:
$2 \cdot \left(\frac{2}{3} - 2{,}5\right) = \frac{4}{3} - 5 = \frac{4 - 15}{3} = -\frac{11}{3}$

Lösung $\frac{2}{3}$ bestätigt.

Noch einen Schritt weitergedacht: Die häufigen Arbeitsanweisungen „Löse die Gleichung“ und „Vereinfache den Term“ dürfen nicht verwechselt werden.

Das Umformen einer Gleichung dient dem Ziel, die Lösungen der Gleichung zu erhalten.

$$\begin{aligned} 4\tfrac{1}{5}x + 2{,}25 &= \tfrac{3}{4} + 3{,}7x \quad |-3{,}7x - 2{,}25 \\ 4{,}2x - 3{,}7x &= 0{,}75 - 2{,}25 \\ 0{,}5x &= -1{,}5 \\ x &= -3 \end{aligned}$$

Das Umformen eines Terms dient dem Ziel, einen einfacheren Term zu erhalten, der zum ursprünglichen Term äquivalent ist.

$$\begin{aligned} & 4\tfrac{1}{5}x + 2{,}25 - \tfrac{3}{4} - 3{,}7x \\ &= 4{,}2x - 3{,}7x + 2{,}25 - 0{,}75 \\ &= 0{,}5x + 1{,}5 \end{aligned}$$

Zusammenfassung

Mit Kalkül zur Lösung

Durch eine **Äquivalenzumformung** wird eine Gleichung in eine andere Gleichung übergeführt, ohne dass Lösungen wegfallen oder hinzukommen.

Formt man eine Gleichung so lange um, bis man an der neuen Gleichung direkt die Lösungen ablesen kann, so spricht man vom **Lösen der** (ursprünglichen) **Gleichung**.

$$\begin{aligned} x - 14 &= 6 \quad |+14 \\ x &= 20 \end{aligned}$$

Lösung der Gleichung: 20

Folgende Äquivalenzumformungen werden beim Lösen linearer Gleichungen angewandt:

122-1

- Auf beiden Seiten der Gleichung werden die Terme sortiert (Klammern auflösen, gleichartige Glieder zusammenfassen).
- Auf beiden Seiten der Gleichung wird dieselbe Zahl oder derselbe Term addiert.
- Auf beiden Seiten der Gleichung wird dieselbe Zahl oder derselbe Term subtrahiert.
- Auf beiden Seiten der Gleichung wird durch dieselbe, von Null verschiedene Zahl dividiert.
- Auf beiden Seiten der Gleichung wird mit derselben, von Null verschiedenen Zahl multipliziert.

$$\begin{aligned} 7x - 3 - 2x - 1 &= 3(x-3) \\ 5x - 4 &= 3x - 9 \quad |+4 \\ 5x &= 3x - 5 \quad |-3x \\ 2x &= -5 \quad |:2 \\ x &= -2{,}5 \end{aligned}$$

Hinweis: Verwende für jeden Schritt eine neue Zeile. Schreibe Gleichheitszeichen untereinander.

Das Ergebnis wird durch Einsetzen in die ursprüngliche Gleichung überprüft.

Probe:
Linke Seite:
$7 \cdot (-2{,}5) - 3 - 2 \cdot (-2{,}5) - 1 = -17{,}5 - 3 + 5 - 1 = -16{,}5$
Rechte Seite:
$3 \cdot (-2{,}5 - 3) = 3 \cdot (-5{,}5) = -16{,}5$

Aufgaben

Verknüpfen
Anwenden
Trainieren

1 Wende zur Lösung der Gleichung nur eine Äquivalenzumformung an.

a) $8x = 2{,}5$ **d)** $\frac{3}{7}x = -\frac{9}{11}$ **g)** $-2\frac{1}{4}x = 3$

b) $\frac{1}{3}x = 12$ **e)** $5\frac{2}{3} - x = 0$ **h)** $1\frac{3}{4} = 0{,}875x$

c) $18\frac{2}{5} + x = 7{,}2$ **f)** $x - 17{,}2 = 21{,}15$ **i)** $-13{,}7 = 31{,}66 + x$

Lösungswort: $-1\frac{1}{3}$ (o); $5\frac{2}{3}$ (k); 38,35 (h); 2 (l); −45,36 (m); $-1\frac{10}{11}$ (c); 0,3125 (s); 36 (t); −11,2 (o)

2 Welche Äquivalenzumformungen führen die eine Gleichung in die andere über?

a) $2x = 8 + 6x$ / $4x = -8$ **d)** $0{,}2 - 1{,}2x = 0{,}7x$ / $2 - 12x = 7x$ **g)** $-0{,}3 + 2{,}7x = -6$ / $1 - 9x = 20$

b) $\frac{x}{9} = \frac{5}{3}$ / $x = 15$ **e)** $\frac{x}{5} = \frac{2}{7}$ / $7x = 10$ **h)** $\frac{1}{2}x - \frac{2}{3} + \frac{3}{5}x = 0$ / $15x + 18x = 20$

c) $1 - 0{,}7x = 0{,}1 - 0{,}5x$ / $0{,}2x = 0{,}9$ **f)** $3x + 9 = 6$ / $x + 3 = 2$ **i)** $4x + 3 = -5x$ / $3x + 1 = 0$

3 Löse die linearen Gleichungen.

a) $7x - 2 = 26$ **d)** $-6x + \frac{3}{8} = -0{,}125$ **g)** $\frac{4}{7}x - \frac{1}{2} = -\frac{3}{14}$

b) $4x + 12 = 30$ **e)** $\frac{1}{2}x - \frac{2}{5} = \frac{5}{2}$ **h)** $0{,}7x - 0{,}85 = 2{,}3$

c) $5x + 6{,}7 = 4\frac{3}{4}$ **f)** $\frac{2}{7}x + \frac{5}{9} = \frac{2}{3}$ **i)** $-0{,}22x + 4\frac{1}{5} = -7\frac{1}{6}$

Lösungswort: $\frac{7}{18}$ (m); 5,8 (n); $51\frac{2}{3}$ (z); 4 (s); 4,5 (t); 0,5 (e); −0,39 (e); $\frac{1}{12}$ (i)

4 Gib zwei mögliche Gleichungen an, aus denen die angegebene Gleichung durch Äquivalenzumformung entstanden sein könnten.

a) $\frac{7}{2} = x$ **b)** $x + 3 = 2x$ **c)** $x = -2{,}7 + x$ **d)** $5x = 5x$

5 Fasse zunächst zusammen und löse dann die Gleichung.

a) $14x - 8 - 5x = 19$ **e)** $0 = -0{,}7x - 0{,}\overline{8} - 1{,}3x + 6{,}\overline{4}x$

b) $-22 - 7x - 12 = 10x$ **f)** $42{,}8x - 13{,}8 + 56{,}2x = 14{,}2$

c) $\frac{1}{4}x + \frac{2}{3} - 0{,}75x - \frac{1}{3} = 0$ **g)** $-\frac{2}{7}x + 0{,}3 + 0{,}25x = 1{,}8$

d) $0{,}07x - 2{,}08 + 5{,}6x = -3{,}97$ **h)** $8{,}6x + (1{,}5x)^2 - 3{,}2 - 2{,}25x^2 = -4{,}2x$

Lösungswort: 0,2 (o); $\frac{2}{3}$ (d); $-\frac{1}{3}$ (k); −42 (e); −2 (ü); 0,25 (a); $0{,}\overline{28}$ (r); 3 (s)

Info

Mit dem Lösen von Gleichungen befasst sich die **Algebra**, eines der wichtigsten Teilgebiete der Mathematik.

Der persische Mathematiker Al-Chwarizmi (um 780 bis 850 n. Chr.) beschrieb die Äquivalenzumformungen von Gleichungen in seinem Buch *al-Kitab al-muchtasar fi hisab al-dschabr wa-`l-muqabala*. Darin bedeutet *al-dschabr* etwa die „Kunst des Ausgleichens“.
Tatsächlich wird beim Lösen von Gleichungen bei Wegnahme eines Terms auf der einen Seite als Ausgleich derselbe Term auch auf der anderen Seite subtrahiert:
$5x = 12 + 2x \quad |-2x$
$3x = 12$
Aus *al-dschabr* entstand im Laufe der Zeit das Wort *Algebra*.

6 Write in your exercise book and complete the following.

a)
$8x-3=3x+12 \quad |$ __
$5x-3=12 \quad |$ __
$5x=15 \quad |$ __

b)
$\frac{1}{3}(5x+4)=8 \quad |$ __
$5x+4=24 \quad |$ __
$5x=20 \quad |$ __

c)
$-2\frac{1}{2}x=-2x-5 \quad |$ __
$2\frac{1}{2}x=2x+5 \quad |$ __
$0{,}5x=5 \quad |$ __

d)
$5x-8=32 \quad |+8$
$5x=$ __ $\quad |$ __

e)
$x-3{,}5=2\frac{1}{2}+3x \quad |-x$
$-3{,}5=2{,}5+$ __ $\quad |$ __
$-6=$ __ $\quad |:$ __

f)
$-6x+9=6-5x \quad |+5x$
__ $x+9=6 \quad |-9$
__ $x=-3 \quad |\cdot(-1)$

7 Solve the equation.

a) $5x=4x+7$
b) $4x-7=2x+9$
c) $6x-11=9x+31$
d) $-5x=11x-128$
e) $\frac{4}{5}x=0{,}4x+2{,}28$
f) $5{,}5x-0{,}8=2{,}4x+6{,}95$
g) $-2\frac{1}{6}x+\frac{7}{12}=\frac{2}{3}-\frac{5}{6}$

8 Formuliere zu beiden Rechnungen eine passende Aufgabenstellung. Führe die Rechnungen zu Ende. Nenne wesentliche Unterschiede der beiden Aufgabenarten.

a)
$1{,}5(x-3)-\frac{2}{5}x-2{,}1$
$=1{,}5x-4{,}5-0{,}4x-2{,}1$
$=$ ____________

b)
$1{,}5(x-3)=\frac{2}{5}x+2{,}1$
$1{,}5x-4{,}5=0{,}4x+2{,}1$
____

9 Bestimme die Lösungen.

a) $3x-87-7x=39+8x+6$
b) $4{,}7+8{,}4x-21{,}9=6{,}7x+21{,}2-3{,}1x$
c) $x-5-\frac{1}{3}x=\frac{2}{3}x+17-\frac{1}{6}x$
d) $\frac{1}{2}x+\frac{1}{3}x+\frac{1}{6}x+7{,}2=12{,}1$
e) $0{,}4x-7+x=\frac{7}{5}x-13$
f) $-\frac{2}{7}x-2\frac{2}{9}=2{,}\overline{3}+\frac{2}{3}x-1\frac{1}{3}$

Lösungswort: 4,9 (b); 8 (i); $-3\frac{23}{60}$ (l); 132 (r); −11 (w); nicht lösb. (e)

10 Herr Meister hat folgende Umformungsfehler in den Heften seiner Schüler gefunden. Analysiere die Fehler und verbessere sie.

a) $5x=15$
$x=10$

b) $7x+8=4x$
$3x+8=1$

c) $6x+10=4x$
$3x+10=2x$

d) $3x+5=4x$
$5=7x$

e) $10x+8=3x$
$5x+4=3x$

f) $x:8=56$
$x=7$

g) $\frac{1}{2}x=6$
$x=3$

h) $3{,}5x=3{,}5$
$x=0$

11 Stelle eine Gleichung auf und löse sie.

a) Wenn man vom Fünffachen einer gedachten Zahl 27 subtrahiert, erhält man das Dreifache dieser Zahl. Bestimme sie.
b) Addierst du 0,5 zum dritten Teil einer gedachten Zahl, so erhältst du das Doppelte der Zahl. Wie heißt die gedachte Zahl?
c) Der vierte Teil der um 20 vergrößerten gedachten Zahl ist gleich der Gegenzahl der gedachten Zahl. Bestimme sie.

12 Vereinfache und löse die Gleichungen.

a) $4(x-1)=x+8$
b) $-2(2x+9)=5x$
c) $(4x-7{,}5)\cdot 5-20x=-37{,}5$
d) $\frac{7}{2}x+8=\frac{3}{4}(32-2x)$
e) $\frac{3}{5}\left(\frac{2}{3}x-1\right)=\frac{3}{10}x+\frac{1}{10}$

Lösungswort: 3,2 (e); allg. lösb. (v); 7 (n); 4 (s); −2 (e)

13 Simplify and solve the equations.

a) $7-(2x+5)=18-8x$

b) $2{,}5x+3{,}5-(2{,}9-1{,}8x)=4{,}3x+1{,}6$

c) $(18x+13)-(15x-12)=x+9$

d) $x-(3x-8{,}2)=1\frac{1}{2}-\left(4x+\frac{7}{4}\right)$

Lösungswort: $-4{,}225$ (w); nicht lösb. (n); $2\frac{2}{3}$ (k); -8 (o)

14 Remove the brackets, simplify and find out the solutions.

a) $(x-2)(x+1)=2+(x+3)(x-1)$

b) $(2x-7)(x+2)-(x-8)(2x-3)=0$

c) $\frac{2}{3}(12x-6)(x+6)=(2x)^2\cdot 2$

d) $(x-3)(x^2-5x-2)=-x(8x-x^2)-20$

Lösungswort: $2{,}375$ (l); $\frac{6}{11}$ (u); $-\frac{1}{3}$ (p); -2 (s)

15 Welche Fehler wurden beim Lösen der Gleichung gemacht? Verbessere.

a) $-2x=18 \quad |+2$
$x=20$

b) $14x+7=56 \quad |:7$
$2x=8 \quad |:2$
$x=4$

c) $4x+3=15 \quad |-3$
$4x=15 \quad |:4$
$x=3{,}75$

d) $56=5x+3x+x$
$56=8x \quad |:8$
$7=x$

e) $4x+2{,}5=\frac{5}{2} \quad |-2{,}5$
$4x=0 \quad |\cdot 0{,}25$
$x=0{,}25$

f) $3x+12=18 \quad |:3$
$x+12=6 \quad |-12$
$x=-6$

16 Bestimme die Lösungen.

a) $x:5+18=83$

b) $\frac{x+5}{3}=7$

c) $\frac{3-2x}{5}=3$

d) $(x-2):7=8$

e) $\frac{3x-2}{7}=13$

f) $\frac{12+3x}{9}=x$

Lösungswort: 325 (b); 2 (t); -6 (i); 58 (r); 16 (e); 31 (u)

Noch fit?

1 Welche Fehler wurden hier gemacht? Verbessere.

a) $1{,}125+\frac{7}{8}\cdot 1{,}2-\frac{3}{4}$
$=2\cdot 1{,}2-\frac{3}{4}$
$=2{,}4-0{,}75$
$=1{,}65$

b) $17ab-9abc+4ab-5abc$
$=17ab-4ab+9abc-5abc$
$=13abc+4abc$

c) $6:2\frac{1}{3}\cdot 4$
$=3\frac{1}{3}\cdot 4=12\frac{4}{3}$
$=13\frac{1}{3}$

d) $3u^3v^2w-12u^2v^3+3u^2v^2+6u^3v^2w$
$=9u^3v^2w-12u^2v^3+3u^2v^2$
$=3u^2v^2(3uw-4v)$

2 Berechne.

a) $\frac{2}{3}-\left(2{,}25-\frac{5}{14}\right):\frac{3}{7}$

b) $\left(-2\frac{1}{3}\right)^2:0{,}\overline{2}\cdot(1{,}75-2)$

Aufgaben

Verknüpfen
Anwenden
Trainieren

17 Konstantin ist um 3 kg schwerer als Philipp. Berechne die Massen der beiden Jungen.

Info

Eine Wippe ist im Gleichgewicht, wenn die Produkte aus Masse und Abstand des Kindes vom Drehpunkt für beide Kinder gleich sind.

18 Bestimme die Masse der blauen Dosen.

a) Die roten Dosen wiegen 1 kg.

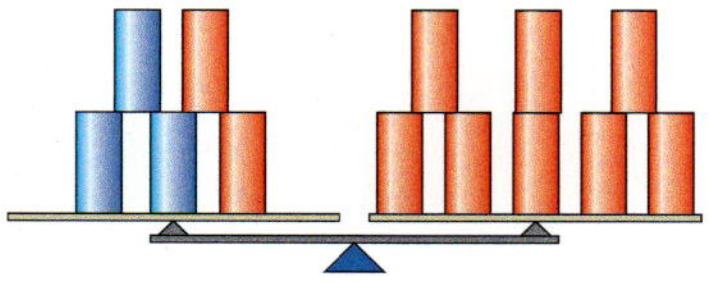

b) Die roten Dosen wiegen 1,5 kg.

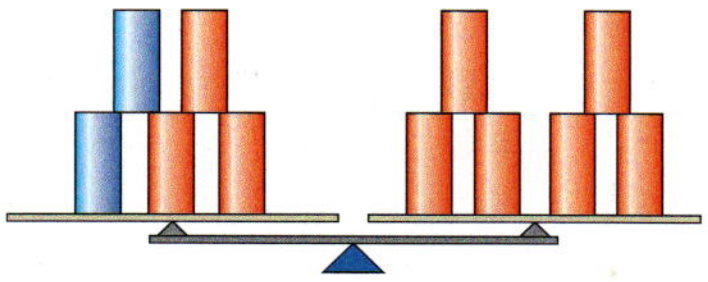

19 Ein Karton mit 8 Weinflaschen wiegt $2\frac{1}{4}$ kg mehr als ein Karton mit 6 Weinflaschen gleicher Art. Welche Masse hat eine Weinflasche, wenn beide Kartons etwa 200 g wiegen?

20 Frau Gschwend kommt um 17 : 00 Uhr mit einem Taxi zu Hause an und muss 17 € 30 ct bezahlen. Welche Strecke legte das Taxi zurück und wie lange dauerte die Fahrt, wenn die Grundgebühr 1,80 € beträgt und jeder gefahrene Kilometer 1,25 € kostet?

21 Bestimme die Streckenlänge x.

a)

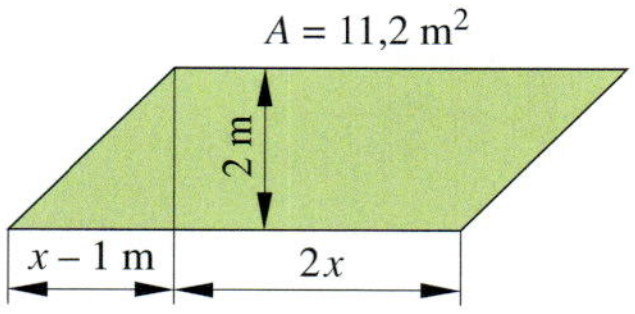

c)

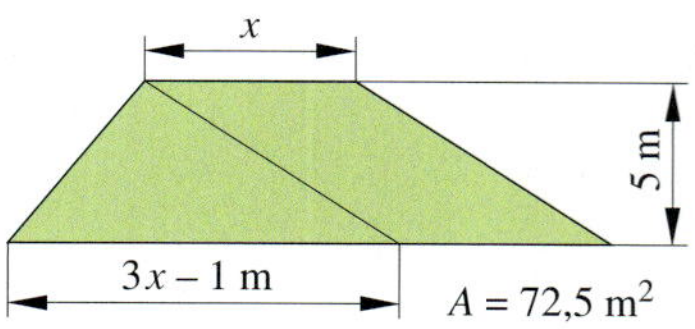

b)

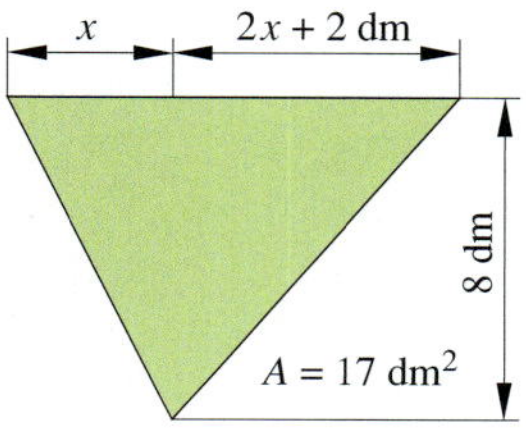

d)

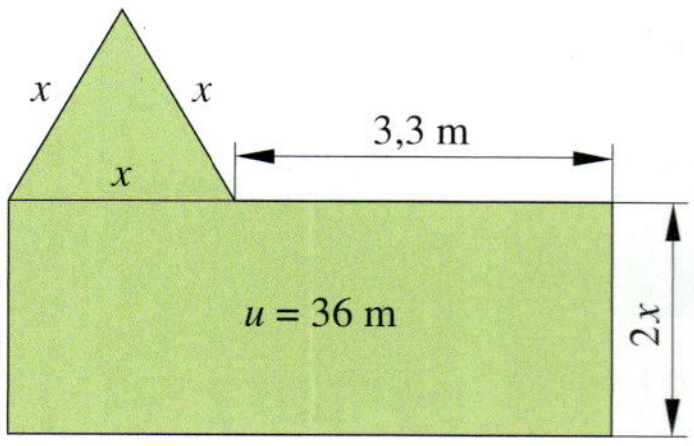

22 Die Temperatur in Grad Fahrenheit (°F), der in Nordamerika gebräuchlichen Temperatureinheit, berechnet sich aus der Temperatur in Grad Celsius (°C) gemäß $f = \frac{9}{5} \cdot c + 32$ (f, c entsprechende Maßzahlen).

a) Gib die Siedetemperatur von Wasser in °F an.
b) Gib die Temperaturen in °C an: 41 °F, 59 °F; 36,5 °F; 5 °F; 92 °F; 0 °F.
c) In der Info auf Seite 56 findest du eine andere Umrechnungsformel. Zeige, dass jeweils die eine Umrechnungsformel aus der anderen hervorgeht.

23 **Reststücke**

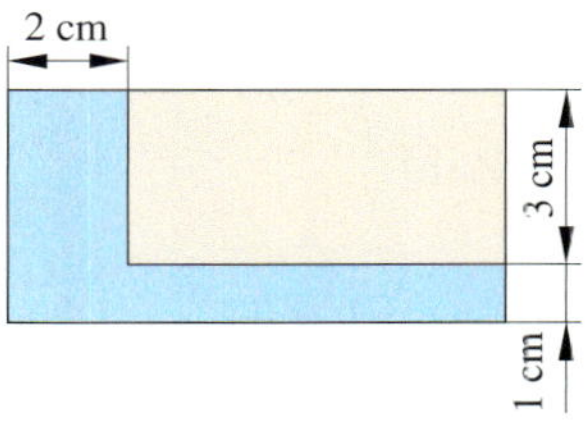

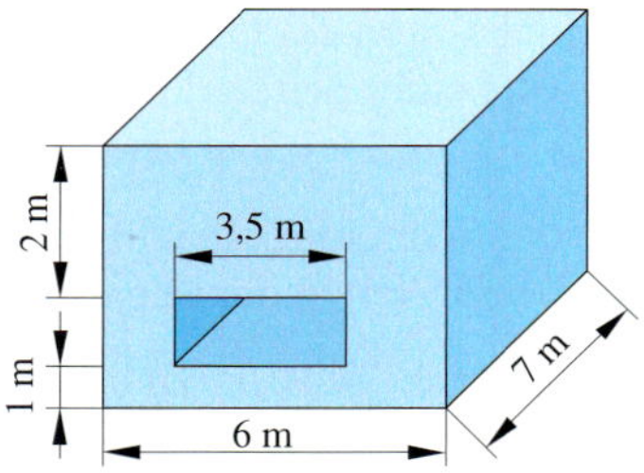

a) Aus einem Rechteck wird ein kleines Rechteck herausgeschnitten, so dass nur noch der halbe Flächeninhalt übrig bleibt (siehe Bild oben links). Berechne die Maße des ursprünglichen Rechtecks.
b) Aus einem quaderförmigen Metallklotz wurde ein Loch mit rechteckigem Querschnitt gebohrt, sodass sich die Querschnittsfläche um 25 % reduzierte (siehe Bild oben rechts). Berechne die Maße des Metallklotzes.

24 Formuliere eine passende Fragestellung aus der Geometrie und löse die Formel nach der gesuchten Größe auf:

a) $V = a \cdot b \cdot c$; $b = ?$
b) $A = \frac{1}{2} g \cdot h$; $g = ?$
c) $u = 4a$; $a = ?$
d) $V = a^2 h$; $h = ?$
e) $u = 2(a + b)$; $b = ?$
f) $A = \frac{a + c}{2} \cdot h$; $a = ?$
g) $O = 2(ab + bc + ac)$; $c = ?$
h) $O = 2G + M$; $G = ?$

25 Franz hat zum Handytarif H_2 gewechselt und erhält am Ende des ersten Monats eine Rechnung über 7,05 €. Wie viele Minuten hat er telefoniert, wenn er nur Ortsgespräche führte?

Ein starkes Angebot!
Handytarif H_2

Grundgebühr pro Monat:	4,95 €
Freie SMS pro Monat:	125
Freie Gesprächsminuten pro Monat:	20
Vertragslaufzeit:	24 Monate
Ortsgespräch:	0,05 ct pro Minute

26 Formuliere eine passende Problemstellung und löse die Gleichung.
Beispiel: $7 \cdot x - 5 = 212$. Herr Wieser kauft einen Klassensatz eines Buches, das 7 € kostet. Wie groß ist Herr Wiesers Klasse, wenn er mit einen Gutschein über 5 € und mit 212 € in bar bezahlt?

a) $3{,}5\,x = 44{,}8$ **b)** $2 \cdot x + 13{,}5 = 27{,}5$ **c)** $(x + 56{,}8) : 4 = 92$

27 Eine 19 cm große Kerze brennt in einer Stunde 1 cm nieder. Eine dickere, 17 cm große und eine dicke, 9 cm große Kerze brennen in einer Stunde 5 mm bzw. 3 mm nieder. Alle drei Kerzen werden zugleich angezündet.

a) Nach welcher Zeit sind die große und die kleinste Kerze gleich lang?
b) Nach welcher Zeit sind die mittelgroße und die kleinste Kerze gleich lang?

Aufgaben

Verknüpfen · Anwenden · Trainieren

28 Ist die Umformung eine Äquivalenzumformung? Falls nicht, gib ein Gegenbeispiel an.

a) Addition von -3 zu beiden Seiten der Gleichung.
b) Multiplikation beider Seiten der Gleichung mit der Zahl 0.
c) Division beider Seiten der Gleichung durch x.
d) Multiplikation beider Seiten der Gleichung mit dem Term $x-2$.
e) Addition des Terms $2x-3$ zu beiden Seiten der Gleichung.
f) Division beider Seiten der Gleichung durch die Zahl $\frac{2}{7}$.
g) Quadrieren beider Seiten der Gleichung.
h) Addition des Terms $\frac{17}{99}-0,\overline{17}$ zu beiden Seiten der Gleichung.

Erinnere dich

Ein Produkt ist genau dann Null, wenn mindestens ein Faktor Null ist.

29 Klammere zuerst aus und löse dann die Gleichung unter Beachtung des Hinweises in der Randspalte.

a) $x^2-3x=0$
b) $4x^2-12x=0$
c) $\frac{2}{3}x^2-\frac{5}{6}x=0$
d) $0=21x^2-7x$
e) $x^3-7{,}5x^2=0$
f) $0{,}4x^2-\frac{1}{5}x=0$

30 Ändere nur eine Zahl in der Gleichung ab, sodass die angegebene Zahl Lösung der Gleichung wird.

a) $3x-8=13$; 5
b) $-12+7x=26{,}5$; $-5{,}5$
c) $\frac{1}{3}x^2=48$; -15
d) $\frac{1}{2}x-12=8-\frac{1}{3}x$; 30
e) $\frac{7}{2}(x-1)=3{,}5x$; -3
f) $-5{,}5x=-6\frac{1}{4}x+12$; 28

31 a, b und c sind rationale Zahlen, c ist nicht Null. Löse nach der Variablen x auf.

a) $x+a=b$
b) $0=x-\frac{a}{2}+b$
c) $b^3-x=b^2$
d) $\frac{x}{c}=a^2b$
e) $\frac{a}{c^2}x=b$
f) $c(x-a)=b$
g) $\frac{2}{c^2}x+b=3a$
h) $c^4x^2=9a^2$
i) $c^2x=ab^2c^3-a^2bc^2$

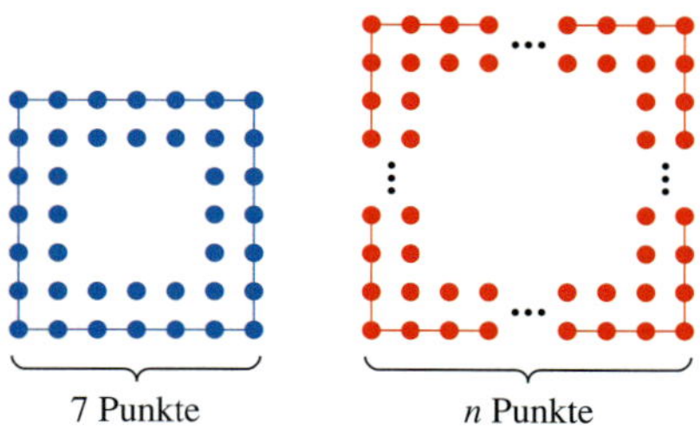

32 Betrachte die quadratischen Muster. Beim linken Muster besteht eine Quadratseite aus 7 Punkten, beim rechten aus einer unbestimmten Anzahl von Punkten (daher Größe nur angedeutet).

a) Stelle einen Term auf, der die Anzahl der Punkte angibt, wenn eine Quadratseite aus n Punkten besteht.
b) Ein solches Muster bestehe aus 136 Punkten. Berechne, aus wie vielen Punkten eine Quadratseite besteht.
c) Gibt es ein solches Muster mit 162 Punkten?
d) Nenne eine mögliche Anzahl von Punkten, die größer als 200 ist.

33 Löse die Gleichung.
Für welche x-Werte ist der Term auf der linken Seite kleiner als der auf der rechten Seite? Begründe deine Antwort.

a) $2x + 3 = -4x + 9$ **b)** $-8 - 3x = x - 2$ **c)** $-2(3 - x) = 3 - 3x$

34 Löse die Gleichung unter Beachtung der Randspalte.

a) $\frac{1}{3}x - \frac{5}{2} = \frac{2}{3} - \frac{1}{2}x$

b) $\frac{4}{7} - \frac{5}{7}x - 2 = \frac{3}{14}x - \frac{2}{3}$

c) $0{,}2x + \frac{5}{12} - 2\frac{1}{4} + \frac{1}{6}x = 0$

d) $\frac{3}{5} \cdot (7x - 3) + \frac{1}{20} \cdot (55 - 4x) = \frac{7}{10} \cdot (11x + 4)$

Info

Bei Gleichungen vom Typ
$\frac{3}{2}x + \frac{1}{3} = \frac{5}{4}x + \frac{7}{12}$
ist es von Vorteil, durch Multiplikation der Gleichung mit einem gemeinsamen Vielfachen der Nenner (am besten mit dem kleinsten) die Brüche zu beseitigen:
$\frac{3}{2}x + \frac{1}{3} = \frac{5}{4}x + \frac{7}{12} \quad | \cdot 12$
$18x + 4 = 15x + 7$

35 Welche Fehler wurden gemacht? Korrigiere das Lösungsverfahren.

a)
$x^2 - 2x = 0$
$x(x - 2) = 0 \quad | :x$
$x - 2 = 0$
$x = 2$

b)
$2 = 3 \quad | \cdot (x - 1)$
$2 \cdot (x - 1) = 3 \cdot (x - 1)$
$2x - 2 = 3x - 3 \quad | -2x + 3$
$1 = x$

c)
$3x = 6 \quad | ()^2$
$(3x)^2 = 6^2$
$9x^2 = 36$
$x^2 = 4$
$x = -2$ und 2

d)
$(2x)^2 = 9$
$(2x)^2 = 3^2$
$2x = 3 \quad | :2$
$x = 1{,}5$

e)
$-x = 3 - a \quad | \cdot (-1)$
$x = 3 + a$

f)
$\frac{a}{b}x = 0 \quad | \cdot \frac{b}{a}$
$x = \frac{b}{a}$

36 **1 = 2 ?** Wo steckt der Fehler?

Wegen $(x + x)(x - x) = x^2 + x^2 - x^2 - x^2 = x^2 - x^2$
und $x^2 - x^2 = x(x - x)$
gilt: $(x + x)(x - x) = x(x - x) \quad | :(x - x)$
$x + x = x$
$2x = x \quad | :x$
$2 = 1$

Aufgabe der Woche

Zwei gleiche Gläser sind gleich hoch mit Wasser bzw. mit Traubensaft gefüllt. Nun wird mit einem Löffel eine Menge Traubensaft in das Wasserglas geschüttet und anschließend umgerührt. Dann wird aus dem Wasserglas mit dem Löffel die gleiche Menge an Flüssigkeit entnommen und in das Saftglas gegossen.
In welchem Glas ist die „Verunreinigung“ größer, d. h. ist der Anteil des Wassers im Saftglas oder der Anteil des Saftes im Wasserglas größer?

Zeig, was du kannst!

1 Überprüfe, ob die angegebene Zahl eine Lösung der Gleichung ist.

a) $x^2 + 0{,}5\,x = 10;\quad 3$

b) $(3\,x - 4) : x = 9;\quad -\frac{2}{3}$

2 Bestimme die Lösungen.

a) $(x-2)^2 = 9$

b) $\frac{2}{x^2} = 0{,}\overline{2}$

c) $x^2(x+2) = 2\,x^2 + x^3$

d) $-125 = x^3$

e) $|13 - x| = 3\frac{1}{3}$

f) $x(x-1)^2(x+2) = 0$

3 Welche Äquivalenzumformungen führen die obere Gleichung in die untere über?

a) $3{,}5\,x - 7 = 5{,}5\,x + 8$

$-15 = 2\,x$

b) $(3\,x + 8)\cdot\frac{2}{7} = 4$

$3\,x = 6$

4 Löse die Gleichungen.

a) $-6\,x - 5 = 14{,}2$

b) $2{,}4\,x - 2{,}1 = -3{,}1\,x + 0{,}65$

c) $4{,}5\,x + 3 = \frac{3}{4}(28\,x - 6) + 13\frac{1}{2}x$

d) $(3\,x-2)(5\,x+3) = -x^2 + (4\,x)^2$

5 Bestimme die Masse einer blauen Dose, wenn jede rote Dose eine Masse von 1,2 kg besitzt.

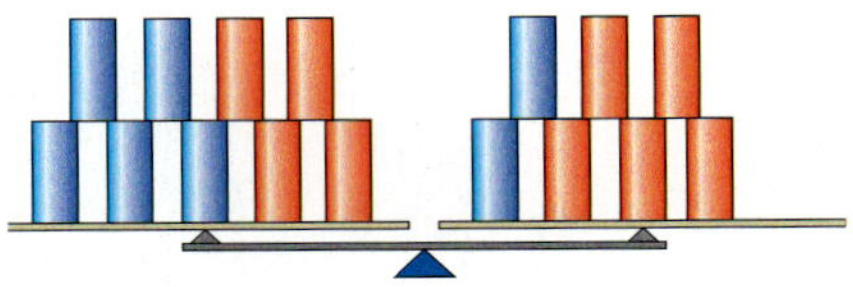

6 Für den Bau eines Hochhauses wird eine U-förmige Figur aus Stahl gegossen.

a) Berechne das Volumen des U's für die Höhen 7 m, 12,5 m und für die allgemeine Höhe h.

b) Für das U benötigt man 270,6 m³ Stahl. Wie hoch ist es?

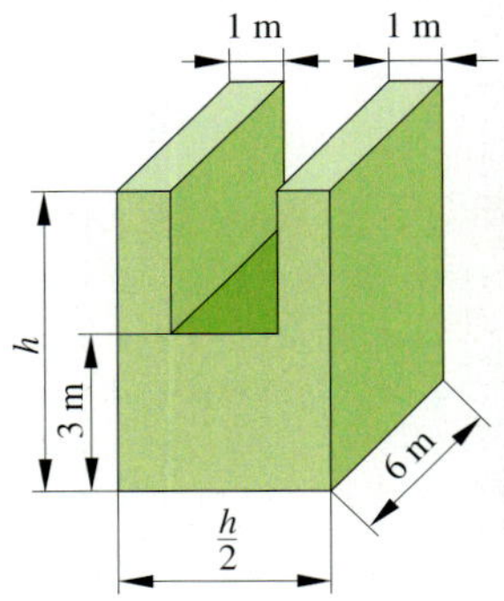

Aufg.-Nr.	Punkte	Lösungshinweise
1	2 P	Beachte Zusammenfassung auf Seite 114
2	12 P	Vgl. Seite 115, Aufgaben 6, 8, 9, 10
3	4 P	Beachte Zusammenfassung auf Seite 122
4	8 P	Beachte Zusammenfassung auf Seite 122
5	3 P	Vgl. Seite 126, Aufgabe 18
6	5 P	Vgl. Seite 127, Aufgabe 23

Lösungen Seite 216

29–34 Punkte

23–28 Punkte

17–22 Punkte

7 Kongruenz

Ausgehend von deckungsgleichen Figuren lernst du den Begriff „Kongruenz“ kennen.
Die Frage nach der eindeutigen Konstruierbarkeit führt zu den Kongruenzsätzen für Dreiecke und deren vielfältigen Anwendungen.

Parkette

Da es sehr ästhetisch aussieht, enthalten Böden, Wände, Mosaike und Ornamente oft regelmäßige Vielecke, die gleich lange Seiten und gleich große Innenwinkel haben.

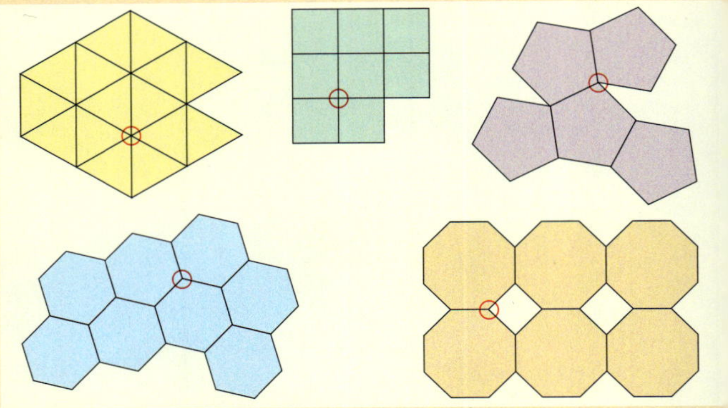

Versucht man mit nur einem Typ eines regelmäßigen Vielecks mit vorgegebener Seitenlänge eine ebene (unbegrenzte) Fläche lückenlos und ohne Überdeckungen auszulegen (zu parkettieren), so gibt es nur drei Möglichkeiten.
Überlege dir, warum es nur mit regelmäßigen Dreiecken, Vierecken und Sechsecken geht. Betrachte dazu jeweils die rot eingezeichneten Ecken, an der die regelmäßigen Vielecke zusammentreffen.

Bildet man Parkette aus regelmäßigen Vielecken mit gleich langer Seitenlänge aber unterschiedlicher Eckenzahl, so gibt es mehr Möglichkeiten.
Überlege dir, warum diese Parkette dann mindestens drei und höchstens sechs regelmäßige Vielecke an einer Ecke haben.

Welche regelmäßigen Vielecke werden bei diesen Parketten jeweils verwendet?

7.1 Kongruente Figuren

Die Welt des M. C. Escher[1)]

Auftrag 1

Vergleiche die Vögel in den beiden Bildern. Beschreibe, wie du bei deinem Vergleich vorgehst. Gibt es andere Möglichkeiten, einen Vergleich durchzuführen?
Wie könntest du vorgehen, um ein Bild mit vielen gleichen Vögeln herzustellen? Begründe dein Vorgehen.

133-1

Eine Figur wandert

Auftrag 2

Welche Gemeinsamkeiten und welche Unterschiede zeigen sich bei diesen fünf Figuren?
Übertrage die Zeichnung vergrößert in dein Heft und erkläre, wie man von einer Figur zur nächsten kommt.
Versuche die Gemeinsamkeiten der Figuren zu begründen.

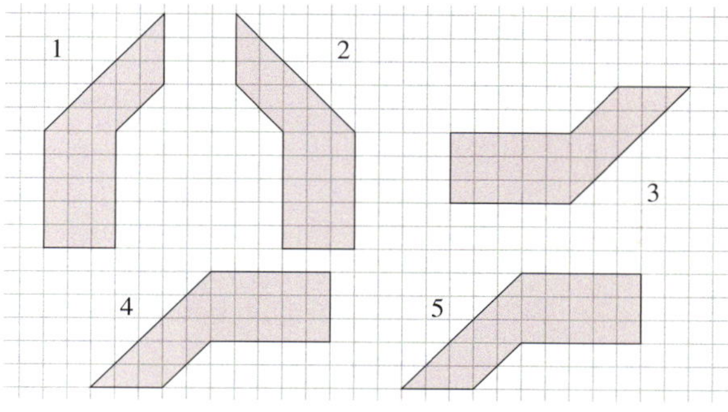

Stoffmuster

Auftrag 3

Viele Stoffmuster haben regelmäßig wiederkehrende Motive. Beschreibe diese Regelmäßigkeit.
Erstelle mit deinem Banknachbarn gemeinsam ein solches Stoffmuster aus geometrischen Figuren und erkläre, wie ihr bei der Erstellung eures Musters vorgeht.

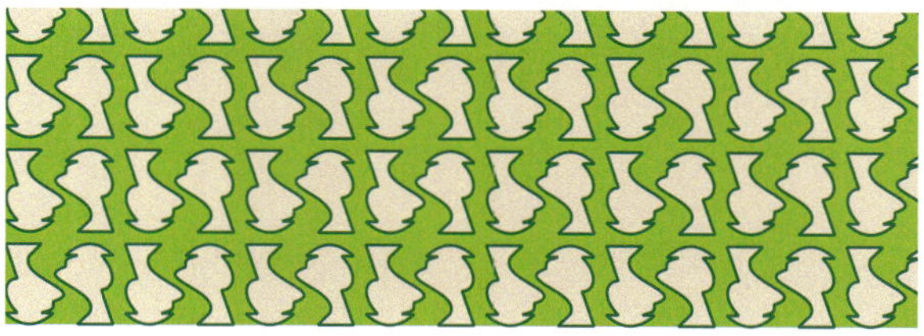

[1)] Maurits Cornelis Escher (1898–1972) war ein niederländischer Künstler.

Bearbeitung

Auftrag 1 **Die Welt des M. C. Escher**

Die Vögel im linken Bild sind alle verschieden. Im rechten Bild sehen alle Vögel abgesehen von der Farbe gleich aus. Die dunklen Vögel fliegen allerdings nach links, die hellen nach rechts.
Eine genaue Überprüfung kann durch Ausmessen von Längen und Winkeln erfolgen. Da aber die Linien hier alle gekrümmt sind, ist dies nicht ganz einfach. Eine andere Möglichkeit ist die Verwendung von Transparentpapier. Man paust einen Vogel durch und kann durch Verschieben und auch Umklappen des Transparentpapiers auf gleiche Form überprüfen. Alle Vögel gleicher Farbe sind nur gegeneinander verschoben, Vögel verschiedener Farbe zusätzlich noch umgeklappt.

Info

Alle Figuren, die aus Punkt- und Achsenspiegelungen auseinander hervorgehen, sind kongruent zueinander.

Figuren, die du durch Verschieben, Drehen oder Umklappen zur Deckung bringen kannst, nennt man deckungsgleich oder zueinander **kongruent**.
Ein schwarzer Vogel (S) ist kongruent zu einem weißen Vogel (W). Man schreibt kurz: $S \cong W$. Es gilt natürlich auch $S \cong S$ und $W \cong W$.
Anhand der Beispiele siehst du, dass bei zueinander kongruenten Figuren entsprechende Strecken gleich lang und entsprechende Winkel gleich groß sind.
Beispiele:

Punktspiegelung Achsenspiegelung

134-1

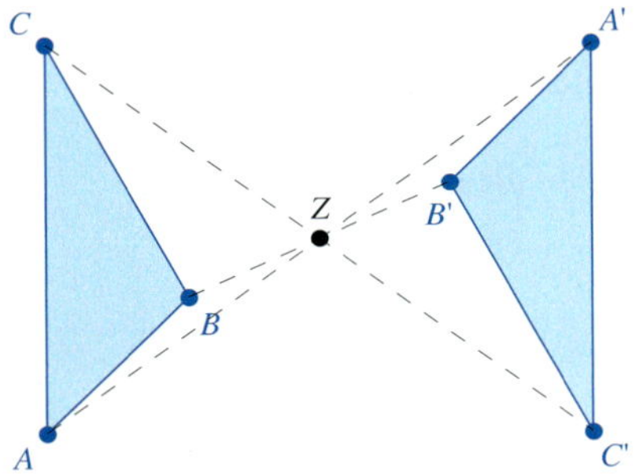

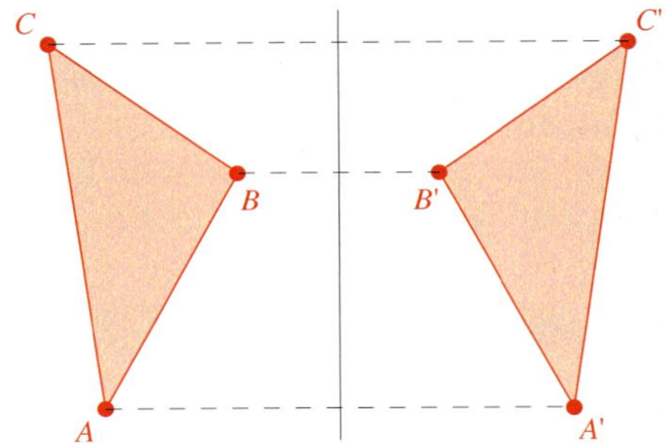

$\Delta ABC \cong \Delta A'B'C'$
$\overline{AB} = \overline{A'B'}$; $\sphericalangle ACB = \sphericalangle A'C'B'$

$\Delta ABC \cong \Delta A'C'B'$
$\overline{BC} = \overline{B'C'}$; $\sphericalangle CBA = \sphericalangle A'B'C'$

Um ein Bild mit vielen Vögeln herzustellen, zeichnest du zunächst einen Vogel. Diesen Vogel kannst du dann verschieben, an einer Achse oder einem Punkt spiegeln oder drehen.

Tipp

Beim Zeichnen kann ein Computerprogramm hilfreich sein.

Bei allen Abbildungen des ersten Vogels ist der neu entstehende Vogel kongruent, da die Form und Größe (alle Abmessungen und Winkel) erhalten bleiben.

Zusammenfassung

Kongruente Figuren

D Deckungsgleiche Figuren heißen zueinander **kongruent** in Zeichen: ≅

F Bei zueinander kongruenten Figuren sind entsprechende Strecken und Winkel gleich groß.

F Figuren, die zueinander achsensymmetrisch oder punktsymmetrisch sind, sind kongruent zueinander.

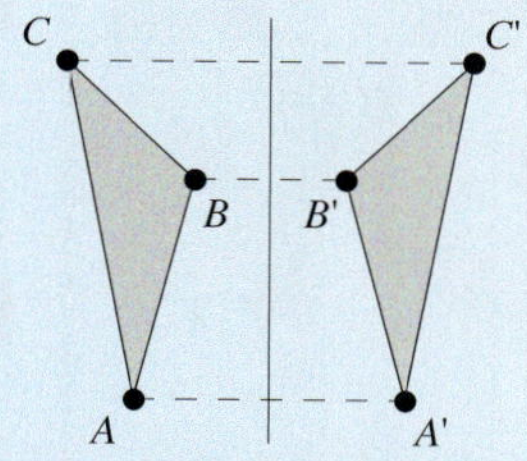

$\Delta ABC \cong \Delta A'C'B'$

Aufgaben

Verknüpfen
Anwenden
Trainieren

1 Welche Figuren sind kongruent zueinander?

2 Welche Zeichen sind kongruent zueinander?

3 Unter welchen Bedingungen sind zwei Strecken, zwei Geraden, zwei Kreise, zwei Quadrate kongruent zueinander?

4 Suche alle Dreiecke, die zu Dreieck 1 kongruent sind.

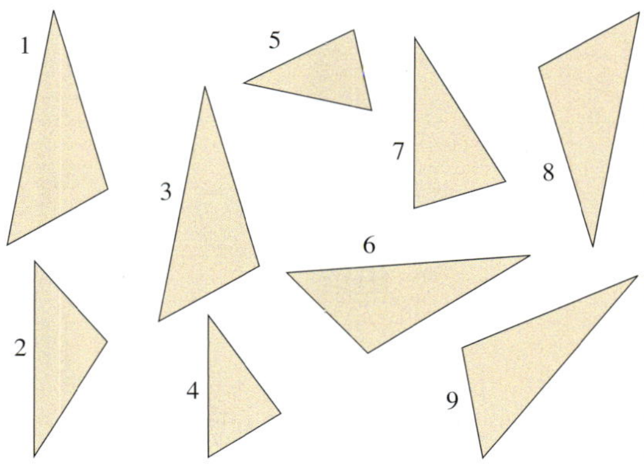

5 Im Titelbild auf Seite 131 treten kongruente geometrische Figuren auf.
Benenne sie und gib ihre Lage an.

6 Sind die Vierecke kongruent zueinander? Begründe.

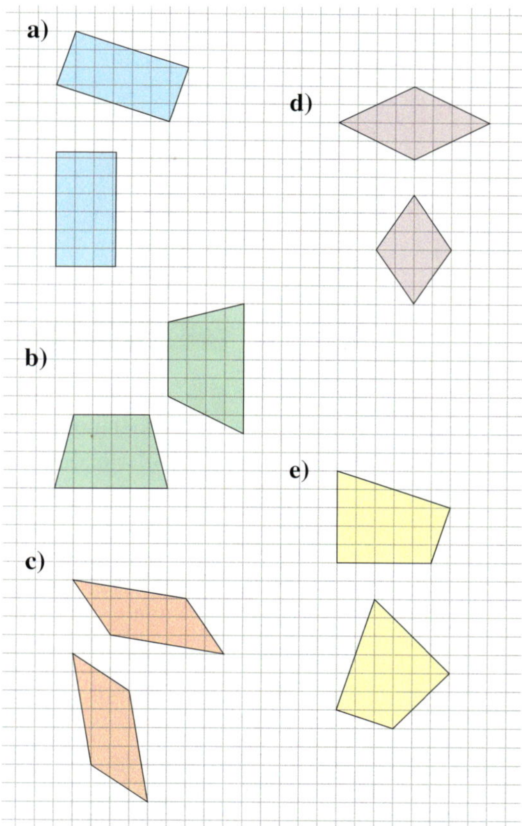

7 Zeichne ein Quadrat, ein Rechteck und einen Kreis. Zerlege die Figur jeweils in zwei (vier, acht) zueinander kongruente Teilflächen.

8 Lege mit Tangram-Steinen zueinander kongruente Figuren.

9 The following flight numbers are offered:
80088, 88088, 80880, 88008, 88080, 60909, 90906, 60609, 90609, 90606.

a) Find congruent flight numbers.
b) Build pairs of other congruent numbers.

10 Welche Seiten und Winkel der zueinander kongruenten Dreiecke sind gleich groß?

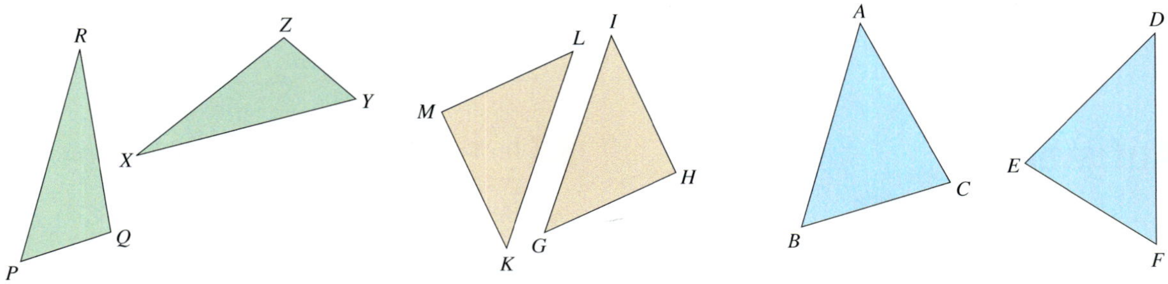

11 Check the figures for congruence.

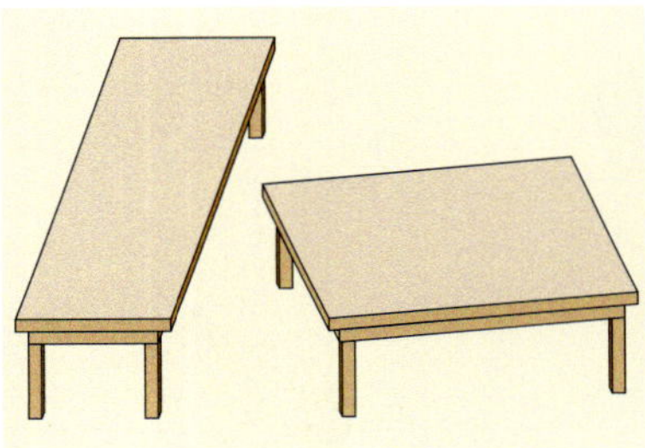

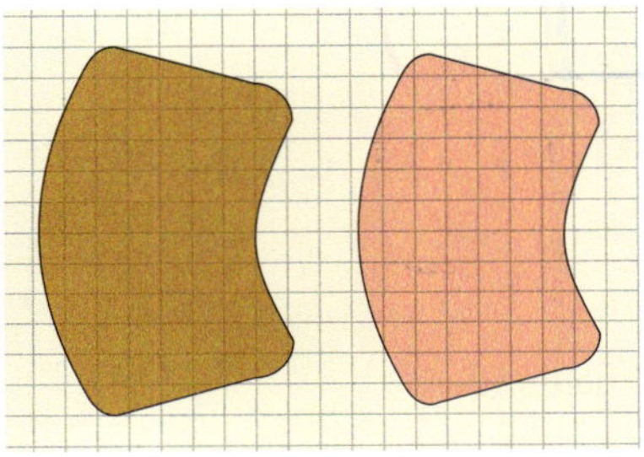

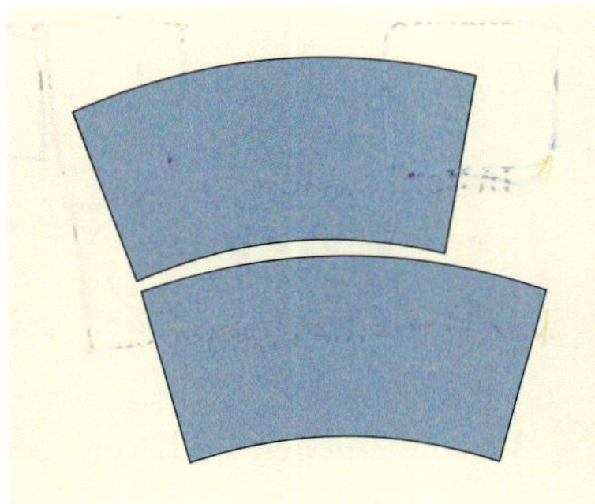

Noch fit?

1 Folgendes Diagramm zeigt die Ergebnisse des letzten Geschäftsjahres.

a) Welche Bedeutung haben die Säulen unter der Nulllinie?
b) Gib die monatlichen Einnahmen in einer Tabelle an.
c) Berechne die Einnahmen in den vier Quartalen und im gesamten Jahr.
d) Berechne den Durchschnitt der monatlichen Einnahmen.

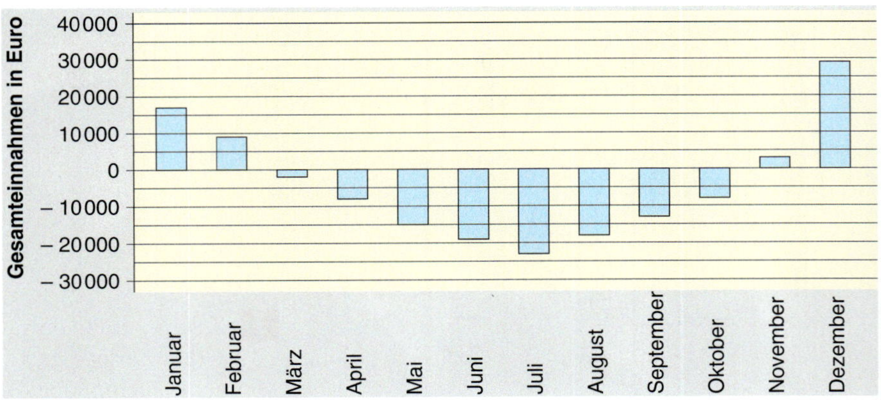

Aufgaben

Verknüpfen
Anwenden
Trainieren

12 Überprüfe die Aussagen. Gib bei falschen Aussagen ein Gegenbeispiel an und begründe richtige Aussagen.

a) Zueinander kongruente Figuren sind entweder zueinander achsen- oder zueinander punktsymmetrisch.

b) Zueinander kongruente Dreiecke haben den gleichen Umfang und Flächeninhalt.

c) Rauten mit gleichem Umfang sind kongruent zueinander.

d) Gleichschenklige Trapeze mit gleich langen Schenkeln sind kongruent zueinander.

13 Zeichne ein Dreieck ABC.

a) Konstruiere die drei zum Dreieck ABC bezüglich der drei Ecken punktsymmetrischen Dreiecke.

b) Konstruiere die drei zum Dreieck ABC bezüglich der drei Seiten achsensymmetrischen Dreiecke.

c) Vergleiche die konstruierten Dreiecke mit dem Dreieck ABC.

14 In der Fassade des abgebildeten Fachwerkhauses treten zueinander kongruente Figuren auf. Benenne Sie und gib ihre Anzahl an.

15 Zeichne die Fassade eines Hauses aus einem Rechteck und einem rechtwinkligen Dreieck als Dach.
Trage Fenster ein und erstelle dann in deiner Zeichnung ein Fachwerk. Schraffiere kongruente Figuren mit gleicher Farbe.

16 Auf Seite 134 wurde ein Muster aus zueinander kongruenten Vögeln erstellt. Erstelle ähnliche Muster mit anderen zueinander kongruenten Motiven und beschreibe dein Vorgehen.

17 Zeichne mithilfe einer DGS ein beliebiges Fünfeck und konstruiere mit den dort zur Verfügung stehenden Hilfsmitteln weitere zueinander kongruente Fünfecke. Beschreibe, wie du vorgegangen bist.

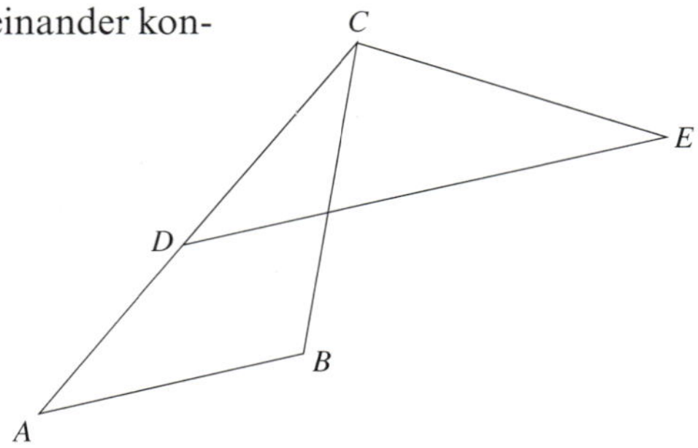

18 Das gegebene ΔABC soll kongruent sein zum ΔCDE.

a) Erkläre, wie du die Punkte D und E konstruieren kannst.

b) Führe diese Konstruktion mit einem beliebigem Dreieck ABC durch.

c) Begründe, warum $[AB]$ und $[DE]$ parallel sind.

d) Kann zusätzlich auch $[CE]$ parallel zu $[AB]$ sein? Begründe deine Vermutung.

Info

Das Zeichen $\not\cong$ bedeutet: **nicht kongruent zu.**

19 Zeichne in dein Heft sechs Dreiecke P, Q, R, S, T und U, so dass folgende Beziehungen gelten:

a) $P \cong U$, $S \cong T$, $U \cong Q$, $R \cong P$, $Q \not\cong T$ und $S \not\cong R$

b) $P \not\cong S$, $R \not\cong S$, $Q \cong R$, $P \not\cong Q$, $T \cong U$ und $U \cong S$

Aufgaben

Verknüpfen
Anwenden
Trainieren

20 Welche der abgebildeten Würfel sind kongruent zueinander?

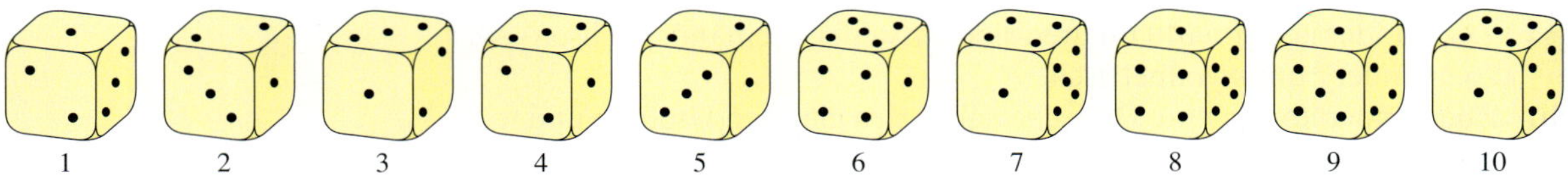

21

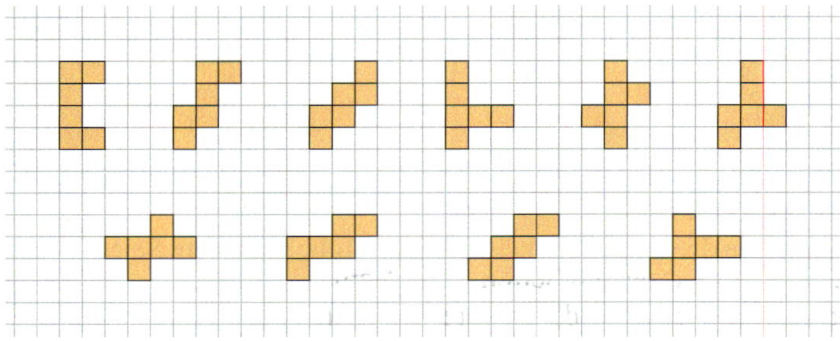

a) Welches der abgebildeten Netze ist kein Würfelnetz?
b) Welche der abgebildeten Würfelnetze sind kongruent zueinander?
c) Zeichne alle nicht zueinander kongruenten Würfelnetze.

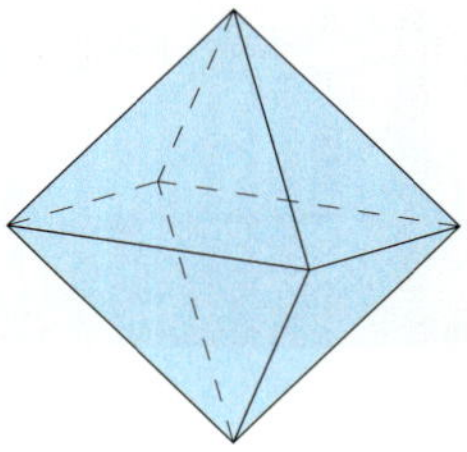

22 Ein Oktaeder ist ein regelmäßiger Körper, der von acht zueinander kongruenten gleichseitigen Dreiecken begrenzt wird.

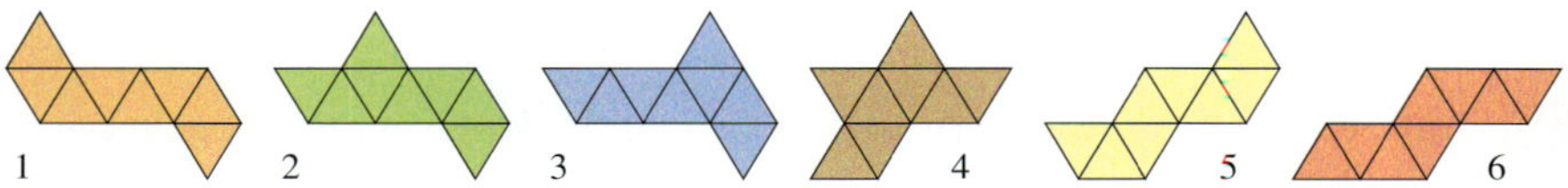

a) Welches der abgebildeten Netze ist kein Oktaedernetz?
b) Zeichne elf nicht zueinander kongruente Oktaedernetze.
c) Bestimme den Oberflächeninhalt eines Oktaeders der Kantenlänge 4 cm. Tipp: maßstäbliche Zeichnung

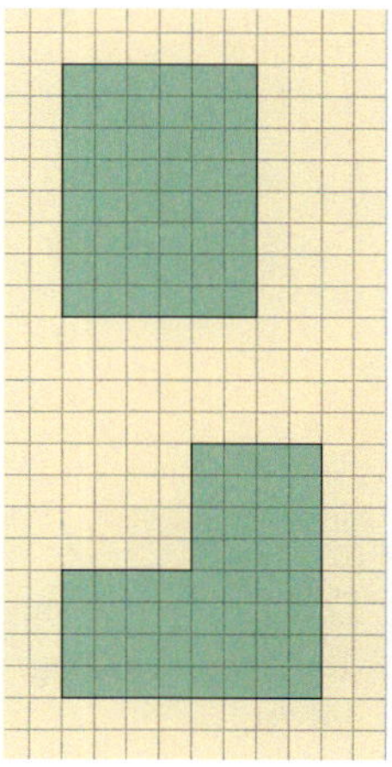

23 Unter welchen Bedingungen sind die Figuren zueinander kongruent?
a) ein rechtwinkliges Dreieck und ein gleichschenkliges Dreieck
b) ein Drachenviereck und ein Parallelogramm

Aufgabe der Woche

Zeichne die beiden links stehenden Figuren vergrößert in dein Heft und zerlege sie in 2, 3, 4, 5, 6, 8 zueinander kongruente Teilfiguren.
Sind alle Zerlegungen möglich?
Gibt es jeweils verschiedene Zerlegungen in Teilfiguren?

7.2 Kongruenzsätze für Dreiecke

Dreiecke — Auftrag 1

Vergleiche die Dreiecke.
Beschreibe, wie du bei deinem Vergleich vorgehst.
Welche Messungen musst du mindestens durchführen, um entscheiden zu können, ob zwei Dreiecke zueinander kongruent sind?
Gib verschiedene Möglichkeiten an.
Wie kannst du aus den gemessenen Stücken die Dreiecke konstruieren?
In welchen Fällen ist die Konstruktion nicht eindeutig?

Dreieckskonstruktion mit Winkelübertragung — Auftrag 2

Konstruiere ein Dreieck, dessen Seiten 4 cm, 5 cm und 6 cm lang sind. Kannst du damit Dreiecke konstruieren, die nicht zueinander kongruent sind?
Können die drei Streckenlängen beliebig gewählt werden?
Versuche es nun mit anderen Stücken. Zeichne die zwei Winkel und die Strecke vergrößert in dein Heft. Konstruiere mit Zirkel und Lineal aus diesen drei Stücken ein Dreieck ABC. Ist dieses Dreieck eindeutig bestimmt?

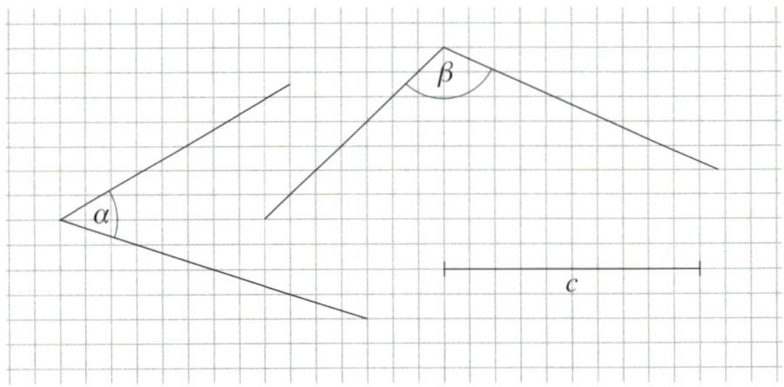

Welche Einschränkungen von α, β und c sind für die Konstruierbarkeit zu beachten?
Aus welchen drei Größen kann noch ein Dreieck eindeutig konstruiert werden?
Gelten auch hier Einschränkungen für die Größe der Stücke?

Konstruieren mit DGS — Auftrag 3

Hier wurde versucht aus den drei Seitenlängen a, b und c ein Dreieck ABC zu konstruieren.
Wie ist dies gelungen?
Gib dir verschiedene Streckenlängen bzw. Winkel eines Dreiecks ABC vor und versuche daraus ein Dreieck mit einer **D**ynamischen **G**eometrie-**S**oftware (DGS) zu konstruieren.
Erstelle einen Konstruktionsplan.
Für welche Vorgaben ist die Konstruktion eindeutig durchführbar?
Welche Größeneinschränkungen müssen beachtet werden?

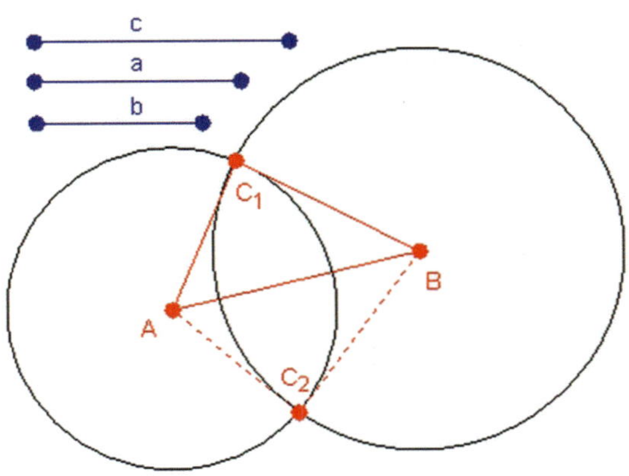

Bearbeitung

Auftrag 2 **Dreieckskonstruktion mit Winkelübertragung**

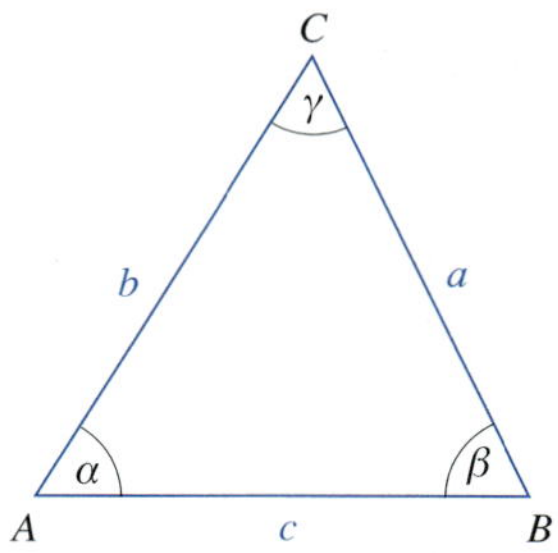

Um sich Klarheit über die Lage der gegebenen Stücke in einem Dreieck zu verschaffen und ein mögliches Vorgehen zu planen, verwendest du eine **Planfigur**, die natürlich nicht maßstabgetreu sein muss.
In eine Planfigur werden alle für die Konstruktion wichtigen Bezeichnungen eingetragen. Da hier keine Bezeichnungen vorgegeben sind, können sie frei gewählt werden. Mit einer Strecke der Länge c sind die Punkte A und B festgelegt. Der noch fehlende Punkt C des Dreiecks hat von A den Abstand b und von B den Abstand a.
Es seien Strecken der Länge $a = 4$ cm, $b = 5$ cm und $c = 6$ cm gegeben.

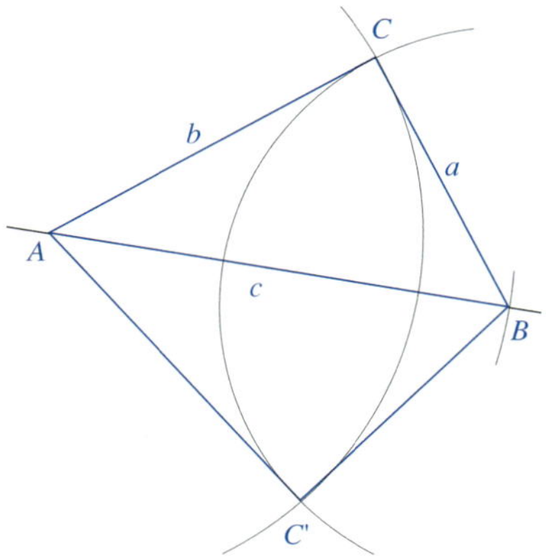

Konstruktionsplan:

1. Zeichne eine Strecke der Länge c mit den Endpunkten A und B.
2. Die Kreislinie um A mit Radius b schneidet die Kreislinie um B mit Radius a in zwei Punkten C und C'. Dabei ist C der Punkt, der mit A und B die Orientierung entgegen dem Uhrzeigersinn liefert.
3. Beide Dreiecke ΔABC und $\Delta AC'B$ haben Seiten von 4 cm, 5 cm und 6 cm Länge und erfüllen beide die geforderten Bedingungen.
   Die beiden Dreiecke sind kongruent zueinander ($\Delta ABC \cong \Delta AC'B$), da sie zueinander achsensymmetrisch sind.
   Wenn man nun die Seitenlängen anders zuordnet, erhält man Dreiecke, die ebenfalls kongruent zu Dreieck ABC sind (Prüfe nach!). Üblicherweise konstruierst du nur eines hiervon.
   Durch die Angabe der drei Seitenlängen (**SSS**) ist also die Form und Größe des Dreiecks eindeutig festgelegt.

Aus der Konstruktion ist ersichtlich, dass ein Dreieck nur dann entsteht, wenn sich die beiden Kreislinien in zwei Punkten schneiden.
Dazu muss in einem Dreieck die Summe zweier Seitenlängen immer größer sein als die dritte Seitenlänge. Diese Aussage nennt man **Dreiecksungleichung**.

Aus den gegebenen Stücken α, β und c, die jetzt im Heft in wahrer Größe vorliegen, soll ein Dreieck ABC konstruiert werden. Aus der Planfigur erkennst du, dass mit einer Strecke der Länge c die Punkte A und B festgelegt sind. Der noch fehlende Punkt C liegt auf dem zweiten Schenkel von α und dem ersten Schenkel von β.

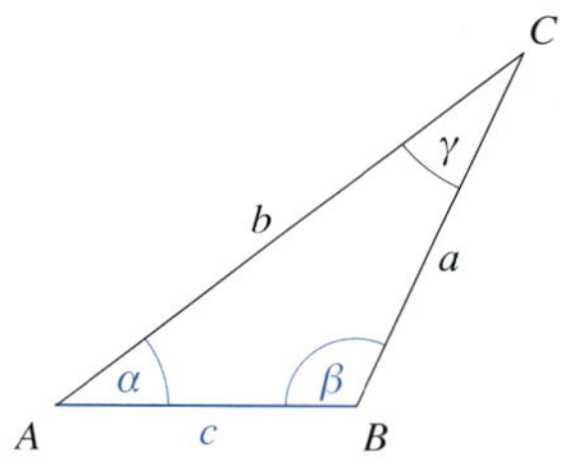

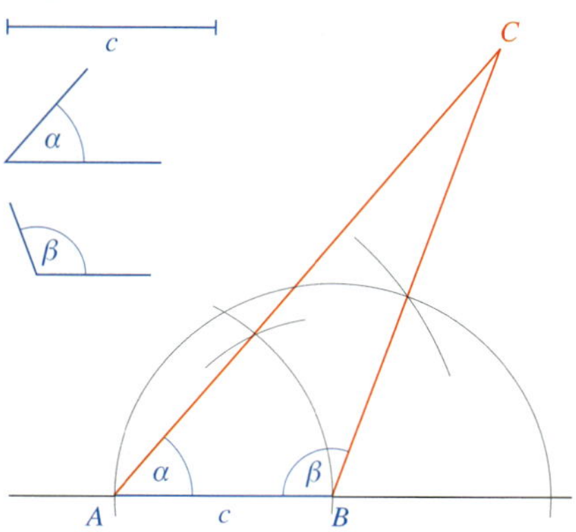

Konstruktionsplan:

1. Trage auf einer Geraden die Strecke der Länge c mit den Endpunkten A und B ab.
2. An die Strecke $[AB]$ wird im Punkt A ein Winkel der Größe α angetragen.
3. Im Punkt B wird an $[AB]$ ein Winkel der Größe **β im Uhrzeigersinn** angetragen.
4. Der Schnittpunkt des zweiten Schenkels von α und des ersten Schenkels von β ist der Punkt C.

Info

Winkelübertragung von $\sphericalangle BAC$:

1. Ziehe um A und D zwei Kreislinien mit dem gleichen Radius.
2. Ziehe um E eine Kreislinie mit Radius $\overline{BC}$. Ein Schnittpunkt der beiden Kreislinien ist F.
3. Die Halbgerade $[DF$ ist der zweite Schenkel mit D als Scheitel.

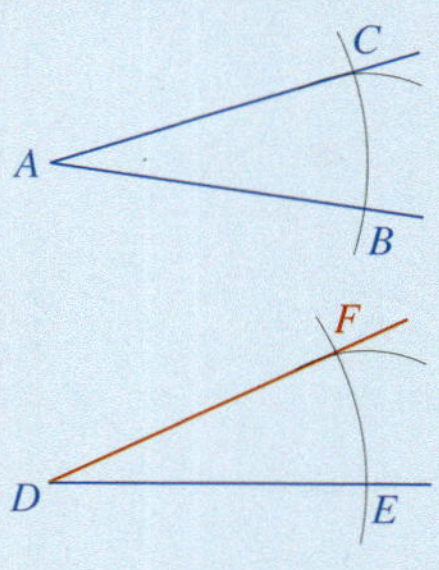

(s. Seite 142 Aufg. 2)

Aus der Konstruktion ist ersichtlich, dass ein Dreieck nur dann entsteht, wenn sich die beiden Schenkel schneiden. Dies ist immer dann der Fall, wenn die Summe der beiden Winkel α und β kleiner als 180° ist. Diese notwendige Bedingung ergibt sich aus dem Satz über die Winkelsumme im Dreieck.

Das obige Dreieck ABC ist durch Winkel α, Seitenlänge c und Winkel β in seiner Form und Größe eindeutig festgelegt (**WSW**). Eine Aussage darüber, unter welchen Bedingungen Dreiecke zueinander kongruent, d. h. eindeutig festgelegt sind, nennt man einen **Kongruenzsatz**. Du hast zuerst den Kongruenzsatz SSS und nun den Kongruenzsatz WSW kennen gelernt.

Bei drei Stücken gibt es noch weitere Möglichkeiten:

– zwei Seiten und ein Winkel	SSW und SWS
– eine Seite und zwei Winkel	SWW
– drei Winkel	WWW

Im Fall SWS wird vom Scheitel des gegebenen Winkels aus auf beiden Schenkel je eine Strecke der vorgegebenen Länge abgetragen. Hierdurch werden drei Punkte eindeutig bestimmt und damit erhältst du ein eindeutig festgelegtes Dreieck. Also gibt es den Kongruenzsatz **SWS**.
Der Fall SWW kann auf den Fall WSW zurückgeführt werden, indem du z. B. zunächst den dritten Winkel berechnest (siehe auch S. 145, Aufgabe 23).
Im Fall WWW ist die Größe des Dreiecks nicht eindeutig festgelegt. Deshalb gibt es keinen Kongruenzsatz WWW (siehe Bild rechts). 141-1

Für den Fall SSW seien beispielsweise der Winkel $\alpha = 30°$, die anliegende Seite $c = 6$ cm und die gegenüberliegende Seite $a = 4$ cm gegeben.
Konstruktionsplan:
1. Trage an die Strecke $[AB]$ der Länge c in A einen Winkel der Größe α an.
2. Die Kreislinie um B mit Radius a schneidet den zweiten Schenkel des Winkel in den Punkten C_1 und C_2.

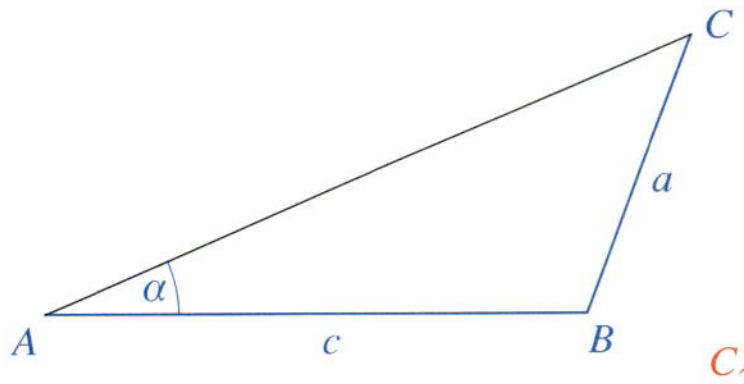

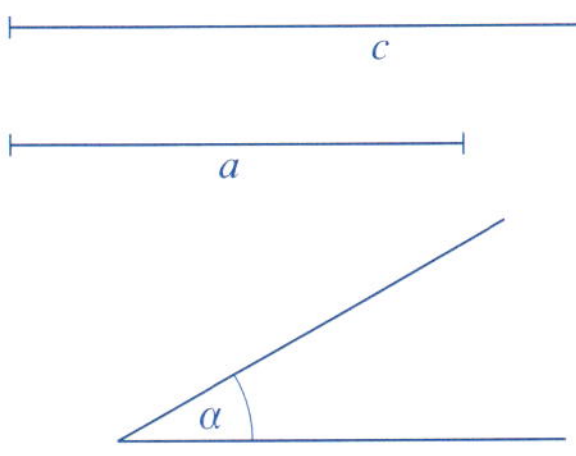

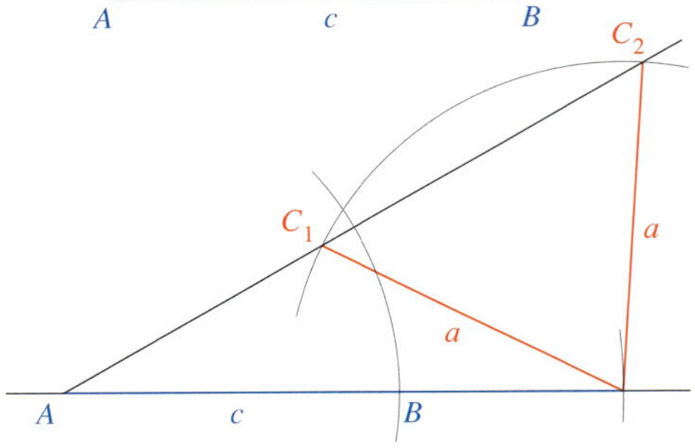

Wie du siehst, ist das Dreieck durch diese Angaben nicht eindeutig konstruierbar.
Wählst du für a jedoch z. B. 7 cm oder 6 cm, so erhältst du jeweils nur einen Schnittpunkt. Für diese Längen von a ist das Dreieck also eindeutig konstruierbar. Aus der rechten Zeichnung ist ersichtlich, dass wenn a größer als c ist, genau ein Schnittpunkt entsteht, das Dreieck also eindeutig bestimmt ist. Oder anders ausgedrückt sagt man, dass der gegebene Winkel (W) der längeren Seite (S) gegenüberliegt. Dies ist der Kongruenzsatz **SsW**.

Info

Die Reihenfolge der Buchstaben W und S bestimmt, welche Lage die gegebenen Größen zueinander haben.

WSW:

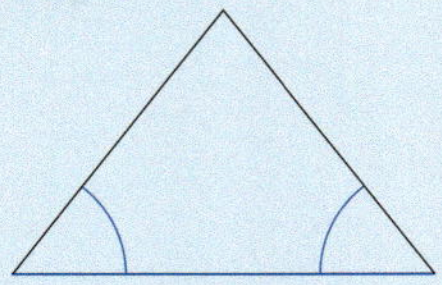

SWW:

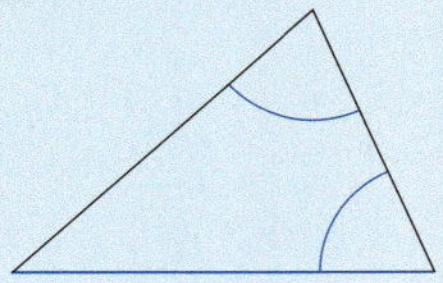

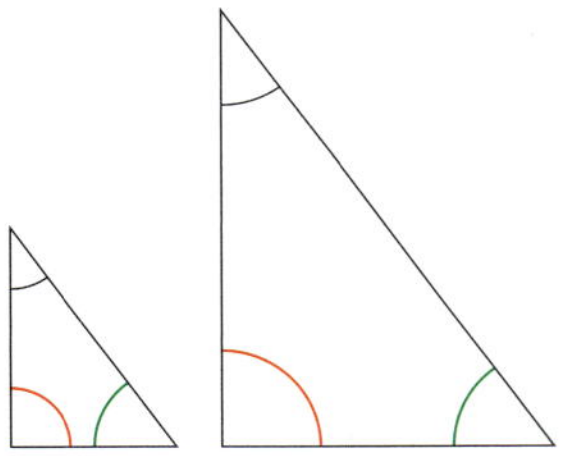

Schon gewusst?

Bei einem Dreieck liegt der längsten Seite immer der größte Winkel gegenüber und der kürzesten immer der kleinste.

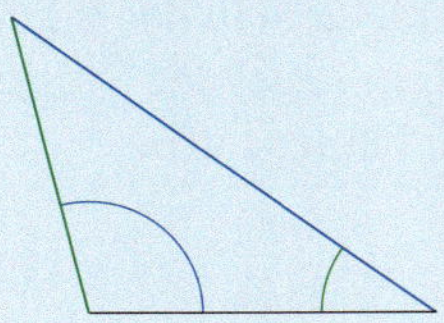

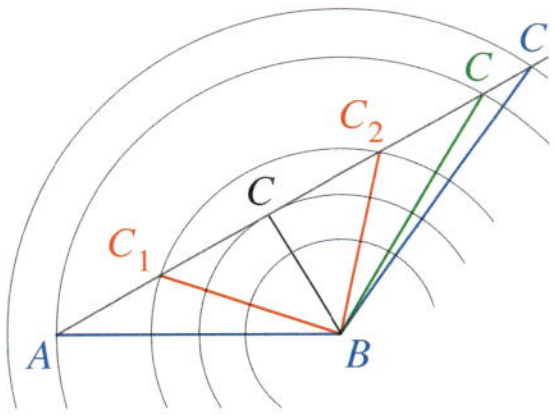

Zusammenfassung

Kongruenzsätze für Dreiecke

Kongruenzsätze sagen aus, unter welchen Voraussetzungen die Form und Größe eines Dreiecks eindeutig festgelegt ist. 142-1

F **Kongruenzsatz SSS:** Wenn Dreiecke in den drei Seitenlängen übereinstimmen, dann sind sie kongruent zueinander.

F **Kongruenzsatz SsW:** Wenn Dreiecke in der Länge zweier Seiten und dem Winkel übereinstimmen, der der größeren Seite gegenüberliegt, dann sind sie kongruent zueinander.

F **Kongruenzsatz SWS:** Wenn Dreiecke in der Länge zweier Seiten und dem eingeschlossenen Winkel übereinstimmen, dann sind sie kongruent zueinander.

F **Kongruenzsatz WSW** bzw. **SWW:** Wenn Dreiecke in der Länge einer Seite und zwei gleichliegenden Winkeln übereinstimmen, dann sind sie kongruent zueinander.

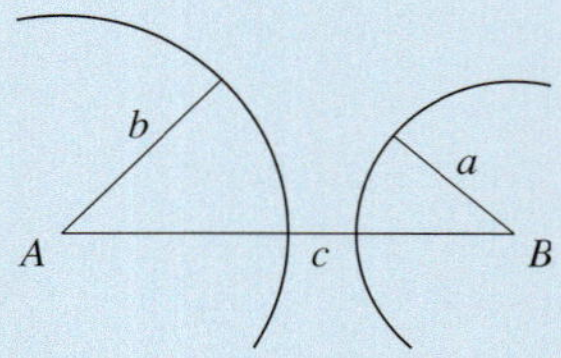

Bei Dreieckskonstruktionen verwendet man **Planfiguren**, in die alle gegebenen Stücke und die für die Konstruktion wichtigen Bezeichnungen eingetragen werden. Kongruenzsätze können Konstruktionen begründen. Bei der Prüfung der Eindeutigkeit der Konstruierbarkeit helfen der Satz von der Winkelsumme im Dreieck und die **Dreiecksungleichung**. Sie besagt, dass in jedem Dreieck eine Seitenlänge immer kleiner ist als die Summe der beiden anderen Seitenlängen (siehe Bild links). 142-2

Aufgaben

Verknüpfen
Anwenden
Trainieren

Tipp

Markiere in der Planfigur gegebene Stücke in blauer Farbe.

1 Konstruiere ein Dreieck aus den gegeben Stücken. Erstelle zuerst eine Planfigur und überprüfe, ob die Konstruktionen eindeutig sind. Erstelle einen Konstruktionsplan und begründe die Konstruktion.

a) Seitenlängen 3 cm, 4 cm und 5 cm
b) Winkel von 30° und 60°
c) Seitenlänge 5 cm und Winkel von 37° und 90°
d) Seitenlängen 3 cm und 7 cm und ein Winkel von 45°

2 In dem Info-Kasten auf Seite 140 wird die Übertragung des Winkels $\sphericalangle BAC$ mit Zirkel und Lineal beschrieben.

a) Zeichne drei verschiedene Winkel und übertrage sie mit Zirkel und Lineal.
b) Begründe mithilfe eines Kongruenzsatzes, warum $\sphericalangle BAC = \sphericalangle EDF$ ist.

3 Draw a ray and transmit the angle to the ray as the first side.

a) angle of 47° **c)** angle of 123°
b) angle of 84° **d)** angle of 167°

4 Übertrage in dein Heft und ergänze zu zueinander kongruenten Dreiecken.

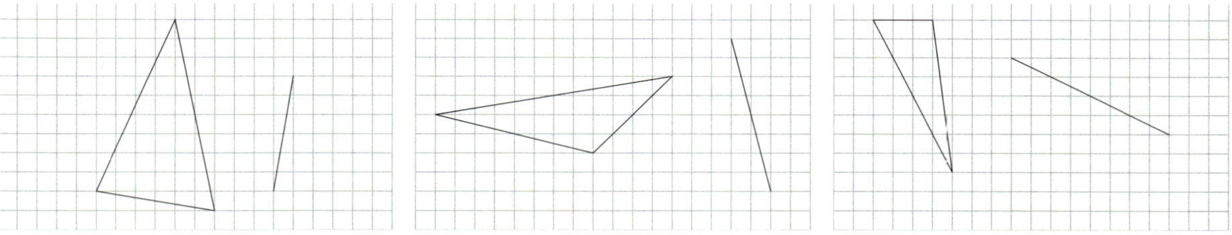

5 Konstruiere ein Dreieck ABC mit den gegebenen Eigenschaften und ermittle mithilfe der Zeichnung die fehlenden Stücke.

a	b	c	α	β	γ	u	A
4,5 cm	6 cm					18 cm	
6 cm		8 cm		90°			
5 cm				50°	70°		
		2 cm	45°	108°			
	3,5 cm	6,5 cm			135°		
4 cm		4 cm		60°			
	4,5 cm	1,9 cm			25°		
	6 cm		90°				24 cm²

6 Überprüfe, ob ein Dreieck ABC konstruierbar ist und ob die Konstruktion eindeutig ist. Begründe deine Antwort. 143-1

a) $a = 7$ cm; $b = 2$ cm; $c = 4{,}5$ cm
b) $\gamma = 55°$; $\alpha = 76°$; $b = 6{,}7$ cm
c) $\alpha = 67°$; $a = 7$ cm; $\beta = 114°$
d) $c = 4{,}7$ cm, $\alpha = 67°$; $\gamma = 90°$
e) $a = 10$ cm; $b = 7$ cm; $\beta = 107°$
f) $a = 7$ cm; $b = 7$ cm; $\gamma = 90°$

7 Ronja hat den Punkt P an der Geraden g gespiegelt. Begründe, warum die Winkel $\sphericalangle PAF$ und $\sphericalangle FAP'$ gleich groß sind. Was kannst du folglich über das Dreieck APP' aussagen? Begründe ebenfalls.

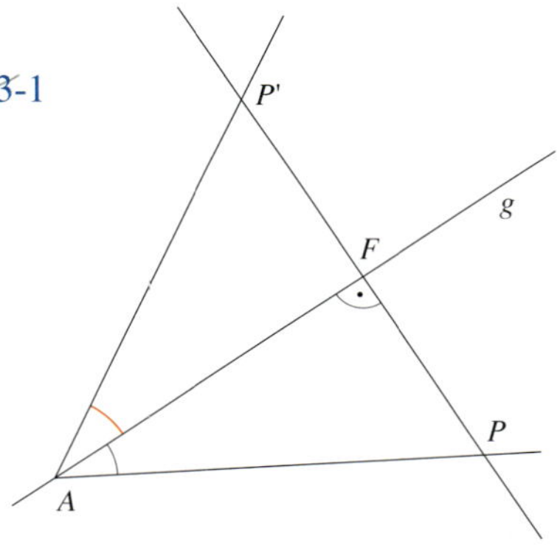

8 Überprüfe, ob die beiden Dreiecke ABC und DEF (Innenwinkel δ, ε und φ) auf Grund der Voraussetzungen kongruent zueinander sind. Begründe.

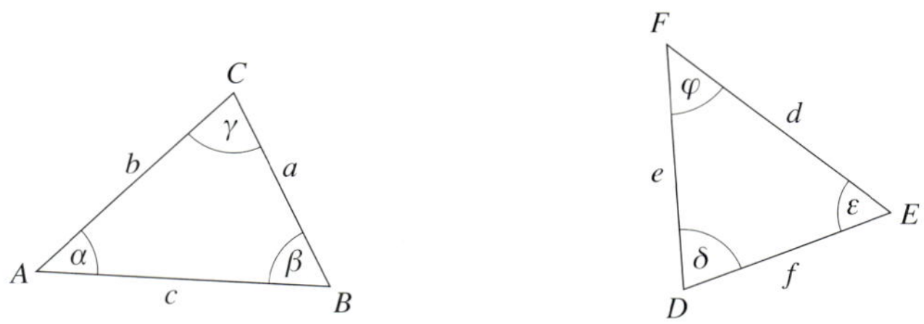

a) $a = d$; $\gamma = \varepsilon$; $\alpha = \delta$
b) $b = d$; $c = e$; $\alpha = \varphi$
c) $b = d$; $a = e$; $c = f$
d) $\overline{AC} = \overline{DF}$; $\overline{BC} = \overline{EF}$; $\beta = \varepsilon$
e) $\overline{AC} = \overline{DF}$; $\overline{BC} = \overline{EF}$; $\alpha = \delta = 120°$
f) $\overline{BC} = \overline{DE}$; $\alpha = \delta$; $\gamma = \varepsilon$

Noch fit?

1 Löse die Klammern auf.

a) $(3a-7b)\cdot 4$
b) $(12x+8y):4$
c) $\left(\frac{2}{3}a-\frac{3}{4}b\right)\cdot 6$
d) $-4a\cdot(0{,}5x-2{,}5y)$
e) $0{,}5a\cdot(-0{,}4a+4a^2)$
f) $\left(\frac{2}{5}x-0{,}75\right)\cdot 1{,}5x$

2 Multipliziere.

a) $a^3\cdot a^4$
b) $x^3\cdot x\cdot x^2$
c) $\frac{3}{5}x^3\cdot 2{,}5x$
d) $0{,}25a\cdot(-4a^2)$
e) $0{,}3y\cdot(-6y^2)\cdot 0{,}5y$
f) $\frac{2}{3}x^2\cdot(-0{,}5x)\cdot\frac{3}{2}x^2$

3 Faktorisiere.

a) $3a-6b+9c$
b) $7a^2-3a$
c) $\frac{3}{4}x+1{,}5xy$
d) $2{,}5y^3-4y+1{,}5y^2$
e) $6a^2b-3ab^2$
f) $\frac{3}{4}x^3y-\frac{1}{2}xy+\frac{3}{2}xy^2$

Aufgaben

Verknüpfen
Anwenden
Trainieren

9 Gib ein Gegenbeispiel an.
Dreiecke sind kongruent zueinander, wenn

a) sie in zwei Seitenlängen und einem Winkel übereinstimmen.
b) sie in einer Seitenlänge und zwei Winkeln übereinstimmen.
c) sie den gleichen Umfang haben.
d) sie den gleichen Flächeninhalt haben.

10 Trage die Punkte $A(-1\,|\,-3)$, $B(3\,|\,-2)$ und $C(-3\,|\,1)$ in ein Koordinatensystem ein und konstruiere ein dazu kongruentes Dreieck DEF mit

a) $D(3\,|\,1)$ und $E(7\,|\,0)$,
b) $D(-2\,|\,-2)$ und $F(0\,|\,2)$,
c) D, E und F auf den Koordinatenachsen.

11 Gegeben sind die Punkte $A(-3\,|\,2)$, $B(-1\,|\,-2)$ und $C(5\,|\,-0{,}5)$. Konstruiere den Punkt D so, dass das Dreieck ABC kongruent zu

a) dem Dreieck ACD ist,
b) dem Dreieck BDC ist,
c) dem Dreieck ADB ist.
d) Welche Vierecke bilden jeweils die vier Punkte A, B, C und D?

12 Zwei Dreiecke ABC und DEF sind gegeben und es gilt: $\overline{AC}=\overline{DF}$, $\overline{BC}=\overline{EF}$, sowie $\sphericalangle CBA=\sphericalangle FED$.
Unter welchen Voraussetzungen sind beide Dreiecke kongruent zueinander? Begründe.

13 Überprüfe die folgenden Aussagen. Begründe richtige Aussagen und gib bei falschen Aussagen ein Gegenbeispiel an.

a) Alle gleichseitigen Dreiecke mit gleicher Seitenlänge sind kongruent zueinander.
b) Alle rechtwinkligen Dreiecke mit einem Winkel von 30° sind kongruent zueinander.
c) Alle gleichschenkligen Dreiecke, die in einer Seitenlänge und einem Winkel übereinstimmen, sind kongruent zueinander.
d) Alle rechtwinkligen Dreiecke, die in zwei Seitenlängen übereinstimmen, sind kongruent zueinander.

14 Begründe.

a) Die Symmetrieachse zerlegt ein gleichschenkliges Dreieck in zwei zueinander kongruente Dreiecke.
b) Die Symmetrieachse zerlegt ein Drachenviereck in zwei zueinander kongruente Dreiecke.

15 Unter welchen Bedingungen ist ein gleichseitiges Dreieck kongruent

a) zu einem Dreieck mit zwei Winkeln von 60°?
b) zu einem rechtwinkligen Dreieck?
c) zu einem Dreieck mit Umfang 15 cm?

16 Begründe den Konstruktionsplan für eine Parallele zur Geraden AB durch den Punkt P.

a) Trage an $[PA]$ im Punkt P den Winkel $\sphericalangle BAP$ im Uhrzeigersinn an. Der zweite Schenkel des übertragenen Winkels bestimmt die Parallele.
b) Die Kreislinie um A mit Radius $\overline{AP}$ schneidet AB in einem Punkt C. Die Kreislinien um P und C mit Radius $\overline{AP}$ schneiden sich in A und einem Punkt D. PD ist die gesuchte Parallele.

17 Wähle einen Punkt D auf einer Strecke $[AB]$, der nicht der Mittelpunkt ist, und einen Punkt C, der von A und B gleich weit entfernt ist. Die beiden Dreiecke ADC und DBC stimmen in zwei Seiten und einem Winkel überein und sind trotzdem nicht kongruent zueinander. Begründe.

18 Begründe die folgenden Aussagen mit Kongruenzsätzen.
a) Eine Diagonale teilt ein Parallelogramm in zwei zueinander kongruente Dreiecke.
b) Die beiden Diagonalen zerlegen ein Rechteck in vier Dreiecke, von denen je zwei kongruent zueinander sind.
c) Die beiden Diagonalen zerlegen ein Drachenviereck in vier Dreiecke, von denen je zwei kongruent zueinander sind.

19 Dreiecke mit einer 5 cm langen Seite sind zu zeichnen.
Was muss noch gegeben sein, dass die gezeichneten Dreiecke kongruent zueinander sind?

Aufgaben

Verknüpfen
Anwenden
Trainieren

20 Ein Dreieck hat die Seitenlängen 6 cm, 8 cm und 10 cm.
a) Konstruiere sein Abbild im Maßstab 1 : 4.
b) Wie ändern sich dabei eine Seitenlänge, ein Winkel, der Umfang und der Flächeninhalt des Dreiecks?
c) Sind beide Dreiecke kongruent zueinander?

21 Eine Leiter der Länge 5,8 m wird so an eine vertikale Hauswand angelehnt, dass sie am Boden 2,5 m von der Wand entfernt ist. Bestimme durch eine maßstabsgetreue Konstruktion, wie hoch die Leiter an der Hauswand reicht.
Welchen Kongruenzsatz verwendest du?

22 Konstruiere z. B. mit einer DGS nach diesem Konstruktionsplan:
Trage auf einer Geraden eine Strecke $[AB]$ der Länge 7 cm ab. Errichte in B ein Lot auf AB. Trage auf diesem Lot die Strecke $[BC]$ der Länge 4 cm so an, dass die Punkte A, B und C entgegen dem Uhrzeigersinn orientiert sind. Trage den Winkel $\sphericalangle BAC$ an $[AC]$ im Punkt C im Uhrzeigersinn an. Das Lot von A auf den zweiten Schenkel dieses Winkels schneidet den Schenkel in D.
Begründe, warum das Viereck $ABCD$ ein Rechteck ist.

23 Im Dreieck ABC sind die Winkel $\alpha = 50°$ und $\gamma = 70°$ sowie die Länge der Seite $a = 5$ cm. Konstruiere dieses Dreieck,
a) indem du den dritten Winkel berechnest,
b) ohne diese Berechnung (Tipp: Parallele).
c) Vergleiche beide Verfahren.

24 Lisa und Rebecca vergleichen ihre Geometrieaufgabe und sehen, dass ihre konstruierten Dreiecke nicht kongruent zueinander sind. Sie messen nach und stellen fest, dass $\overline{AC} = 6{,}5$ cm, $\overline{AB} = 5{,}0$ cm aber $\overline{BC}$ bei Lisa 2,8 cm und bei Rebecca 6,4 cm lang ist.
Wie kann die Aufgabenstellung gelautet haben, wenn beide fehlerfrei konstruiert haben?

25 Verlängere die Seiten eines gleichseitigen Dreiecks um gleich lange Strecken. Verbinde die Endpunkte B', C' und A'. Welche Beziehungen kannst du zwischen Seiten, Winkeln und Dreiecken finden?

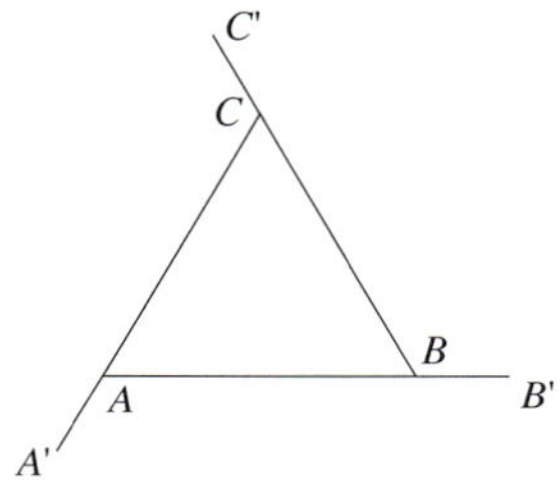

Aufgabe der Woche

Gegeben sind eine Gerade g und zwei Punkte A und C auf derselben Seite von g. Gesucht ist ein Weg, der vom Punkt A über einen Punkt B auf der Gerade g zum Punkt C führt, so dass der Winkel zwischen g und AB gleich dem Winkel zwischen AB und CB ist.
Hinweis:
Ergänze die Planfigur mit kongruenten Dreiecken oder arbeite mit einer DGS.
Ist die Aufgabe eindeutig lösbar?
Wann ist die Aufgabe nicht lösbar?

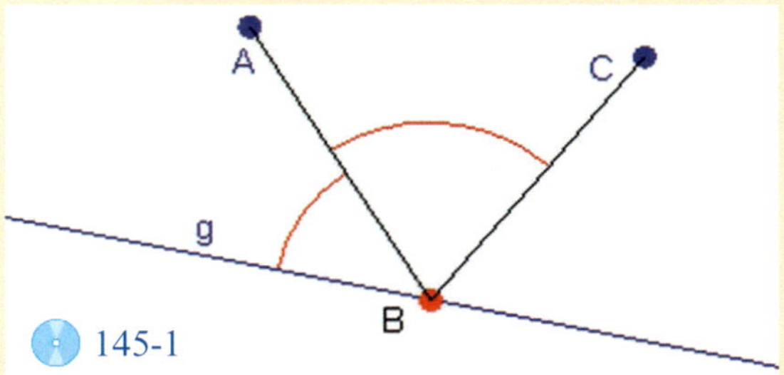

145-1

Zeig, was du kannst!

1 Welche Figuren sind kongruent zueinander?

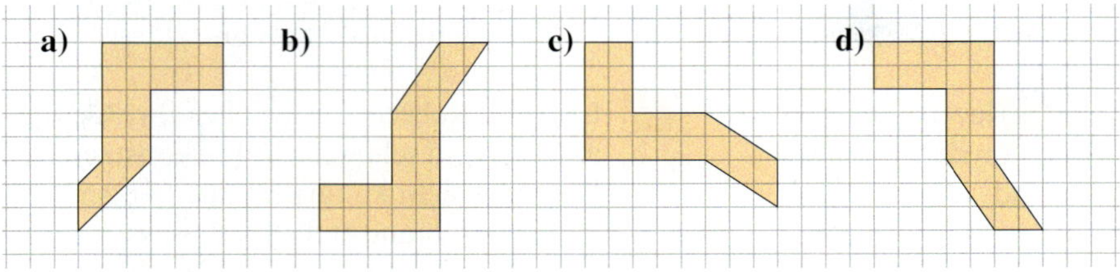

2 Übertrage in dein Heft und ergänze zu zueinander kongruenten Figuren.

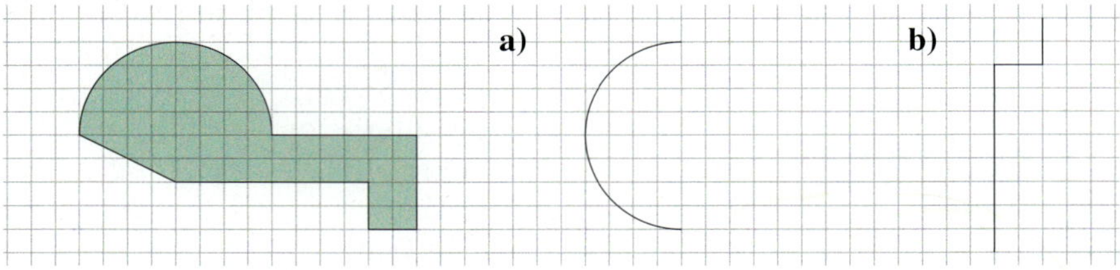

3 Trage die Punkte A (–1 | –3), B (4 | –1), C (1 | 2) sowie D (–1 | 4) und E (–4 | 1) in ein Koordinatensystem ein.

a) Konstruiere einen Punkt F so, dass Dreieck ABC und Dreieck DEF zueinander kongruent sind, und gib die Koordinaten von F an.

b) Beschreibe dein Vorgehen.

c) Begründe die Kongruenz der Dreiecke mithilfe eines Kongruenzsatzes.

4 Gegeben sind die Strecken $a = 3{,}5$ cm, $c = 6{,}0$ cm und der Winkel $\alpha = 30°$.

a) Konstruiere hieraus ein Dreieck ABC.

b) Prüfe, ob ein Kongruenzsatz anwendbar ist.

c) Gib die Seitenlänge b und die Winkel β und γ an.

d) Bestimme den Umfang und den Flächeninhalt von Dreieck ABC.

5 Zeichne eine Raute $ABCD$, deren Diagonalen 4 cm und 3 cm lang sind. Verlängere jede Seite um 1 cm und verbinde die neuen Streckenendpunkte B', C', D' und A' zu einem Viereck.

a) Welche Beziehungen kannst du zwischen Seiten, Winkeln und den entstehenden Dreiecken finden?

b) Welcher Typ von Viereck ist $B'C'D'A'$? Begründe.

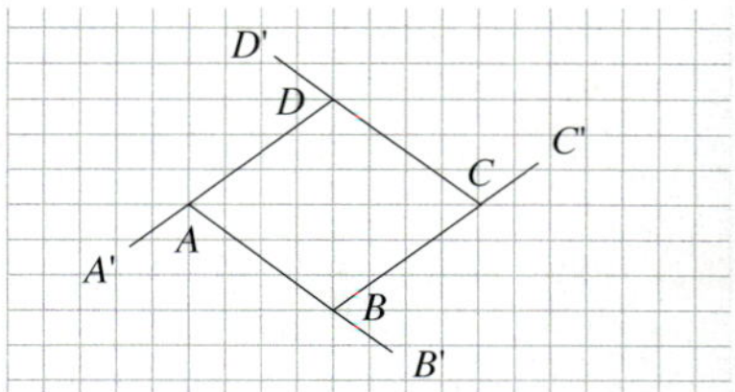

Aufg.-Nr.	Punkte	Lösungshinweise
1	4 P	Seite 135
2	6 P	Seite 135
3	8 P	Seite 142
4	10 P	Seite 142, Fokus Mathematik 6, Seite 123 f.
5	8 P	keine Lösungshinweise

Lösungen Seite 216

31–36 Punkte

25–30 Punkte

18–24 Punkte

8 Eigenschaften von Dreiecken

In diesem Kapitel lernst du spezielle Dreiecke und ihre Eigenschaften kennen. Beziehungen zwischen dem Kreis und Dreiecken mit einem rechten Winkel werden im Satz des Thales behandelt, der vom „Vater der Geometrie" bereits vor über 2500 Jahren bewiesen wurde.

Das Trihexaflexagon

148-1

Zeichne auf ein Blatt Papier einen Streifen aus 10 gleichseitigen Dreiecken, die jeweils eine Seitenlänge von 4 cm haben. Färbe die Dreiecke wie in der Zeichnung vorgegeben. (Du kannst natürlich andere Farben verwenden). Schneide den Streifen aus und falte die Kanten bereits vor, damit sie sich später besser knicken lassen. Drehe den Streifen um seine Längsachse und färbe auch die Rückseite wie in der Zeichnung vorgegeben.

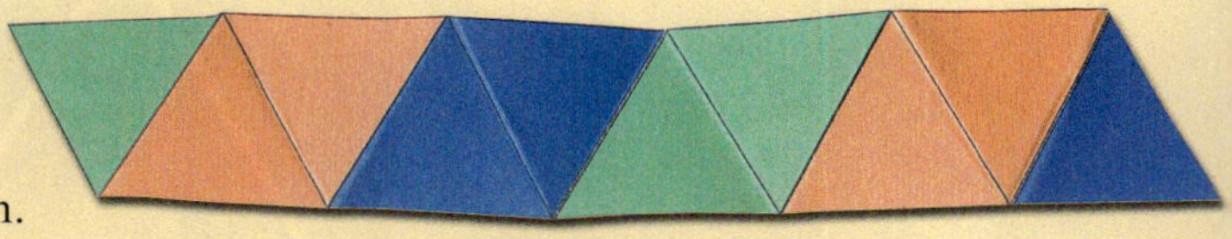

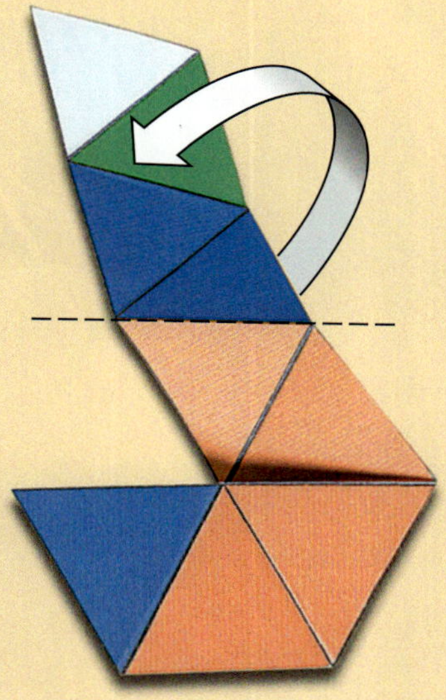

Lasse die Rückseite oben und falte sie so, dass nebenstehender Haken entsteht. Falte dann den oberen Teil an der gestrichelten Linien nach hinten. Achte nun darauf, dass auf dem unten dargestellten Faltbild keine blaue Farbe mehr zu sehen ist. Hierzu musst du die blauen Dreiecke übereinander legen. Nun knickst du das grüne Dreieck nach hinten um und klebst die beiden weißen Flächen aufeinander, so dass ein regelmäßiges Sechseck entsteht. Jetzt ist dein Flexagon fertig.

Das Öffnen ist nicht leicht. Lege Daumen und Zeigefinger einer Hand auf zwei nebeneinanderliegende Dreiecke. Am Anfang musst du probieren, welche beiden Dreiecke geeignet sind. Falte die beiden Dreiecke über die gemeinsame Seite, dass sie übereinander liegen. Drücke die von Daumen und Zeigefinger wegweisende Spitze nach unten, so dass eine neue Spitze entsteht.

Diese neue Spitze kannst du als Spitze einer Blume ansehen. Öffne die Blume! Führe dies mehrfach durch und beschreibe deine Beobachtung. Markiere nun ein Dreieck und verfolge die Veränderung, wenn du das Öffnen des Trihexaflexagons mehrfach durchführst. Versuche auch herauszufinden, welche Dreiecke jeweils geeignet sind, damit du die Blume öffnen kannst.

8.1 Besondere Dreiecke

Penrose-Parkett

Auftrag 1

Ein Parkett besteht aus Parkettsteinen, die eine Fläche lückenlos überdecken. Nicht nur Holzfußböden und Bienenwaben sind Beispiele dafür, sondern auch das nach dem Mathematiker Penrose 1974 benannte Parkett, das aus den beiden abgebildeten Bausteinen besteht.

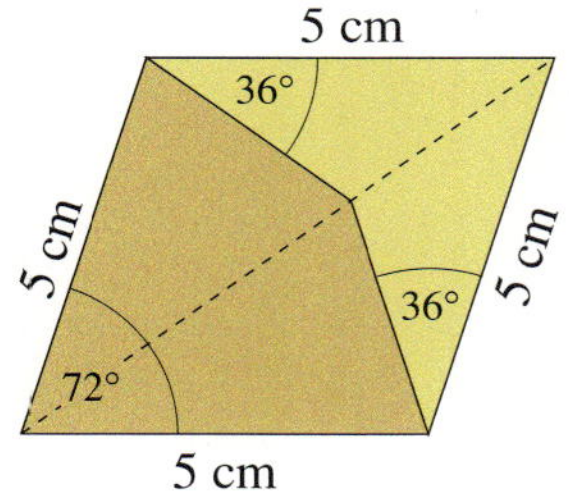

Übertrage diese Bausteine auf Karton und schneide sie aus. Versuche damit eine größere Fläche lückenlos zu bedecken.
Welche besonderen Eigenschaften haben diese Bausteine?

Dreiecke zählen

Auftrag 2

Welche Arten von Dreiecken kannst du in der nebenstehenden Figur erkennen?
Wie viele Dreiecke enthält die Figur?
Versuche möglichst systematisch zu zählen indem du kongruente Dreiecke und Symmetriebetrachtungen berücksichtigst.

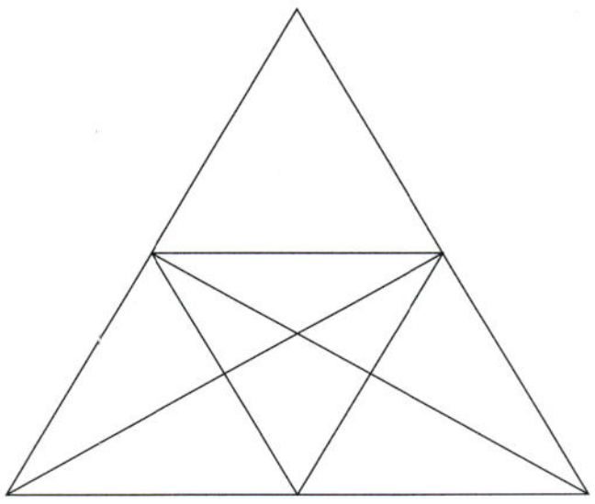

Besondere Dreiecke mit DGS suchen

Auftrag 3

Silvia behauptet, dass ihre Dreiecke viel schöner als Martins geraten sind. Um ihm dies zu beweisen, fängt sie an, Seitenlängen und Winkel zu messen.
Warum glaubt sie manchen Werten des Geometrie-Programms nicht?

Martins konstruierte Dreiecke

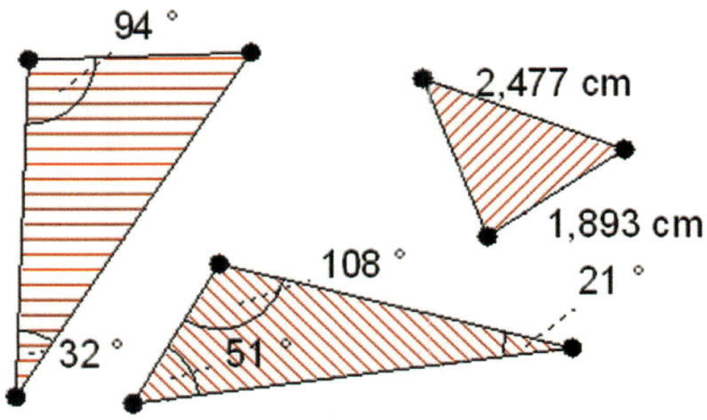

Silvias konstruierte Dreiecke

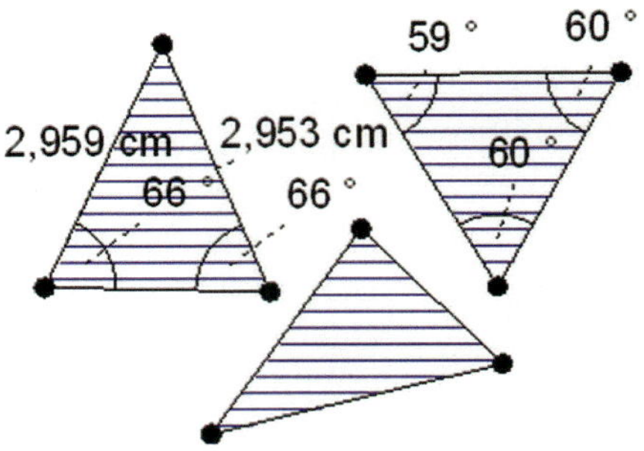

Verwende selbst ein Geometrie-Programm, um Dreiecke zu konstruieren.
Ordne deine Dreiecke nach verschiedenen Gesichtspunkten.

Bearbeitung

Auftrag 1 Penrose-Parkett

Erinnere dich

Damit eine lückenlose Überdeckung entsteht, müssen alle Puzzleteile in einem Punkt so aufeinander treffen, dass ihre Winkel zusammen 360° ergeben.

Um mit den Steinen dieses besondere Penrose-Parkett lückenlos legen zu können, darfst du die beiden Bausteine nicht in ihrer ursprünglichen Form als Raute aneinander setzen. Durch Probieren erhältst du ein so genanntes nichtperiodisches Parkett. Das bedeutet, dass bei der Fortsetzung des Parketts für die gesamte Fläche keine Symmetrien mehr zu finden sind.

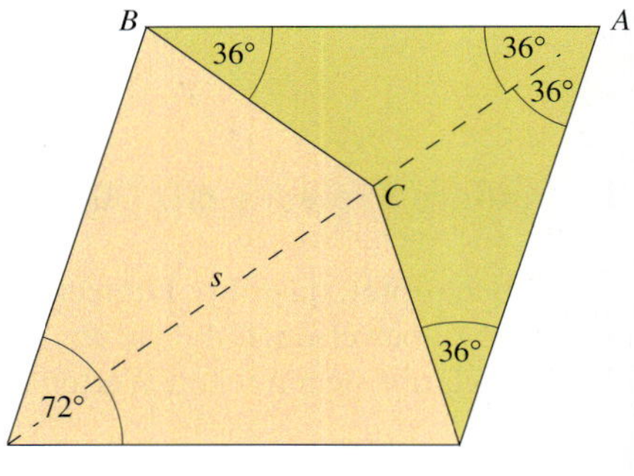

Der zum 72° gegenüberliegende Winkel ist im Parallelogramm (rechts) auch 72° groß. Er wird durch die Symmetrieachse *s* in zwei Winkel geteilt, die jeweils 36° groß sind. Das obere Dreieck *BCA* enthält somit zwei 36° große Winkel.
Durch Messen vermutest du, dass es auch zwei gleich lange Seiten hat. Betrachtest du das Teildreieck *BCA*, so kannst du folgenden Satz beweisen: **Wenn** in einem Dreieck zwei Winkel gleich groß sind, **dann** sind auch zwei Seiten gleich lang.
Zeichne dazu das Lot *l* von *C* auf die Seite [*AB*], der Schnittpunkt ist *D*: Die Dreiecke *ADC* und *BCD* stimmen in zwei Winkeln, nämlich dem rechten Winkel *BDC* und dem rechten Winkel *CDA* sowie α überein. Außerdem enthalten sie beide die Seite [*CD*]. Damit ist das Dreieck *ABC* nach dem Kongruenzsatz SWW in zwei zueinander kongruente Teil-

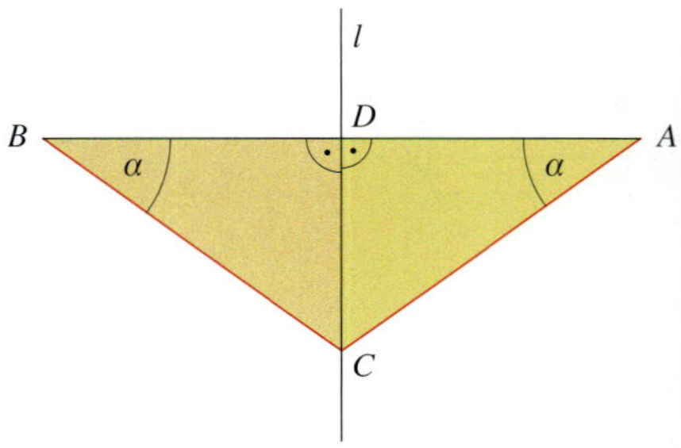

Tipp

Roger Penrose (geboren 1931 in Colchester, Essex) ist ein englischer Mathematiker, der auch in der Astrophysik und Kosmologie herausragende Arbeiten verfasst hat. Das nach ihm benannte Parkett fand er 1974. Die hier verwendeten Steine tragen die Namen „kite“ (Drachen) und „dart“ (Pfeil).

dreiecke zerlegt. Diese stimmen in entsprechenden Seiten und Winkeln überein. Die Längen der beiden Schenkel [BC] und [AC] sind also gleich. Außerdem ist das Lot l Symmetrieachse im Dreieck ABC und halbiert den Winkel an der Spitze des gleichschenkligen Dreiecks.

Ein Dreieck mit zwei gleich langen Seiten wird in der Mathematik **gleichschenkliges Dreieck** genannt. Die beiden gleich langen Seiten bezeichnet man als **Schenkel**, die dritte Seite heißt **Basis**. Den Schnittpunkt der Schenkel nennt man **Spitze**, die beiden der Basis anliegenden Innenwinkel heißen **Basiswinkel**.

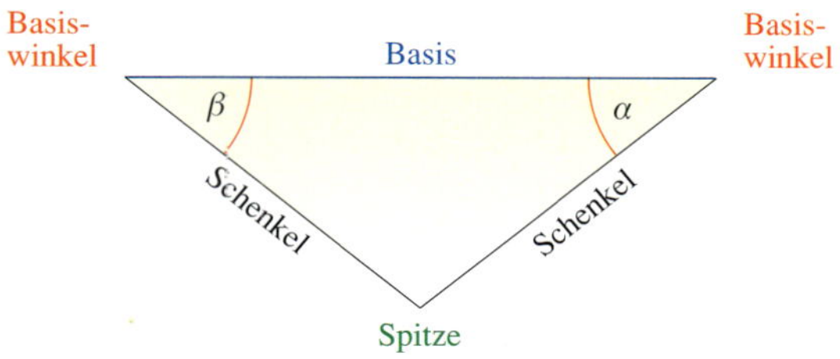

> **Info**
>
> Statt Basis wird auch der Begriff Grundseite verwendet.

Gilt auch umgekehrt: Ein Dreieck mit zwei gleich langen Seiten besitzt zwei gleich große Winkel? Verwendest du eine DGS, so hast du manchmal nicht diesen Eindruck:
Um dies genauer zu überprüfen, zeichnest du ein gleichschenkliges Dreieck und fällst wieder das Lot l von C auf die Basis. Der Schnittpunkt ist D. Die beiden Teildreiecke stimmen nun in zwei Seiten ([CD] und je ein Schenkel) sowie einem rechten Winkel (BDC und CDA) überein. Da den rechten Winkeln die größere Seite gegenüber liegt, sind die beiden Teildreiecke nach dem Kongruenzsatz SsW kongruent zueinander und somit die Winkel gleich groß. Also: **Wenn** in einem Dreieck zwei Seiten gleich lang sind, **dann** sind auch zwei Winkel gleich groß.

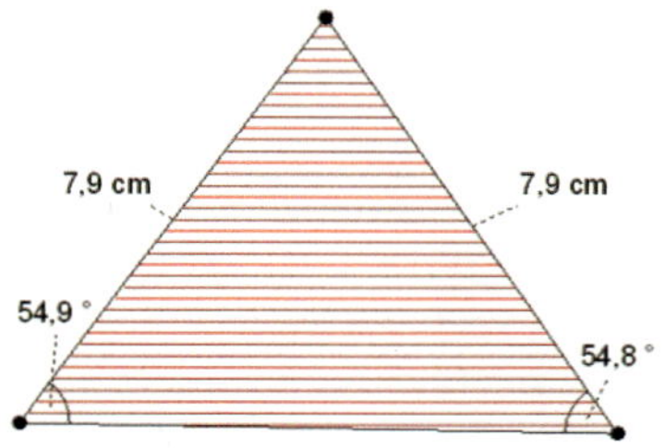

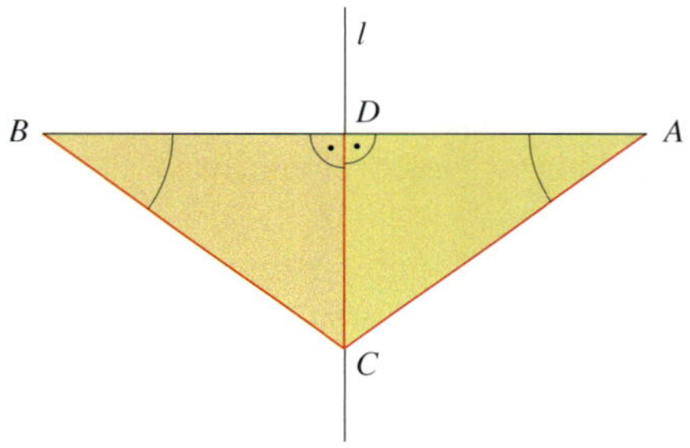

> **Info**
>
> Die Messung von Streckenlängen und Winkeln mittels DGS ist manchmal ungenau.

> **Tipp**
>
> Betrachtet man die Innenwinkel im Dreieck, so kann höchstens ein Innenwinkel 90° betragen (Innenwinkelsumme im Dreieck).

Einen Schritt weitergedacht: Bei dem Beweis der beiden Sätze hast du Dreiecke mit einem rechten Innenwinkel verwendet. Solche Dreiecke nennt man **rechtwinklige Dreiecke**. Die dem rechten Winkel gegenüber liegende Seite heißt **Hypotenuse**, die beiden anliegenden Dreiecksseiten heißen **Katheten**. Die Hypotenuse ist immer die längste Seite in einem rechtwinkligen Dreieck, da sie dem größten Winkel gegenüber liegt (siehe Seite 141).

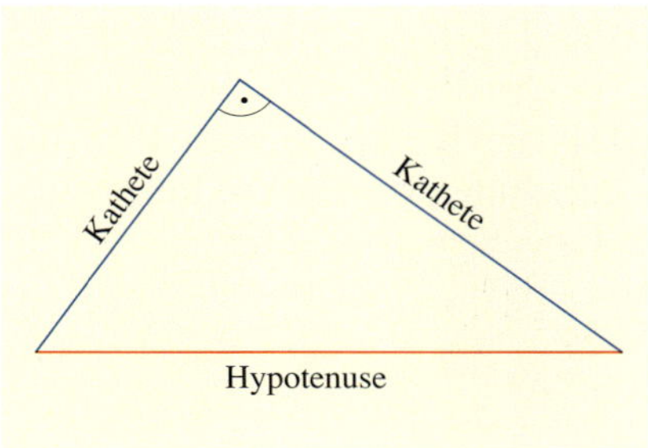

Noch einen Schritt weiter gedacht: Ein noch „perfekteres“ Dreieck als das gleichschenklige Dreieck hat drei gleich lange Seiten, es heißt dann **gleichseitig**. Immer zwei beliebige Seiten dieses Dreiecks bilden mit der dritten Seite als Basis ein gleichschenkliges Dreieck. Somit sind je zwei der drei Innenwinkel gleich groß. Es ist also zum Beispiel β gleich γ, wenn $[BC]$ die Basis ist und γ gleich α, wenn $[CA]$ die Basis ist. Damit sind alle drei Innenwinkel gleich groß, nämlich $180° : 3 = 60°$ (Innenwinkelsumme im Dreieck). Zusätzlich ist jede Winkelhalbierende im gleichschenkligen Dreiecke auch Symmetrieachse und deshalb sind alle drei Winkelhalbierenden auch Symmetrieachsen des gleichseitigen Dreiecks.

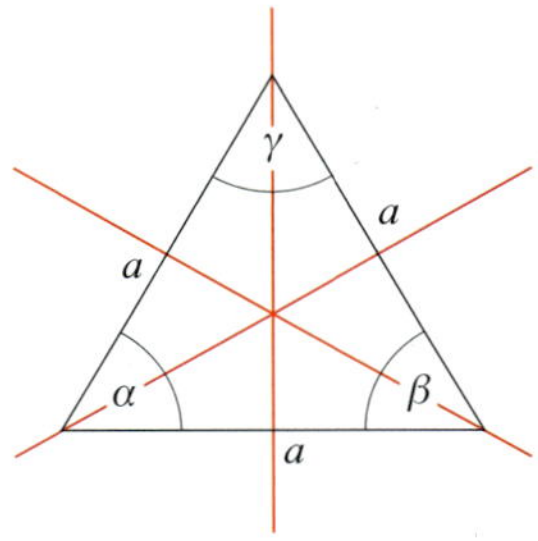

Mithilfe des gleichseitigen Dreiecks kannst du leicht einen 60°-Winkel konstruieren. Konstruiere dazu ein beliebiges gleichseitiges Dreieck, der Innenwinkel beträgt dann 60° (siehe Bild ganz unten in der Zusammenfassung).

152-1

Zusammenfassung

Besondere Dreiecke

152-2

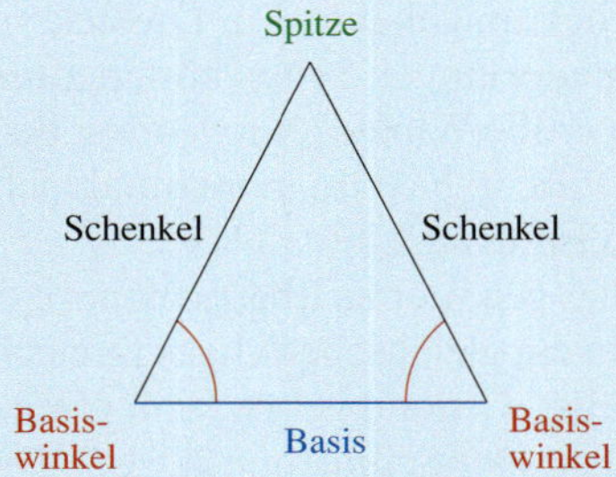

D Ein Dreieck mit zwei gleich langen Seiten nennt man **gleichschenkliges Dreieck**. Die beiden gleich langen Seiten werden **Schenkel**, die dritte Seite wird **Basis** genannt.
Der Schnittpunkt der Schenkel heißt **Spitze**, die beiden der Basis anliegenden Innenwinkel **Basiswinkel**.

S Ein gleichschenkliges Dreieck hat zwei gleich große Basiswinkel.

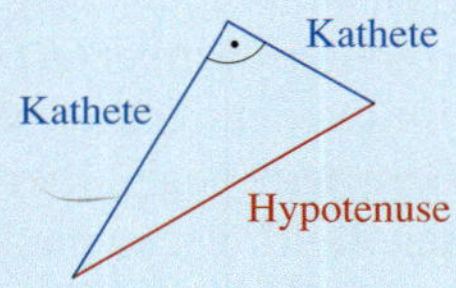

S Jedes achsensymmetrische Dreieck und jedes Dreieck mit zwei gleich großen Winkeln ist gleichschenklig.

D Ein Dreieck mit einem rechten Innenwinkel nennt man **rechtwinkliges Dreieck**. Die dem rechten Winkel gegenüber liegende Seite bezeichnet man als **Hypotenuse**, die beiden anliegenden Dreiecksseiten als **Katheten**. Dem rechten Winkel liegt die größte Seite gegenüber.

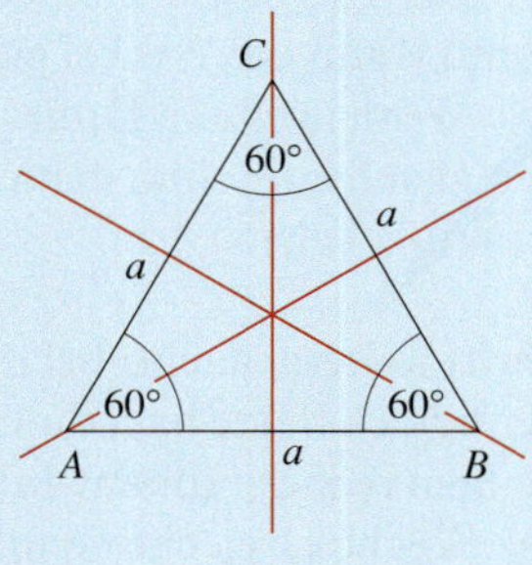

D Ein Dreieck mit drei gleich langen Seiten nennt man **gleichseitiges Dreieck**.

S Ein gleichseitiges Dreieck hat drei Symmetrieachsen: die Winkelhalbierenden jedes Innenwinkels. Die Innenwinkel sind gleich groß, jeder Innenwinkel misst 60°.

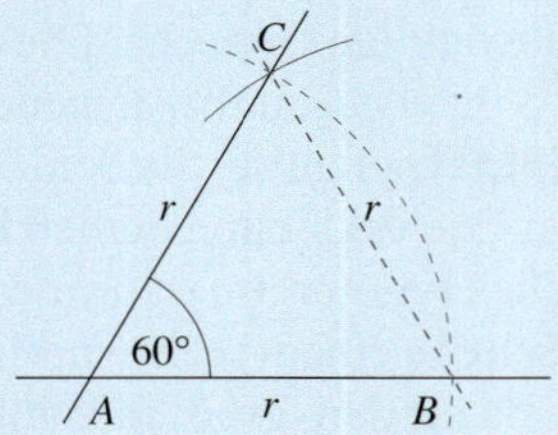

S Durch die Konstruktion eines beliebigen gleichseitigen Dreiecks lässt sich leicht ein 60°-Winkel konstruieren.

Aufgaben

Verknüpfen
Anwenden
Trainieren

1 Gleichschenklige, gleichseitige und rechtwinklige Dreiecke findest du auch in deiner Umwelt. Gib Beispiele an.

2 Konstruiere jeweils ein gleichschenkliges Dreieck ABC und seine Symmetrieachse.

a) $\overline{BC} = 4{,}6$ cm, $\overline{AC} = \overline{AB} = 3{,}1$ cm
b) $\beta = 86°$; $a = c = 5{,}5$ cm.
c) $\overline{AC} = \overline{BC} = 4{,}6$ cm; $\sphericalangle ACB = 57°$
d) $\overline{AB} = 3{,}8$ cm; $\overline{AC} = \overline{BC}$; $\sphericalangle ACB = 136°$
e) $a = b$; $c = 3{,}9$ cm; $\alpha = 70°$
f) $\overline{AB} = 4{,}7$ cm; $\overline{AB} = \overline{BC}$; $\sphericalangle CBA = 23°$

3 Konstruiere ein gleichschenkliges Dreieck mit der Basislänge 4 cm und Umfang 15 cm.

4 Konstruiere ein rechtwinkliges Dreieck mit Katheten der Längen $a = 3$ cm und $b = 4$ cm sowie $\gamma = 90°$.

5 Konstruiere mit der vorgegebenen Seitenlänge jeweils ein gleichseitiges Dreieck und seine Symmetrieachsen.

a) 4,5 cm
b) 0,065 m
c) 0,34 dm
d) 74 mm

Beschreibe deine Beobachtung und begründe sie.

6 Construct the following angles or describe the construction with your own words.

a) 60°
b) 15°
c) 120°
d) 105°
e) 75°
f) 82,5°
g) 165°
h) 345°

7 Welcher Basiswinkel hat ein gleichschenkliges Dreieck mit folgendem Winkel an der Spitze?

a) 26°
b) 132°30′
c) 43°
d) 12°45′

8 In einem gleichschenkligen Dreieck ist ein Basiswinkel gegeben. Berechne den Winkel an der Spitze.

a) 42°
b) 12,5°
c) 88°
d) 26°12′

9 Ein gleichseitiges Dreieck wird durch eine Höhe in zwei Teildreiecke zerlegt. Wie groß sind die Innenwinkel der Teildreiecke?

10 Zeichne ein rechtwinkliges Dreieck. Spiegele das Dreieck an einer Kathete. Welche Eigenschaften hat die so entstandene Figur?

11 Beschreibe und begründe die Konstruktion eines 60°-Winkels mit eigenen Worten.

12 Konstruiere ein regelmäßiges Sechseck mit einer Seitenlänge von 3,5 cm.

13 Entwirf mit Zirkel und Lineal Muster aus verschiedenen Dreiecken.

Noch fit?

1 Auf einem Parkplatz befinden sich m Motorräder und a Autos. Übersetze die folgenden Aussagen in Terme.

a) Die Anzahl der Autos ist viermal so groß wie die der Motorräder.
b) Nur 20 % der abgestellten Fahrzeuge sind Motorräder.
c) Wären es 15 Motorräder mehr, so würden diese genau ein Drittel aller Fahrzeuge ausmachen.

2 Löse die Zahlenrätsel.

a) Wenn man zum Doppelten einer Zahl 11 addiert, erhält man das Dreifache der gesuchten Zahl.
b) Wenn man eine Zahl verdoppelt, so ist das Ergebnis um 5 kleiner als die Zahl.

3 Ein Quader hat eine Oberfläche von 222 cm². Bestimme die Kantenlänge b, wenn für die Kantenlängen $a = 7$ cm und $c = 9$ cm gilt.

Aufgaben

Verknüpfen
Anwenden
Trainieren

14 Berechne folgende Winkel:

a) $\sphericalangle BAM$
b) $\sphericalangle CBM$
c) $\sphericalangle CBA$
d) $\sphericalangle AMC$

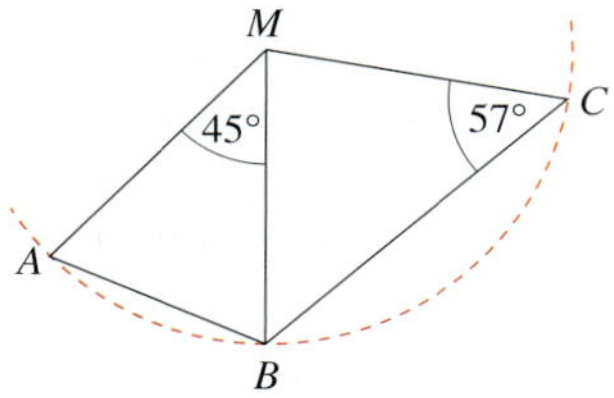

15 Zeichne mit einer DGS ein gleichseitiges Dreieck und spiegle es am Schnittpunkt S seiner Symmetrieachsen. Welchen Zusammenhang entdeckst du zwischen dem gespiegelten Dreieck und dem Punkt S?

16 Begründe, warum alle drei Symmetrieachsen bei einem gleichseitigen Dreieck durch einen Punkt gehen.

17 Warum gibt es kein Dreieck mit nur zwei Symmetrieachsen?

18 Entscheide, ob folgende Aussagen wahr oder falsch sind. Formuliere selbst weitere Aussagen und diskutiere sie mit deinem Banknachbarn.

a) Jedes gleichseitige Dreieck ist gleichschenklig.
b) Nicht alle gleichseitigen Dreiecke sind gleichschenklig.
c) Achsensymmetrische Dreiecke sind gleichschenklig.
d) Ein rechtwinkliges Dreieck mit einem 45°-Winkel ist gleichschenklig.
e) Alle Dreiecke, die nicht gleichseitig sind, sind gleichschenklig.
f) Es gibt keine rechtwinkligen Dreiecke, die gleichseitig sind.

19 Finde alle Symmetrieachsen des Verkehrsschildes. Wie muss das Schild verändert werden, damit es drei Symmetrieachsen hat?

20 Warum lässt sich auf einem Kreis der Kreisradius sechsmal hintereinander als Sehne abtragen? Konstruiere.

21 Zeichne einen Kreis mit dem Radius 3,5 cm. Konstruiere dann ein gleichschenkliges Dreieck, dessen Eckpunkte auf dem Kreis liegen und dessen Basis die Länge des Radius hat.

22 In einem Dreieck ABC ist $\alpha = 72°$ und $\beta = 36°$. Warum zerlegt die Winkelhalbierende des Winkels α das Dreieck in zwei gleichschenklige Teildreiecke?
Fertige zunächst eine Zeichnung an.

23 Konstruiere ohne Winkelmesser ein gleichschenkliges Dreieck mit der Schenkellänge 6 cm und einem Winkel von 45° an der Spitze.

24 Der Stern entsteht aus zwei gleichseitigen Dreiecken. Konstruiere den Stern in deinem Heft und bestimme die Größe aller auftretenden Winkel. Begründe deine Ergebnisse.

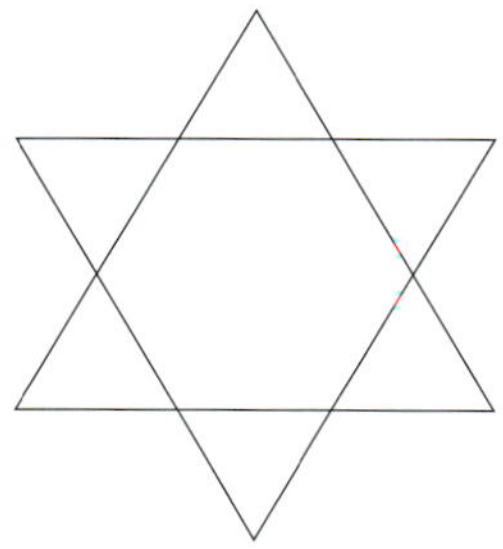

25 Von ihren Eltern haben Paula und Felix die Schäferhündin Kora geschenkt bekommen. Sie wollen Ihr eine Hütte bauen, deren Form im Querschnitt ein gleichschenkliges Dreieck ist. Es hat eine Höhe von 1,50 m und eine Dachneigung von 45°. Konstruiere den Querschnitt im Maßstab 1 : 20.

26 Zeichne ein gleichschenkliges Dreieck mit einem 36°-Winkel an der Spitze und beliebiger Schenkellänge. Verlängere nun die Basis um die Länge eines Schenkels und verbinde den Endpunkt mit der Spitze des Dreiecks. Berechne die Innenwinkel des dadurch entstandenen Dreiecks.

27 Gib einen Term an, mit dem man die Basiswinkel berechnen kann, wenn der Winkel an der Spitze eines gleichschenkligen Dreiecks bekannt ist.

28 Warum ist ein Dreieck mit einem 46°-Winkel und einem 67°-Winkel achsensymmetrisch?

29 In einem gleichschenkligen Dreieck misst ein Außenwinkel 140°. Berechne die Innenwinkel des Dreiecks. Wie viele Lösungen kannst du finden?

Aufgaben

Verknüpfen
Anwenden
Trainieren

30 **Satz von Viviani**
Ist P ein beliebiger Punkt innerhalb eines gleichseitigen Dreiecks, so ist die Summe der Abstände von den Seiten konstant. Zeige, dass dies stimmt, indem du die Fläche des gleichseitigen Dreiecks als Summe dreier Teildreiecke berechnest.

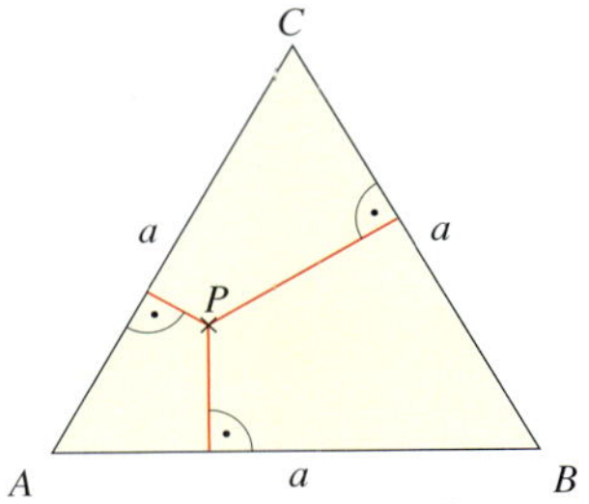

31 Zeichne irgendein Dreieck. Verbinde die Mittelpunkte der Seiten miteinander – es entsteht das zugehörige Mittendreieck.
Vergleiche die Seiten, Flächen und Winkel des ursprünglichen Dreiecks mit diesem Mittendreieck. Zeichne zu diesem Mittendreieck wieder das zugehörige Mittendreieck. Setze das Verfahren fort. Was fällt dir auf?
Ist dies immer so? Und warum?

32 Konstruiere ein regelmäßiges Zwölfeck mit der Seitenlänge 2 cm.

33 Schreibe einen Konstruktionsplan für ein gleichschenkliges Dreieck ABC mit $a = b = 5$ cm und $\gamma = 45°$.

34 Aus zehn Münzen kannst du ein gleichseitiges Dreieck legen. Innerhalb der Figur bilden jeweils drei Münzen gleichseitige Dreiecke.

a) Wie viele gleichseitige Dreieck kannst du finden, wenn du das Ausgangsdreieck mitzählst?

b) Drehe die Spitze des Dreiecks nach oben, indem du möglichst wenig Münzen umlegst.

35 **Platonische Körper**
Die fünf platonischen Körper (Tetraeder, Hexaeder, Oktaeder, Dodekaeder und Ikosaeder) symbolisieren die Elemente Feuer, Luft, Erde, Wasser und Weltall.

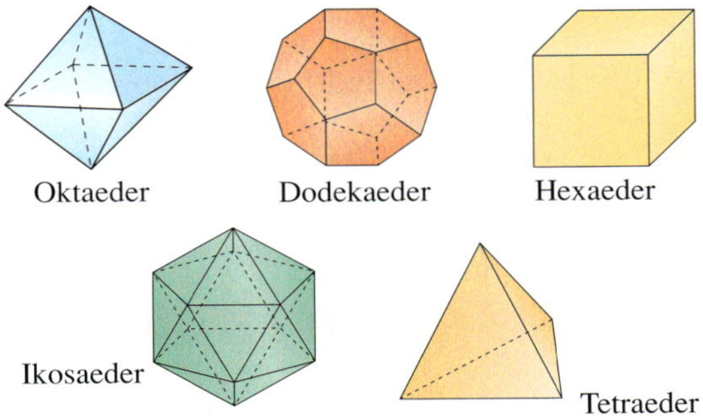

a) Zeichne die Netze von Tetraeder, Hexaeder und Oktaeder.

b) Begründe, warum die Platonischen Körper nur aus gleichseitigen Dreiecken, Quadraten und Fünfecken bestehen können.

c) Stelle eine Tabelle auf, mit der du die Anzahl der Ecken, Flächen und Kanten für alle fünf Körper vergleichen kannst (vergleiche mit der Aufgabe der Woche auf Seite 63).

36 Eine Wäschespinne besteht aus einem 2 m langen Standrohr und vier Seitenarmen, die ebenfalls 2 m lang sind. Je zwei Seitenarme bilden zusammen ein gleichschenkliges Dreieck, der eingeschlossene Winkel beträgt 53°. Wie viele Meter Wäscheschnur benötigt man, wenn jeder Arm 9 Löcher im Abstand von je 20 cm hat? Fertige eine maßstabsgetreue Zeichnung an.

37 Morleys Dreieck: Verwende z. B. eine DGS und zeichne ein beliebiges Dreieck. Miss die Innenwinkel. Teile jeden Innenwinkel in drei gleiche Teile und zeichne die neu entstandenen Schenkel ein. Betrachte nun die Schnittpunkte der neuen Schenkel. Welche besondere Figur ergibt sich?

38 Der Stromabnehmer einer Straßenbahn hat eine Schenkellänge von je 1000 mm und ist für Höhen von 300 mm bis 1300 mm zwischen Bahn und Fahrdraht geeignet. Konstruiere den Stromabnehmer in einem geeigneten Maßstab und ermittle, welche Werte von α mindestens, welche höchstens möglich sind.

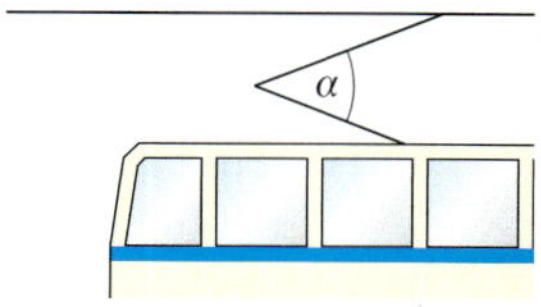

39 Nimm ein DIN-A4-Blatt und falte es, so dass die längeren Seiten aufeinander liegen. Knicke dann ein Eselsohr, so dass die Ecke B im Punkt C auf die Faltlinie fällt. Von welcher Art ist das Dreieck ABC? Begründe.

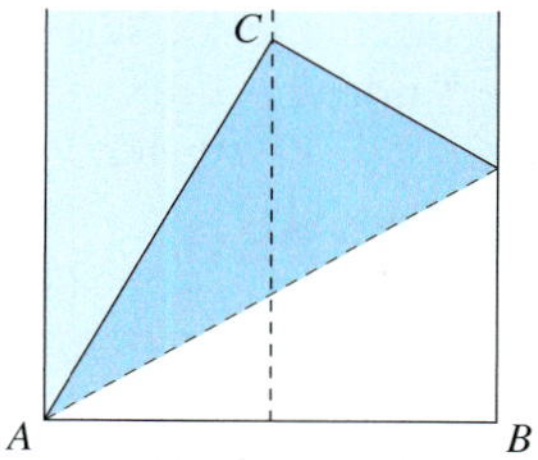

40 Betrachte das Penrose-Parkett auf Seite 150 genauer.
Sophie behauptet, dass sie sämtliche Winkel in diesem Parkett bestimmen kann, ohne irgendeine Winkelangabe vorher zu kennen. Sie beruft sich nur auf Symmetrieüberlegungen und Winkelsummensätze.
Wie könnte sie dies gemacht haben?

41 Der so genannte Heuschreck ist eine mechanische Vorrichtung zum Halbieren von Winkeln. Dabei sind bei G und K Gelenke, F gleitet in der Führung. Zusätzlich ist $\overline{KG} = \overline{FG}$.
Erkläre und begründe die Funktionsweise des Heuschreck.

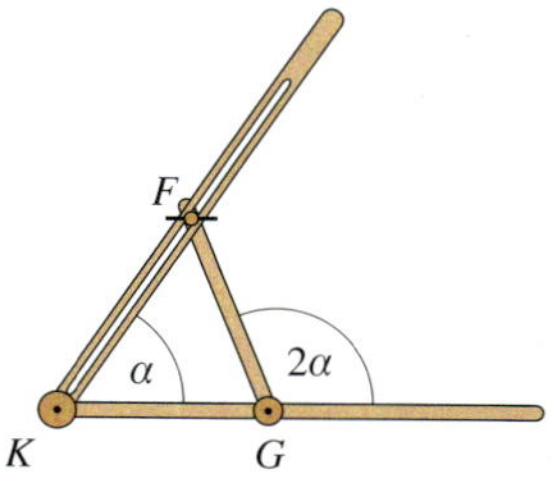

42 Zeichne einen beliebigen Winkel und zwischen die beiden Schenkel einen beliebigen Punkt K. Konstruiere eine Gerade, die durch K verläuft und auf beiden Schenkeln jeweils eine Strecke gleicher Länge abschneidet.

Aufgabe der Woche

Ausgangspunkt für das **Sierpinski-Dreieck** ist ein gleichseitiges Dreieck.
Du siehst nebenstehend die ersten vier Figuren des Sierpinski-Dreiecks.
Zeichne die ersten vier Figuren in dein Heft.
Überlege dir, wie die nächsten Figuren entstehen könnten.
Formuliere eine Regel für die Erzeugung neuer Figuren in Worten.
Berechne den Umfang und den Flächeninhalt der gelben Dreiecke der ersten vier Figuren. Stelle einen Term für den Umfang und den Flächeninhalt für die gelben Dreiecke jeder Figur auf.
Was passiert mit dem Umfang und dem Flächeninhalt, wenn du die Erzeugungsregel immer öfter anwendest?

8.2 Eigenschaften rechtwinkliger Dreiecke

Dynamische Dreiecke — Auftrag 1

Zeichne mit DGS einen Kreis mit Mittelpunkt M. Lege auf der Kreislinie drei Punkte A, B und C fest und verbinde Sie zu einem Dreieck. Lasse alle Winkel im Dreieck messen. Nun bewege den Punkt C auf der Kreislinie und beschreibe die Veränderung. Verfahre ebenso mit den beiden anderen Punkten. Beobachte genau, unter welchen Umständen dabei rechtwinklige Dreiecke entstehen. Welche Eigenschaften von rechtwinkligen Dreiecken hast du entdeckt?

157-1

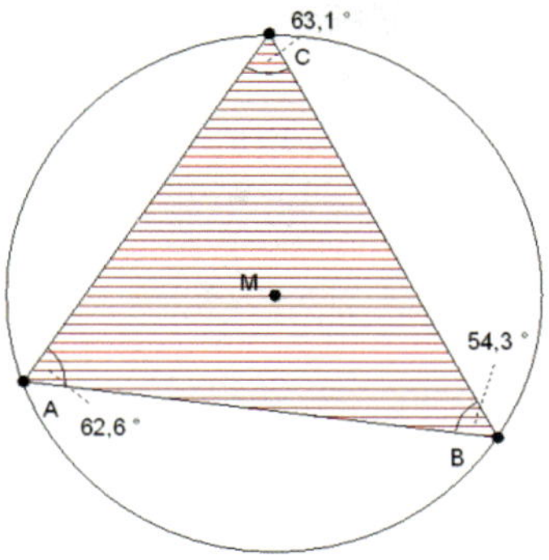

Ein Experiment im Schulhof — Auftrag 2

Die Klasse 7 b hat sich auf dem Pausenhof zu einem Experiment getroffen. Ihr Mathelehrer hat dazu ein langes Seil, ein Stück gelbe Tafelkreide und das Tafel-Geodreieck mitgebracht. Lisa und Max nehmen jeweils einen festen vorgegebenen Platz ein und halten am Boden je ein Ende des Seils. Felix benutzt das Tafel-Geodreieck und Kati markiert mit der Kreide die Stellen, an denen Felix mit dem Geodreieck einen rechten Winkel in das Seil legen kann. Lisa und Max geben dabei entweder Seil nach, oder verkürzen es, damit es immer straff gespannt bleibt. Nachdem Kati mehrere Punkte markiert hat, fällt den Schülerinnen und Schülern der Klasse 7 b etwas auf und Sabine behauptet sogar, dass sie nun weiß, wie sie ohne Geometrie-Dreieck einen rechten Winkel konstruieren kann …

Dynamische Geometrie — Auftrag 3

Konstruiere mit einem Geometrie-Programm eine Strecke $[AB]$. Zeichne eine Halbgerade $[AD$, fälle das Lot von B auf $[AD$ und benenne den Schnittpunkt P.
Was geschieht, wenn du den Punkt D bewegst? Zeichne zur besseren Beobachtung die Ortslinie des Schnittpunktes P auf, während du den Punkt D bewegst. Wie kannst du daraus ein Verfahren zur Konstruktion rechtwinkliger Dreiecke entwickeln?

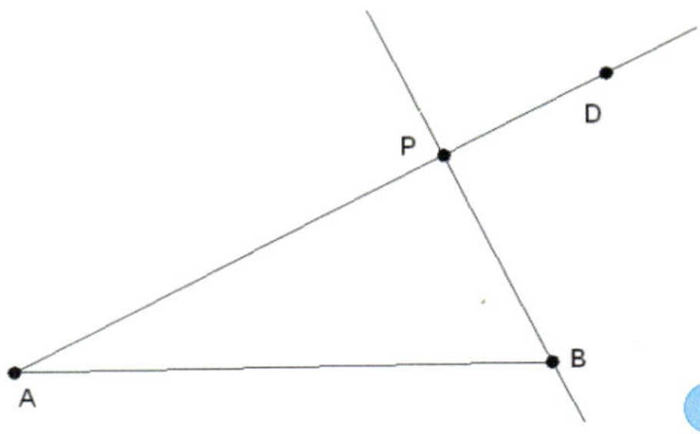

157-2

Bearbeitung

Auftrag 1 Dynamische Dreiecke

Bewegst du den Punkt C auf der Kreislinie, so verändern sich nur die Innenwinkel mit den Scheiteln A und B, der Winkel bei C bleibt immer gleich. Bei genauer Betrachtung fallen zwei besondere Positionen auf.

Wenn die Strecke $[AB]$ (beziehungsweise die Strecke $[BC]$ durch den Mittelpunkt M des Kreises verläuft, also ein Kreisdurchmesser ist, so beträgt die Größe des gegenüberliegenden Winkels genau 90°. Veränderst du nun die Position des Punktes C (beziehungsweise A), so bleibt die Größe des Winkels gleich, sie beträgt **immer 90°**. Die gefundene geometrische Gesetzmäßigkeit formulierst du in einem **Satz:**

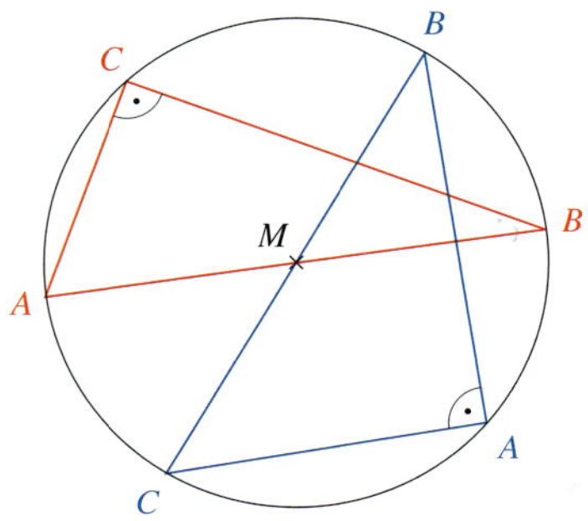

Wenn der Punkt C eines Dreiecks ABC auf einem Kreis liegt, der die Strecke $[AB]$ als Durchmesser hat, **dann** hat das Dreieck bei C einen rechten Winkel.

Info

Thales von Milet (624 – 545 v. Chr.) gilt als ein Begründer von Philosophie und Wissenschaft, insbesondere der Astronomie. Er gilt als der älteste der sieben Weisen und er bewies zuerst den nebenstehenden Satz.

Um diesen Satz zu beweisen, zeichnest du in das rechtwinklige Dreieck ABC zusätzlich die Strecke $[MC]$ ein. Da die Punkte A, B und C auf der Kreislinie liegen, sind die Strecken $[MA]$, $[MB]$ und $[MC]$ alle gleich lang. Der Winkel bei C wird in zwei Teilwinkel γ_1 und γ_2 zerlegt.

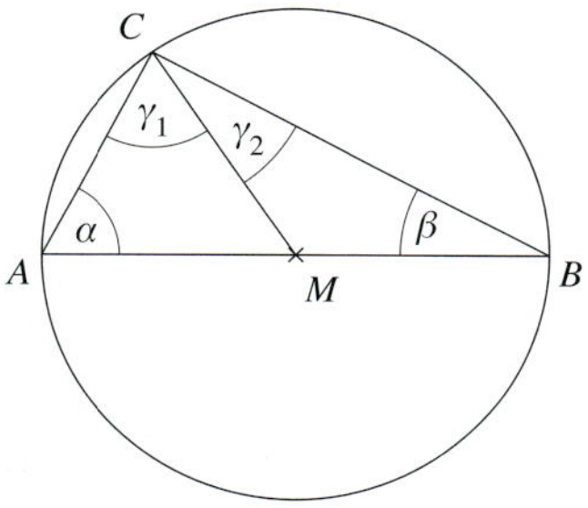

Die Dreiecke AMC und MBC sind gleichschenklige Dreiecke und haben somit jeweils gleich große Basiswinkel: $\gamma_1 = \alpha$ und $\gamma_2 = \beta$. Addierst du α und β, so ergibt sich: $\alpha + \beta = \gamma_1 + \gamma_2 = \gamma$. Weiterhin gilt, dass die drei Winkel α, β und γ zusammen 180° ergeben: $\alpha + \beta + \gamma = 180°$. Ersetze nun in dieser Gleichung $\alpha + \beta$ durch γ und du erhältst: $2\gamma = 180°$. Also muss $\gamma = 90°$ sein.

Schon gewusst?

Einen Beweis wie den von Thales zu finden ist gar nicht einfach. Es erfordert viel Kreativität und eine zündende Idee.

Einen Schritt weitergedacht:
Zeichnest du eine Strecke $[AB]$ und mithilfe des Geodreiecks verschiedene rechte Winkel, deren Schenkel durch A und durch B gehen, so sieht es aus, als lägen alle Scheitel auf einem Kreis mit der Strecke $[AB]$ als Durchmesser.

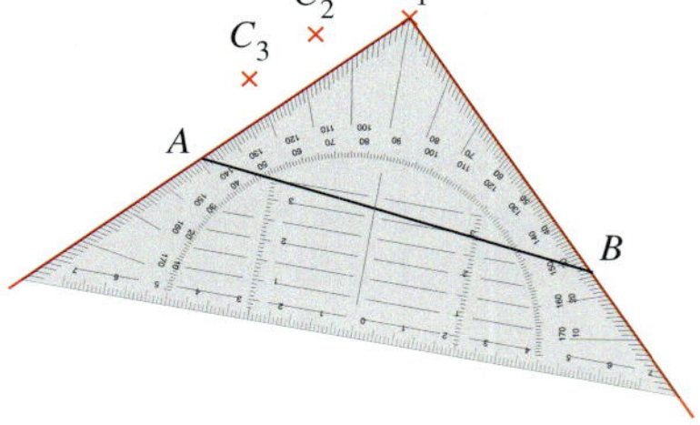

Info

Bei der Umkehrung eines Satzes werden Voraussetzung und Behauptung vertauscht.

Es liegt die Vermutung nahe, dass auch die **Umkehrung** des obigen Satzes wahr ist: **Wenn** das Dreieck ABC ein rechtwinkliges Dreieck mit $\gamma = 90°$ ist, **dann** liegt C auf dem Kreis mit dem Durchmesser $[AB]$.

Betrachte nun zum Beweis dieses Satzes ein rechtwinkliges Dreieck ABC, mit $\gamma = 90°$. Nimm an, C würde **nicht** auf dem Kreis liegen! Der Punkt C liegt dann entweder innerhalb oder außerhalb des Kreises:

Info

Diese Methode eines Beweises bezeichnet man auch als **indirekten** Beweis oder **Widerspruchsbeweis.**

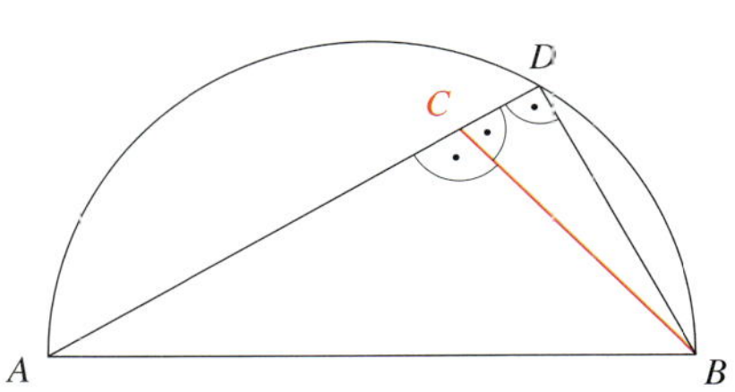

C liegt innerhalb

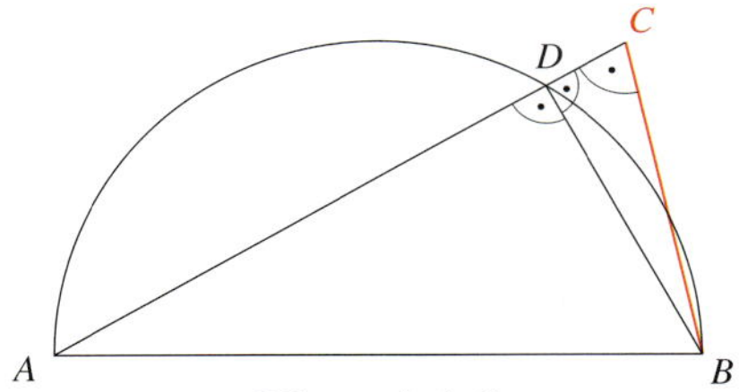

C liegt außerhalb

Der Schnittpunkt der Halbgeraden $[AC$ mit dem Kreis sei D. Weil D auf dem Kreis mit $[AB]$ als Durchmesser liegt, ist nach dem oben bewiesenen Satz das Dreieck ABD rechtwinklig.
Siehst du genau hin, so erkennst du zwei unmögliche Dreiecke: die Dreiecke CBD (linke Abbildung) und DBC (rechte Abbildung) können jeweils nicht existieren, denn sie enthalten jeweils zwei rechte Winkel. Dies steht im Widerspruch zum Winkelsummensatz. Beide Figuren sind also unmöglich, der Punkt C liegt deshalb weder außerhalb, noch innerhalb, sondern genau auf dem Kreis.

Info

„Genau dann, wenn …“ bedeutet: **Wenn …, dann …, sonst nicht.** Manchmal formulieren Mathematiker statt dessen auch: „**Dann** und **nur dann**, wenn …“

Wenn nicht nur ein Satz, sondern auch seine Umkehrung gilt, so fasst man in der Mathematik beide Sätze zusammen, der **Satz des Thales** lautet dann:
Genau dann, wenn C auf einem Kreis mit dem Durchmesser $[AB]$ liegt, ist der Winkel $\sphericalangle BCA$ ein rechter Winkel.

Der Kreis, der die Hypotenuse eines rechtwinkligen Dreiecks zum Durchmesser hat, wird als **Thaleskreis** bezeichnet.

Noch einen Schritt weitergedacht: Mithilfe des Thalessatzes lassen sich verschiedene Konstruktionen durchführen. Du kannst zum Beispiel die Tangenten an einen vorgegebenen Kreis k durch einen vorgegebenen Punkt P konstruieren, der außerhalb des Kreises liegt.

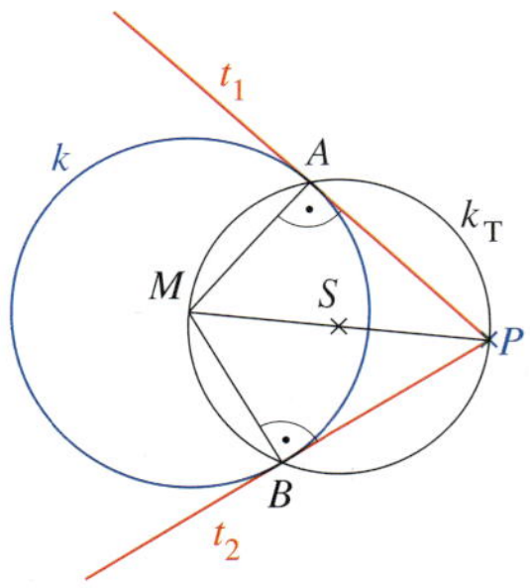

Die Berührpunkte A und B bilden mit den Punkten M und P zwei rechtwinklige Dreiecke, da eine Tangente senkrecht auf dem Kreisradius steht, wie du aus Kapitel 7 weißt ($[MA]$ und $[MB]$ sind Kreisradien). Aus diesem Grund liegen A und B auf dem Thaleskreis über $[MP]$.
Konstruktionsplan:
1. Konstruiere den Mittelpunkt S der Strecke $[MP]$.
2. Zeichne den Thaleskreis $k_T(S; \overline{MS})$.
3. Der Thaleskreis k_T schneidet den Kreis k in den Punkten A und B.
4. Die gesuchten Tangenten t_1 und t_2 sind nun die Geraden PA und PB.

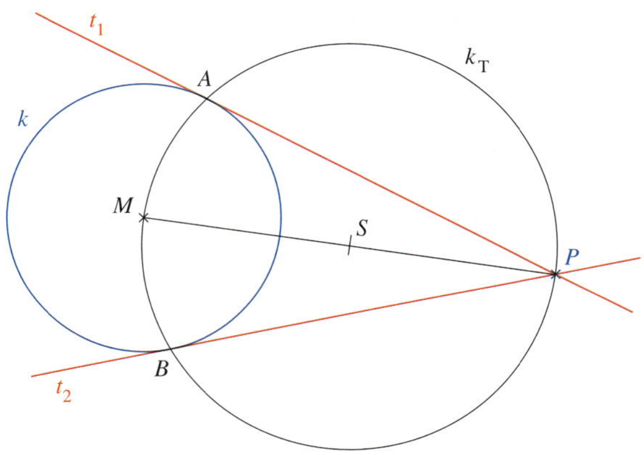

Zusammenfassung

Eigenschaften rechtwinkliger Dreiecke

160-1

Wenn nicht nur ein Satz, sondern auch seine **Umkehrung** gilt, so fasst man in der Mathematik beide Sätze mithilfe der Schreibweise **„Genau dann, wenn …“** zusammen.

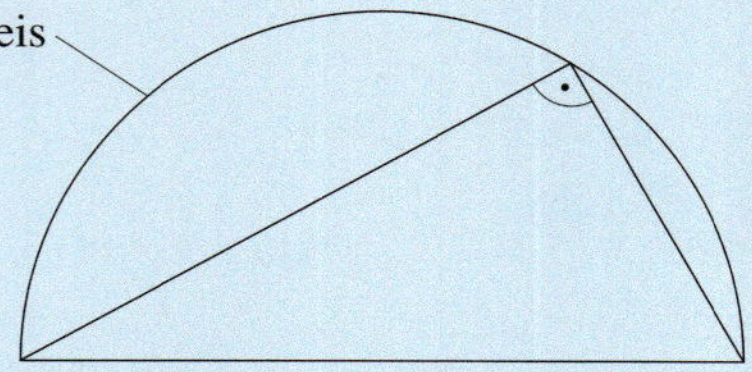

S **Satz des Thales:** Genau dann, wenn C auf einem Kreis mit dem Durchmesser $[AB]$ liegt, ist der Winkel $\sphericalangle ACB$ ein rechter Winkel.

D Der Kreis, der die Hypotenuse eines rechtwinkligen Dreiecks zum Durchmesser hat, wird als **Thaleskreis** bezeichnet.

S **Tangentenkonstruktion durch vorgegebenen Punkt:** Zu einem gegebenen Kreis mit Mittelpunkt M und einem gegebenen Punkt P außerhalb des Kreises konstruiert man die Tangenten, indem man über der Stecke $[MP]$ den Thaleskreis konstruiert. Die Schnittpunkte A und B sind die Berührpunkte der Tangenten.

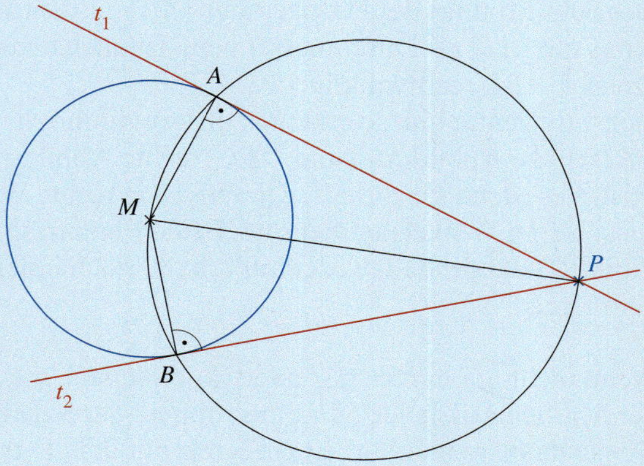

Aufgaben

Verknüpfen
Anwenden
Trainieren

1 Konstruiere ein rechtwinkliges Dreieck ABC mit
- **a)** $\overline{BC} = 7$ cm, $\alpha = 90°$ und $h_a = 3$ cm,
- **b)** $c = 8{,}6$ cm, $h_c = 3{,}4$ cm und $\gamma = 90°$,
- **c)** $a = 7{,}4$ cm, $h_a = 4{,}2$ cm und $\gamma = 90°$.

2 Konstruiere ein rechtwinkliges Dreieck mit der Hypotenusenlänge 5 cm und der Kathetenlänge 4 cm.

3 Bestimme die Innenwinkel eines gleichschenklig-rechtwinkligen Dreiecks.
Welche Teildreiecke entstehen durch Einzeichnen der Symmetrieachse?

4 Durch einen Punkt P auf einer Geraden g soll das Lot zu g mithilfe des Thaleskreises konstruiert werden. Beschreibe deine Konstruktion mit eigenen Worten.

5 Konstruiere mithilfe des Thaleskreises einen 45° und einen 30° Winkel.

6 Construct the following figures.

a)

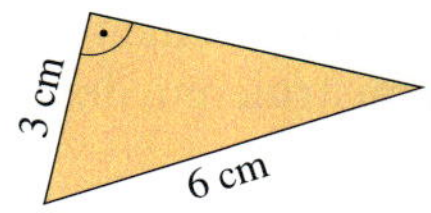

b)

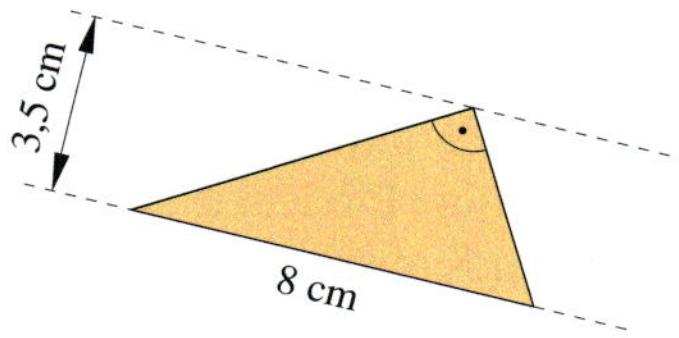

c)

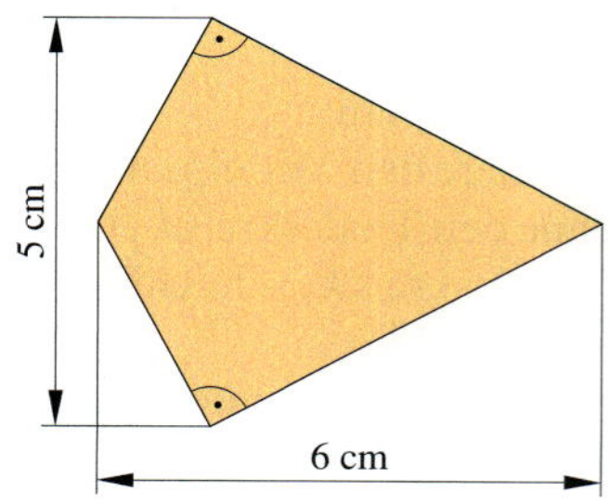

7 Konstruiere ein gleichschenklig-rechtwinkliges Dreieck mit der Basislänge 8 cm.

8 Konstruiere ein Rechteck aus
a) $\overline{AC} = 7$ cm und $\overline{BC} = 4$ cm
b) $\overline{BD} = 8$ cm und $\sphericalangle BDC = 22{,}5°$.

9 Zeichne zu einer 8,4 cm langen Strecke $[AB]$ eine parallele Gerade g im Abstand von 3,5 cm. Bestimme die Punkte auf der Geraden g, unter denen man die Strecke $[AB]$ unter einem rechten Winkel sieht.

10 Zeichne in ein Koordinatensystem den Kreis $k\,(M; r)$ und den Punkt P. Konstruiere vom Punkt P die Tangenten an den Kreis. Gib zur Kontrolle die Koordinaten der Berührpunkte an.
a) $M(3\,|\,3{,}5)$; $r = 2{,}5$ cm; $P\,(8\,|\,6)$
b) $M\,(2\,|\,0)$; $r = 2$ cm; $P\,(3\,|\,5)$

11 Formuliere einen „Genau dann, wenn …"-Satz über gleichschenklige Dreiecke.

Noch fit?

1 Ein Draht soll in die angegebene Form gebogen werden. Stelle jeweils einen Term für die Länge des benötigten Drahtes und den eingeschlossenen Flächeninhalt auf.

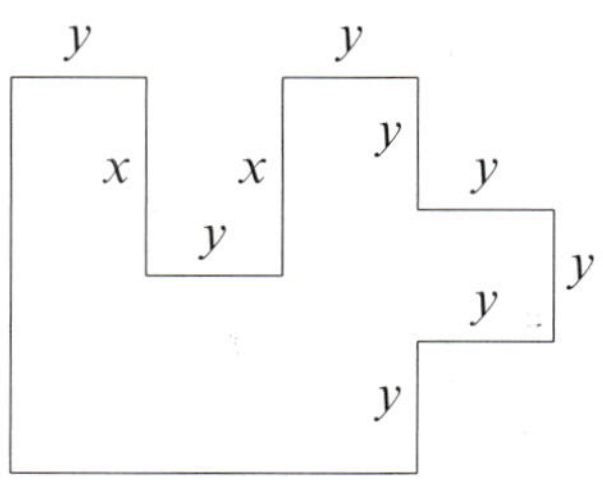

2 Wie viele Fokus-Bücher brauchst du, um dein Klassenzimmer mit ihnen auszulegen? Wie viele, um das Klassenzimmer gänzlich auszufüllen?

3 Vier Freundinnen schätzen das Alter ihres Lieblingsstars. Maria schätzt 27 Jahre, Magdalena 35 Jahre, Christine 39 Jahre und Carina 32 Jahre. Nun haben sich alle geirrt, eine nur um ein Jahr, die anderen sogar um drei, vier und neun Jahre. Wie alt ist der Star tatsächlich?

Aufgaben

Verknüpfen
Anwenden
Trainieren

12 Begründe, warum die Eckpunkte eines Quadrats und eines Rechtecks auf einer Kreislinie liegen, die man als Umkreis bezeichnet.

13 Konstruiere ein Viereck $ABCD$ mit
a) $\alpha = 43°$, $\overline{AB} = 6$ cm, $\overline{AD} = 4$ cm, $\overline{BC} = 3{,}5$ cm und $\beta = 90°$.
b) $c = 15$ cm, $d = 11{,}5$ cm, $\overline{DB} = 16{,}6$ cm, $\delta = 60°$ und $\beta = 90°$

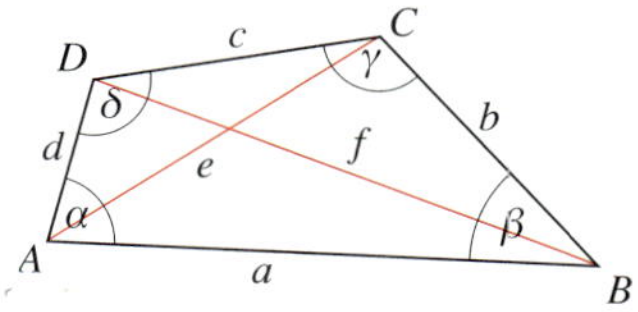

14 Konstruiere in einem beliebigen Dreieck ABC einen Punkt S, von dem aus man die Seiten c und a unter einem Winkel von 90° sieht. Beschreibe deine Vorgehensweise.

15 Finde eine Möglichkeit, mithilfe des Thaleskreises ein Lot durch einen Punkt P zu einer Geraden g zu konstruieren.
Funktioniert deine Konstruktion immer?

16 Wie kannst du nur mit einem Lineal mit cm-Skala einen rechten Winkel zeichnen?

17 Zeichne einen Winkel α, der kleiner als 180° ist. Konstruiere in den Winkel einen Kreis, welcher beide Schenkel des Winkels berührt.

18 Gegeben sind zwei Punkte P und M mit Abstand $\overline{PM} = 7$ cm. Konstruiere einen Kreis k um M derart, dass die beiden durch P verlaufenden Tangenten an k miteinander einen Winkel von 44° einschließen.

19 Finde einen indirekten Beweis für folgenden Satz: Wenn bei einer Doppelkreuzung Stufenwinkel gleich groß sind, dann sind die beiden Geraden, die von einer dritten geschnitten werden, parallel zueinander.
Formuliere einen ähnlichen Satz für Wechselwinkel an der Doppelkreuzung und beweise ihn.

20 Zeichne ein beliebiges Dreieck ABC und konstruiere zu den Seiten $[AB]$ und $[BC]$ jeweils den Thaleskreis.
Warum schneiden sich die beiden Kreise auf der Geraden AC?

21 Gegeben sind eine Gerade g und zwei Punkte A und B.
Konstruiere durch B eine Gerade h, so dass A von g und h denselben Abstand hat.

22 Verwende eine DGS und konstruiere ein rechtwinkliges Dreieck, so dass bei der Spiegelung an einer Kathete die Gesamtfigur wieder ein rechtwinkliges Dreieck ergibt.
Findest du ein Dreieck, bei dem nach der Spiegelung an einer Kathete ein gleichseitiges Dreieck entsteht?

23 Konstruiere ein gleichschenkliges Dreieck, bei dem der Thaleskreis über dem einen Schenkel den anderen Schenkel in seinem Mittelpunkt schneidet.

24 Zerlege mit DGS ein rechtwinkliges Dreieck in zwei gleichschenklige Dreiecke.
a) Warum geht dies immer?
b) Welchen Winkel schließen die Symmetrieachsen dieser gleichschenkligen Dreiecke miteinander ein?
c) Wie muss die Figur verändert werden, sodass eines der beiden Dreiecke sogar gleichseitig ist?

25 Zeichne das Kreisquartett in dein Heft und begründe, dass die beiden eingezeichneten Geraden senkrecht zueinander sind.

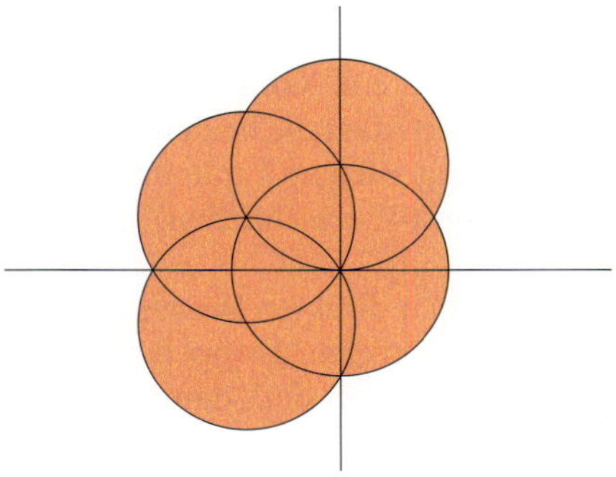

Wie kann man diese Figur verwenden, um eine Tangente an einen Kreis durch einen Punkt P auf der Kreislinie zu zeichnen?

Aufgaben

Verknüpfen
Anwenden
Trainieren

26 Zeichne ein gleichschenkliges Dreieck mit Basis c und $\gamma = 45°$. Der Thaleskreis über b schneidet a im Punkt D. Bestimme den Winkel BAD.

27 Fabians Zimmer hat einen rechteckigen Grundriss mit einer Breite von 3,00 m und einer Länge von 4,60 m. Um seine mit Postern beklebten Wände zu fotografieren, leiht er sich von seinem Vater dessen Spiegelreflexkamera, die eine Brennweite von 18 mm hat. Mit der Kamera, die einen Öffnungswinkel von 90° hat, möchte er von jeder Wand ein Foto machen.
a) Konstruiere im Maßstab 1 : 50 die Kamerastandorte, von denen aus er seine Aufnahmen machen muss, um von jeder Wand ein Foto zu schießen.
b) Gilt deine Lösung für alle Zimmer mit rechteckiger Grundfläche?

28 In einem Halbkreis mit dem Radius r ist über dem Durchmesser $[AB]$ ein Dreieck ABC gezeichnet, dessen Eckpunkt C auf dem Thaleskreis liegt.
a) Welche Gerade durch C teilt das Dreieck in zwei gleich große Teildreiecke?
b) Bestimme alle auftretenden Winkel in Abhängigkeit von β.

29 **Umfangswinkelsatz**
Zeichne mithilfe einer DGS einen Kreis und eine Sehne. Verbinde nun einen Punkt P auf dem Kreisbogen mit den Endpunkten der Sehne. Was beobachtest du, wenn du den Punkt P auf dem Kreisbogen bewegst? Beschreibe deine Beobachtungen.

30 Beweise oder widerlege durch ein Gegenbeispiel: „Ein Dreieck, das von einer Ecke aus durch eine Halbgerade in zwei gleichschenklige Dreiecke zerlegt werden kann, ist rechtwinklig."

31 Welche Eigenschaft muss ein Viereck haben, bei dem sich die vier Thaleskreise über den Seiten in einem Punkt schneiden?

32 Verwende eine DGS.

a) Begründe, dass $\alpha = \beta$ gilt.

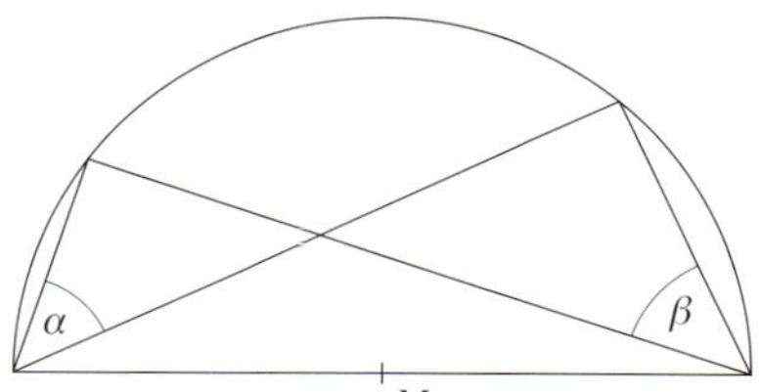

b) Begründe, dass $\alpha + \beta = \gamma + \delta$ gilt.

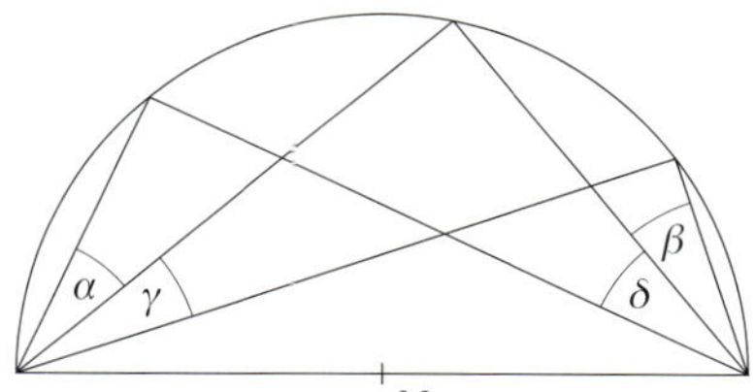

33 Zeichne zwei unterschiedlich große Kreise, die keinen Punkt gemeinsam haben. Konstruiere eine gemeinsame Tangente der beiden Kreise. Beschreibe deine Konstruktion und teste sie auch bei anderen Lagen der beiden Kreise.

34 **Diskuswurf:** Zeichne von oben eine typische Wurfsituation, bei der folgende Elemente vorkommen: Kreisbahn des Diskus vor dem Werfen, Auffanggitter, Auftreffpunkt des Diskus. Was versteht man beim Diskuswurf unter einem Öffnungswinkel bzw. unter dem Begriff „tangentiales Wegfliegen"?

35 **Anschauliche Geometrie**
Erkläre Eigenschaften dieser Figur und suche Zusammenhänge zwischen Teilfiguren.

Aufgabe der Woche

Herr Huber baut sich selbst ein Garagentor. Beim Öffnen und Schließen dieses Tors bewegen sich die vier Befestigungsrollen auf jeweils zwei zueinander senkrecht stehenden Führungsschienen. Auf welcher Linie bewegt sich der Torgriff, wenn du annimmst, dass er sich genau auf halber Torhöhe befindet.
Verwende zur Lösung eine DGS und begründe dein Ergebnis.
Warum ist diese Bauweise eigentlich ungünstig und wie haben professionelle Garagenbauer dieses Problem gelöst?

Zeig, was du kannst!

1 Begründe, warum alle Innenwinkel im gleichseitigen Dreieck 60° betragen.

2 Erläutere die Fachbegriffe zur Beschreibung eines
a) gleichschenkligen Dreiecks, **b)** rechtwinkligen Dreiecks.

3 Konstruiere aus den gegebenen Stücken ein rechtwinkliges Dreieck mit $\gamma = 90°$.
a) $c = 8$ cm, $\alpha = 55°$ **b)** $c = 6{,}8$ cm, $h_c = 3{,}4$ cm

4 Zeichne in ein Koordinatensystem den Kreis $k\,(M; r)$ und den Punkt P. Konstruiere vom Punkt P die Tangenten an den Kreis. Gib zur Kontrolle die Koordinaten der Berührpunkte an.
a) $M\,(-2\,|\,-2)$; $r = 4$ cm; $P\,(0\,|\,5)$ **b)** $M\,(2\,|\,6)$; $r = 3{,}5$ cm; $P\,(-1{,}5\,|\,1)$

5 Konstruiere ein gleichschenkliges Dreieck mit der Basis c.
a) $a = 5{,}8$ cm, $h_c = 4{,}7$ cm **b)** $c = 6{,}6$ cm, $\gamma = 55°$

6 Konstruiere ein gleichseitiges Dreieck.
a) $b = 6{,}6$ cm **b)** $w_\alpha = 5{,}4$ cm

7 Konstruiere folgende Winkel.
a) 7,5° **c)** 37,5°
b) 45° **d)** 172,5°

Aufg.-Nr.	Punkte	Lösungshinweise
1	3 P	keine Lösungshinweise
2	5 P	keine Lösungshinweise
3	6 P	Seite 152
4	8 P	Seite 159
5	6 P	Seite 152
6	6 P	Seite 152
7	8 P	Seite 152

Lösungen Seite 217

36–42 Punkte
30–35 Punkte
22–29 Punkte

9 Konstruktion mithilfe von Dreiecken

Viele alltägliche Aufgabenstellungen, wie das Bestimmen von Längen und Entfernungen, können durch Konstruktionen gelöst werden. Dreiecke sind hierbei ein wichtiges Hilfsmittel. In diesem Kapitel lernst du, solche Konstruktionsaufgaben zu lösen. Dabei übst du auch das Arbeiten mit dynamischer Geometriesoftware.

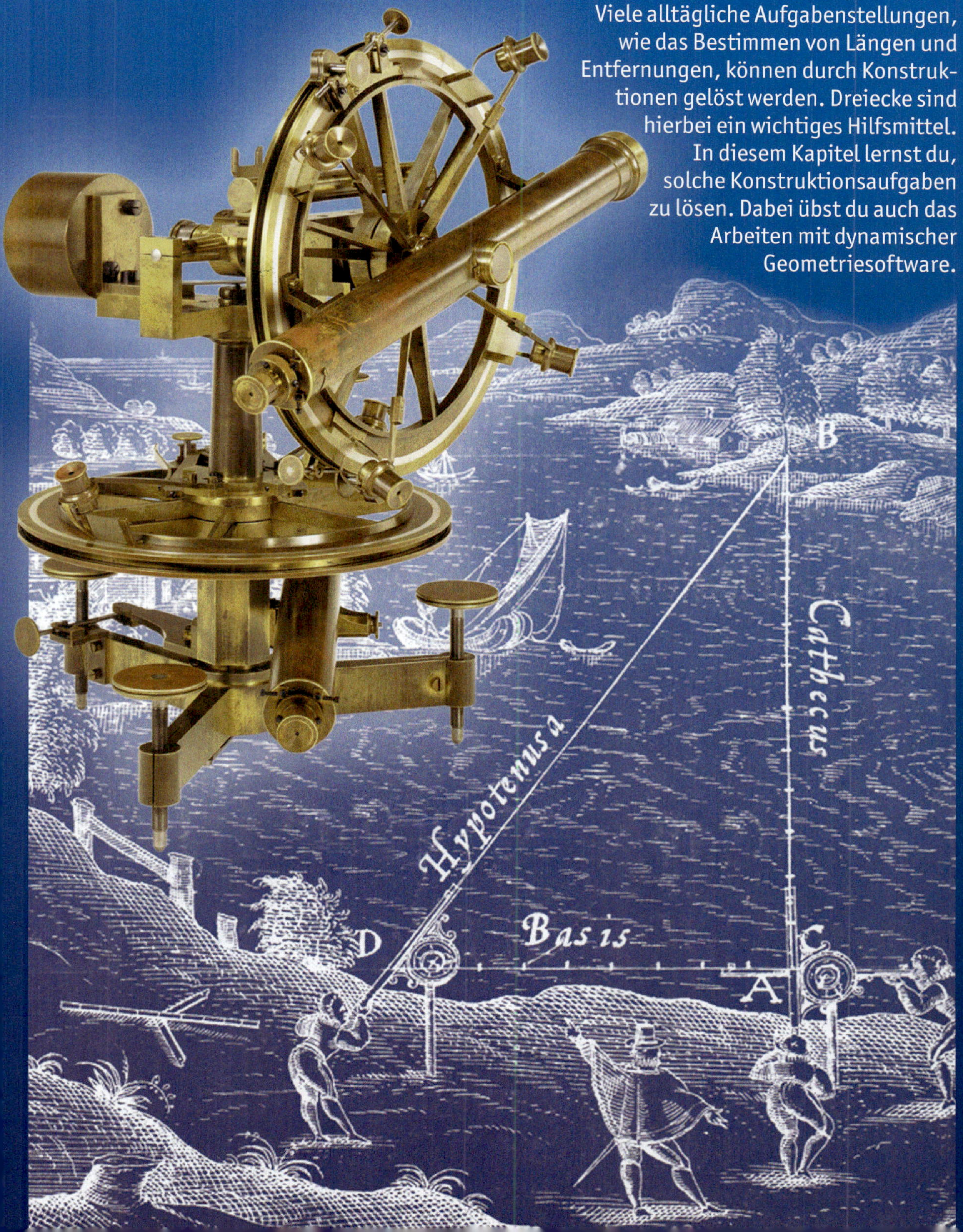

Winkelmesser zum Selberbauen

Winkelmesser für Höhenwinkel

Material: Geodreieck, Schnur, Schraubenmutter o. Ä. als Lot, Trinkhalm, Klebefilm

Bauanleitung:
- Die Schnur (ca. 30 cm) wird auf der Hinterseite des Geodreiecks mit Klebeband befestigt, so dass sie in jeder Lage des Geodreiecks genau in der Mitte (bei 0 cm) über die Kante hängt.
- Am anderen Ende der Schnur wird das Lot befestigt.
- Der Trinkhalm wird der Länge nach gerade aufgeschnitten, parallel zur langen Seite des Geodreiecks über diese geschoben und mit Klebefilm fixiert.
- Die Winkelskala muss wie im Bild rechts neu beschriftet werden.

Benutzung:
- Halte den Winkelmesser genau aufrecht vor ein Auge. Dabei hilft dir das Lot.
- Visiere durch den Trinkhalm den Punkt an (Gipfel eines Baumes, höchster Punkt eines Gebäudes, ...), dessen Höhenwinkel du bestimmen willst.
- Den Höhenwinkel α kannst du an der Stelle ablesen, an der die senkrecht herunterhängende Schnur die neue Beschriftung der Winkelskala berührt.

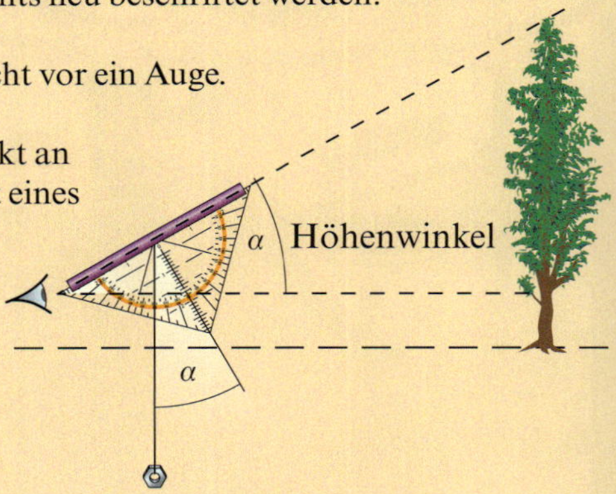

Aufträge:

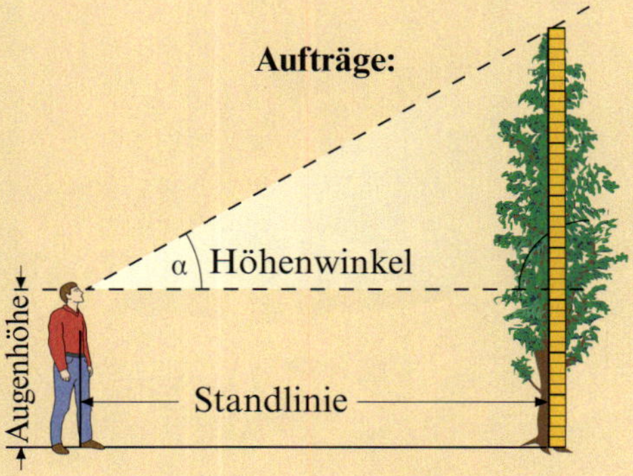

- Begründe, dass auf der Skala (s. Bild oben rechts) tatsächlich der Höhenwinkel α abgelesen werden kann.
- Schätze Höhen von Gebäuden, Bäumen o. a. und überprüfe gemeinsam mit anderen deine Schätzung mithilfe eines Maßbandes und deines Höhenwinkelmessers. Erläutere euer Vorgehen.
- Untersuche mit anderen an einer Mauer oder an einem Baum, wie sich der Winkel α verändert, wenn die Standlinie verkürzt oder verlängert wird. Veranschauliche den Zusammenhang in einem Diagramm.

Winkelmesser für Horizontalwinkel

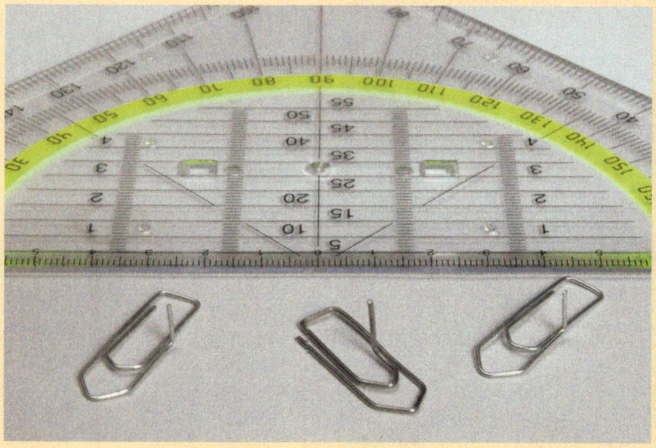

Material: Geodreieck, Klebefilm, drei (große) Büroklammern, kleine Zange, Rohr oder Stab, Kleber

Bauanleitung:
- Klebe das Geodreieck wie im Bild rechts auf einen Stab, den du nach Möglichkeit anspitzt, damit er leichter in den Boden gesteckt werden kann.
- Biege die Büroklammern so wie im Bild links gezeigt zurecht.
- Schiebe eine Büroklammer so auf die lange Seite des Geodreiecks, dass der nach oben stehende Teil genau bei der Markierung 0 cm liegt. Befestige sie dort mit Klebefilm.
- Die anderen beiden Büroklammern werden bei der Messung auf die kurzen Seiten des Geodreiecks gesteckt.

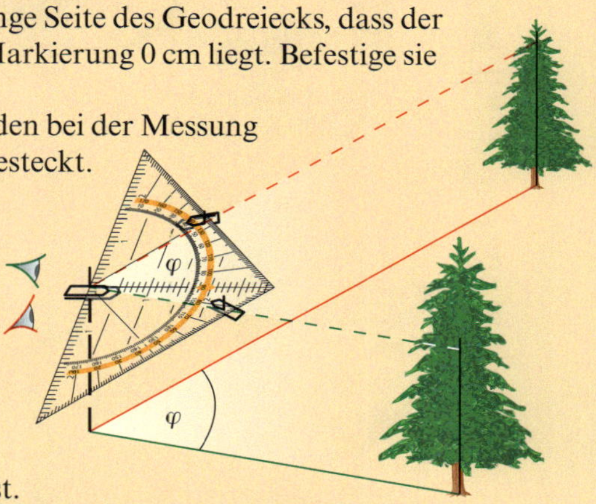

Beachte: Bei Messungen muss der Stab fest im Boden stecken, das Geodreieck darf sich trotz Schiebens an den Büroklammern nicht bewegen.

Aufträge:
- Es soll wie im nebenstehenden Bild der Horizontalwinkel φ ermittelt werden. Beschreibe, wie du beim Messen vorgehst. Der Winkel φ lässt sich nicht direkt auf den Skalen des Geodreiecks ablesen. Wie erhältst du die Größe von φ?
- Schätze im Gelände die Größe des Winkels zwischen verschiedenen markanten Punkten (Bäume, Büsche, Turmspitzen, Hauskanten, …) und überprüfe deine Schätzung durch Messung.
- Mit einem Maßband und einem Horizontalwinkelmesser könnt ihr zu mehreren auch die Länge einer unzugänglichen Strecke [AC] ermitteln (s. nebenstehendes Bild). Probiert es aus und erläutert euer Vorgehen.

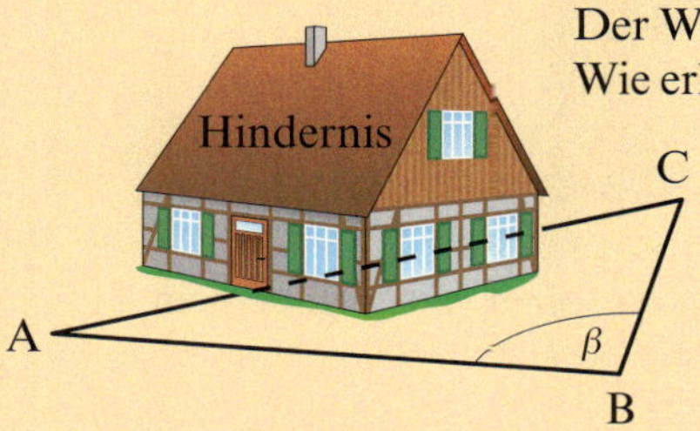

Ideen für Referate:
- Moderne Vermessungstechnik: Mit welchen Werkzeugen arbeiten Vermessungsämter? Wie werden Computer eingesetzt?
- Geschichte der Landvermessung: Antike – Mittelalter – Renaissance
Was hat Landvermessung mit Steuern zu tun?

9.1 Besondere Linien und Punkte im Dreieck

Auftrag 1 Optimale Position einer Funkantenne

Die drei Orte Kelheim, Riedenburg und Neustadt sollen von einer gemeinsamen Funkantenne versorgt werden. Zu diesem Zweck sucht der Anbieter des Funknetzes eine Position, die von allen drei Ortsmitten gleich weit entfernt ist. Übertrage die Lage der drei Orte aus der Landkarte auf Transparentpapier. Finde auf diesem Blatt einen geeigneten Punkt, begründe deine Lösung und beschreibe eine passende Konstruktion.
Lege das Transparentpapier wieder auf die Landkarte. Wo müsste die Antenne stehen? Ist der so gefundene Punkt der optimale Platz für einen Funksender?

Kreise um Dreiecke

Auftrag 2

Zeichne mithilfe einer DGS ein beliebiges Dreieck. Ist es möglich, einen Kreis zu zeichnen, der durch alle drei Eckpunkte verläuft? Gelingt dir das bei jeder Form des Dreiecks?
Beschreibe, wie du den Mittelpunkt eines solchen Kreises bestimmen kannst. Welche besonderen Linien im Dreieck helfen dir dabei?

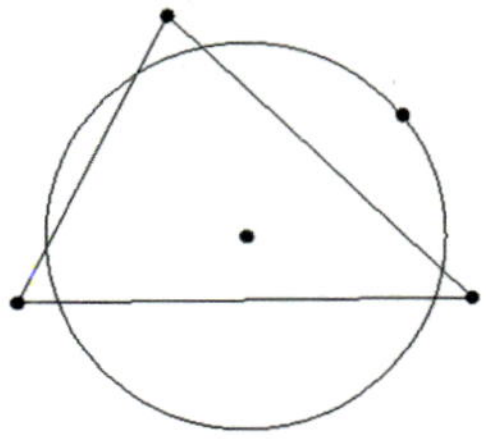

Konstruktion entschlüsseln

Auftrag 3

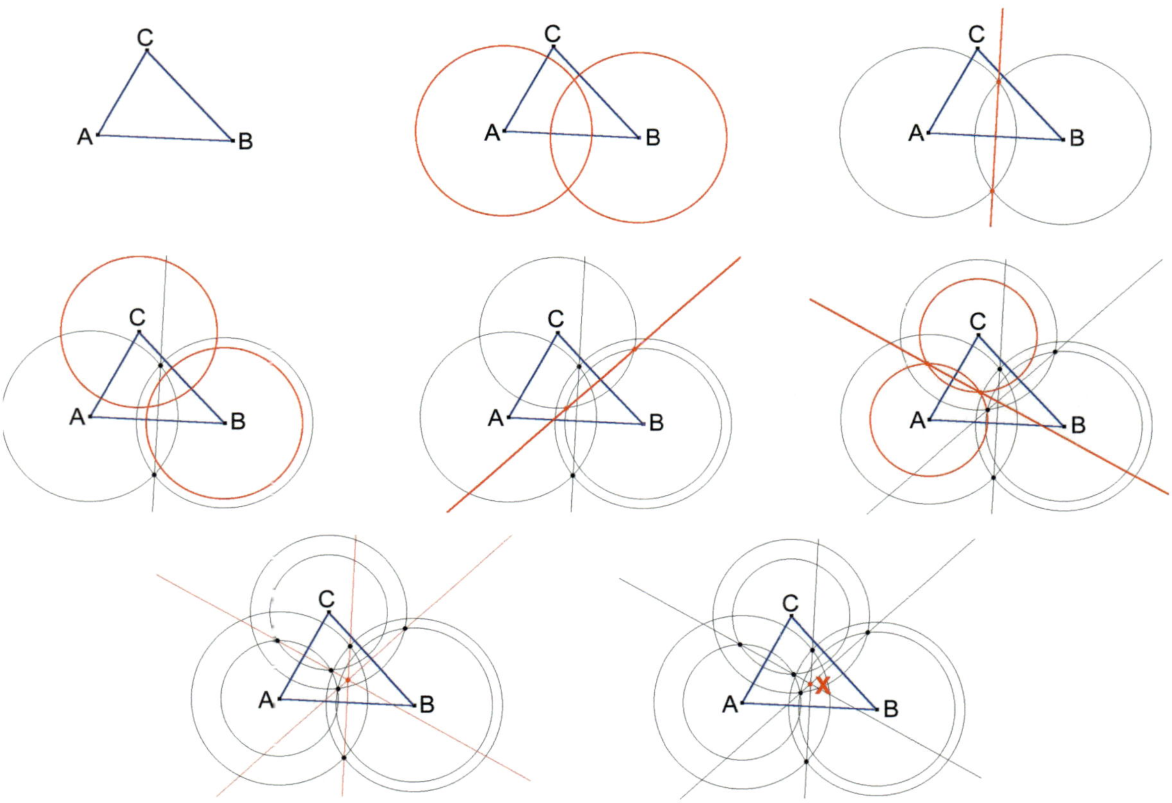

Die Bilderserie zeigt die einzelnen Schritte einer Konstruktion. Das blaue Dreieck *ABC* ist die Ausgangsfigur, der rote Punkt *X* das Ergebnis.
Fertige eine Konstruktionsbeschreibung an. Welche Eigenschaften haben die konstruierten Linien, welche der rote Punkt *X*?
Wieso schneiden sich im letzten Schritt alle drei Geraden in einem Punkt?

Mittendrin

Auftrag 4

Was ist mit dem „Mittelpunkt eines Dreiecks" gemeint? Diskutiert eure Vorschläge.

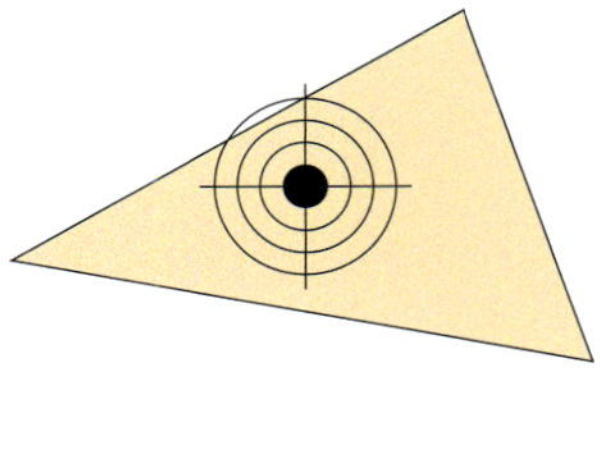

Bearbeitung

Auftrag 1 Optimale Position einer Funkantenne

Tipp

Zur Konstruktion einer Mittelsenkrechten siehe Seite 26.

Zu bestimmen ist ein Punkt, der von allen drei Ecken des Dreiecks *RNK* den gleichen Abstand hat.
Für nur zwei Orte *A* und *B* ist die Aufgabe leicht zu lösen: Der Mittelpunkt der Strecke [*AB*] ist eine mögliche Position.
Alle Punkte, welche die gleiche Entfernung zu *A* und *B* haben, sind auf der Mittelsenkrechten m_{AB} zu finden. Damit kannst du den optimalen Standort eines Funksenders auch für drei Orte bestimmen:
Auf der Mittelsenkrechten m_{RN} zur Dreiecksseite [*RN*] liegen alle Orte, die von *R* und *N* gleich weit entfernt sind (siehe nebenstehendes Bild).
Ebenso liegen auf m_{KR} alle Orte, welche die gleiche Entfernung von *R* und *K* haben.

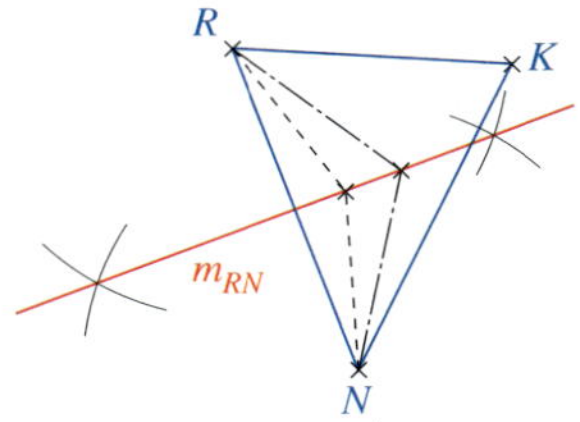

Beachte

Weil *R*, *N* und *K* die Eckpunkte eines Dreiecks sind, können sie nicht auf einer Geraden liegen. Deswegen sind m_{RN} und m_{KR} nicht parallel, schneiden sich also in einem Punkt *M*.

m_{RN} und m_{KR} schneiden sich im Punkt *M*. Dieser Punkt *M* hat sowohl von *R* und *N* als auch von *R* und *K* den gleichen Abstand, ist also von allen drei Punkten *R*, *N* und *K* gleich weit entfernt.
Damit steht fest, dass auch die Mittelsenkrechte zur dritten Seite [*NK*] des Dreiecks *RNK* durch *M* verläuft:

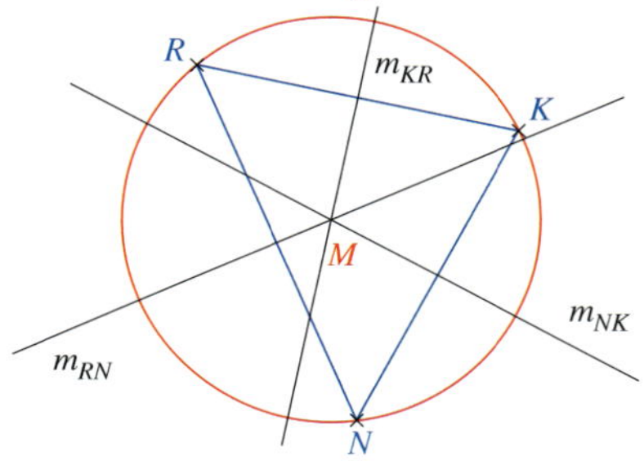

Die Mittelsenkrechten aller drei Seiten schneiden sich in einem Punkt *M*.
Weil die Abstände von *R*, *N* und *K* zu *M* gleich groß sind, liegen alle drei Punkte auf einem Kreis um den Mittelpunkt *M*. Dieser Kreis heißt **Umkreis** des Dreiecks *RNK*, *M* ist der **Umkreismittelpunkt** dieses Dreiecks.

Wenn du das Transparentpapier jetzt wieder über die Landkarte legst, hast du den gesuchten Ort gefunden.
In der Realität ist die Forderung nach gleich großen Entfernungen natürlich nur *ein* Kriterium für die Platzierung von Funksendern. Mindestens ebenso wichtig sind die Geländeform (Hügel und Berge sind günstig, Täler und Senken sehr ungünstig) und oft auch der Versuch, dicht besiedelte Gebiete zu meiden. Der nächste Schritt wäre also, in der näheren Umgebung des konstruierten Umkreismittelpunkts nach einer geeigneten Anhöhe zu suchen.

Einen Schritt weiter gedacht: Neben den Mittelsenkrechten der Dreiecksseiten kennst du noch zwei weitere Sorten „besonderer Linien" in Dreiecken: Winkelhalbierende und Höhen.

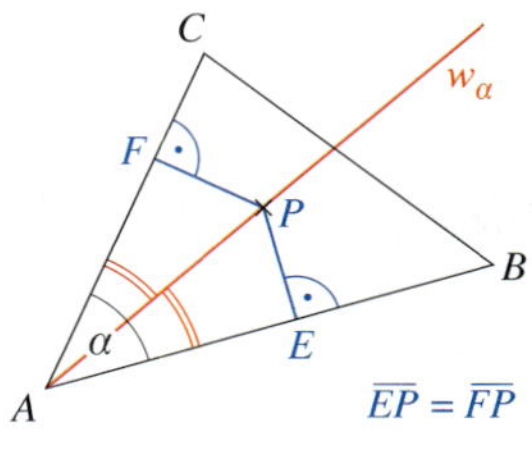

Die **Winkelhalbierenden** in einem Dreieck sind die Geraden, welche die Winkel zwischen den Dreiecksseiten (genauer: zwischen den Geraden, auf denen die Dreiecksseiten liegen) halbieren.
Die Winkelhalbierende des Innenwinkels α wird als w_α bezeichnet.
Jeder Punkt auf der Winkelhalbierenden ist von den beiden Schenkeln gleich weit entfernt.

Die **Höhen** des Dreiecks sind die Lote von den Eckpunkten auf die jeweils gegenüberliegende Dreiecksseite (wiederum genauer: auf die Geraden, auf denen diese Seiten liegen).
h_a bezeichnet das Lot von A auf BC.

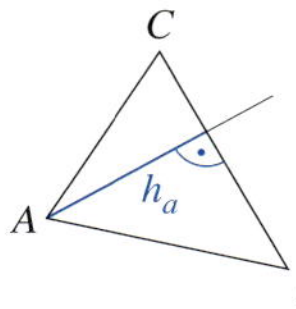

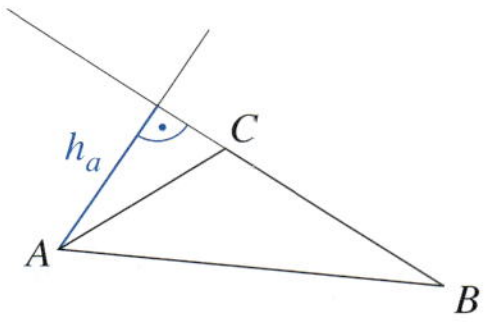

Die Zeichen h_a und w_α werden mit zwei unterschiedlichen Bedeutungen verwendet: Die Gerade h_a ist die Lotgerade von A auf BC. Mit der Länge h_a ist zum Beispiel in der Flächenformel für das Dreieck die Länge der Strecke zwischen A und dem Schnittpunkt der Lotgeraden mit BC gemeint.
Genauso kann mit w_α eine Gerade oder eine Länge gemeint sein.

Anders als Höhen und Winkelhalbierende verlaufen die Mittelsenkrechten im Allgemeinen nicht durch Eckpunkte.

Info

Die Gerade durch eine Seitenmitte und den gegenüberliegenden Eckpunkt heißt **Seitenhalbierende**.

Zusammenfassung

Besondere Linien und Punkte im Dreieck 171-1

D Die **Winkelhalbierenden** eines Dreiecks sind die Geraden, die seine Innenwinkel halbieren.

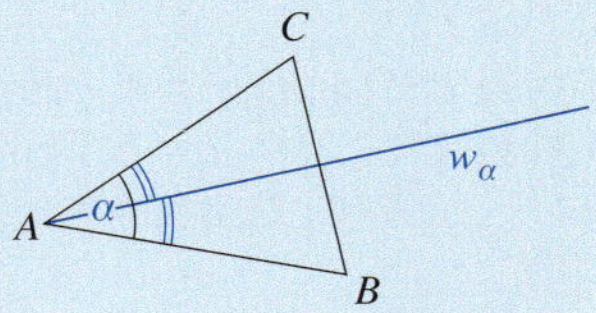

S Die Winkelhalbierenden sind die Symmetrieachsen der jeweiligen Winkel. Jeder Punkt der Winkelhalbierenden ist von den beiden Schenkeln gleich weit entfernt.

D Die **Höhen** eines Dreiecks sind die Lote von den Eckpunkten auf die gegenüberliegenden Seiten (oder deren Verlängerungen).

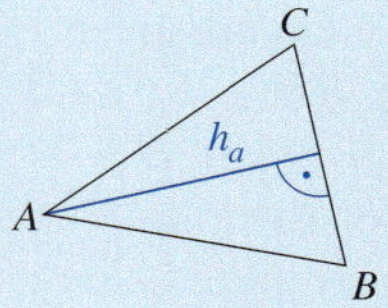

D Die **Mittelsenkrechten** eines Dreiecks sind die Geraden, die senkrecht zu den Seiten durch deren Mittelpunkt verlaufen.

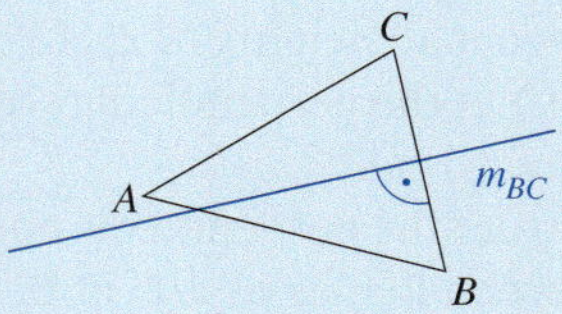

S Die Mittelsenkrechten eines Dreiecks sind jeweils Achse bezüglich derer die beiden Eckpunkte, die die Seite begrenzen, symmetrisch zueinander liegen.

S Die drei Mittelsenkrechten eines Dreiecks schneiden sich in einem Punkt. Dieser Punkt hat von allen drei Ecken den gleichen Abstand.

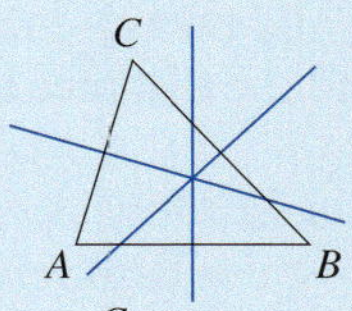

D Der Schnittpunkt der drei Mittelsenkrechten eines Dreiecks heißt **Umkreismittelpunkt** des Dreiecks.
Der Kreis um diesen Punkt, der durch die Eckpunkte des Dreiecks verläuft, ist der **Umkreis** des Dreiecks.

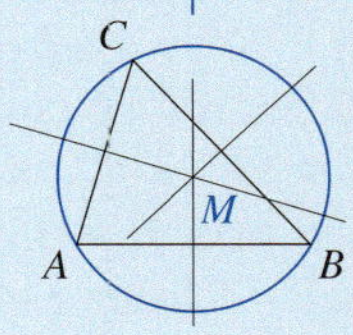

Aufgaben

Verknüpfen
Anwenden
Trainieren

1 Konstruiere (Planfigur, Konstruktionsplan) aus den angegebenen Stücken jeweils ein Dreieck und seinen Umkreis.

a) $b = 6{,}2$ cm, $\alpha = 72°$, $\gamma = 40°$
b) $a = 8$ cm, $b = 5{,}5$ cm, $\alpha = 50°$
c) $b = 5$ cm, $c = 6{,}2$ cm, $\alpha = 66°$, $\gamma = 52°$
d) $a = 7{,}5$ cm, $c = 5$ cm, $\gamma = 36°$
e) $a = 5{,}7$ cm, $\alpha = 56°$, $\gamma = 78°$
f) $\alpha = 53°$, $\beta = 61°$, $\gamma = 66°$
g) $b = 6{,}5$ cm, $c = 5{,}5$ cm, $\beta = 90°$
h) $c = 7$ cm, $\alpha = 90°$, $\beta = 40°$
i) $a = b = c = 6$ cm
j) $a = b = 4{,}8$ cm, $\alpha = 70°$

2 Konstruiere in einem geeigneten Koordinatensystem (Längeneinheit 1 cm) die folgenden Dreiecke und ihren Umkreis.
Lies nach der Konstruktion die Koordinaten der Eckpunkte und des Umkreismittelpunkts ab.

a) $B(0\,|\,-1)$, $C(4\,|\,1)$, $c = 4{,}7$ cm, $\gamma = 71°$
b) $A(3\,|\,1)$, $C(-2\,|\,6)$, $a = 5{,}1$ cm, $\gamma = 55{,}5°$
c) $A(4\,|\,-3)$, $B(4\,|\,2)$, $a = b = 6{,}5$ cm

3 The following points in a coordinate system of unit length 1 cm are given.
$A(3.5\,|\,4.5)$, $B(2\,|\,-1.5)$, $C(-2\,|\,1)$, $D(-1\,|\,4.5)$, $E(3.5\,|\,-1)$, $F(1\,|\,3)$, $G(-3\,|\,-2)$, $H(4.5\,|\,2)$.
Solve each of the following questions in a separate coordinate system.

a) Construct the bisectors of $\triangle ABC$.
b) Construct all heights of $\triangle ABG$.
c) Construct the perpendicular bisectors of the sides of $\triangle ADE$.
d) Construct the perpendicular of BF in B and the perpendicular of HC in E.
e) Construct and measure the distance between F and CE and the distance between H and BG.

4 Konstruiere die Dreiecke aus den gegebenen Stücken. r ist der Umkreisradius.

a) $a = 5$ cm, $\beta = 70°$, $r = 4{,}5$ cm
b) $a = b$, $c = 7$ cm, $r = 4{,}5$ cm
c) $a = 6$ cm, $\alpha = 90°$, $r = 3$ cm
d) $c = 4{,}8$ cm, $\beta = 55°$, $\gamma = 35°$, $r = 3{,}5$ cm
e) $b = 7{,}5$ cm, $c = 5{,}8$ cm, $r = 5{,}2$ cm
f) $b = 8$ cm, $\beta = 90°$, $r = 6{,}5$ cm

5 Das Bild zeigt eine misslungene Konstruktion des Umkreises des blauen Dreiecks.
Wo steckt der Fehler?
Übertrage das Dreieck in dein Heft und führe die Konstruktion des Umkreises richtig durch.

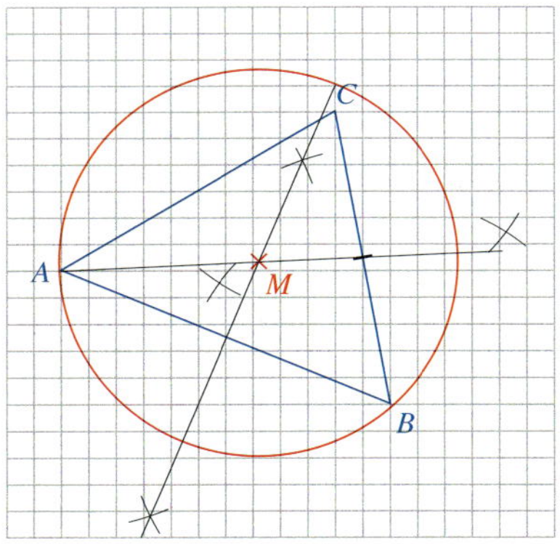

Noch fit?

1 Der Benzinverbrauch eines Autos hängt mit seiner Geschwindigkeit zusammen. Für einen Wagen, der bei 60 km/h für 100 km 6 Liter verbraucht, kann für Geschwindigkeiten v über 60 km/h folgende Faustformel verwendet werden: $B(v) = \frac{v^2}{1800} - \frac{v}{15} + 8$.

a) Beschreibe diesen Zusammenhang in Worten.
b) Erstelle ein Schaubild für den Bereich von 60 km/h bis 150 km/h.
Kommentiere das Ergebnis.
c) Um wie viel Prozent ist der Verbrauch bei 130 km/h höher als bei 100 km/h?
Vergleiche mit der prozentualen Veränderung der Geschwindigkeit.

2 In Indien lebten im Jahr 2003 ca. 1015 Millionen Menschen. Beim gegenwärtigen Wachstum verdoppelt sich Indiens Bevölkerung rund alle 46 Jahre. Stelle unter dieser Annahme die Entwicklung der Einwohnerzahl Indiens bis zum Jahr 2200 in einem Schaubild dar. Wann etwa entspräche sie der gesamten heutigen Weltbevölkerung?
Die Bevölkerung Somalias verdoppelt sich gegenwärtig etwa alle 17 Jahre. Was wäre, wenn die Bevölkerung Indiens genauso stark wachsen würde?

Aufgaben

Verknüpfen
Anwenden
Trainieren

6 Zeichne mit einer DGS ein beliebiges Dreieck *ABC*. Finde einen Radius *r*, für den sich alle drei Kreise $k\,(A; r)$, $k\,(B; r)$ und $k\,(C; r)$, in einem Punkt schneiden.
Gib an und begründe, wie du diesen Radius gefunden hast.
Tipp: Beginne mit einem beliebigen r_1, zeichne $k\,(A; r_1)$ und $k\,(B; r_1)$. Dann trifft $k\,(C; r_1)$ keinen der beiden Schnittpunkte ...

7 Draw three points *A*, *B* and *C* in such a way that you can't find a point which has the same distance to all three of them.

8 Was weißt du über ein Dreieck, bei dem
a) eine Höhe gleichzeitig Mittelsenkrechte ist?
b) zwei Höhen gleichzeitig Mittelsenkrechten sind?
c) eine Höhe gleichzeitig Winkelhalbierende ist?
d) eine Winkelhalbierende gleichzeitig Mittelsenkrechte ist?

9 Löse die folgenden Aufgaben, indem du die Lage der genannten Orte von einer geeigneten Karte in deinem Schüleratlas auf Transparentpapier durchpaust.
Bestimme jeweils möglichst genau die Koordinaten (Längen- und Breitengrad) der gesuchten Orte.
a) Zwischen Bamberg, Bayreuth und Coburg soll ein Militärflugplatz entstehen. Um keine der drei Städte übermäßig zu belasten, soll er genau „in der Mitte" zwischen ihnen liegen. Bestimme seine Position.
Wie weit ist er (Luftlinie) von Bayreuth entfernt?
b) Ein Möbelgroßhändler möchte ein Zentrallager einrichten, von dem aus er seine Filialen in den Stadtzentren von München, Augsburg und Regensburg möglichst günstig beliefern kann. Suche einen geeigneten Ort dafür.
c) Familie Schultz aus München plant umzuziehen, weil Herr Schulz nun in Bad Tölz arbeitet. Der Arbeitsplatz von Frau Schultz ist in Miesbach, ihre Tochter geht in Oberhaching zur Schule.
Wohin sollten sie ziehen?

10 Zeichne mit einer DGS ein beliebiges Dreieck *ABC* und konstruiere seinen Umkreismittelpunkt *M*.
Sage möglichst präzise voraus, wie sich die Position von *M* verändert, wenn du den Punkt *B* beliebig auf der Zeichenfläche bewegst. Miss die Größen des Dreiecks und überprüfe deine Vermutungen.

11 Aus Bierdeckeln sollen Räder für das Modell eines Wagens gebastelt werden. Dafür ist ein Loch genau in der Mitte jedes Bierdeckels nötig. Wie kannst du diesen Mittelpunkt bestimmen?

Aufgaben

Verknüpfen
Anwenden
Trainieren

12 Gibt es immer einen „Umkreis einer Strecke"? Wo liegt der Mittelpunkt, wie groß ist der Radius? Was kannst du über den „Umkreis einer Geraden" sagen?

13 Im Koordinatensystem sind die Punkte $A\,(5\,|\,2)$, $B\,(3\,|\,0)$ und $C\,(5\,|\,-2)$ gegeben. Konstruiere die Winkelhalbierende des Winkels $\sphericalangle CBA$. Wie kannst du ihre Lage bereits an den Koordinaten der Punkte *A*, *B* und *C* erkennen?
Beschreibe ohne zu zeichnen die Lage der Winkelhalbierenden des Winkels $\sphericalangle DEF$ mit den Punkten $D\,(1\,|\,3)$, $E\,(-1\,|\,-2)$, $F\,(-3\,|\,3)$.

14 **Besondere Umkreise**
a) Welche besondere Lage hat der Umkreismittelpunkt eines gleichschenkligen Dreiecks? Begründe deine Vermutung.
b) Wo befindet sich der Umkreismittelpunkt eines rechtwinkligen Dreiecks? Begründe deine Aussage.

15 In der Silvesternacht, pünktlich um 0 : 00 : 00 Uhr, zünden Carina, Martin und Yasmin gleichzeitig Böller. Ihre Koordinaten sind $C(6\,|\,1)$, $M(1\,|\,7{,}5)$, und $Y(-2\,|\,1)$. Ein Beobachter steht bei $B(1{,}5\,|\,4)$.
In welcher Reihenfolge hört er es aus den verschiedenen Richtungen knallen? Wo muss er stehen, damit er alle drei gleichzeitig hört?
Ist es möglich, dass er es genau zweimal knallen hört?

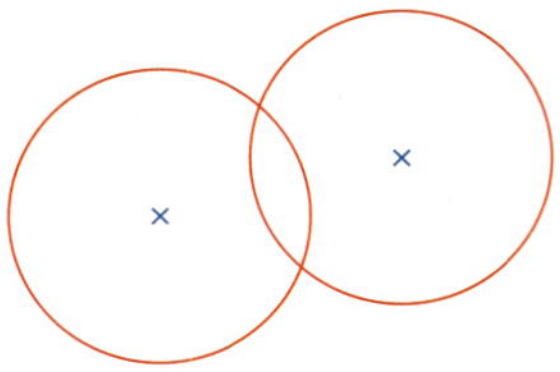

16 Arbeite wieder mit Atlas und Transparentpapier.
Eine Firma mit Standorten in Nürnberg, München und Linz sucht einen geeigneten Ort für eine neue Zentrale. Von ihr aus sollen Ingenieure mit einem Kleinflugzeug möglichst schnell die Flughäfen der drei Städte erreichen können.

a) Bestimme den Ort, der von den drei Flughäfen gleich weit entfernt ist.
b) Begründe, dass das nicht der optimale Standort für die Zentrale ist. Markiere alle Orte, die besser geeignet sind.
c) Die Firma eröffnet ein weiteres Werk in Prag. Finde nun Vorschläge für die Lage einer Zentrale.

Tipp

Zu besonderen Vierecken kannst du im Kapitel „1.2 Symmetrische Vierecke" nachlesen.

17 Gibt es auch bei Vierecken Umkreise?
Zeichne mit einer DGS ein Viereck und versuche, den Umkreismittelpunkt zu konstruieren. Begründe, welche besonderen Vierecke auf jeden Fall einen Umkreis haben.

18 **Ein anderer besonderer Punkt.**

a) Zeichne in ein Koordinatensystem die Orte $A\,(0\,|\,1)$, $B\,(11\,|\,2)$ und $C\,(6\,|\,8)$. Zwischen den drei Punkten verlaufen jeweils geradlinige Autobahnen. Aus Lärmschutzgründen wird ein Punkt im Dreieck ABC gesucht, der von allen drei Autobahnen den gleichen Abstand hat.
Überlege dir eine geeignete Konstruktion.
b) Begründe, wieso es einen solchen Punkt immer gibt.
c) Der so konstruierte Punkt heißt **Inkreismittelpunkt** des Dreiecks ABC. Was ist mit „Inkreis" gemeint? Sein Radius wird mit ρ bezeichnet.
Wie bestimmt man ihn?
Welche besondere Lage haben die Geraden AB, AC und BC zum Inkreis?
d) Konstruiere ein Dreieck mit dem Inkreisradius $\rho = 2$ cm, mit $b = 6$ cm und mit $\alpha = 50°$.
e) In welchen Dreiecken fallen der Umkreismittelpunkt und der Inkreismittelpunkt zusammen? Verwende eine DGS, um eine Vermutung zu finden, und begründe diese.

19 **Noch ein besonderer Punkt!**

a) Zeichne mit einem DGS ein beliebiges Dreieck ABC und konstruiere seine Höhen. Bewege die Eckpunkte und beschreibe, was du beobachtest. Achte dabei auch auf den Einfluss der Größen der Innenwinkel.
b) Zeige anhand des nebenstehenden Bildes, wieso sich die Höhen in einem Punkt schneiden.

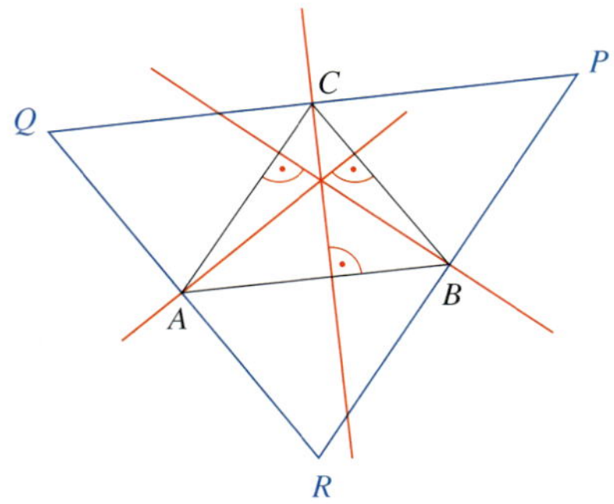

Tipp

Mache Höhen zu Mittelsenkrechten! Suche nach Parallelogrammen.

20 Experimente mit DGS

a) Zeichne mit einer DGS ein Dreieck ABC so, dass du C parallel zu AB verschieben kannst. Konstruiere den Höhenschnittpunkt.
Zeichne die Spur des Höhenschnittpunktes auf, wenn du C parallel zu AB verschiebst.

b) Zeichne eine Kreislinie und auf ihr drei Punkte A, B und C. Konstruiere den Höhenschnittpunkt des Dreiecks ABC.
Zeichne seine Spur auf, wenn du C entlang der Kreislinie bewegst.

c) Suche selbst interessante Spuren von Schnittpunkten verschiedener Geraden bei Veränderung des Dreiecks und stelle sie vor.

d) Zeichne ein beliebiges Dreieck ABC und konstruiere seinen Umkreis. Wähle einen Punkt P beweglich auf dem Umkreis.
F_a, F_b und F_c sind die Fußpunkte des Lotes von P auf die Geraden BC, AC und AB.
Was beobachtest du, wenn du P beliebig auf dem Umkreis verschiebst?

e) **Euler-Gerade:** Zeichne ein beliebiges Dreieck. Konstruiere für zwei Seiten die Geraden durch ihren Mittelpunkt und die gegenüberliegende Ecke und anschließend den Schnittpunkt S der beiden Geraden.
Konstruiere dann den Umkreismittelpunkt M und den Höhenschnittpunkt H. Was beobachtest du, wenn du die Eckpunkte A, B und C beliebig bewegst?

Tipp

Die Kreisbögen müssen dort, wo sie an ein geradliniges Trassenstück anschließen, optimal „passen“. Was bedeutet das mathematisch?

21 Kurven und Abzweigungen bei der Eisenbahn

Bei Eisenbahntrassen werden Kurven und Abzweigungen in Form von Kreisbögen ausgeführt. Konstruiere die in den folgenden Teilaufgaben beschriebenen Trassenverläufe.
Beschreibe und begründe jeweils deine Konstruktionen.

a) Im Koordinatensystem führt eine geradlinige Eisenbahntrasse vom Ort $A(1 \mid 9)$ bis zum Ort $B(5 \mid 10{,}5)$. Hier soll eine Kurve beginnen, die in ihrem Verlauf durch den Ort $C(9 \mid 9)$ führt.

b) Nachdem die Kurve den Ort C passiert hat, also irgendwo hinter C, soll sich wieder ein gerades Stück anschließen, das durch den Ort $D(8{,}5 \mid 2)$ verläuft. Konstruiere dieses Stück der Trasse und entnimm deiner Konstruktion die Koordinaten des Ortes, an dem der Übergang von der Kurve zum geraden Stück erfolgt.

c) Längs der x-Achse verläuft eine andere geradlinige Eisenbahntrasse. Vom Punkt D aus führt eine Kurve auf diese Trasse. An welcher Stelle mündet sie in diese Trasse?

d) Unmittelbar im Ort C soll ein weiteres gerades Stück abzweigen. Konstruiere auch dieses Stück. Wo trifft es auf die x-Achse?

e) Erfinde selbst eine Aufgabe zum Verlauf einer Eisenbahntrasse. Eventuell kannst du dabei sogar eine Eisenbahnstrecke in deiner näheren oder weiteren Umgebung beschreiben bzw. untersuchen.

Aufgabe der Woche

Erfinde – ähnlich einer Programmiersprache – eine DGS-Sprache und beschreibe mit ihr je eine der Konstruktionen aus den Aufgaben 1, 2 und 4. Stelle eine Beschreibung deiner Sprache und die drei Beispiele auf einem Plakat zusammen.

9.2 Konstruktionen

Auftrag 1 Grundstück

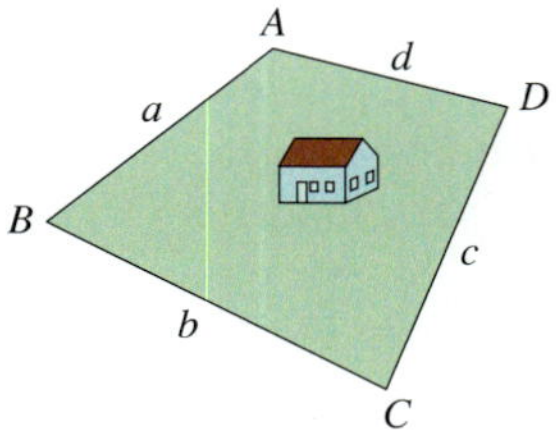

Lauras Eltern wollen den Garten der Familie neu gestalten. Zu diesem Zweck hat ihr Vater die Seitenlängen ihres viereckigen Grundstücks ausgemessen: $a = 30$ m, $b = 47$ m, $c = 37$ m und $d = 42$ m. Laura soll hieraus eine maßstabsgetreue Zeichnung des Grundstücks anfertigen.

- Begründe, dass sie das nicht schaffen kann. Mache drei Vorschläge, was ihr Vater noch zusätzlich messen müsste, damit Laura das Grundstück zeichnen kann.
- Angenommen, Laura erhält als zusätzliche Information: $\sphericalangle CBA = 75°$. Überprüfe, ob nun eine maßstabsgetreue Konstruktion durchgeführt werden kann, und beschreibe, wie du dabei vorgehst.
- Zu welchem Ergebnis kommt Laura, wenn sie anstelle von $\sphericalangle CBA$ den Winkel $\sphericalangle ACB = 33°$ kennt? Führe die Konstruktion durch und beschreibe sie.
- Ihr kleiner Bruder hat zusätzlich zu den vier Seitenlängen noch die Länge $\overline{BD} = 80$ m gemessen. Was sagst du dazu?
- Welche Maße müssten mindestens angegeben werden, wenn das Grundstück die Form eines Trapezes (eines Rechtecks) hätte?

Auftrag 2 Viereckskonstruktion mit DGS

Konstruiere mithilfe einer DGS ein Viereck $ABCD$ mit $a = 4$ cm, $b = 7$ cm, $d = 5$ cm, $\sphericalangle DBA = 50°$ und $\sphericalangle ADC = 130°$.
Fertige zunächst eine Planfigur an. Entwirf dann einen Konstruktionsplan und überprüfe deinen Plan anschließend mithilfe der DGS.
Löse dann die gleiche Aufgabe, falls die Länge der Seite $[AB]$ 6 cm beträgt.
Konstruiere nun ein Viereck $ABCD$ mit den Maßen $a = 4$ cm, $b = 3$ cm, $c = 4{,}5$ cm, $d = 5$ cm.
Überlege zwei verschiedene Beispiele dafür, welche Angaben über ein Trapez mindestens nötig sind, um es konstruieren zu können.

Auftrag 3 Eindeutig?

In Kapitel 7 hast du die Kongruenzsätze für Dreiecke kennen gelernt. Sie geben an, welche Stücke eines Dreiecks bekannt sein müssen, damit du es eindeutig konstruieren kannst.
Suche nun solche Kongruenzsätze auch für Vierecke.
Zeichne ein beliebiges Viereck. Miss die vier Seitenlängen und gib sie an deinen Nachbarn weiter, der damit das Viereck konstruieren soll. Vergleicht! Gibt es einen Kongruenzsatz SSSS?
Formuliere verschiedene Kongruenzsätze für allgemeine Vierecke und lasse sie von deinem Banknachbarn überprüfen. Achte dabei darauf, möglichst wenig gegebene Stücke zu fordern. Gib jeweils auch an, ob zusätzliche Bedingungen erfüllt sein müssen, damit die Vierecke überhaupt konstruierbar sind.
Löse die Aufgabe auch für besondere Vierecke wie z. B. Drachenvierecke, gleichschenklige Trapeze, Parallelogramme, Rauten, Rechtecke, Quadrate.

Auftrag 2 Viereckskonstruktion mit DGS

Bearbeitung

Wie bei den Dreieckskonstruktionen hilft auch hier eine Planfigur weiter. Bei Vierecken ist die Konstruktion schwieriger als bei Dreiecken. Folgender Trick ist oft hilfreich:
Betrachte Dreiecke in der Figur (decke dazu in Gedanken den Rest ab) und prüfe, ob du aus den gegebenen Stücken diese Dreiecke konstruieren kannst.
Hier gelingt dir das für das Dreieck ABD:
Durch die Stücke a, d und $\varepsilon = \sphericalangle DBA$ ist das Dreieck ABD festgelegt. Wenn du dieses Dreieck konstruiert hast, dann findest du mit $\delta = \sphericalangle ADC$ und b den vierten Eckpunkt C.
Bei anderen Konstruktionen gehst du ähnlich vor: Ausgehend von zwei Punkten wird zunächst ein dritter konstruiert, womit sich ein **Teildreieck** der gewünschten Figur ergibt.

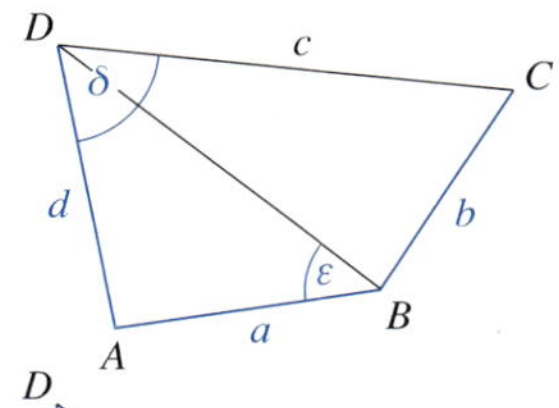

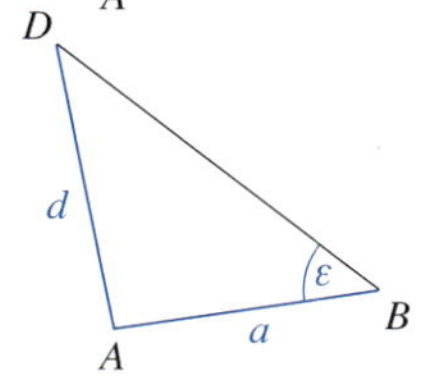

Damit hast du einen Konstruktionsplan gefunden:
1. Trage auf einer beliebigen Geraden eine Strecke der Länge a ab. Ihre Endpunkte heißen A und B.
2. Trage an die Strecke $[AB]$ im Punkt B den Winkel ε im Uhrzeigersinn an.
3. Die Kreislinie $k(A; d)$ um A mit Radius d schneidet den ersten Schenkel von ε im Punkt D.
4. Trage an die Strecke $[AD]$ im Punkt D den Winkel δ an.
5. Die Kreislinie $k(B; b)$ um B mit Radius b schneidet den zweiten Schenkel von δ im Punkt C.

Die Konstruktion des Teildreiecks ABD ist eindeutig, da $d > a$ (SsW).

Tipp

Um die Übersicht zu behalten musst du die Punkte in deiner Konstruktion sofort sorgfältig beschriften.
Bei komplizierteren Aufgaben hilft auch die Bezeichnung von Geraden, Strecken und Winkeln.

Die folgenden Bilder zeigen den Ablauf der beschriebenen Konstruktion, wenn sie mit einer DGS durchgeführt wird. Die Bilder der einzelnen Schritte sind dabei verkleinert wiedergegeben. Unter den Bildern ist jeweils angegeben, welche Funktionen der DGS bei den einzelnen Schritten benutzt wurden.

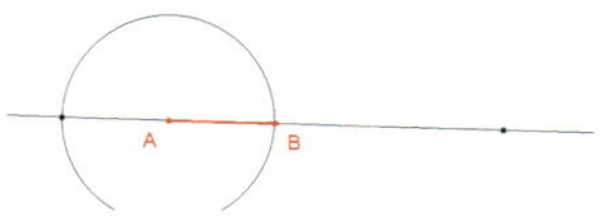

1. Gerade durch zwei Punkte
Kreis mit gegebenem Radius
Schnitt zweier Linien
Strecke zwischen zwei Punkten

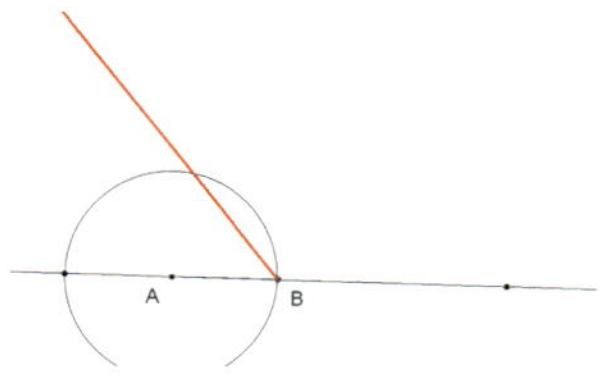

2. Winkel mit gegebener Größe

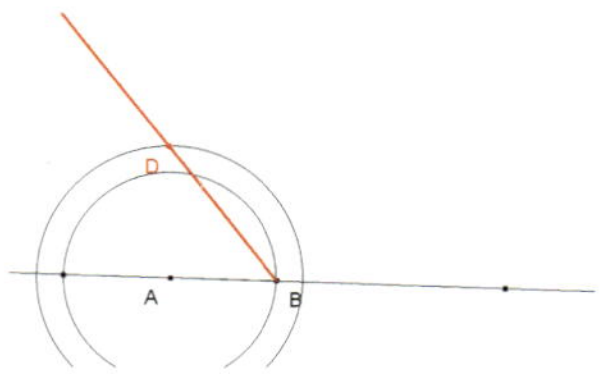

3. Kreis mit gegebenem Radius
Schnitt zweier Linien

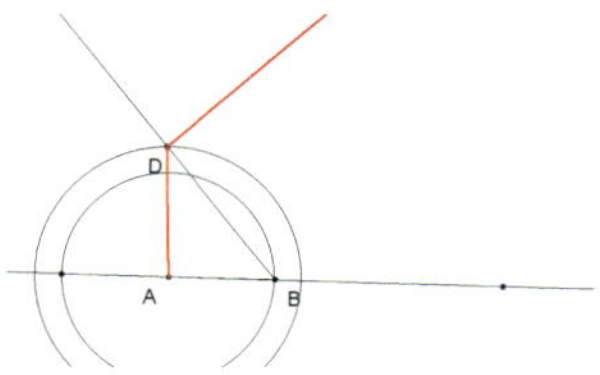

4. Strecke zwischen zwei Punkten
Winkel mit gegebener Größe

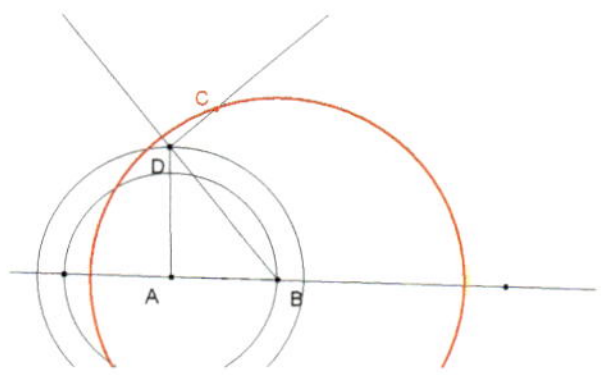

5. Kreis mit gegebenem Radius
Schnitt zweier Linien

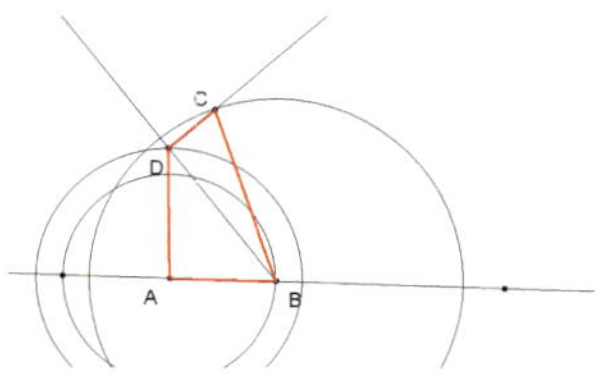

6. Strecke zwischen zwei Punkten

Beachte

Es kann auch passieren, dass keine Lösung möglich ist! Versuche es mit $\overline{AB} = 4$ cm, $\overline{BC} = 6$ cm.

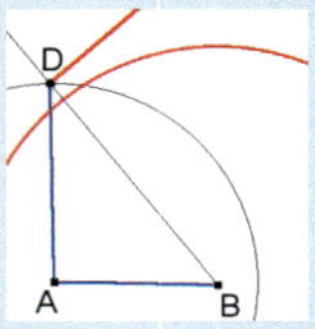

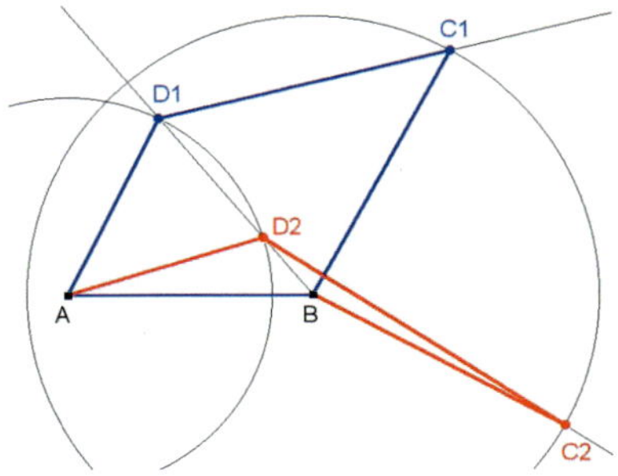

Der Konstruktionsplan bleibt derselbe, wenn andere Zahlenwerte für die Abmessungen gegeben sind. Wenn du die Aufgabe für $a = 6$ cm löst, findest du bei der Konstruktion des Punktes D zwei verschiedene mögliche Positionen D_1 und D_2.
Im Unterschied zu dem auf Seite 177 untersuchten Fall sind im Dreieck ABD nicht mehr die Voraussetzungen des Kongruenzsatzes SsW gegeben: der Winkel $\varepsilon = \sphericalangle DBA$ liegt nun der kürzeren Seite gegenüber.
Auch bei der Konstruktion des Punktes C ergeben sich nun zwei Lösungen: Wenn du den Winkel δ am Punkt D_1 anträgst, ergibt der Schnitt mit $k\,(B;\,b)$ den Punkt C_1; trägst du δ an D_2 an, so findest du C_2.
Merke: C_1 gehört zu D_1, C_2 zu D_2. Nur zusammengehörende Punkte ergeben jeweils eine Lösungsfigur. Du erhältst zwei Lösungsfiguren, die Vierecke ABC_1D_1 und ABC_2D_2, die nicht kongruent sind.
Oft wird dies schon beim Planen der Konstruktion klar. Dann solltest du das auch im Konstruktionsplan berücksichtigen.

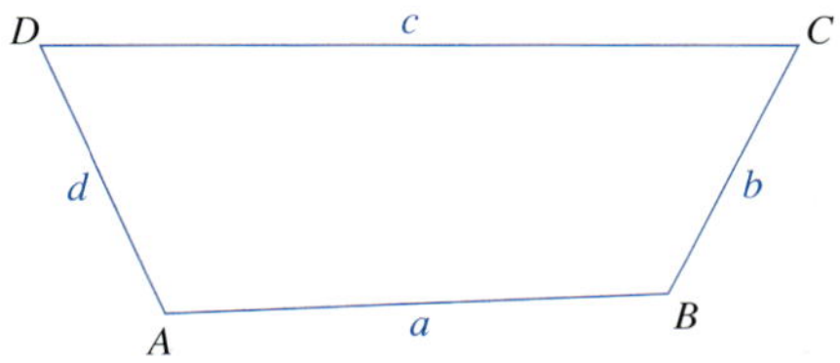

Das nächste Problem, die Konstruktion eines Vierecks aus seinen vier Seitenlängen, scheint einfach:

1. Trage eine Strecke der Länge a auf einer beliebigen Geraden ab. Ihre Endpunkte sind A und B.
2. C liegt auf $k\,(B;\,b)$.
3. D ist der Schnittpunkt von $k\,(C;\,c)$ und $k\,(A;\,d)$.

Bei der Durchführung findest du aber viele Lösungen:

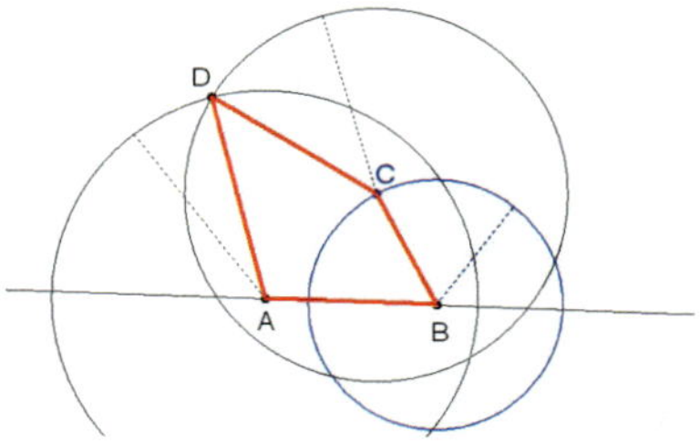

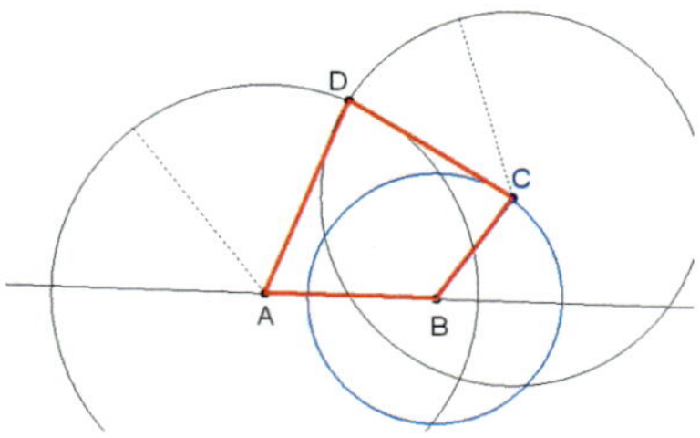

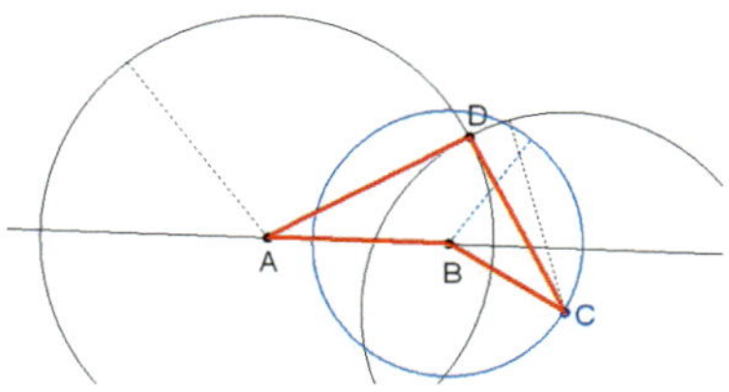

Der Punkt C darf auf der Kreislinie $k\,(B;\,b)$ beliebig bewegt werden. Dabei ergeben sich unendlich viele nicht kongruente Lösungen – das konstruierte Viereck ist nicht „stabil“.
Bei den vorhergehenden Beispielen war das anders: Bewegt man dort einen der Punkte, so bewegt sich die ganze konstruierte Figur mit – ein guter Test für eine gelungene Konstruktion.
Erst wenn du zusätzlich zum Beispiel einen der Winkel oder die Länge einer Diagonalen festlegst, wird die Figur eindeutig, d. h. „stabil“.
Vier Stücke sind also im allgemeinen zu wenig, um ein Viereck eindeutig festzulegen. Fünf Stücke reichen aus, wenn sie geeignet gewählt werden.

Für spezielle Vierecke genügen weniger als fünf Stücke, weil du die besonderen Eigenschaften dieser Vierecke bei der Konstruktion nutzen kannst. Beispielsweise genügen für ein Trapez vier Angaben:

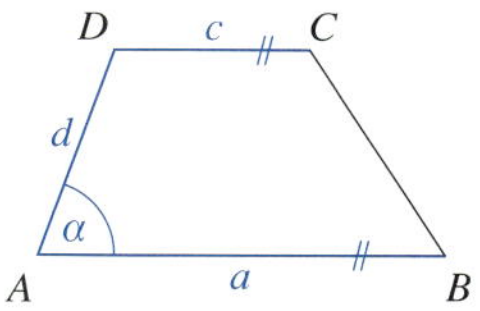

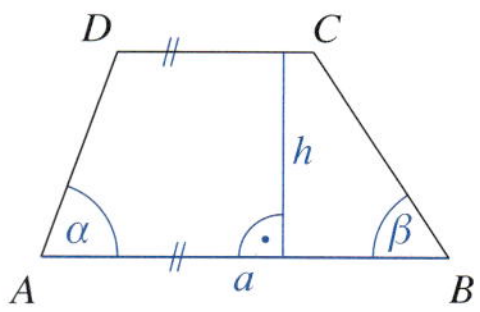

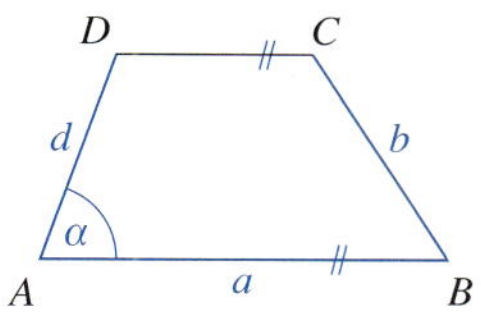

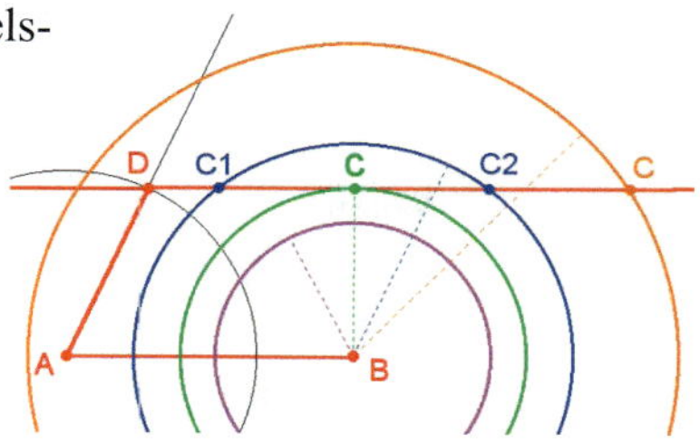

Die ersten beiden Vorschläge ergeben jeweils eine eindeutige Lösung. Im dritten Bild hängt die Anzahl der Lösungen von der Länge b ab (siehe Bild rechts).

Tipp

Parallele Linien in Planfiguren kannst du durch zwei (oder mehr) Striche kennzeichnen.

Einen Schritt weiter gedacht: Auch bei der Konstruktion von Dreiecken kann es nötig sein, mit einem Teildreieck zu beginnen. Winkelhalbierende oder Höhe zerlegen ein Dreieck zum Beispiel in zwei Teildreiecke.
Mithilfe der Kongruenzsätze für Dreiecke kannst du für jeden so konstruierten Punkt etwas über seine Eindeutigkeit aussagen.

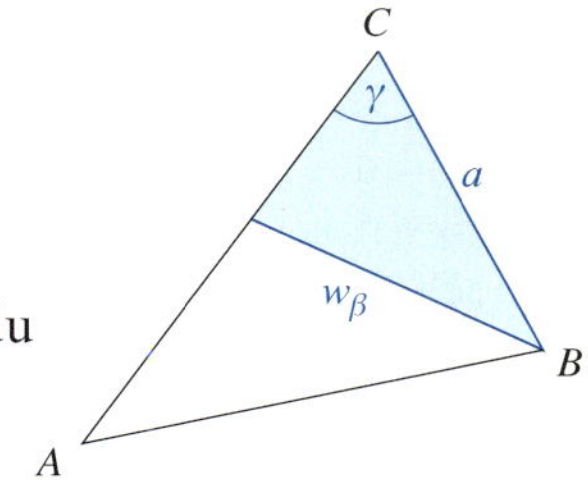

Zusammenfassung

Konstruktionen

Am Anfang jeder Konstruktion steht eine farbige **Planfigur**, in der die Bezeichnungen für Punkte, Strecken und Winkel eingetragen werden.

Da sich jedes Vieleck in Dreiecke zerlegen lässt, können schwierigere Konstruktionsaufgaben häufig durch die Konstruktion von **Teildreiecken** gelöst werden.

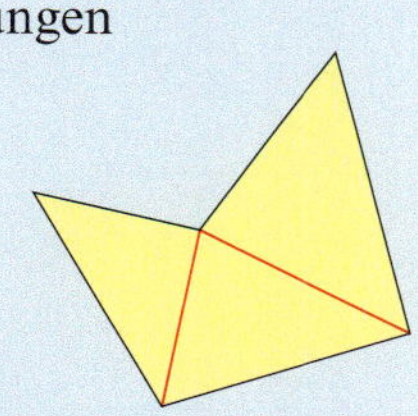

Im **Konstruktionsplan** beschreibst du, welche Schritte du der Reihe nach durchführst. Schritte, die nicht selbstverständlich sind, müssen begründet werden.

Bei der Planung und der Durchführung der Konstruktion musst du genau darauf achten, ob die einzelnen Punkte **eindeutig** festgelegt sind. Die Kongruenzsätze für Dreiecke helfen dabei schon während der Planung.
Wenn mehrere **nicht kongruente Lösungen** auftreten, musst du sorgfältig prüfen, welche der konstruierten Punkte zusammen jeweils eine Lösungsfigur ergeben. Dabei hilft es, die konstruierten Punkte sofort zu beschriften.
Nicht lösbare Konstruktionen kannst du unter anderem mithilfe der Winkelsummensätze und der Dreiecksungleichung erkennen – aber nicht immer.

Fünf geeignet gewählte **Angaben** reichen aus, um ein **Viereck** zu konstruieren.
Für **besondere Vierecke** genügen weniger, weil besondere Eigenschaften des Vierecks (parallele Seiten, gleiche Seitenlängen, gleiche Winkel, ...) zur Konstruktion verwendet werden können.

Bei Anwendungsaufgaben musst du vor Beginn der Konstruktion einen passenden **Maßstab** festlegen.

Aufgaben

Verknüpfen
Anwenden
Trainieren

Beachte

Im Viereck $ABCD$ werden bei den Aufgaben die Diagonalenlängen mit e und f bezeichnet:
$e = \overline{AC}$
$f = \overline{BD}$

1 Konstruiere die Vierecke $ABCD$ mit den folgenden Eigenschaften. Erstelle jeweils zuerst eine Planfigur und einen Konstruktionsplan. Achte darauf, alle nicht kongruenten Lösungen zu finden. Überprüfe die Genauigkeit deiner Konstruktionen anhand der Winkelsumme.

a) $a = 6$ cm, $b = 3{,}5$ cm, $c = 5$ cm, $d = 4$ cm, $\delta = 105°$

b) $a = 5$ cm, $b = 2{,}5$ cm, $c = 4{,}5$ cm, $d = 6$ cm, $e = 7$ cm

c) $a = 3$ cm, $b = 7$ cm, $c = 5$ cm, $e = 3{,}5$ cm, $\gamma = 130°$

d) $b = 5$ cm, $f = 7$ cm, $\beta = 120°$, $\gamma = 50°$, $\delta = 65°$
Berechne den Winkel α und vergleiche mit deiner Konstruktion.

e) $a = 6{,}5$ cm, $b = 5{,}2$ cm, $d = 3$ cm, $\alpha = 75°$, $\delta = 125°$
Entnimm deiner Konstruktion alle möglichen Werte für b, für welche die Konstruktion eine eindeutige Lösung hat. Kannst du in diesen Fällen noch Weiteres über Längen oder Winkel vorhersagen?

f) $a = 6$ cm, $c = 4{,}2$ cm, $e = 6$ cm, $\delta = 80°$, $\sphericalangle ACB = 70°$
Berechne weitere Winkel und vergleiche die Ergebnisse mit deiner Konstruktion.

g) $b = 2$ cm, $e = 3$ cm, $f = 5{,}3$ cm, $\alpha = 90°$, $\gamma = 140°$

h) $a = 4{,}4$ cm, $b = 3$ cm, $d = 5$ cm, $\delta = 110°$, $\sphericalangle BDC = 55°$

Tipps

Zu Aufgabe 2

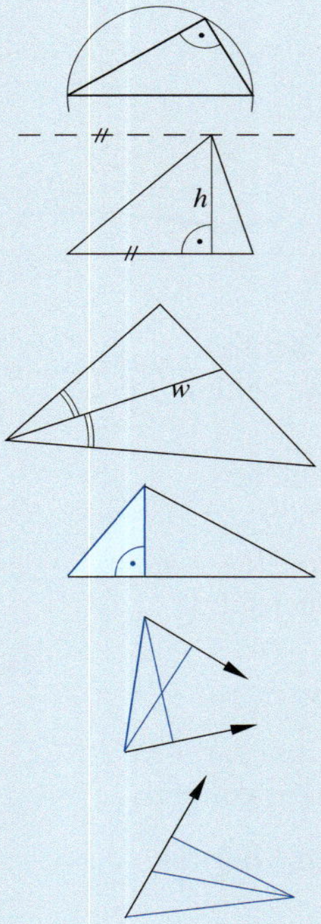

2 Konstruiere alle möglichen nicht kongruenten Dreiecke ABC aus den gegebenen Stücken. Beginne mit Planfigur und Konstruktionsplan. Überprüfe die Genauigkeit deiner Konstruktionen anhand der Winkelsumme.

a) $b = 6$ cm, $\alpha = 50°$, $w_\alpha = 5$ cm
b) $c = 8{,}5$ cm, $h_c = 3{,}5$ cm, $\alpha = 75°$
c) $c = 5$ cm, $\beta = 80°$, $h_b = 3$ cm
d) $b = 7$ cm, $\alpha = 30°$, $w_\gamma = 4{,}4$ cm
e) $a = 8$ cm, $c = 7$ cm, $h_b = 6{,}4$ cm
f) $a = 5{,}5$ cm, $h_b = 3{,}5$ cm, $w_\gamma = 6$ cm
g) $c = 7{,}5$ cm, $h_a = 5{,}5$ cm, $h_b = 6$ cm
h) $a = 6$ cm, $h_b = 3{,}5$ cm, $h_c = 2{,}5$ cm
i) $b = 6$ cm, $h_c = 5{,}3$ cm, $w_\gamma = 5{,}6$ cm
j) $a = 7$ cm, $h_a = 6$ cm, $h_b = 5$ cm
k) $\beta = 110°$, $\gamma = 43°$, $w_\beta = 4{,}3$ cm

3 Fertige jeweils eine Planfigur sowie einen Konstruktionsplan für die Dreiecke ABC an und konstruiere sie.
Überprüfe die Genauigkeit deiner Konstruktionen anhand der besonderen Eigenschaften der Dreiecke.

a) rechtwinkliges Dreieck mit der Hypotenusenlänge $\overline{AC} = 7$ cm und $h_b = 2{,}5$ cm
b) gleichschenklig-rechtwinkliges Dreieck mit der Basislänge 6,5 cm
c) gleichschenkliges Dreieck mit $a = b$, $\gamma = 40°$ und $w_\gamma = 6{,}8$ cm
d) gleichschenkliges Dreieck mit $b = c$, $h_b = 4$ cm und $\alpha = 55°$
e) gleichseitiges Dreieck mit der Höhe 5,5 cm

4 Konstruiere die Vierecke $ABCD$. Gehe wie bei Aufgabe 3 vor.

a) Parallelogramm mit $\overline{AC} = 8{,}5$ cm, $\overline{AD} = 5{,}5$ cm und $\gamma = 78°$

b) Parallelogramm mit $\overline{AC} = 11$ cm, $\overline{BD} = 4{,}6$ cm und $\overline{BC} = 7{,}1$ cm

c) Trapez mit $AB \parallel CD$, $\overline{BC} = 3{,}8$ cm, $\overline{AD} = 4{,}3$ cm, $\overline{BD} = 7$ cm und $\alpha = 80°$

d) Trapez mit $AB \parallel CD$, $\overline{AC} = 6{,}6$ cm, $\overline{BD} = 8{,}5$ cm, $\overline{CD} = 5$ cm und $\sphericalangle DBA = 35°$

e) gleichschenkliges Trapez mit $AB \parallel CD$, $\overline{AB} = 7{,}5$ cm, $\overline{AC} = 5{,}4$ cm und $h = 2{,}5$ cm

f) Drachenviereck mit der Symmetrieachse AC, $\overline{AD} = 4$ cm, $\overline{BD} = 5{,}5$ cm und $\beta = 110°$

g) Raute mit $\overline{CD} = 4$ cm und $\overline{BD} = 6{,}3$ cm

h) Raute mit $\alpha = 55°$ und $\overline{AC} = 6$ cm

i) Rechteck, dessen 7 cm lange Diagonalen sich unter einem Winkel von 35° schneiden

j) Quadrat mit der Diagonalenlänge 5,2 cm

5 Konstruiere Vierecke $ABCD$ mit den angegebenen Eigenschaften.
Wenn zu viele Stücke gegeben sind, dann nutze die nicht verwendeten zur Kontrolle.
Wenn zu wenige Angaben vorhanden sind, dann ergänze sie durch selbst gewählte. Wähle diese zunächst so, dass die Aufgabe eine eindeutige Lösung hat und danach so, dass es mehrere Lösungen gibt.

a) $c = 3{,}5$ cm, $f = 7{,}9$ cm, $\gamma = 119°$, $\delta = 73°$

b) $b = 4$ cm, $c = 3{,}5$ cm, $d = 6$ cm, $f = 7{,}4$ cm, $\alpha = 66°$, $\beta = 39°$

c) $b = 7$ cm, $d = 3{,}7$ cm, $\beta = 115°$

d) Trapez, Basislängen $a = 7{,}2$ cm und $c = 4{,}5$ cm, $e = 6{,}8$ cm, $h = 4$ cm, $\beta = 67°$

e) Drachenviereck, Symmetrieachse AC, $\overline{AD} = 5{,}7$ cm, $\sphericalangle CAD = 53°$

6 Schreibe einen Konstruktionsplan und tausche ihn mit deinem Nachbarn aus. Versuche nach dem erhaltenen Plan die Figur zu konstruieren.

a) Viereck $ABCD$ mit $c = 6$ cm, $e = 4{,}5$ cm, $\alpha = 100°$, $\gamma = 110°$, $\delta = 40°$.
Überprüfe dein Ergebnis für β.

b) Parallelogramm $ABCD$, dessen Diagonalen sich unter einem Winkel von 50° schneiden, mit $b = 5$ cm und $e = 12$ cm

c) Dreieck ABC mit $a = 2{,}9$ cm, $b = 5{,}2$ cm, $h_b = 2{,}5$ cm

d) gleichschenkliges Dreieck ABC mit $a = c$, $b = 4{,}8$ cm, $h_b = 6{,}2$ cm

7 Look at the picture of the triangle in the text „Further considerations" on page 179. Select your own values for the given lengths and angles and construct the triangle. Use the same procedure as in exercise 2.
Has any of your choices an influence on the number of possible solutions?

8 Draw a suitable coordinate system (unit length 1 cm) to construct the quadrangles with the given lengths, angles and coordinates. Give the coordinates of the four corners.

a) $C(5.5 \mid 3)$, $D(1 \mid 4)$, $\beta = 93°$, $\gamma = 110°$, $e = 5.6$ cm, $f = 7.4$ cm

b) $A(2.5 \mid 1.5)$, $D(1 \mid 5.5)$, $B(5 \mid ?)$, $a = 2.7$ cm, $\beta = 124°$, $\delta = 63°$

c) $A(-3 \mid -2)$, $C(2 \mid 2)$, $b = 2.1$ cm, $c = 3.2$ cm, $d = 5.4$ cm, $\alpha = 44°$

d) A trapezium with $BC \parallel AD$, $B(3 \mid 3)$, $C(-2 \mid 4)$, $D(? \mid 0.5)$, $\alpha = 53°$, $h = 3.6$ cm

e) A kite, symmetric to the axis AC, $B(4 \mid 1)$, $C(2 \mid 7.5)$, $a = 4.5$ cm, $\gamma = 60°$

Noch fit?

1 Vereinfache die folgenden Terme und gib dabei an, welche Gesetze du verwendest.

a) $(4a)^2 \cdot 4a^2$

b) $(-3b) \cdot (3b^2)^3$

c) $\left(-\frac{1}{2}a^2 b\right)^2 \cdot 2b$

d) $\frac{1}{2}xy \cdot \left(-\frac{1}{3}xz\right) \cdot \frac{1}{4}yz$

e) $0{,}2st \cdot (t - 0{,}4s^2)$

f) $-p^2 q \cdot (2q^2 - p)$

2 Fasse so weit wie möglich zusammen. Berechne dann den Wert des Terms für die angegebenen Werte der Variablen.

a) $3ab + 2a^2b + ba - 3a^2b$; $a = 2, b = 2{,}4$

b) $\frac{1}{4}bx^2 - \frac{1}{2}x(b^2 - bx) + \frac{3}{4}b^2x$; $b = 8, x = -1$

c) $(x^2)^3 - x^3 \cdot x^2 + (-x^3)^2 - x^3(x^2 - x^3)$; $x = -2$

d) $6 \cdot (ps^2)^2 + 3ps(3p^2 - 2ps^3)$; $p = \frac{2}{3}, s = 6$

3 Finde und korrigiere alle Fehler.

a) $3a^2 \cdot 6a^3b = 9a^6b$

b) $(2x)^8 - (x^2)^3 = 2x^8 - x^8 = 2$

c) $4de^2 + 2d(e^2 - 2d) = 4de^2 + 2de^2 - 2d$
$= 4de^2 + e^2 = 5de^2$

Aufgaben

Verknüpfen
Anwenden
Trainieren

9 Du hast ein Drachenviereck gezeichnet. Am Telefon sollst du es deiner Freundin so beschreiben, dass sie genau das gleiche Viereck konstruieren kann. Wie viele Angaben musst du ihr mindestens mitteilen?
Gib zwei Möglichkeiten dafür an, was du ihr durchgibst.
Löse die gleiche Aufgabe für ein Trapez, ein Parallelogramm, ein Rechteck und ein Quadrat.

10 What information of the British flag do you need to know in order to construct it?

11 Führe (z. B. mit einer DGS) die Konstruktion nach dem folgenden Konstruktionsplan durch. Nenne die gegebenen Größen und den Namen der entstandenen Figur.
„Trage an den Anfangspunkt A einer beliebigen Halbgerade h den Winkel $\alpha = 60°$ gegen den Uhrzeigersinn an. Konstruiere dann die Parallele p zu h im Abstand 7 cm. Der Schnittpunkt des zweiten Schenkels von α mit p ist der Punkt D. B ist der Schnittpunkt von $k\,(D;\,8{,}5\text{ cm})$ mit dem ersten Schenkel von α. Der Schnittpunkt von p mit $k\,(B;\,\overline{AD})$ ist C."

12 Vergleiche die beiden Konstruktionspläne. Wie lautete jeweils die Aufgabenstellung? Verbessere die Pläne, wenn es nötig ist.

a) „Zeichne $[CD]$ 5,2 cm lang. Trage daran einen 40°-Winkel bei D an. $k\,(C;\,3{,}7\text{ cm})$ schneidet den Winkel zweimal, diese Schnittpunkte sollen A_1 und A_2 heißen. Zeichne dann $k\,(D;\,6{,}5\text{ cm})$ und $k\,(C;\,2{,}6\text{ cm})$, der Schnittpunkt ist B."

b) „Trage auf einer Geraden eine Strecke der Länge 6,5 cm ab. Die Endpunkte sind B und D. Zeichne um D einen Kreis mit Radius 5,2 cm, um B einen mit Radius 2,6 cm. Ihr Schnittpunkt ist C. Trage dann an die Gerade DC im Punkt D einen Winkel von 40° im Uhrzeigersinn an. $k\,(C;\,3{,}7\text{ cm})$ schneidet den ersten Schenkel dieses Winkels im Punkt A."

13 Bringe die angegebenen Konstruktionsschritte in die richtige Reihenfolge.
Was wird konstruiert, was sind die Angaben? Formuliere jeweils eine Aufgabe dazu.

a) (1) Trage an die Strecke $[AD]$ im Punkt A den Winkel $\varepsilon = 38°$ im Uhrzeigersinn an.
(2) Die Endpunkte der Strecke sind A und D.
(3) B ist der Schnittpunkt von p mit $k\,(C;\,8{,}4\text{ cm})$.
(4) Konstruiere durch A die Parallele p zu CD.
(5) Trage auf einer Geraden eine Strecke der Länge 6,4 cm ab.
(6) Der Schnittpunkt von $k\,(A;\,7{,}2\text{ cm})$ mit dem ersten Schenkel von ε ist C.

b) (1) Konstruiere um A einen Kreis mit Radius 4,5 cm.
(2) Trage an $[AC]$ in C den Winkel $\gamma = 85°$ an.
(3) Trage auf einer Geraden eine Strecke der Länge 4 cm ab.
(4) B ist der Schnittpunkt des ersten Schenkels dieses Winkels mit der Halbgeraden $[CD$.
(5) Die Endpunkte sind A und C.
(6) Trage den Winkel $\sphericalangle DAC$ an $[AD]$ im Punkt A im Uhrzeigersinn an.
(7) Dieser Kreis schneidet den zweiten Schenkel von γ im Punkt D.

14 Aus den angegebenen Stücken soll jeweils ein Viereck $ABCD$ konstruiert werden. Wähle ihre Größe selbst.
Welche der Angaben haben einen Einfluss darauf, ob die Aufgabe überhaupt lösbar ist? Welche beeinflussen die Anzahl der Lösungen?

a) a, b, c, d, α
b) $c, d, \alpha, \gamma, \delta$
c) $a,\ b,\ c,\ d, \sphericalangle BAC$
d) $a, c, d, f, \sphericalangle CBD$

15 **Höhenmessungen** (Siehe dazu Seite 166.)

a) Bei einem Turm beträgt der Höhenwinkel 53°, wenn man ihn in einer Entfernung von $s = 110$ m (s: Länge der „Standlinie") misst. Wähle einen geeigneten Maßstab und bestimme durch eine Konstruktion die Höhe des Turms.

b) Die Höhe, die du so bestimmst, hängt vom Höhenwinkel und von der Länge der Standlinie ab. Ermittle für $s = 80$ m und acht verschiedene Höhenwinkel zwischen 0° und 90° die resultierende Höhe. Veranschauliche diesen Zusammenhang in einem Schaubild.
Für welchen Höhenwinkel kannst du die Turmhöhe sofort ohne Konstruktion angeben, wenn du die Standlinie gemessen hast?

16 Höhen von Pyramiden und Bäumen

a) Bei vielen Gebäuden, wie etwa bei einer Pyramide, kannst du das auf Seite 166 beschriebene Verfahren nicht anwenden, weil die Länge der Standlinie nicht messbar ist. Überlege dir eine eigene Methode, wie du nur mit Maßband und Winkelmesser die Höhe einer Pyramide bestimmen kannst. Schätze sinnvolle Messwerte und führe deine Konstruktion damit durch.

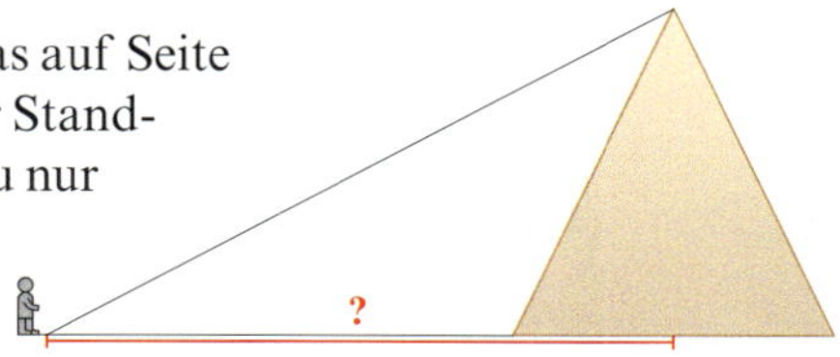

b) Du sollst die Höhe von niedrigeren Gegenständen, z. B. von einem Baum, ermitteln. Was musst du außer dem Höhenwinkel $\alpha = 42°$ und der Länge der Standlinie $s = 28$ m wissen, um die Höhe möglichst genau angeben zu können? Welche Baumhöhe erhältst du dann (vgl. S. 166 unten)?

c) Wie musst du die Methode aus Teil b) verändern, wenn der Baum im abschüssigen Gelände steht?

17 Messen der Länge unzugänglicher Strecken (Siehe Seite 167.)

a) Die vier Orte Bernau (A), Traunstein (B), Traunreut (C) und Bad Endorf (D) liegen um einen bayerischen See (um welchen?).
Die Entfernungen (Luftlinie) zwischen den Orten sind $\overline{AB} = 21{,}3$ km, $\overline{BC} = 11{,}3$ km, $\overline{CD} = 23{,}1$ km und $\overline{AD} = 12{,}2$ km. Der Winkel $\sphericalangle DCB$ beträgt 92°. Wie groß sind die Entfernungen über den See (Luftlinie) zwischen Bernau und Traunreut und zwischen Bad Endorf und Traunstein?

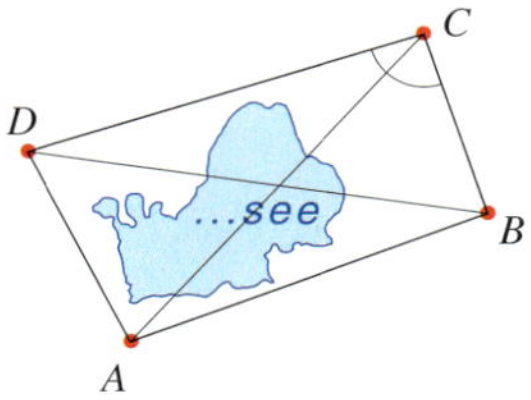

b) Um die Breite eines Kanals, an dessen gegenüberliegendem Ufer ein Baum steht, zu ermitteln, wurden zwei Punkte A und C genau am Ufer und ein weiterer Punkt B mit Stöcken markiert. Gemessen wurden die Längen $\overline{AB} = 6{,}45$ m und $\overline{BC} = 4{,}15$ m sowie die Winkel $\alpha = 64°$, $\beta = 78°$ und $\gamma = 106°$. Bestimme aus diesen Daten durch eine maßstäbliche Konstruktion die Breite des Flusses.
Suche eine einfachere Lösung.

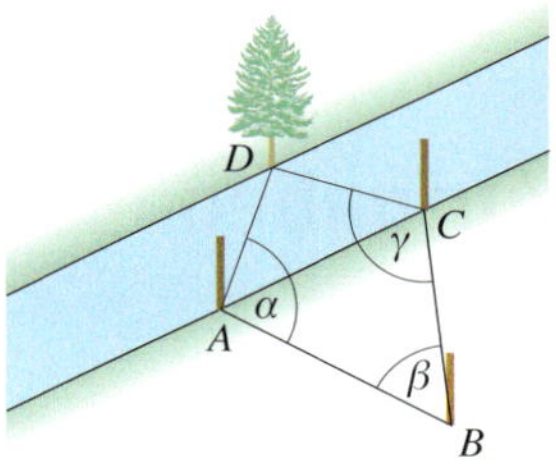

18 Ermitteln von Tunnellängen

a) Zwischen den Punkten C und D soll ein geradliniger Tunnel gegraben werden. Um seine Länge zu bestimmen, werden C und D von den beiden Orten A und B aus angepeilt (Positionen auf einer Landkarte im Maßstab 1 : 50 000: $A\,(-2\,|\,1)$, $B\,(3\,|\,1{,}8)$). Dabei ergeben sich die Horizontalwinkel $\sphericalangle BAD = 61°$, $\sphericalangle BAC = 34°$, $\sphericalangle CBA = 112°$ und $\sphericalangle DBA = 72°$.
Wie lang wird der Tunnel?

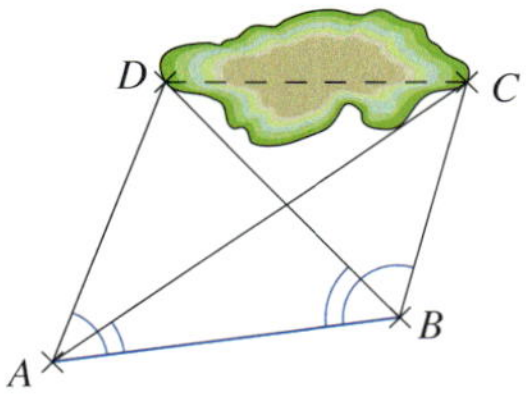

b) Der Bergrücken, der hier zwischen A und B durchtunnelt werden soll, geht nach Osten noch viel weiter. Weshalb funktioniert die Messung der Tunnellänge hier nicht so wie in Teil a)?
Überlege dir eine Lösung.

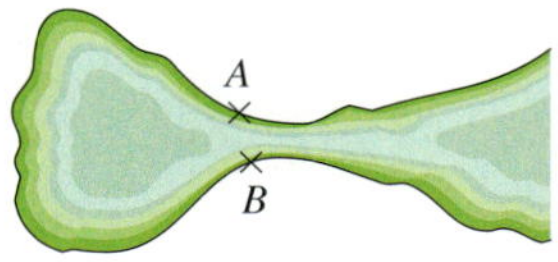

19 Zwei Bergsteiger haben sich zu viel vorgenommen und geben unterwegs an der Hütte B auf. Um wenigstens sagen zu können, wie hoch sie bis zum Gipfel G hätten klettern müssen, messen sie die drei Höhenwinkel $\alpha = 44°$, $\beta = 60°$ und $\varphi = 26°$.
An der Hütte A steht „1375 m ü. NN“, an der Hütte B „1675 m ü. NN“.
Wie hoch liegt der Berggipfel über dem Meeresspiegel?

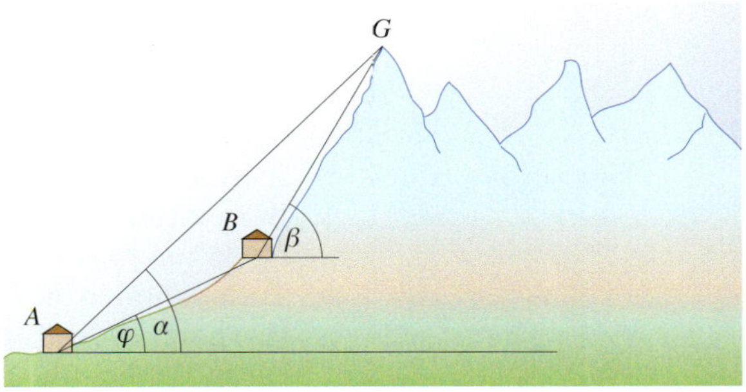

20 Die Wand des Hauses am Ufer des Flusses verläuft parallel zum Ufer. Am selben Ufer steht eine alte Weide genau am Fluss.

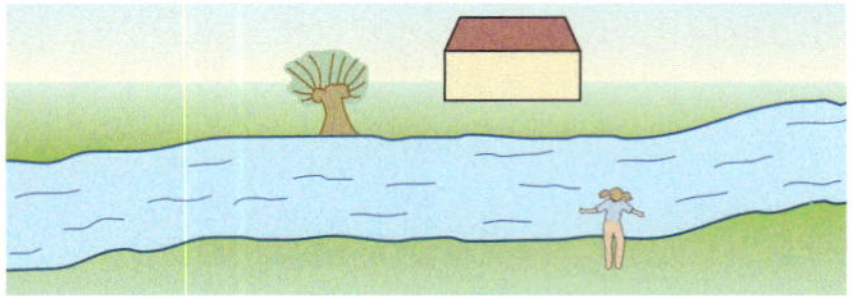

Überlege dir, wie du nur mit einem Maßband und den Winkelmessern von Seiten 166 f. von der anderen Seite des Flusses aus die folgenden Größen messen kannst: die Breite des Hauses, die Höhe des Hauses, die Entfernung des Hauses vom Fluss, die Höhe der Weide, die Breite des Flusses.

21 Konstruiere die Figuren unter a) bis c).
Überlege dir anschließend Situationen, aus denen diese Aufgaben entstanden sein könnten.

a) Viereck mit $a = 6$ cm, $b = 4$ cm, $c = 2{,}5$ cm, $e = 5{,}5$ cm, $\delta = 90°$
Finde zwei verschiedene Lösungswege.

b) Trapez mit $AB \parallel CD$, $a = 12$ cm, $\alpha = 82°$, $\beta = 71°$ und $\sphericalangle BAC = 43°$

c) Dreieck mit $\alpha = 115°$, $\beta = 35°$ und $h_c = 4{,}7$ cm

22 Denke dir zwei originelle Konstruktionsaufgaben für ein Dreieck und ein Viereck aus und stelle sie deinem Banknachbarn als Hausaufgabe.
Nimm nicht eine bekannte Aufgabe, bei der du nur die Zahlenwerte veränderst!
Vergleiche die Lösung in der nächsten Stunde mit deiner Idee.

Aufgaben

Verknüpfen
Anwenden
Trainieren

23 Von zwei benachbarten Grundstücken (Flurnummern 132/16 und 132/18; Skizze nicht maßstäblich) sind die folgenden Maße bekannt:
$a = 13$ m, $b = 31$ m, $f = 29$ m, $g = 19$ m, $h = 10$ m, $k = 37$ m, $\alpha = 105°$, $\delta = 95°$, $\varepsilon = 85°$, $\tau = 114°$, $\sigma = 136°$.
Konstruiere eine maßstabsgetreue Skizze der beiden Grundstücke.

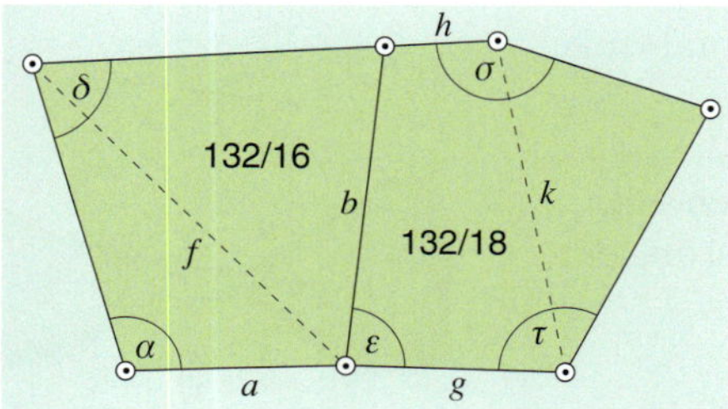

Berechne den Flächeninhalt jedes der beiden Grundstücke auf mindestens zwei verschiedene Arten. Entnimm die dazu nötigen Maße deiner Konstruktion.
Wie kannst du aus den Flächeninhalten in der maßstäblichen Zeichnung die Inhalte der tatsächlichen Flächenstücke berechnen?
Berechne den Preis der Grundstücke, wenn ein Quadratmeter 145 € kostet.
In diesen Preisen sind 3,5 % Grunderwerbssteuer enthalten. Wie hoch waren die Nettopreise?
Skizziere ein dir bekanntes Grundstück und berechne seine Fläche.

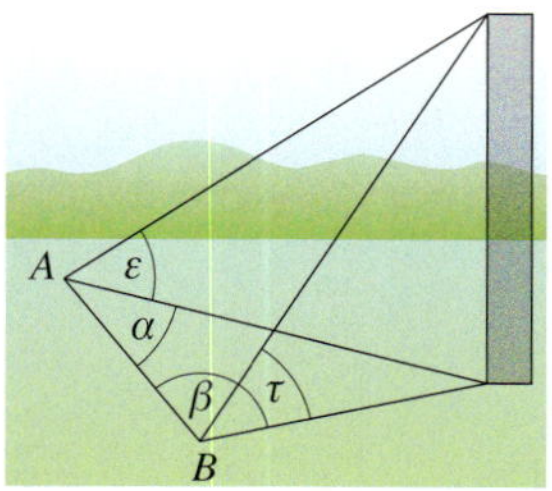

24 Um die Höhe eines belagerten Turms zu bestimmen, wurde seine Spitze von zwei Orten A und B aus angepeilt. Näher an den Turm heran konnten sich die Belagerer nicht wagen.
Bekannt sind die Entfernung $\overline{AB} = 160$ m und die beiden Höhenwinkel $\varepsilon = 38°$ und $\tau = 42°$. Zwischen den Punkten A und B und der Basis des Turms wurden die Horizontalwinkel $\alpha = 54°$ und $\beta = 68°$ gemessen.
Wie hoch ist der Turm? Wie lang ist sein Schatten, wenn die Sonne unter einem Winkel von 45° einfällt?

25 Löse die folgenden Aufgaben, indem du die Lage der genannten Orte und die Nordrichtung von einer geeigneten Karte in deinem Schüleratlas auf Transparentpapier durchpaust.

a) Ein Schiff im nordfriesischen Wattenmeer sieht die Insel Südfall unter dem Winkel 51°, die Insel Blauort unter dem Winkel 147° (gegen Nord; siehe nebenstehenden Lexikontext). Bestimme die Position des Schiffes.
Wie lauten die zugehörigen geografischen Koordinaten?
Wie groß ist der Abstand des Schiffes von Süderoogsand?
Wieso ist die beschriebene Peilung besser als eine zu Südfall und Süderoog?

b) Der Kapitän einer Fähre im Tyrrhenischen Meer misst zum Hafen von Salerno 42°, zur Stadt Messina 117°. Wo befindet er sich?
Wie weit ist es noch bis Palermo?
Wie lange braucht er dafür bei einer Geschwindigkeit von 12 Knoten?

c) Ein Skipper in der Deutschen Bucht sieht den Ort Norderney bei –136°, Friedrichskoog bei 104°. Welche Farbe hat der Felsen vor ihm?

d) Ein Motorflieger sieht die Walhalla bei Regensburg unter einem Winkel von –32°, das Autobahnkreuz Holledau unter –78°. Welchen Fluss überfliegt er gerade?

e) Die Methode der Positionsbestimmung, die du in dieser Aufgabe geübt hast („Rückwärtseinschneiden nach zwei Punkten“) ist vor allem auch zur Orientierung im Gebirge sehr wichtig. Suche im Atlas eine geeignete Karte eines Teils der Alpen und stelle deinem Banknachbarn drei Aufgaben.

> Der **Kurswinkel** (syn. *Marschzahl*, in der Schweiz ***Azimut*** bzw. engl. *Azimuth*) ist ein Begriff aus der Navigation und bezeichnet den Winkel zwischen Nordrichtung und Zielrichtung. Er wird immer ausgehend von der Nordrichtung im Uhrzeigersinn angegeben. Bewegt man sich beispielsweise direkt nach Osten, so beträgt der Kurswinkel 90°.
> Welchen konkreten Zahlenwert der Kurswinkel hat, hängt von der Kreisteilung des verwendeten Kompasses ab (z. B. Grad, Gon, Strich).
>
> http://de.wikipedia.org/wiki/Kurswinkel

> **Info**
>
> Negative Kurswinkel wurden entgegen dem Uhrzeigersinn gemessen.
> Gelegentlich werden Kurswinkel auch in der Form W 35° S notiert. Was bedeutet diese Angabe?

> **Info**
>
> 1 kn = 1,852 km/h

26 Ein Schiff fährt im Mittelmeer genau entlang des Längengrads 3° O. Die Peilung zum Ort Ibiza lautet –36°. Auf welcher geografischen Breite befindet sich das Schiff? Wie hoch ist das Pro-Kopf-Einkommen in dem Land, dessen Hauptstadt er vermutlich ansteuert? Vergleiche mit dem Pro-Kopf-Einkommen Deutschlands.

27 Drei Kapitäne haben Probleme mit der Peilung – dumm, dass gerade heute ihr GPS ausgefallen ist. Sie wissen nur noch die Koordinaten auf ihrer Karte (Längeneinheit 1 cm; Maßstab 1 : 50 000) der beiden Peilziele Leuchtfeuer $F(10 \mid 10)$ und Leuchtturm $T(9 \mid 3)$.

a) Käpt'n Hook will wissen, ob er das gefährliche Riff $R(4 \mid 4)$ mit einem Sicherheitsabstand von mindestens einem Kilometer passiert, wenn er den Kurs –118° steuert.
Seine Peildaten: Leuchtfeuer F: 50°, Leuchtturm T: 140°.

b) Käpt'n Kollosus will wissen, wie weit er von der Küste (Parallele zur y-Achse durch $x = 9$) entfernt ist. Seine Peildaten: Leuchtfeuer F: 70°, Leuchtturm T: 130°.

c) Käpt'n Blaubär will exakt durch den Punkt in der Mitte zwischen dem Riff und der Küste fahren. Welchen Kurs muss er von seiner momentanen Position aus steuern? Seine Peildaten: Leuchtfeuer F: 70°, Leuchtturm T: 140°.

d) Berechne, unter welchem Winkel sich die Kurse von Käpt'n Hook und Käpt'n Blaubär kreuzen.

> **Info**
>
> Bei großen Entfernungen (z. B. Rom – London – New York) funktionieren die in Aufgabe 25 verwendeten Konstruktionen nicht mehr. Die Erde ist eine Kugel, du konstruierst aber auf einem ebenen Blatt Papier. Nur bei kleinen Entfernungen macht dies keinen wesentlichen Unterschied.

Zum Weiterdenken

Versuche eine abkürzende Schreibweise für Konstruktionsbeschreibungen zu erfinden.
Probiere sie bei den „Verknüpfen"-Aufgaben aus.

28 Von den beiden Orten Stockholm und Kapstadt wurden gleichzeitig die Winkel, unter denen man den Mond sieht, gemessen: $\alpha = 48°$, $\beta = 46°$. Den Winkel γ kann man dem Atlas entnehmen (wie?): $\gamma = 93°$. Der Erdradius beträgt 6370 km.
Bestimme durch eine Konstruktion den Abstand d zwischen Erde und Mond.

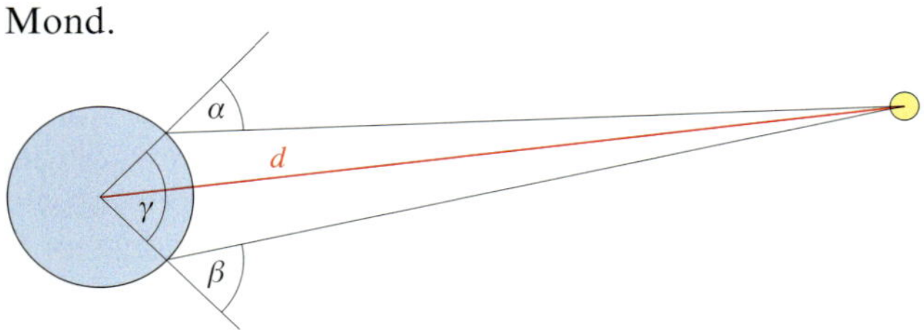

29 **Längen in Körpern**

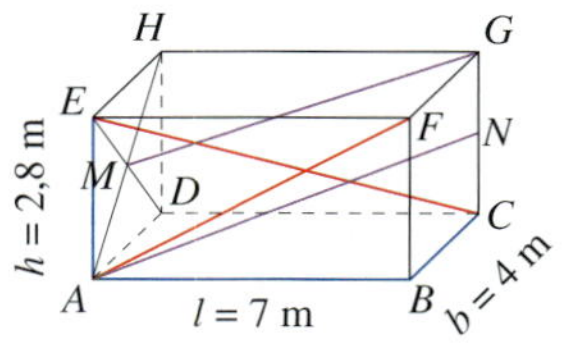

a) In einem quaderförmigen Raum ist M der Mittelpunkt der Fläche $ADHE$, N der Mittelpunkt der Kante $[CG]$. Wie lang sind die Strecken $[AF]$, $[CE]$, $[AN]$ und $[GM]$?
Der Quader wird längs AF senkrecht zur vorderen Seitenfläche $ABFE$ durchgeschnitten. Wie groß ist das Volumen des unteren Teils?

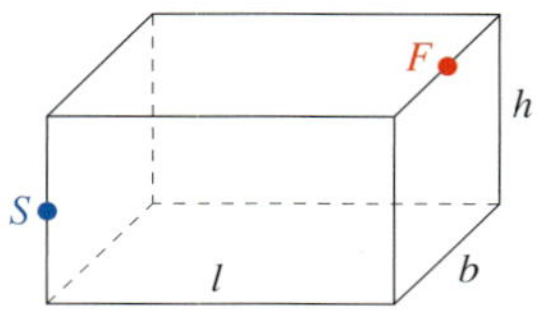

b) In einem anderen quaderförmigen Raum ($l = 5$ m, $b = 3{,}5$ m, $h = 2{,}5$ m) sitzt bei S (auf halber Höhe) eine Spinne, bei F (genau in der Mitte der Kante) eine Fliege. Wie groß ist die Strecke, die die Fliege durch die Luft zur Spinne zurücklegen müsste?
Die Spinne muss an der Wand entlang laufen. Wie verläuft für sie der kürzeste Weg zur Fliege? Bestimme seine Länge.
Informiere dich, wie schnell Fliegen fliegen und Spinnen laufen können. Wie lange brauchen die beiden demnach jeweils für ihren Weg?

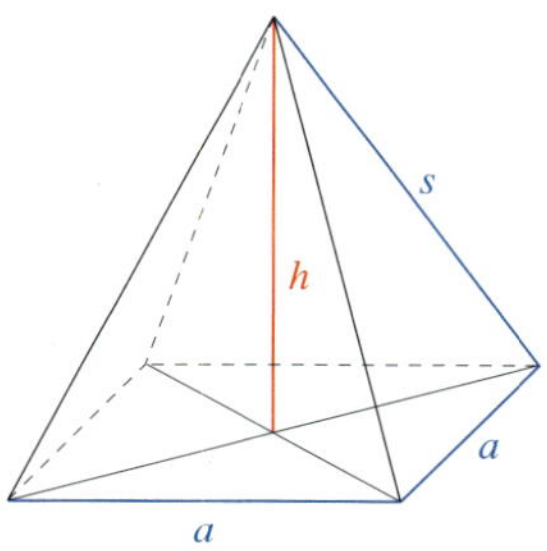

c) Die Bodenfläche der Chephren-Pyramide ist ein Quadrat. Die Spitze liegt genau über seinem Mittelpunkt. (Diese Figur nennt man eine „regelmäßige Pyramide"). Von außen kann man die Seitenlänge $a = 215$ m und die Kantenlänge $s = 209$ m messen. Wie hoch ist die Pyramide?

Chephren-Pyramide

d) Bei der rechts skizzierten Pyramide ist die Spitze abgeschnitten. Boden- und Deckfläche sind Quadrate, deren Mittelpunkte genau senkrecht übereinander liegen.
Bekannt sind die Seitenlängen $a = 16$ cm, $b = 10$ cm und die Länge der Seitenkante $s = 7$ cm. Bestimme die Längen h_1, h_2, d_1 und d_2.

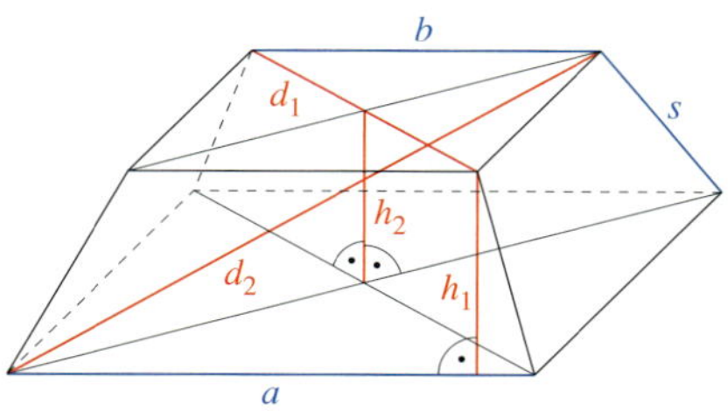

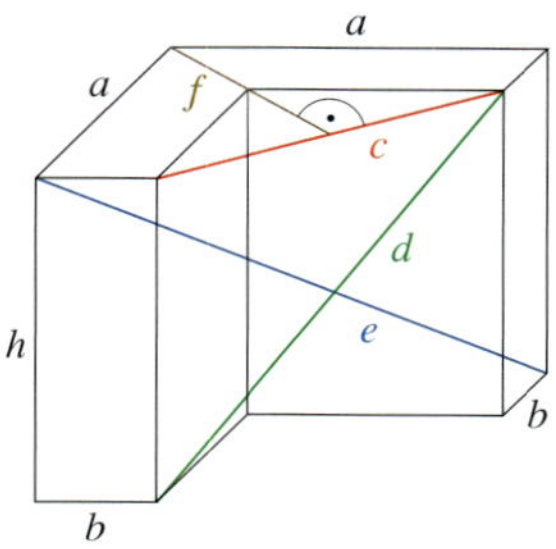

e) Das nebenstehende Bild zeigt ein symmetrisches Eckregal mit den Abmessungen $a = 160$ cm, $b = 50$ cm und $h = 210$ cm. Wie lang sind die farbig markierten Strecken c, d, e und f?

30 Konstruiere in einem Koordinatensystem (Längeneinheit 1 cm) ein

a) Parallelogramm mit $M(-2\,|\,1)$ als Symmetriezentrum, $A(-5\,|\,-2)$, $a = 9{,}8$ cm, $f = 12{,}2$ cm;

b) Parallelogramm mit $a = 5{,}2$ cm, $e = 3{,}5$ cm, $\beta = 36°$, Symmetriezentrum $M(3\,|\,2)$;

c) Drachenviereck mit AC als Symmetrieachse, $A(3\,|\,-2)$, $C(-1\,|\,2)$, $f = 3{,}5$ cm, $\alpha = 49°$.

31 Konstruiere ein Parallelogramm $ABCD$ mit $d = 4$ cm, $e = 9{,}5$ cm und $f = 5{,}8$ cm.
Zeichne die vier Winkelhalbierenden ein. Welche geometrische Figur ergibt sich aus den Schnittpunkten der Winkelhalbierenden? Überprüfe mithilfe einer DGS, ob deine Vermutung zutrifft.
Gilt sie für alle Parallelogramme? Begründe deine Feststellung.

32 Teile und herrsche! Divide et impera!

a) Konstruiere ein Trapez mit $AB \parallel CD$, $c = 5$ cm, $\alpha = 65°$, $\gamma = 130°$ und $f = 8$ cm.
Das Trapez hat dieselbe Form wie ein Grundstück, auf dem ein Doppelhaus gebaut werden soll. Zerlege es dazu in zwei flächengleiche Teile.
Ist es möglich, das Trapez in zwei kongruente Teile zu zerlegen?

b) Konstruiere ein Parallelogramm mit $b = 4$ cm, $e = 7$ cm und $f = 9$ cm.
Zerlege es in zwei kongruente Trapeze, die keine Parallelogramme sind.

c) Konstruiere eine Raute mit den Diagonalenlängen 12 cm und 7 cm.
Zerlege diese Raute in vier Rauten. Welche besondere Eigenschaft haben diese vier Rauten?
Zerlege die ursprüngliche Raute in zwei Drachenvierecke.
Gelingt es, sie in zwei flächengleiche Drachenvierecke zu zerlegen?

d) Konstruiere ein gleichschenkliges Trapez mit $BC \parallel AD$, $b = 7{,}5$ cm, $f = 8{,}5$ cm und $\beta = 73°$.
Zerlege dieses Trapez in zwei gleichschenklige Trapeze.
Zerlege das ursprüngliche Trapez in zwei flächengleiche Trapeze.

e) Konstruiere ein Dreieck mit $a = 6{,}8$ cm, $b = 4{,}8$ cm, $h_b = 6{,}2$ cm.
Zerlege es in vier flächengleiche Dreiecke.
Führe die Konstruktion erneut durch und zerlege das Dreieck in drei Trapeze.

33

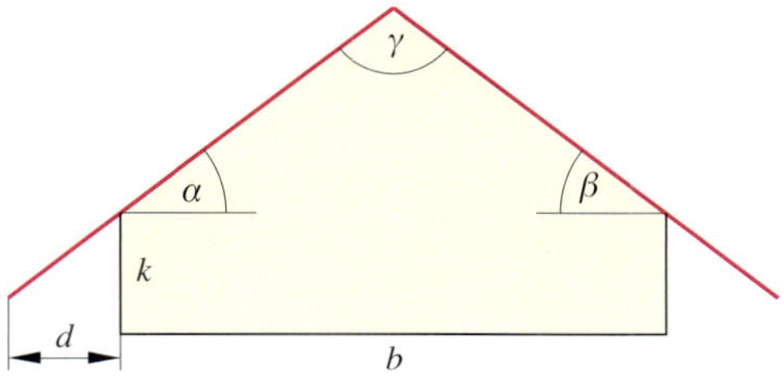

Das Bild zeigt den Querschnitt eines Dachgeschosses. Die Neigungswinkel der beiden Dachflächen sollen gleich groß sein. Der Winkel am First (γ) soll das 2,5fache dieses Neigungswinkels betragen.
Die Breite des Hauses ist $b = 8{,}5$ m, seine Länge $l = 11{,}5$ m. Die Höhe k beträgt 130 cm (wie heißt diese Größe?), der Dachüberstand $d = 70$ cm. Die Gesamthöhe des Hauses ist $h = 9{,}1$ m. Das Dach wird mit Dachziegeln der Abmessungen 26,5 cm mal 42,5 cm (Breite x mal Höhe y) gedeckt. Bei der Dachdeckung überlappen die Dachziegel seitlich um 6,5 cm, oben um 8,5 cm. 1000 Ziegel kosten netto 562 €.

a) Fertige eine Konstruktion des Querschnitts in geeignetem Maßstab an und ermittle möglichst viele Maße, die für den Hausbau oder bei einer Renovierung von Interesse sein könnten.

b) Nutze die ermittelten Maße zur Berechnung weiterer Größen, die ebenfalls von Interesse sein könnten (z. B. bestimmte Flächeninhalte oder Volumina; Materialbedarf, Preise usw.).

c) Stelle unter Verwendung der Variablen von oben und ggf. weiterer Variablen Terme auf, mit denen du die unter b) berechneten Größen leicht für ein Haus mit anderen Maßen berechnen kannst.

Aufgabe der Woche

Welche Größen müsste man von einem fünfeckigen Grundstück kennen, um es eindeutig zeichnen zu können? Gib drei verschiedene Vorschläge für solche „Kongruenzsätze für Fünfecke" an.
Überlege dir drei besondere Formen von Fünfecken und gib hierfür „Kongruenzsätze" an.
Wie viele geeignete Angaben müssten von einem allgemeinen Siebeneck bekannt sein, um es eindeutig konstruieren zu können?
Wie viele von einem allgemeinen 23-Eck?

Zeig, was du kannst!

1 Konstruiere aus den folgenden Angaben jeweils ein Dreieck ABC und bei a) auch dessen Umkreismittelpunkt. Bei d) reicht bereits der Konstruktionsplan aus.

a) $b = 5{,}5$ cm, $c = 4{,}4$ cm, $\beta = 55°$
b) $b = 5{,}5$ cm, $c = 6{,}5$ cm, $r = 4{,}5$ cm r ist der Umkreisradius.
c) $b = 4$ cm, $\alpha = 100°$, $w_\gamma = 5$ cm
d) $b = 5{,}5$ cm, $\beta = 90°$, $h_b = 2$ cm

2 Vierecke:

a) Konstruiere ein Viereck $ABCD$ mit $\overline{AB} = 7$ cm, $\overline{AC} = 6$ cm, $\overline{CD} = 5$ cm, $\sphericalangle DCA = 40°$, $\sphericalangle DCB = 110°$.
Berechne seinen Flächeninhalt. Entnimm die nötigen Größen deiner Konstruktion.
Welchen Flächeninhalt hat das Viereck in Wirklichkeit, wenn deine Konstruktion im Maßstab 1 : 2000 durchgeführt wurde?

b) Konstruiere ein Drachenviereck $ABCD$ mit BD als Symmetrieachse sowie mit $\overline{BC} = 6$ cm, $\overline{CD} = 3{,}5$ cm und $\beta = 60°$.
Welche weiteren Vierecke haben mindestens eine Diagonale als Symmetrieachse?

c) Wähle aus den folgenden Angaben so viele aus, wie du mindestens benötigst, um daraus ein Viereck zu konstruieren. Plane die Konstruktion und führe sie durch:
$b = 6$ cm, $c = 6{,}5$ cm, $d = 6{,}6$ cm, $f = 8{,}9$ cm, $\alpha = 74°$, $\beta = 92°$, $\delta = 103°$, $\sphericalangle BAC = 36°$, $\sphericalangle DBA = 45°$, $\sphericalangle ADB = 61°$

3 Du stehst auf einem Turm, dessen Höhe du kennst. Beschreibe, wie du nur mit einem Winkelmesser für Höhenwinkel die Breite eines Flusses ermitteln kannst, der in einiger Entfernung am Turm vorbei fließt.

4 Welche Angaben kannst du der nachfolgenden Konstruktionsbeschreibung entnehmen? Entscheide, welche Figur danach konstruiert wird. Überlege, wie du die Konstruktionsbeschreibung verbessern kannst.
„Auf einer beliebigen Geraden wird eine Strecke der Länge 7 cm abgetragen. Die Endpunkte dieser Strecke sind B und D. Anschließend wird die Mittelsenkrechte m der Strecke $[BD]$ konstruiert. Um B wird ein Kreis mit Radius 4,5 cm gezeichnet. Der Schnittpunkt dieses Kreises mit m ist A. C ist der Bildpunkt von A bei Achsenspiegelung an BD."

Aufg.-Nr.	Punkte	Lösungshinweise
1	10 P	Vgl. Seite 172, Aufg. 1, 4, Seite 180, Aufg. 2
2	12 P	Vgl. Seiten 180 f., Aufgaben 1, 4, 5, 6
3	4 P	Veranschauliche zunächst mit einer Skizze.
4	4 P	keine Hinweise

Lösungen Seite 218

26–30 Punkte
21–25 Punkte
16–20 Punkte

10 Vertiefung und Vernetzung

In diesem Kapitel entdeckst du, dass dich dein bisher erworbenes Wissen und Können befähigt, komplexere und schwierigere Probleme mathematisch zu erfassen.
Du wirst dabei immer wieder Sachverhalte durch Terme oder Gleichungen beschreiben und selbständig nach geeigneten Lösungsstrategien suchen.

Rund ums Schwimmbad

1 Lisa und Johannes wollen in den Sommerferien mit dem Zug nach Nürnberg in ein großes Erlebnisbad fahren. Hierfür haben sie ihr gespartes Taschengeld zusammengelegt.
Lisa hat herausgefunden, dass die einfache Zugfahrt für eine Person 7,10 € kostet. Johannes ist überrascht: „Dann kostet uns die Bahnfahrt hin und zurück ja insgesamt 5 € mehr als unser Erspartes!"
Daraufhin liest Johannes noch einmal im Internet nach und stellt fest, dass sie auch ein Tagesticket nehmen können. Damit können sie zu zweit hin und zurück fahren. Johannes meint, sie könnten so 45 % der Fahrtkosten sparen. Mit einem Zuschuss von Lisas Oma bleiben ihnen nach Abzug der Fahrtkosten noch 25,78 €.
Die restlichen 25,78 € reichen für den Eintritt ins Bad, für den sie insgesamt 16 € einplanen. Die beiden können sich jeweils noch ein Eis (Preis: 2 €) kaufen und haben dann noch jeder einen Rest zur freien Verfügung. Johannes schlägt vor, dass Lisa $\frac{2}{3}$ des restlichen Geldes erhält, da der Zuschuss schließlich von ihrer Oma kam.

Überlege dir passende mathematische Fragen zu dieser Aufgabe und beantworte sie.

2 Im Schwimmbad angekommen stellen Lisa und Johannes (beide 13 Jahre) fest, dass die Eintrittspreise – anders als angenommen – von der Zeit, aber auch von verschiedenen anderen Faktoren abhängen:
Lisa und Johannes wollen möglichst lange ins Bad und auf jeden Fall auch rutschen und vielleicht auch noch ins Dampfbad gehen.
Welche Möglichkeiten gibt es, wenn sie zusammen nicht mehr als 16 € für den Eintritt bezahlen wollen?
Wie würdest du dich an ihrer Stelle entscheiden?
Johannes sieht zwei Erwachsene auf die Kasse zusteuern. Plötzlich kommt ihm eine geniale Idee, wie sie beide noch günstiger ins Schwimmbad und zum Rutschturm kommen könnten.
An was denkt Johannes? Wie viel Prozent könnten die beiden wohl sparen?
Johannes und Lisa beschließen bald wieder einmal ins Bad zu gehen und beim nächsten Mal eine Zehnerkarte für $2\frac{1}{2}$ Stunden zu kaufen. Wie groß ist die prozentuale Ersparnis im Vergleich zu den Einzelkarten ($1\frac{1}{2}$, $2\frac{1}{2}$, 4 Std.) bzw. Tageskarten?
Informiere dich über die Eintrittspreise eines Erlebnisbades in deiner Nähe, vergleiche mit den Preisen von Aqualand und formuliere Aufgaben für einen Klassenkameraden.

Aqualand – Das Aqua-Erlebnis

Eintritt Schwimmbad

$1\frac{1}{2}$ Stunden	3,50 €
$2\frac{1}{2}$ Stunden	4,50 €
4 Stunden	7 €
Tageskarte	12 €
Nachzahlung je angefangene $\frac{1}{2}$ Stunde	1 €

Zehnerkarten Schwimmbad

für je $2\frac{1}{2}$ Std.	35 €
Tageskarten	90 €

Saisonkarte 450 €
(berechtigt zum freien ganztägigen Eintritt innerhalb eines Jahres)

Familienangebot 35 €
Tageskarte für 2 Erwachsene und 2 Kinder incl. Benutzung des Rutschturms

Erlebnisangebot

Sauna (pro Tag)	3 €
Rutschturm (pro Tag)	4 €
Dampfbad (pro Tag)	3 €

Kinder bis 14 Jahre erhalten auf alle Preise 50 % Ermäßigung!

3 *Aqualand* möchte seinen Außenbereich attraktiver gestalten. Geplant ist der Bau eines Beachvolleyballfeldes (18 m × 9 m). Allerdings ist der Raum auf der Liegewiese hierfür recht knapp.

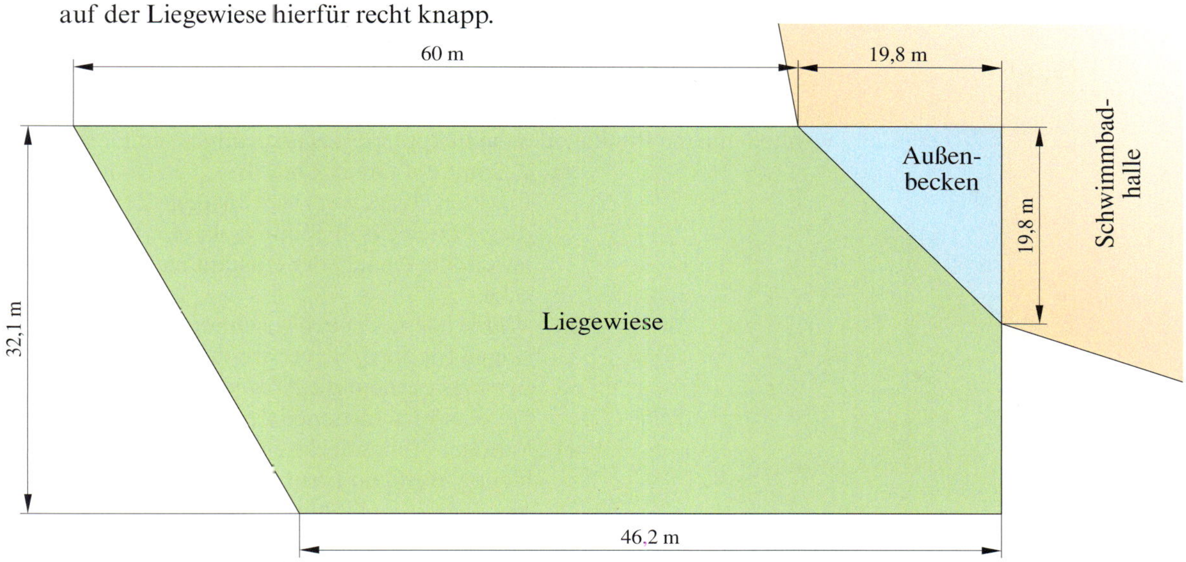

Zeichne die Außenanlagen in einem geeigneten Maßstab in dein Heft und ermittle den Flächeninhalt der Liegewiese.
Der Architekt plant, an den beiden längeren Seiten des Volleyballfeldes einen an beiden Seiten gleich breiten Sandstreifen als Platz für Zuschauer oder als Ablagefläche der Sportler einzurichten. *Aqualand* fordert aber, dass die Liegewiese mindestens noch eine Fläche von 1550 m² (wie bei der Konkurrenz *Bavaria-Mare*) haben muss, um Badegästen, die nicht an Volleyball interessiert sind, noch genügend Erholungsfläche bieten zu können.
Finde eine geeignete Stelle für das Volleyballfeld und ermittle die Größe der beiden Streifen, wenn der Architekt für die Streifen die größtmögliche Breite wählt. Wie viel Kubikmeter Sand müssen angeliefert werden, um das Feld 40 cm mit Sand aufzufüllen?

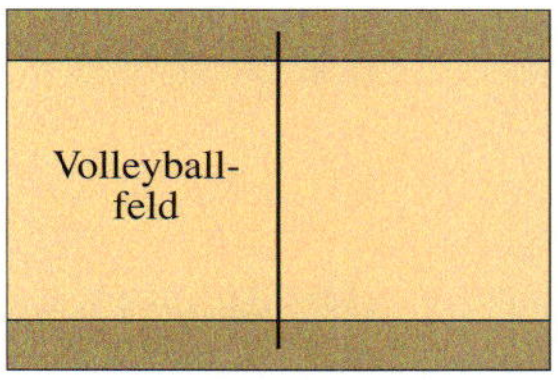

Aqualand hat in Umfragen herausgefunden, dass viele junge Familien das Bad besuchen und sich ein Plantschbecken für Kleinkinder wünschen. Daher soll im Bereich der Liegewiese ein kleines quadratisches, 6 m breites Babybecken mit Kinderrutsche gebaut werden.
Um wie viel Prozent nimmt dadurch die Fläche der Liegewiese ab?

Zerlegung in Dreiecke

Info

Punkte liegen „verstreut“, wenn je drei von ihnen nicht auf einer Geraden liegen.

4 Gegeben ist ein Dreieck. Innere Punkte dieses Dreiecks sollen so gewählt werden, dass sie zuammen mit den Eckpunkten dieses Dreiecks „verstreut“ liegen. Durch geradlinige Verbindungen zwischen diesen „verstreut“ liegenden Punkten entstehen Teildreiecke. Deren Eckpunkte sind also die gewählten inneren Punkte oder die Eckpunkte des ursprünglichen Dreiecks.

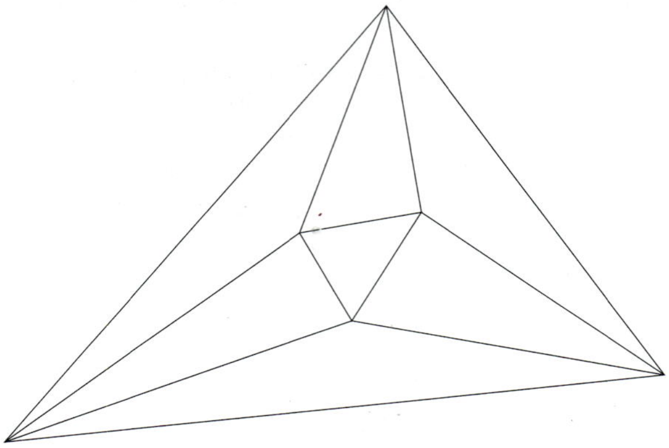

a) Zeichne ein Dreieck mit drei „verstreuten“ Punkten. Trage zwei verschiedene Zerlegungen dieses Dreiecks in Teildreiecke ein. Bestimme jeweils die Anzahl der entstandenen Teildreiecke.

b) Wähle in einer neuen Zeichnung andere Positionen für die drei „verstreuten“ Punkte und bestimme erneut die Anzahl der Teildreiecke bei zwei verschiedenen Zerlegungen.

c) Wie viele Teildreiecke entstehen bei einer Zerlegung, wenn im Inneren kein, ein, zwei oder vier „verstreute“ Punkte liegen?

d) Wie viele Teildreiecke entstehen bei einer Zerlegung, wenn im Inneren 10 Punkte liegen?

e) Gib einen Term an, mit dem du die Anzahl der Teildreiecke bestimmen kannst, wenn k die Anzahl der „verstreuten“ Punkte angibt.

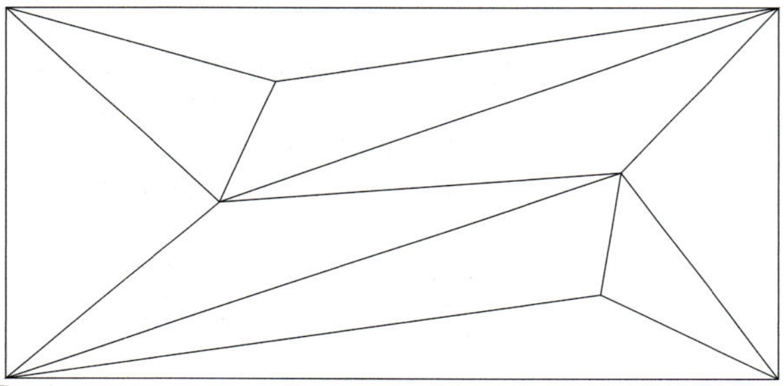

f) Übertrage diese Überlegungen nun auf ein Rechteck. Die Anzahl der Dreiecke bei einer Zerlegung kann auch mit einer anderen Überlegung gewonnen werden: Jeder Punkt im Inneren ist Eckpunkt mehrerer Dreiecke und jeder Eckpunkt des Rechtecks ist Eckpunkt von mindestens einem Dreieck. Addiere die Innenwinkel aller Dreiecke, indem du die Winkel an den inneren Punkten und an den Eckpunkten des Rechtecks addierst.
Stelle einen Term für k „verstreute“ Punkte auf und berechne dann die Anzahl der Dreiecke.

g) Wie ändert sich die Anzahl der Dreiecke, wenn das Rechteck durch ein Fünfeck, Sechseck oder n-Eck ersetzt wird?

h) Unter welcher Bedingung können einem n-Eck in analoger Weise Vierecke einbeschrieben werden?
Wie viele Vierecke erhält man?

Schon gewusst?

Das **Pentagramm** (auch Sternfünfeck oder Drudenfuß genannt) diente dem Bund der Pythagoräer als Erkennungszeichen. Die Bedeutung Drudenfuß kommt daher, dass das Pentagramm hexenhafte Nachtgeister (so genannte Druden), die den Schläfer quälten, vertreiben sollte.

5 Die fünf Diagonalen eines regelmäßigen Fünfecks bilden ein so genanntes regelmäßiges Sternfünfeck oder Pentagramm.

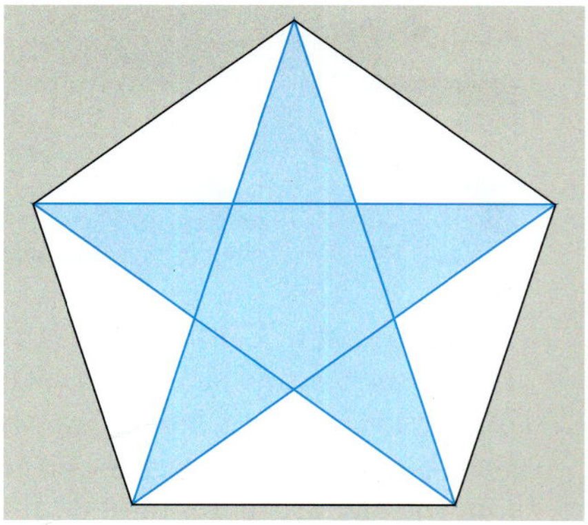

a) Ermittle den Flächeninhalt eines Pentagramms. Miss und rechne.

b) Konstruiere ein Pentagramm mithilfe von Zirkel und Geodreieck und schreibe einen Konstruktionsplan.

Zahlen über Zahlen

6 Andrea überlegt an ihrem Geburtstag: Sie ist jetzt dreimal so alt wie ihre Schwester Klara. In vier Jahren aber wird sie nur noch doppelt so alt wie Klara sein. Ihre beiden Eltern sind gemeinsam fünfmal so alt wie Klara und sie zusammen und Andreas Mutter ist 4 Jahre jünger als ihr Vater. Andrea hat auch noch einen älteren Bruder. Wenn Andrea ein Jahr jünger wäre und ihr Bruder Moritz 5 Jahre älter, dann wäre Moritz doppelt so alt wie Andrea. Zur Familie gehört auch eine alte Landschildkröte, die im Garten lebt und schon beachtlich viele Jahre auf dem Panzer hat. Andrea rechnet nach, dass die Quersumme des Schildkrötenalters doppelt so groß ist wie die Quersumme ihres eigenen Alters.
Wie alt sind alle Familienmitglieder heute?
Informiere dich über die Lebenserwartung von Schildkröten und erfinde eine weitere Bedingung, die das Alter der Schildkröte eindeutig festlegt.
Finde eine ähnliche Aufgabe, indem du dein Alter und das Alter deiner Geschwister, Freunde oder Eltern betrachtest.

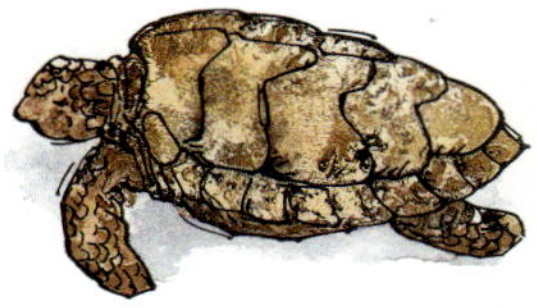

7 Als der Mathematiklehrer die Schulaufgabe herausgibt, möchten die 27 Schüler der Klasse 7 a die Notenverteilung wissen. Aber der Lehrer möchte es spannend halten, denkt kurz nach, schmunzelt und gibt folgende Informationen: „Der Notendurchschnitt lag exakt bei 3,0 und die Note 4 kam doppelt so oft wie die Note 5 vor. Die Verteilung könnt ihr nun selber leicht ergänzen."

Note	1	2	3	4	5	6
Anzahl	5	6	4			0

Bei der nächsten Schulaufgabe wiederholt er das Spiel.
„Es gibt genauso viele Einser wie Fünfer. Die Note 2 und 3 wurden insgesamt viermal so oft vergeben wie die Note 5. Außerdem kamen die Noten 4 und 6 zusammen dreimal so oft vor wie die Note 1." Wie oft kam die Note 1 vor? Erstelle die Notenverteilung in deinem Heft.

8 Die Jungen der 7 a und 7 b haben beim Schulsportfest im Weitspringen folgende Weiten (in Metern) erzielt.

7 a	0,00	3,88	3,52	3,74	3,32	4,01	3,09	2,97	3,11	
7 b	3,01	3,77	5,17	2,89	3,63	3,92	3,13	3,24	3,76	3,33

a) Stelle die Ergebnisse der Jungen in einem geeigneten Diagramm grafisch dar.
b) Berechne für beide Klassen das arithmetische Mittel.
c) Das arithmetische Mittel wurde in beiden Klassen stark durch **Ausreißer** beeinflusst: In der 7 a sehr negativ durch die Weite 0,00 m (dreimal übergetreten), in der 7 b positiv durch die Weite 5,17 m.
Diskutiert in der Klasse, wie man zu einer „gerechten" Entscheidung kommen kann, welche Klasse das bessere Weitsprungergebnis hatte. Berücksichtigt hierbei auch den so genannten **Median**, der wie das arithmetische Mittel ein Mittelwert ist.

Info

Um den **Median** einer Datenreihe zu berechnen, musst du die Reihe der Größe nach ordnen.
Der Wert in der Mitte dieser geordneten Reihe heißt Median oder auch **Zentralwert**. Enthält eine Reihe eine gerade Anzahl von Daten, so bildest du das arithmetische Mittel der beiden in der Mitte stehenden Zahlen.

Das Idealgewicht

9 Vielleicht kennst du die alte Faustregel für die Bestimmung der idealen Körpermasse in Kilogramm, des so genannten Idealgewichts:

Männer:
Körpermasse (in kg) = Körpergröße (in cm) – 100

Frauen:
Körpermasse (in kg) = [Körpergröße (in cm) – 100]
abzüglich 10 % davon

a) Stelle für Männer und Frauen jeweils einen Term zur Berechnung des Idealgewichts nach der Faustregel auf.

b) Bestimme für Jungen und Mädchen entsprechend der folgenden Liste das Idealgewicht nach der Faustregel und stelle deine Daten tabellarisch und in einem geeignet gewählten Koordinatensystem auf Millimeterpapier dar.

Zehnjährige(r)	misst etwa 1,45 m Körpergröße,
Elfjährige(r)	misst etwa 1,50 m Körpergröße,
Zwölfjährige(r)	misst etwa 1,60 m Körpergröße,
Dreizehnjährige(r)	misst etwa 1,65 m Körpergröße,
Vierzehnjährige(r)	misst etwa 1,75 m Körpergröße,
Zwanzigjährige(r)	misst etwa 1,80 m Körpergröße.

$$\text{BMI} = \frac{\text{Körpermasse in kg}}{(\text{Körpergröße in m})^2}$$

c) In der internationalen Forschung hat man heute für die Erfassung des Übergewichts ein neues Maß entwickelt, den „body mass index" (kurz BMI). Er wird nach Formel in der Randspalte berechnet.
Bei einem BMI zwischen 20 und 25 sprechen manche Forscher von „Normalgewicht", bei darunter liegenden Werten von „Untergewicht", bei darüber liegenden von „Übergewicht". Aber beachte: Das sind grobe Richtwerte; unter Berücksichtigung des Alters und der sportlichen Kondition können davon etwas abweichende Werte durchaus „normal" sein!

Berechne jetzt nach dem BMI die Grenzen, innerhalb derer sich das Idealgewicht (Normalgewicht) für die oben genannten Personen befindet. Trage die Grenzpunkte in das Koordinatensystem von Aufgabe b) ein.
Überprüfe, ob die Punkte entsprechend der Faustregel innerhalb der Grenzen des BMI liegen.
Berechne die Idealgewichte bzw. die Grenzwerte für den BMI für die Körpergrößen von 1,10 m bis 2 m im Abstand von 10 cm, trage sie, soweit nicht schon vorhanden, in die Grafik von Aufgabe b) ein und verbinde die zusammengehörigen Werte.
Stelle für die Berechnung der oberen und unteren Grenzen der Körpermasse mittels des BMI entsprechende Terme auf.
Ab welcher Körpergröße wird die Faustregel nach dem BMI sinnlos? Ermittle dies aus der Tabelle und dem Gitternetz.

Die Welt in Formeln

10 Du hast bisher im Mathematikunterricht verschiedene Formeln kennen gelernt.

$$u_R = 2(l + b);\; A_R = l \cdot b;\; A_D = \frac{1}{2} g \cdot h;\; O_Q = 2(l \cdot b + l \cdot h + b \cdot h);\; V_Q = l \cdot b \cdot h.$$

a) Gib zu jeder Formel einen Sachzusammenhang an und formuliere die Aussage jeder Formel in einem Satz.
b) Wähle zu jeder Formel für die Variablen der rechten Seite Größen mit verschiedenen Einheiten und berechne damit die Variable der linken Seite.
c) Wähle für jede Formel eine Variable auf der rechten Seite aus, die du berechnen möchtest. Gib dann für die anderen Variablen der Formel Größen vor und führe damit die Berechnung durch.
d) Wie ändern sich die Formeln für das Rechteck, wenn ein Quadrat vorliegt?
e) Wie ändern sich die Formeln für den Quader, wenn ein Würfel vorliegt?
f) Wie ändern sich Umfang und Flächeninhalt bei Quadrat bzw. Oberfläche und Volumen beim Würfel, wenn die Seitenlänge verdoppelt, verdreifacht oder vervierfacht wird? Begründe anhand der Formeln.

11 In Natur und Technik (Physik) hast du Zusammenhänge von Größen kennen gelernt, die sich auch durch Formeln beschreiben lassen.
a) Wie hängen die elektrischen Größen Stromstärke, Spannung und Widerstand zusammen?
Erkläre anhand der Formel, wie sich bei einem konstanten Widerstand die Stromstärke ändert, wenn die Spannung verdoppelt, verdreifacht oder vervierfacht wird.
b) Wie hängen die Größen (durchschnittliche) Geschwindigkeit, Weg und Zeit zusammen?
Von Tims Wohnung zum Badesee sind es 18 km. Da die Strecke ansteigt, schafft er mit dem Fahrrad nur eine durchschnittliche Geschwindigkeit vom 12 km/h. Auf dem Rückweg will er mit doppelter Geschwindigkeit fahren. Begründe, warum die durchschnittliche Geschwindigkeit für Hin- und Rückweg nicht 18 km/h ist.
Florian behauptet, er könne mit seinem Rennrad den Rückweg so schnell zurücklegen, dass die durchschnittliche Geschwindigkeit für Hin- und Rückweg 24 km/h ist. Was meinst du?
c) Wie hängen die mechanischen Größen Kraft, Masse und Beschleunigung zusammen?
Erkläre anhand der Formel, wie sich bei einer konstanter Kraft die Beschleunigung ändert, wenn die Masse verdoppelt, verdreifacht oder vervierfacht wird.
d) Gib das Hooke'sche Gesetz im Wortlaut und als Formel an.
Wähle für die Variablen der rechten Seite Größen und berechne damit die Variable der linken Seite.
Wähle dann eine Variable auf der rechten Seite aus, die du berechnen möchtest. Gib für die anderen Variablen der Formel Größen vor und führe damit die Berechnung durch.
Was passiert, wenn die Kraft fortgesetzt verdoppelt wird?

Im Regenwald

12 Der tropische Regenwald ist eine spezielle Vegetationsform, die weltweit im Bereich der immerfeuchten Tropen vorkommt. Er weist eine besonders üppige Vegetation und eine artenreiche Tierwelt auf.
Suche in deinem Atlas die Regionen der Erde, in denen tropischer Regenwald vorkommt.

Durch den sonst größtenteils unerschlossenen brasilianischen Regenwald verläuft seit 1970 eine große Straße, die Transamazonica. Sie ist über 5600 km lang und reicht vom Atlantik bis in die Anden. Viele Bauern haben sich Jahr für Jahr aufgemacht, um ein eigenes Stück Land im Regenwald in Besitz zu nehmen. Sie lassen sich in der Regel entlang der Transamazonica nach folgendem Siedlungsmuster nieder: Jeder Bauer rodet und bearbeitet, ausgehend von der Straße, ein rechteckiges Stück Land von 100 ha Größe.
Welche Gefahren gehen von einer derartigen Landerschließung aus, wie sie in Brasilien vor allem in den 70er Jahren stattgefunden hat?

Die Siedler Alfonso und Sergio beratschlagen über die Maße ihrer Grundstücke, die sie nebeneinander anlegen wollen. Jeder erhält vom Staat 100 ha zugeteilt. Alfonsos Grundstück soll viermal so lang wie breit sein. Sergio dagegen will ein kürzeres Grundstück und mehr Straßenanteil, da er plant, in einigen Jahren eine Autoreparaturwerkstatt an der Straße zu errichten.
Welche Maße haben die Grundstücke, wenn beiden zusammen eine Straßenlänge von 1,75 km zugeteilt worden ist?
Sergio macht sich gleich an die Arbeit. Er will im ersten Jahr 20 % seines Grundes roden und jedes weitere Jahr nur noch 8 % der verbliebenen Waldfläche. Der Staat macht die Vorgabe, dass pro Jahr mindestens 4 ha gerodet werden müssen, höchstens aber 50 ha.
Welchen Sinn könnte eine solche Regelung haben? Erfüllt Sergio die Vorgabe?

Im gerodeten Teil will er Bohnen, Maniok (siehe Bild links) sowie Zuckerrohr zu je gleichen Teilen und doppelt so viel Mais wie Maniok anbauen.
Finde eine sinnvolle Anordnung und die zugehörigen Maße für die Felder nach der Rodung im ersten Jahr.
Durch die neuen Rodungen verlängern sich Sergios Felder Jahr für Jahr.
Betrachte die prozentualen Zunahmen für das Mais- und das Maniokfeld in den ersten drei Jahren nach Anlage der Felder. Was stellst du fest?

13 Der tropische Regenwald ist durch seine unglaubliche Vielfalt an Pflanzen- und Tierarten von einzigartiger Bedeutung. So werden beispielsweise viele Arzneistoffe aus Pflanzen gewonnen, die im tropischen Regenwald beheimatet sind. Auch auf das Klima hat er einen bedeutenden Einfluss. Leider ist ein großer Teil des Regenwaldes bereits dem Menschen zum Opfer gefallen.

Die Landoberfläche der Erde beträgt fast 148 Millionen km². Davon waren im Jahr 1990 rund $\frac{1}{4}$ mit Wald bedeckt. Die Tropenwälder hatten einen Anteil an der Waldfläche von etwa 48 %. Welche Fläche bedeckten die Tropenwälder 1990 und welchen Anteil nahmen sie an der gesamten Landfläche der Erde ein? Vergleiche mit aktuellen Werten.

Zwischen 1990 und 1995 gingen schätzungsweise 125 000 km² Regenwald pro Jahr verloren. Welche Fläche wurde demnach pro Monat, pro Woche, pro Tag bzw. pro Stunde vernichtet? Benutze die nebenstehenden Angaben, um den täglichen Verlust an Regenwald anschaulich darzustellen. Suche geeignete Vergleichsflächen in deiner Heimatgegend, um die Abnahme des Regenwalds anschaulich erklären zu können.

Fläche	
Fußballfeld	7000 m²
Stadtgebiet Ingolstadt	130 km²
Bayern	70 500 km²

Auch auf der indonesischen Insel Java wächst von Natur aus tropischer Regenwald. Allerdings wurde dieser in der Vergangenheit bereits nahezu vollständig zerstört. Ermittle die ungefähre Fläche der Regenwaldzerstörung, wenn man davon ausgeht, dass Java komplett mit tropischem Regenwald bewachsen war. Verwende hierzu eine geeignete geometrische Figur zum Vergleich.

Mittlerweile wurde der Wert des Regenwalds für Mensch und Umwelt erkannt. So gibt es immer mehr staatliche und private Initiativen zur Erhaltung des tropischen Regenwaldes.

Informiere dich im Internet und in Büchern über die Bedeutung des Regenwaldes und Projekte zu dessen Schutz.

Angenommen, die Abholzung des Regenwaldes schreitet unvermindert voran und beträgt weiterhin 125 000 km² pro Jahr. Wie lange dauert es, bis 50 %, 75 % bzw. 100 % des Regenwaldes vernichtet sind? Gehe dabei vom Regenwaldbestand im Jahr 1990 aus. Gehe nun davon aus, dass pro Jahr konstant 8 % des Regenwaldes vernichtet werden. Welche Unterschiede kannst du im Vergleich zum vorherigen Szenario feststellen?

Rätsel

So geht's

Anna ist dreimal so alt wie Berta und 2 Jahre älter als Carla. Zusammen sind sie 40 Jahre alt. Bestimme die Alter der drei Mädchen.

Eine der Größen mit *x* bezeichnen und die anderen Textangaben mit *x* ausdrücken:

Alter von Berta: x
Alter von Anna: $3x$
Alter von Carla: $3x-2$

Eine geeignete Gleichung aufstellen und lösen:

$$3x + x + (3x-2) = 40$$
$$7x - 2 = 40 \quad |+2$$
$$7x = 42 \quad |:7$$
$$x = 6$$

Die Lösungen am Text überprüfen und eine Antwort formulieren:

Berta ist 6 Jahre. Anna ist dreimal so alt wie Berta: $3 \cdot 6 = 18$.
Carla ist zwei Jahre jünger als Anna: $18 - 2 = 16$.
Zusammen sind sie $18 + 6 + 16 = 40$ Jahre alt.
Anna ist 18, Berta ist 6 und Carla ist 16 Jahre alt.

14 Daniel ist halb so alt wie seine beiden Zwillingsschwestern. Zusammen sind sie 65 Jahre alt. Wie alt sind die Geschwister?

15 Linda sagt zu ihrem Großvater: „In sechs Jahren sind wir zusammen 99 Jahre alt und du dreieinhalb mal so alt wie ich.“

16 Wie lauten die ganzen Zahlen?
a) Die Summe dreier aufeinander folgender Zahlen ist 84.
b) Die Summe dreier aufeinander folgender ungerader Zahlen ist 93.
c) Die Summe fünfer aufeinander folgender gerader Zahlen ist 10.
d) Die Summe vier aufeinander folgender Zahlen mit demselben Fünferrest ist 46.

17 Finde drei aufeinander folgende ganze Zahlen, deren Summe
a) 48 ist,
b) das Doppelte der nächstgrößeren ganzen Zahl ist,
c) das Sechsfache der größten Zahl ist.

18 Wie lautet die Zahl?
Eine dreistellige Zahl ist um 621 größer als ihre Quersumme. Die Hunderter-Ziffer ist doppelt so groß wie die Zehner-Ziffer und diese ist um 1 kleiner als die Einer-Ziffer.

19 Ein Rechteck ist doppelt so lang wie breit. Vergrößert man die kürzere Seite um 3 cm, so wächst der Flächeninhalt um 15 cm^2.
Bestimme die Maße des ursprünglichen Rechtecks.

20 Der Zaun eines rechteckigen Wiesenstücks ist 72 m lang. Berechne dessen Flächeninhalt, wenn das Wiesenstück $3\frac{1}{2}$-mal so lang wie breit ist.

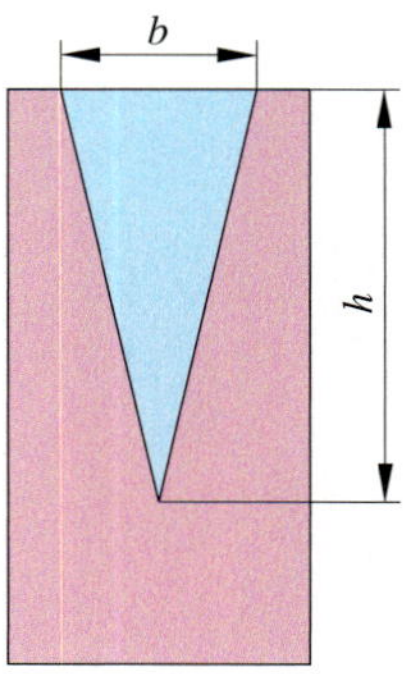

21 Im Dreieck ABC ist Seite b um 3,5 cm länger als die Seite a und doppelt so lang wie die Seite c. Der Umfang beträgt 24 cm. Zeichne das Dreieck.

22 Sebastian möchte die nebenstehende Figur mit einer Graphiksoftware konstruieren. Folgende Bedingungen muss er dabei beachten:
Beim Rechteck ist die längere Seite doppelt so lang wie die kürzere Seite.
Beim gleichschenkligen Dreieck ist die Basis b um 3 cm kürzer und die Höhe h um 5 cm länger als die kürzere Rechtecksseite. Das Rechteck hat einen viermal so großen Flächeninhalt wie das Dreieck.
Bestimme alle Größen, die Sebastian zur Konstruktion der Figur benötigt.

Verteilungsaufgaben

23 Herr Reich hinterlässt als nähere Verwandte 3 Kinder, 5 Enkel und 7 Urenkel. Laut Testament soll von seinem Vermögen von 322 000 € ein Kind dreimal so viel und ein Urenkel 5 000 € weniger als ein Enkel erhalten.
Wie viel bekommt jeder Erbe?

24 Laut Testament soll die Erbschaft von 180 000 € an drei Brüder nach Alter vergeben werden. Jeder Bruder erhält 20 000 € mehr als der Nächstjüngere.
Wie viel bekommt jeder Erbe, wenn vor der Vergabe 12 % Erbschaftssteuer abgezogen werden?

25 Bei einer Umfrage der Schülerzeitung eines Gymnasiums mit 30 % Mädchenanteil zur Beliebtheit von Schulsportarten gaben 60 % der Schülerschaft an, gerne Volleyball zu spielen. Nur jedes sechste Mädchen sprach sich gegen Volleyball aus. Wie groß ist der Anteil der Jungen, die gerne Volleyball spielen?

26 Wie viele Einzelzimmer hat Gasthof Sonne?

Gasthof Sonne
Herrliche Lage, ausgezeichnete Küche

59 Betten. Alle 32 Zimmer (Einzel- und Doppelzimmer) mit Terrasse, Bad od. Dusche.

27 Bei der Gemeinderatswahl konnten drei Parteien gewählt werden. Die Partei AZP verfehlte ihr Ziel, die Hälfte der abgegebenen Stimmen zu bekommen, um genau 9 Stimmen. Partei BUD bekam exakt 25 % der Stimmen und 812 Wahlberechtigte wählten die Partei CRP. 12 Stimmen waren ungültig.
Wie viele Bürgerinnen und Bürger gingen zur Wahl?
Wie viele Wahlberechtigte gibt es in dieser Gemeinde, wenn die Wahlbeteiligung 85 % betrug?

28 Dritte Schulaufgabe Mathematik, Klasse 7 b

Note	1	2	3	4	5	6	Gesamt
Anzahl	3			5		0	
%		25,0 %	37,5 %		12,5 %		

Übertrage die Tabelle in dein Heft und ergänze die Schulaufgabenstatistik.

29 Ein Händler auf dem Wochenmarkt füllt Olivenöl vom Fass in 0,5-Liter- und 1-Liter-Flaschen ab. Am Abend hat er 56 Flaschen Olivenöl verkauft und dabei 176 € eingenommen.
Wie viele kleine und große Flaschen hat er verkauft?

30 Kurz nach dem Start eines Urlaubfliegers mit 270 Passagierplätzen meldet sich der Kapitän über Lautsprecher: „Wir freuen uns, heute in unserem voll besetzten Airbus 310 besonders viele Kinder an Bord begrüßen zu können. Unter den Fluggästen sind doppelt so viele Kinder wie Männer. Auch die Gruppe der Frauen ist um 30 Gäste kleiner als die der Kinder."
Wie viele Männer, Frauen und Kinder sind unter den Passagieren?

Die Welt der Wirtschaft – aus mathematischer Sicht

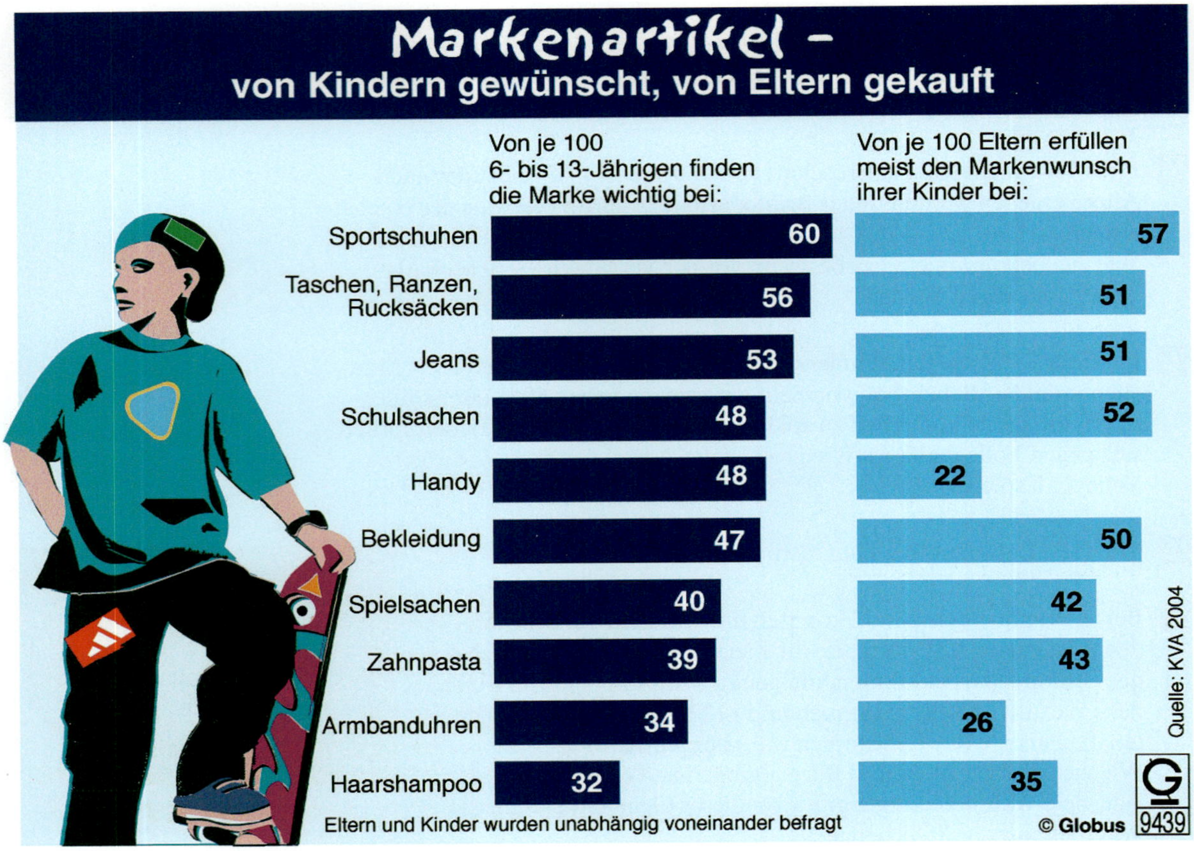

31 Fabian liest das Diagramm und freut sich: „Toll! Es gibt sogar Familien, in denen die Eltern ihren Kindern auch dann Markenklamotten kaufen, wenn die es sich gar nicht dringend wünschen."
Wie kommt Fabian auf diese Aussage? Erkläre, weshalb Fabians Behauptung nicht richtig ist.
Fasse die wesentlichen Aussagen des Diagramms kurz zusammen und erläutere, welche Gefahren eine starke Markenorientierung bei Jugendlichen mit sich bringen kann.
Fabian ist neugierig geworden und führt in seiner Klasse eine entsprechende Umfrage durch. Zur Auswertung zeichnet er ein Säulendiagramm. Von 30 Schülern antworteten 12, dass sie bei Sportschuhen Wert auf Markenartikel legen.
Wie lang ist die entsprechende Säule, wenn Fabian die Werte in Prozent ausdrücken will (2 cm ≙ 10 %)?
Führe in deiner eigenen Klasse eine ähnliche Umfrage durch und finde eine Formel, mit der du die Säulenlänge l für eine beliebige Anzahl x an Schülerantworten schnell berechnen kannst.

32 Obwohl die neuen Euro-Banknoten und Münzen zahlreiche Sicherheitsmerkmale aufweisen, kommt immer wieder Falschgeld in Umlauf.

Im Jahr 2003 waren es rund 3,4 Millionen Euro.
Informiere dich über die Sicherheitsmerkmale der Euro-Banknoten.
Erläutere das Diagramm und erkläre die Vorliebe der Fälscher für 50-Euro-Scheine sowie die seltenen Fälschungen bei 500-Euro-Scheinen.
Berechne die prozentualen Anteile der einzelnen Banknoten an den gesamten Fälschungen.

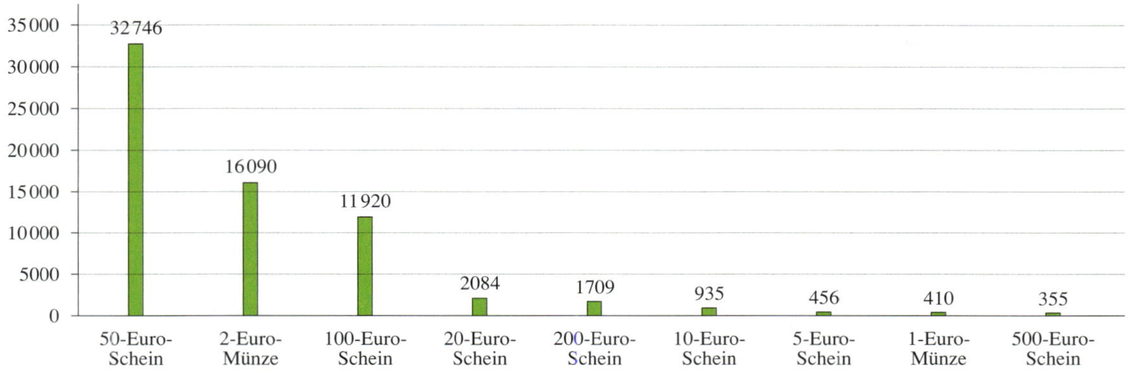

33 In Deutschland verfügen Jugendliche über immer mehr Geld. Gleichzeitig steigen aber ihre Ansprüche, sodass sie auch mehr Geld für Handy, Mofa, Kleidung usw. ausgeben. So kommt es, dass immer mehr Jugendliche über ihre Verhältnisse leben und ihre Wünsche über Schulden finanzieren.
Im Durchschnitt hatten Jugendliche in Deutschland im Jahr 2003 ein Monatseinkommen von 457 Euro.
Drücke die Schuldenstände der jeweiligen Altersgruppen durch das durchschnittliche Monatseinkommen aus. Ist ein solcher Vergleich sinnvoll?

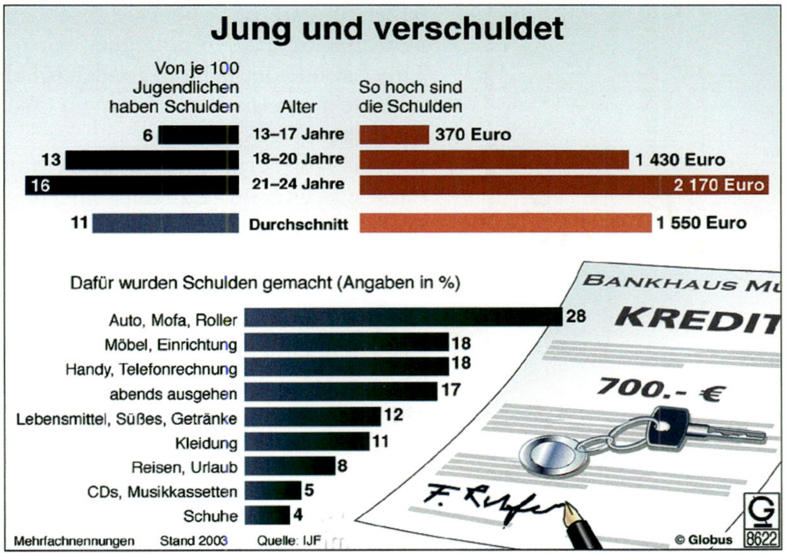

Betrachte die Gruppe der 13- bis 17-Jährigen. Nimm den durchschnittlichen Schuldenstand und schätze die Anteile der verschiedenen Ausgabengruppen in Euro ab. Überprüfe deine Schätzungen durch Rechnung.

Sebastian ist 22 Jahre alt und will sich einen Motorroller kaufen. Der Händler macht ihm ein Angebot: Er kann den Roller sofort mitnehmen, wenn er den Preis (2000 €) in Raten bezahlt.
Berechne die monatliche Rate, wenn der Händler 8 % Zinsen pro Jahr verlangt und der Roller in 3 Jahren bezahlt werden soll.
Wie viel Geld hat Sebastian dann insgesamt ausgegeben?
Tipp: Experimentiere mit einem Tabellenkalkulationsprogramm.

Info

Den Zins Z, den ein Kapital K bei einem Zinssatz von $p\,\%$ in t Tagen abwirft, kannst du folgendermaßen berechnen:

$$Z = \frac{t}{360} \cdot \frac{p}{100} \cdot K$$

Bauen und Basteln

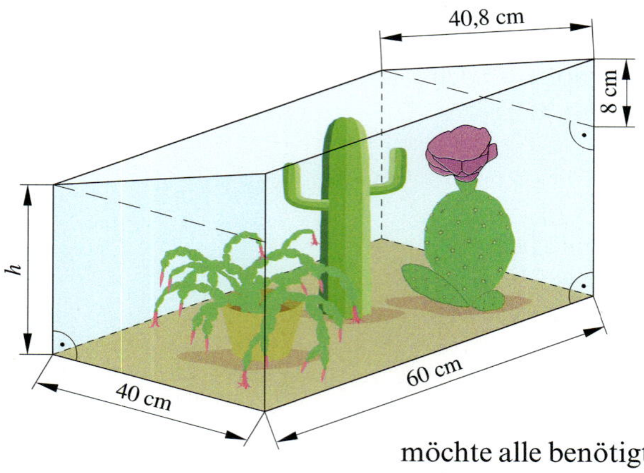

34 Tina möchte für ihre Kakteen ein kleines Gewächshaus bauen. Hierfür plant sie, ein Holzgestell mit Folie von allen Seiten zu bespannen. Sie ist sich nur noch nicht sicher, welche Höhe *h* sie wählen soll.
Tina möchte, dass das Häuschen insgesamt nicht höher als 50 cm wird. Ihr größter Kaktus misst im Moment 22 cm inkl. Blumentopf. Welche Werte kann sie für *h* wählen?
Um welche Art von Körper handelt es sich beim Gewächshäuschen? Zeichne ein Netz des Gewächshauses für die Höhe $h = 30$ cm im Maßstab 1:10. Tina geht nun ans Werk und möchte alle benötigten Utensilien einkaufen. Um herauszufinden, wie viel Folie sie kaufen muss, ermittelt Tina die kleinst- und die größtmögliche Oberfläche des Häuschens. Außerdem berechnet sie, wie viel Volumen Luft im Gewächshaus bei geschlossenem Deckel Platz hat. Auch hier ermittelt sie den minimalen und den maximalen Wert.
Da sie sich noch nicht ganz sicher ist, mit welcher Höhe sie das Häuschen bauen möchte, berechnet sie anschließend die Oberfläche und das Volumen allgemein in Abhängigkeit von *h*. Welche Formeln hat sie gefunden?
Tina entscheidet sich tatsächlich für eine Höhe von 30 cm. Nun kann sie mithilfe der gefundenen Formeln Oberfläche und Volumen ganz fix berechnen.
Für das Holzgerüst möchte sie 2 cm starke Leisten im Baumarkt kaufen. Diese gibt es in den Längen 1 m, 2 m und 2,50 m. Wie viel Meter Leiste braucht sie insgesamt? Überlege, welche Leistenlängen Tina kaufen muss, um möglichst wenig Verschnitt zu haben.

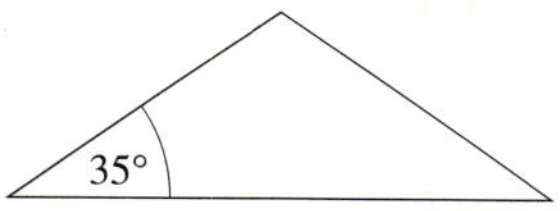

35 René besucht das Descartes-Gymnasium in Neuburg und soll im Kunstunterricht ein Papiermodell seiner Schule in einem sinnvollen Maßstab basteln. Das Gymnasium besteht aus einem Altbau und einem Neubau mit Flachdach. Der Altbau hat ein Satteldach mit einer Dachneigung von rund 35°. Ohne Dach sind beide Gebäude 13,60 m hoch.

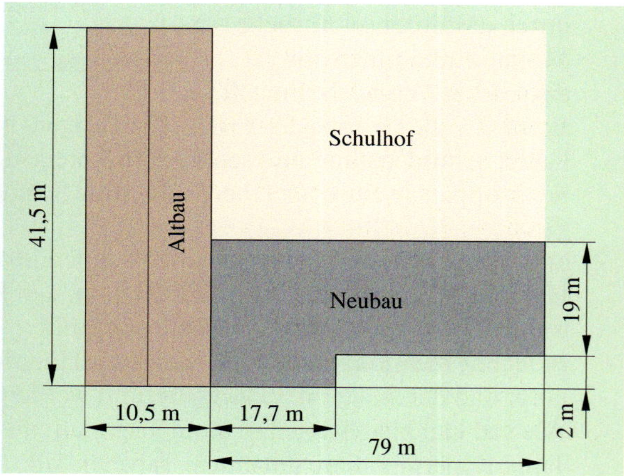

Als Unterlage hat er sich schon einen rechteckigen Karton mit den Maßen 150 cm × 100 cm besorgt, den er möglichst gut ausnutzen will.
Wie hoch wird Renés Modell und welche Fläche an Papier benötigt er dafür?
Elisabeth geht in dieselbe Klasse wie René. Sie möchte jedoch ein Gipsmodell der Schule basteln. Hierfür muss sie zunächst ein Modell mit den Außenwänden der Schule aus stabilem Karton bauen und es anschließend mit Gips ausgießen. Das Dach des Altbaus wird sie erst später aus Papier bauen und auf den Gipskörper setzen.
Am Nachmittag kauft sie mit ihrer Mutter im Bastelladen mehrere Packungen Gips. Für welche Menge an Gips (in cm^3) muss Elisabeth Gipspulver einkaufen, wenn sie den gleichen Maßstab wie René nimmt?
Elisabeths Modell muss aus Stabilitätsgründen aber kleiner sein als Renés Arbeit. Daher kauft sie eine kleinere Menge Gips, die laut Gebrauchsanweisung 50 000 cm^3 Gips ergibt.
Welchen Maßstab wird Elisabeth wählen, wenn sie den Gips möglichst komplett aufbrauchen möchte?

Für Bastler: Baue ein (wenn nötig vereinfachtes) Papiermodell deiner eigenen Schule.

36 Der bayerische Abt Engelbert beauftragte den zur damaligen Zeit berühmten Baumeister Lukas mit dem Bau einer Klosterkirche. Die Kirche sollte – entsprechend dem damaligen Zeitgeist – im romanischen Stil erbaut werden.
Lukas schlägt folgenden Grundriss vor:

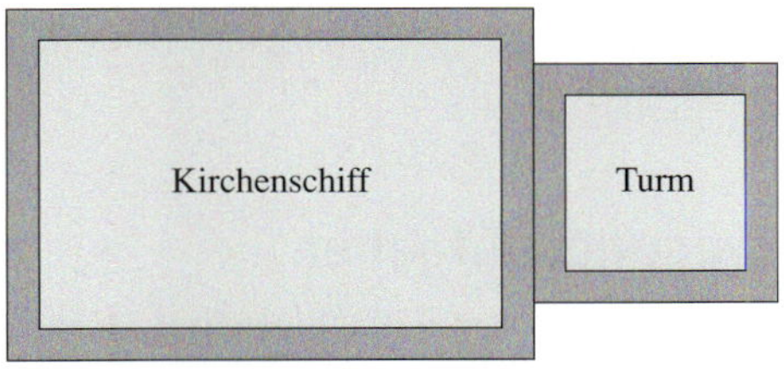

Schon bald wird mit dem Bau des Kirchenschiffs begonnen. Als dieses fast fertig ist, plant Lukas den Turm. Er begutachtet die restlichen zur Verfügung stehenden Steine und errechnet in nächtelanger Arbeit, dass der gemauerte Turm eine Höhe von 12,50 m haben wird. Auf den Turm wird noch eine Holzkonstruktion als Turmdach gesetzt. So wird die Gesamthöhe stolze 15,20 m betragen.
Als sich Engelbert bei Lukas über den Fortschritt des Baus informiert und von der Turmhöhe erfährt, ist er empört, denn der Kirchturm der Dorfkirche ist 3,3 m höher. Er befiehlt Lukas, den Turm höher zu bauen.
Lukas ist verzweifelt. Ihm stehen insgesamt nur rund 70 m^3 Steine zur Verfügung. Außerdem soll der Turm quadratisch sein und die Mauerstärke muss (mindestens) 50 cm betragen. Welche Maße sind für den höheren Turm möglich und sinnvoll?
Welchen anderen Weg könnte Lukas mit der vorhandenen Menge an Steinen wählen? Informiere dich, in welcher Zeit solche Kirchen entstanden sind und was die typischen Kennzeichen romanischer Kirchen sind.

Mischungsaufgaben

So geht's

Bei einer Orangensaftsorte soll der Fruchtanteil von 60 % auf 70 % erhöht werden. Wie viel Fruchtsaft mit einem Fruchtanteil von 86 % muss einer Menge von 200 Litern 60 %tigen Saftes hinzugegeben werden?

Mit x bezeichnest du das zu bestimmende Volumen des 86-prozentigen Saftes (in l).

Wie viel Frucht (in l) befindet sich in
- x l des 86 %igen Safts? $0{,}86\,x$ Liter
- 200 l des 60 %igen Safts? $0{,}60 \cdot 200$ Liter
- (x + 200) l des 70 %igen Safts? $0{,}7(x + 200)$ Liter

Daraus folgt:
$0{,}86\,x + 0{,}6 \cdot 200 = 0{,}7 \cdot (x + 200)$;
$0{,}86\,x - 0{,}7\,x = 0{,}7 \cdot 200 - 0{,}6 \cdot 200$;
$0{,}16\,x = 20$;
$x = 125$.

Es müssen 125 Liter des 86 %tigen Saftes dazugegeben werden.

37 Valerie stellt sich eine Teemischung aus zwei Sorten zusammen. Wie viel „Indien spezial" (Kilogrammpreis 25,50 €) und „Fine Taste" (Kilogrammpreis 22,00 €) ist in ihrer 500-g-Packung, wenn sie dafür 12,40 € bezahlt?

38 **Herstellung von Säuren**

a) Welchen Säuregehalt hat eine Mischung aus 3 Litern einer 40-prozentigen Essigsäure und 4,5 Litern einer 30-prozentigen Essigsäure?

b) Welche Menge von einer 20-prozentigen Essigsäure muss zu $2\frac{1}{2}$ Litern einer 60-prozentigen Säure dazugegeben werden, damit der Säuregehalt auf 45 % sinkt?

c) Welche Menge von einer 70-prozentigen Essigsäure und einer 50-prozentigen Essigsäure müssen gemischt werden, um 20 cl einer 65-prozentigen Essigsäure zu bekommen?

d) Wie viel reines Wasser muss 3 Liter einer 75-prozentigen Essigsäure zugeführt werden, damit der Säuregehalt auf 45 % sinkt?

e) Wie hoch ist der Säuregehalt einer Mischung aus 1,8 Litern 60-prozentiger Essigsäure und 2,7 Litern Wasser?

Überhol- und Bewegungsaufgaben

39 Die Marathonläufer Fabian und Marco trainieren auf einer 36 km langen Strecke. Marco, der in der Stunde 12 km zurücklegt, startet eine halbe Stunde später als Fabian, der mit einer Geschwindigkeit von 10 km pro Stunde läuft.

a) Wie groß ist der Abstand der beiden Läufer x Stunden nach Fabians Start?

b) Nach welcher Laufzeit wird Fabian von Marco überholt? Wie weit ist Fabian bis zu diesem Zeitpunkt gekommen?

c) Wie viel später müsste Marco starten, damit er Fabian nicht mehr vor dem Ende der Trainingsstrecke einholt?

40 Ein Geschäftsflugzeug startet um 9.10 Uhr vom Flughafen München zu einem 3100 km langen Flug nach Lissabon und legt etwa 440 km pro Stunde zurück. Zur gleichen Zeit startet ein Passagierflugzeug in Lissabon mit Ziel München. Es erreicht durchschnittlich etwa 850 km pro Stunde.

a) Wie groß ist der Abstand der beiden Flugzeuge nach x Stunden, wenn beide Piloten dieselbe Flugroute wählen?

b) Wann fliegen die beiden Maschinen aneinander vorbei?

41 Um 12:00 Uhr stehen der Minuten- und der Stundenzeiger einer Uhr genau übereinander.

a) Welchen Winkel überstreicht der Minutenzeiger in x Minuten?
b) Welchen Winkel überstreicht der Stundenzeiger in x Minuten?
c) Wie groß ist der Winkel zwischen den Zeigern nach x Minuten?
d) Nach welcher Zeit stehen die beiden Zeiger wieder übereinander?

42 Herr und Frau Knapp eröffnen jeder für sich ein eigenes Bankkonto. Während Herr Knapp zu Beginn 360 € einzahlt und dann monatlich 50 € abhebt, macht Frau Knapp bereits bei der Kontoeröffnung 1200 € Schulden und zahlt dann monatlich 80 € ein. (Zinsen werden nicht berücksichtigt).

a) Wie groß ist die Differenz der beiden Kontostände nach x Monaten?
b) Nach welcher Zeit sind die beiden Kontostände gleich? Wie hoch ist dieser dann?
c) Nach welcher Zeit ist das Konto von Herrn Knapp, nach welcher Zeit ist das Konto von Frau Knapp ausgeglichen?
d) Nach welcher Zeit wäre ein Gemeinschaftskonto ausgeglichen, wenn das Ehepaar ein solches zu Beginn eingerichtet hätte?

Arbeits- und Füllaufgaben

43 Die Druckerei einer Tageszeitung hat zwei Pressen. Die eine Presse druckt die Tagesauflage in 4, die zweite in 5 Stunden. Wie lange dauert das Drucken der Auflage, wenn beide Pressen gleichzeitig arbeiten?

44 Eine Konzerthalle hat drei Ausgänge unterschiedlicher Breite. Ist nur der erste Ausgang geöffnet, leert sich der voll besetzte Saal in 8 Minuten. Ist nur der zweite Ausgang geöffnet, dauert die Räumung des Saals 10 Minuten, beim dritten Ausgang 12 Minuten. Sicherheitsbestimmungen verlangen eine Räumung des Saals bei Öffnung aller Ausgäng in längstens 5 Minuten. Erfüllt der Saal diese Bestimmung?

45 Die Firma „fette Hausmusik“ stellt Gitarren her. Die neu eingearbeiteten Gitarrenbauer wurden immer besser und stellten jeden Monat fünf Gitarren mehr her als im Vormonat.
Im gesamten Jahr wurden 1230 Gitarren hergestellt.
Wie viele Gitarren wurden im Monat Mai und wie viele im November hergestellt?

So geht's

Ein Heizöltank kann durch zwei Rohre gefüllt werden, durch das erste in 2 Stunden und durch das zweite in 3 Stunden. Wie lange dauert die Füllung, wenn beide Rohre geöffnet werden?

Mit V bezeichnest du das Ölvolumen des Tanks.

In x Stunden fließt dann das Ölvolumen von $x \cdot \frac{1}{2} \cdot V$ durch das erste Rohr und $x \cdot \frac{1}{3} \cdot V$ durch das zweite Rohr.

Für die gesuchte Dauer x gilt demnach:

$$x \cdot \frac{1}{2} \cdot V + x \cdot \frac{1}{3} \cdot V = V \quad |:V$$
$$x \cdot \frac{1}{2} + x \cdot \frac{1}{3} = 1$$
$$x \cdot \frac{3+2}{2 \cdot 3} = 1 \quad \left| \cdot \frac{6}{5} \right.$$
$$x = \frac{6}{5} = 1{,}2$$

Der Tank füllt sich somit in einer Stunde und 12 Minuten.

Aus Fehlern wird man klug

46 Thomas hat sich in den Ferien noch einmal mit dem Algebrastoff der letzten Jahre beschäftigt. Um sich einen besseren Überblick verschaffen zu können, hat er die Lerninhalte in Form einer Mindmap dargestellt. Die Stellen, an denen er sich nicht mehr so gut erinnern konnte, hat er mit Fragezeichen markiert.
Leider sind Thomas ein paar Fehler – auch bei der logischen Anordnung der Zweige – unterlaufen. Korrigiere seine Mindmap, indem du selbst eine auf einem DIN-A3-Blatt zusammenstellst. Schlage die Gebiete, in denen du dich selber nicht mehr sicher fühlst, in deinen Mathematikheften oder -büchern nach.
Hilf Thomas außerdem, die Lücken in seiner Mindmap zu schließen.
Erkläre die Fehler von Thomas.

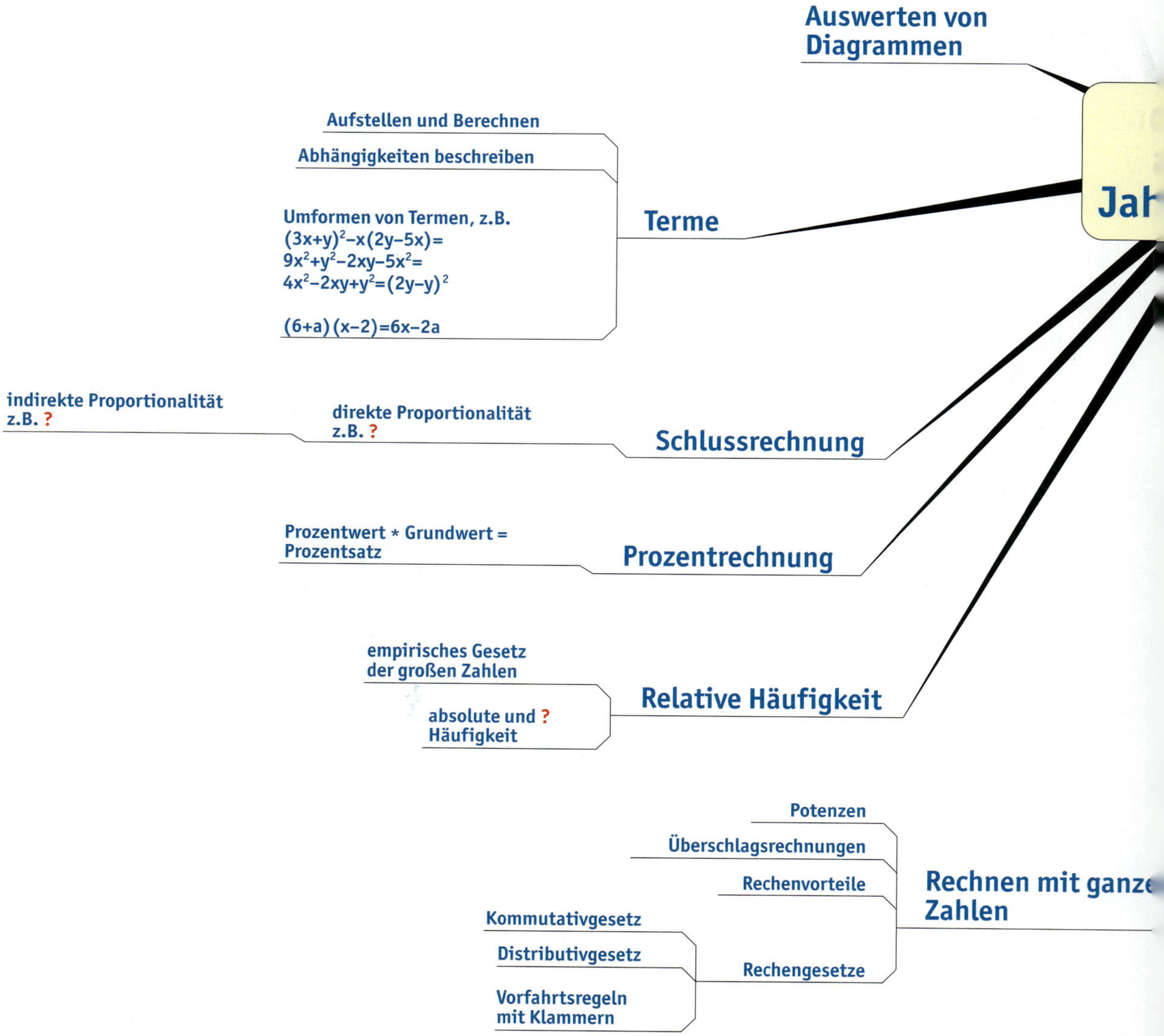

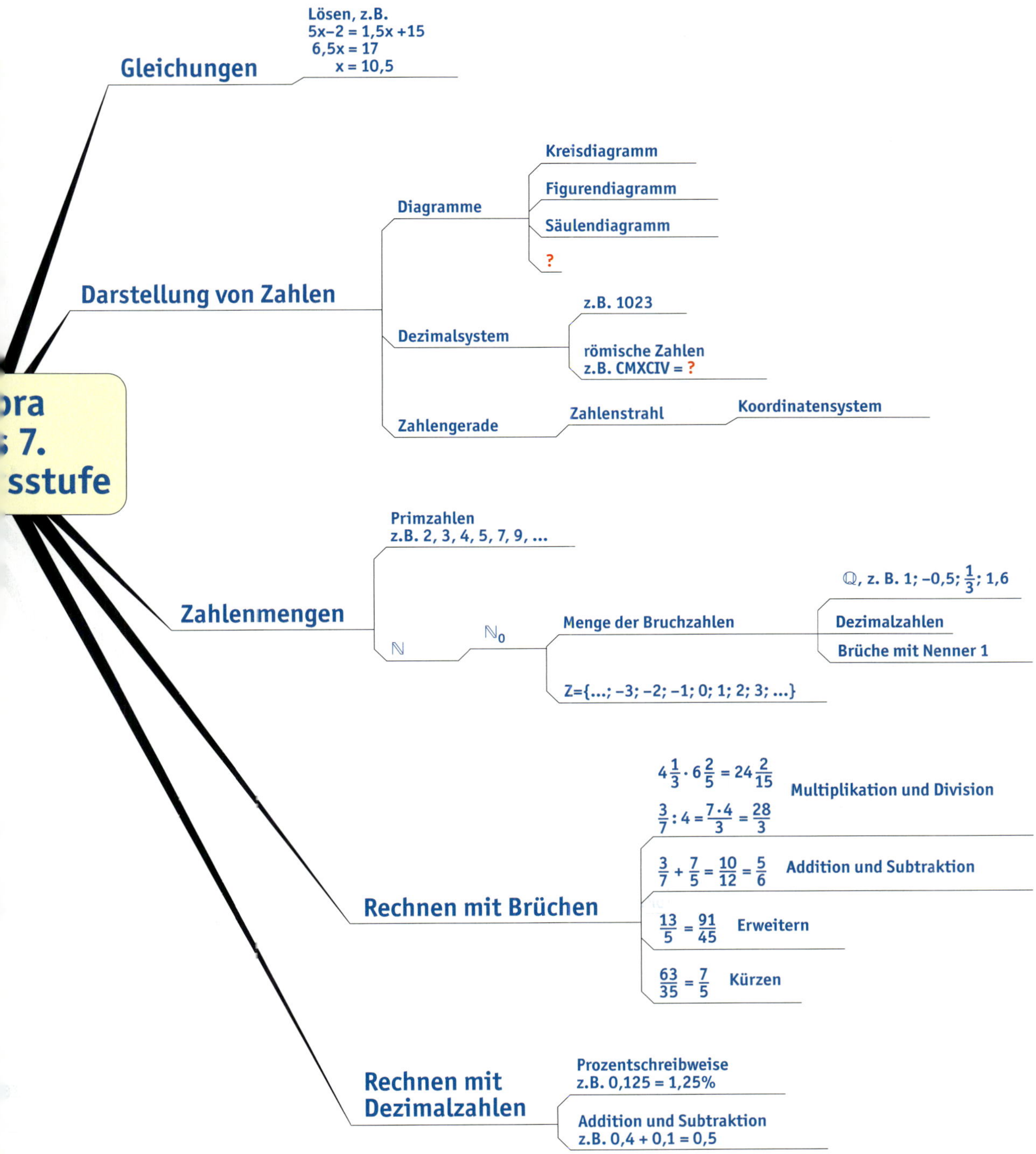
ra
s 7.
sstufe
Gleichungen
Lösen, z.B.
$5x-2 = 1{,}5x + 15$
$6{,}5x = 17$
$x = 10{,}5$
Darstellung von Zahlen
Diagramme
Kreisdiagramm
Figurendiagramm
Säulendiagramm
?
Dezimalsystem
z.B. 1023
römische Zahlen
z.B. CMXCIV = ?
Zahlengerade
Zahlenstrahl
Koordinatensystem
Zahlenmengen
Primzahlen
z.B. 2, 3, 4, 5, 7, 9, ...
$\mathbb{N}$
$\mathbb{N}_0$
Menge der Bruchzahlen
$\mathbb{Q}$, z. B. 1; –0,5; $\frac{1}{3}$; 1,6
Dezimalzahlen
Brüche mit Nenner 1
Z={...; –3; –2; –1; 0; 1; 2; 3; ...}
Rechnen mit Brüchen
$4\frac{1}{3} \cdot 6\frac{2}{5} = 24\frac{2}{15}$
$\frac{3}{7} : 4 = \frac{7 \cdot 4}{3} = \frac{28}{3}$
Multiplikation und Division
$\frac{3}{7} + \frac{7}{5} = \frac{10}{12} = \frac{5}{6}$
Addition und Subtraktion
$\frac{13}{5} = \frac{91}{45}$
Erweitern
$\frac{63}{35} = \frac{7}{5}$
Kürzen
Rechnen mit Dezimalzahlen
Prozentschreibweise
z.B. 0,125 = 1,25%
Addition und Subtraktion
z.B. 0,4 + 0,1 = 0,5

Übungsseite Terme

47 Verhalten von Termen

a) Betrachte den Term $\frac{1}{x}$. Erläutere, wie sich der Wert des Terms ändert, wenn du für x immer größere Werte einsetzt.

b) Setze nun für x immer kleinere Werte ein. Wie ändert sich der Wert des Terms $\frac{1}{x}$? Welche Zahl darfst du nicht einsetzen?

c) Betrachte den Term $2{,}8 \cdot \frac{1}{4} - 3 : x$. Erläutere, wie sich der Wert des Terms ändert, wenn x immer größere Werte annimmt.

48 Vereinfache so weit wie möglich und gib bei jedem Schritt das Rechengesetz an, das du anwendest.

Beachte

Vorsicht bei negativen Vorzeichen vor Klammern!
$-(a+b) = -a-b$

a) $xy(x+2)$
b) $(3a+2b+4c)\cdot 2 - 2\cdot a + b - 5c$
c) $u^2 + 2u + u^2 + 2u$
d) $16a - (53b + 4a) - 41b$
e) $uvw - uwv - vuw : wuv$
f) $(x+y+z)(x-y+z)$
g) $(2a+b)^4$
h) $(-x)^8 : (-x)^4$
i) $x^3 \cdot (-y)^2 \cdot (-x^2) - y^3$
j) $2a(a-b) - (a-b)^2$
k) $\frac{2}{3}u - (u-v) - \left(\frac{5}{12}u + \frac{5}{6}v - \frac{1}{2}\right)$
l) $(m^2 + mn)\cdot n + m\cdot(n^2 - mn)$

49 Berechne.

Beachte

Punkt- vor Strichrechnung!
Beispiel:
$2u - 2u : 2 \neq 0$

a) $18x - (17y - 16z) - (17z - 18y)$
b) $(12{,}5 - 2x)(4y - x)$
c) $\frac{3}{4}s\left(\frac{1}{2}t + \frac{2}{6}r\right) - \frac{2}{5}t\left(\frac{3}{4}r - \frac{15}{8}s\right) + \frac{3}{2}r\left(\frac{4}{15}t - \frac{1}{3}s\right)$
d) $5a^2b : a + 28a^3b^2 : (-2a^2b) - 6ab - (-2a)3b$
e) $(171x^3y^2) : (19xy^2) + x^2y : (-0{,}1y) - 114(-x^2) : 6$
f) $3y(6y - 4z) - 75y^3 - 3[(9z + 5y^2 - 7y)(-5y) - 4(-5yz + 7y^2)]$
g) $\left[3(-2y + 5x) - \frac{14x^2}{-2x}\right]\cdot 2 - \frac{18x^3}{9x^2} + (4y - 5x)(-4)$
h) $5(k^5 - k^2) - k^2(k-3)(1+k^2)$
i) $3(2-4x)^2 - 15x^2(x+2) - (5x^2 - 1)(2+x)$

50 Verwandle so weit wie möglich in Produkte.

a) $65ab^2 - 52a^2b$
b) $5ax - 10bx$
c) $36k^2 - 6k$
d) $\frac{1}{2}s - \frac{3}{4}t$
e) $(5x - 7y)\cdot 13 - 5x + 7y$
f) $(2x - y)\cdot(c+d) - (2x+y)\cdot(c+d)$

51 Verwandle so weit wie möglich in Produkte.

a) $24a^2b^3 + 64a^5b$
b) $-72ab^2 - 36a^2b - 24ab$
c) $p^4 - \frac{121}{16}q^2$
d) $4x^2 + 8xy + y^2 - z^2$
e) $r^2s^2 - r^2t^2 - p^2s^2 + p^2t^2$
f) $2a^2 - 2ab - 3ac^2 + 3bc^2$

52 Wo steckt der Fehler? Verbessere die folgenden Rechnungen.

a) $(3a-4b)^2 = 9a^2 - 16b^2$

b) $(1{,}5x + 3 + 2y)(4x - y) = 6x^2 + 12x - 3y + 9{,}5xy - 2y^2$

c) $(u - vw)(u - vw) = u^2 - uvw - v^2w^2$

d) $(-x)^2(x^2 - x) = -x^4 + x^3$

e) $-(a + 0{,}5b)(a - 0{,}5b) = (a - 0{,}5b)^2$

53 Löse die folgenden Gleichungen.

a) $6x - (4 - 3x) = 3x - 16$

b) $2 \cdot 5x - 3 - [4x - 3(2x - 1)] = 3 - 2(x - 3)$

c) $(2a - 1)(7 + a) - (a - 3)(a + 4) = (a - 5)(a + 2)$

d) $(4a - 5)(3a + 1) - (a + 1)(6a + 1) = -\frac{3}{2}(4a - 2)(3 - a)$

e) $(a + 3)^2 = (2a - 5)^2 - 3a(a - 2)$

f) $0{,}25d(0{,}8d - 5{,}6) + 8(0{,}5d - 5)(0{,}1d + 1{,}6) = (1{,}5d - 1)(0{,}4d + 1)$

g) $(4s - 20)(35 - 4s) = 5(6s + 1)^2 - 4(5 + 7s)^2$

h) $(3x - 5k) + 201k - (-5k + 15x) = 111k - (15k - 3x)$
($k \in Z$ ist eine Konstante)

Beachte

$(a+b)^2 \neq (a^2 + b^2)$.
denn
$(a+b)(a+b)$
$= a^2 + ab + ab + b^2$
$= a^2 + 2ab + b^2$

54 Von einer Gleichung $T_1 \cdot T_2 = 0$ sind die Faktoren T_1 und T_2 nicht näher bekannt. Man weiß nur, dass es sich um Terme handelt.
Was kannst du dennoch über die Faktoren aussagen?
Begründe deine Antwort.

55 Löse die Gleichungen, indem du sie zunächst in Faktoren zerlegst. Begründe dann deine Lösung.

a) $x^2 - x = 0$

b) $4x^2 - 4x = 0$

c) $\frac{2}{3}a^2 - \frac{1}{3}a = 0$

d) $0{,}5b^3 - \frac{3}{4}b^2 = 0$

56 **Zahlenrätsel**

a) Quadriert man die gesuchte natürliche Zahl, so ist ihr Quadrat um 23 kleiner als das Quadrat der nächstgrößeren natürlichen Zahl.

b) Der fünfte Teil einer um 6 verminderten Zahl ergibt 35.

c) Das Produkt zweier aufeinander folgender natürlicher Zahlen ist um 5 größer als das Quadrat der ersten Zahl.

d) Finde selbst ein ähnliches Zahlenrätsel.

57 Ergänze die folgenden Gleichungen.

a) $-3(x - y) = -3x$ ...

b) $(a - 3b)(\ldots) = a^2 - 9b^2$

c) $(x^2 - 10x)^2 = \ldots - \ldots x^3 + \ldots$

d) $(2r - 4s)(\ldots) = 2r^2 + 2rs - 12s^2$

e) $(x^4 + \ldots)^2 = \ldots + y^{16}$

f) $(-2g + h)(\ldots g - 7h) = -30g^2 \ldots gh - 7 \ldots$

g) $\ldots (3m - n)(-2m) = -30m^2 + \ldots$

h) $4a^2b\,2c^2 \cdot \ldots \cdot b^3c^{\ldots} = 24a^2 \ldots c^5$

58 Solve the following equations for each variable of the equation.

a) $ax + by = 0$

b) $\frac{a}{x} = \frac{b}{y}$

c) $2st - 3s = 4$

d) $25p - 5q = 125$

e) $\frac{2u - v}{u + v} = 4$

f) $c \cdot 3 \cdot d = 27 \cdot c$

g) $\frac{5}{16}g(0{,}8g - 32h) = (0{,}5g)^2 + 5$

h) $3(k + k \cdot 2 \cdot l - l) = -5k + 2l$

Ostasiatische Einheiten

59 Ein Übersetzer hat eine chinesische Bauanleitung für einen großen Papierdrachen ins Deutsche übertragen. Allerdings hatte er bei den Längenangaben kleinere Probleme.

Großer Papierdrachen

1 kleine Leiste (42 Tsun)

1 große Leiste (68 Tsun)

mehrere Bögen farbiges Drachenpapier

1 lange feste Schnur
(mindestens 90 Tsun)

1 Drachenleine

Klebstoff, Reißnägel, kurze Schnüre

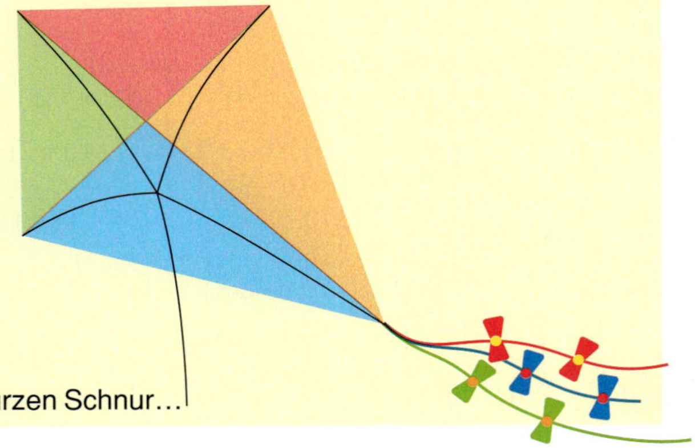

Zunächst werden die beiden Leisten mit Hilfe einer kurzen Schnur…

Ein chinesischer Wissenschaftler wird zu Hilfe geholt, um die deutschen Maße zu ermitteln. Allerdings lächelt dieser nur verschmitzt und sagt:

„100 Tsun sind natürlich 10 Tschi und 10 Tschi ergeben ein Tschang. Wie jeder weiß entspricht ein Tschang 3,58 Metern.“

Weißt du, welche Maße der Drachen hat?

Um welche besondere Vierecksform handelt es sich hierbei? Nenne die charakteristischen Eigenschaften und finde Symmetrien.

Zeichne eine Skizze des Drachens in dein Heft und berechne, wie viel Fläche an Drachenpapier für den Bau verwendet werden muss.

Mathematik-Olympiade

Aufgaben der ersten beiden Runden der 44. Mathematik-Olympiade für die Jahrgangsstufe 7 (in Klammern die Original-Aufgabennummern)

Schulrunde

1 (440711) Drei gleiche Lastkraftwagen sollen insgesamt 54 t Kies zu drei verschieden weit entfernten Baustellen fahren. Jeder Lkw beliefert genau eine dieser Baustellen. Für die Belieferung (Hinfahrt, Abladen, Rückfahrt) der ersten Baustelle werden stets 12 Minuten benötigt, für die der zweiten Baustelle stets 20 Minuten und für die der dritten Baustelle jeweils eine halbe Stunde. Je Fahrt kann jeder Lkw 2,7 t transportieren.
Wie viele Tonnen Kies erhält jede Baustelle, wenn alle Lastwagen gleich lange unterwegs sind?

2 (440712) Die Klassen 7 a, 7 b, 7 c und 7 d führen ein Tischtennisturnier durch. Der Schulleiter erkundigt sich am Ende nach dem Ausgang des Turniers. Einige Teilnehmer sind noch erschöpft und auch ein bisschen aufgeregt. Sie reden durcheinander. Armin, Beate und Carina meinen, Folgendes festgestellt zu haben:
Armin: Die 7 c wurde Zweiter. Die 7 d wurde Dritter.
Beate: Die 7 c wurde Erster. Die 7 b wurde Zweiter.
Carina: Die 7 a wurde Erster. Die 7 b wurde Vierter.
Manche Antworten widersprechen einander. Doch gibt jeder Turnierteilnehmer genau eine wahre und genau eine falsche Antwort.

a) Ermittle die Platzierung der Klasse 7d.
b) Kann der Direktor der Schule, der Mathematiklehrer ist, aus den gegebenen Informationen die wirkliche Reihenfolge der vier Klassen erschließen?

3 (440713) An einen Kreis werden die Zahlen von 0, 1, 2, …, 9 in einer bestimmten Reihenfolge geschrieben. Ist es möglich, sie so anzuordnen, dass je drei aufeinander folgende Zahlen höchstens den Summenwert

a) 15, **b)** 14 oder **c)** 13 haben?
Die Antwort ist jeweils zu begründen.

4 (440714) Für eine „klassische“ Konstruktion darf man nur einen Zirkel und ein Lineal (ohne Maßeinteilung) benutzen. Das ist bekannt. Weniger bekannt ist, dass schon in der Antike andere Hilfsmittel benutzt worden sind, etwa ein gleichseitiges Dreieck.
Fertige dir (z. B. aus Pappe) ein derartiges Dreieck mit der Seitenlänge 5 cm an. Wie du dich selbst überzeugen kannst, beträgt die Länge h der Höhe dieses Dreiecks näherungsweise 4,3 cm. Mit diesem Dreieck seien nur die folgenden Operationen erlaubt:
(1) Man darf (durch „Umfahren“ des Dreiecks mit einem Bleistift) an beliebiger Stelle ein gleichseitiges Dreieck zeichnen.
(2) Man darf das Dreieck an eine gegebene oder bereits konstruierte Gerade anlegen und längs dieser Geraden verschieben.

a) Zeige, wie man einen Winkel, der durch zwei von einem Punkt P ausgehende Halbgeraden a und b gegeben ist, halbieren kann.
Unterscheide dabei die beiden Fälle:
a1) Der Winkel ist nicht größer als 120° und ungleich 60°.
a2) Der Winkel ist größer als 120°, aber kleiner als 180°.

b) Zeige, wie man von einem beliebigen Punkt P aus das Lot auf eine gegebene Gerade g fällen kann.
Unterscheide dabei die beiden Fälle:
b1) P ist weniger als h (ungefähr 4,3 cm) von g entfernt.
b2) P ist mehr als h (ungefähr 4,3 cm) und nicht ein Vielfaches von h (z. B. $2 \cdot h$, das sind ungefähr 8,6 cm) von g entfernt.

c) Zeige, wie man eine gegebene Strecke $[AB]$ halbieren kann.
Unterscheide dabei die beiden Fälle:
c1) Die Strecke ist nicht länger als 10 cm.
c2) Die Strecke ist länger als 10 cm.

Beschreibe jeweils deine Konstruktion und fertige eine Zeichnung an. Beweise werden nicht verlangt.

Regionalrunde

5 (440721)

a) Bäckermeister Mohn hat 600 Brötchen gebacken. Sein erster Kunde kaufte $\frac{1}{25}$ dieser Brötchen; der zweite Kunde kaufte $\frac{1}{36}$ der jetzt noch vorhandenen Brötchen; der dritte Kunde kaufte $\frac{1}{28}$ und der vierte Kunde schließlich $\frac{1}{30}$ der jeweils noch vorhandenen Brötchen.
Wie viele Brötchen hatte der Bäckermeister danach noch zu verkaufen?

b) Gegen Abend betraten die letzten vier Kunden den Laden. Scherzhaft sagt der Bäckermeister: „Viele Brötchen habe ich ja nicht mehr. Wenn aber jeder von Ihnen ein Drittel der jeweils noch vorhandenen Brötchen nimmt, dann habe ich gerade noch 16 Brötchen übrig.“
Wie viele Brötchen hatte Meister Mohn noch, und wie viele Brötchen hätte jeder der vier Kunden nach seinem Vorschlag nehmen müssen? Weise durch eine Probe nach, dass die ermittelten Anzahlen alle gestellten Bedingungen erfüllen.

6 (440722) Zwischen zwei Orten *A* und *B* verkehren zwei Triebwagenzüge der Deutschen Bahn AG. Sie halten auf den Fahrten von *A* nach *B* und von *B* nach *A* genau einmal im Ort *C* jeweils 10 Minuten.
Beide Triebwagen fahren genau um 12:00 Uhr in *A* bzw. *B* ab, und zwar in entgegengesetzter Richtung. Sie erreichen die Endstation *B* bzw. *A* zum gleichen Zeitpunkt und zwar genau um 13:31 Uhr. Die Entfernung der Orte *A* und *C* beträgt vier Fünftel der Entfernung der Orte *B* und *C*.
Untersuche, ob sich die Triebwagen im Ort *C* treffen, wenn vorausgesetzt wird, dass sie mit konstanter Geschwindigkeit fahren.

7 (440723) In einem Rechteck *ABCD* ist die Länge *a* der Seite [*AB*] größer als die Länge *b* der Seite [*BC*].
Ferner wird gefordert, dass die Diagonale [*BD*] mit der Seite [*CD*] einen Winkel der Größe 30° bildet. Außerdem sei *E* der Fußpunkt des Lotes von *A* auf [*BD*].

a) Konstruiere ein solches Rechteck *ABCD* für den Fall, dass $a = 8$ cm gilt. (Eine Konstruktionsbeschreibung wird nicht verlangt.) Miss die Länge der Strecke [*AE*] und gib diesen gemessenen Wert an.

b) Drücke die Länge der Strecke [*AE*] durch *a* aus. Vergleiche dein Ergebnis mit dem Messwert aus Teil a).

c) Drücke die Länge der Strecke [*BD*] durch *b* aus.

Hinweis: Zur Lösung der Teilaufgaben b) und c) ist es zweckmäßig, jeweils eine geeignete Spiegelung durchzuführen.

8 (440724) Vor einem Spiel werden an neun Freunde Spielmarken verteilt. In der ersten Runde des Spiels bekommt *A* ein Neuntel der Spielmarken, *B* ein Achtel vom Rest, *C* ein Siebtel von dem, was jetzt noch übrig ist, *D* ein Sechstel vom verbleibenden Rest, *E* ein Fünftel vom verbleibenden Rest, *F* ein Viertel vom verbleibenden Rest, *G* ein Drittel vom verbleibenden Rest, *H* die Hälfte von dem, was jetzt noch übrig ist. *K* erhält schließlich den letzten Rest.
In der zweiten Runde des Spiels wird dieselbe Anzahl Spielmarken verteilt: *A* bekommt wieder ein Neuntel, *B* bekommt ein Siebtel von dem verbleibenden Rest, *C* erhält ein Viertel vom verbleibenden Rest, *D* bekommt ein Viertel vom verbleibenden Rest, *E* erhält ein Drittel von dem, was jetzt noch übrig ist. Die restlichen Spielmarken werden auf *F*, *G*, *H* und *K* gleichmäßig verteilt.
B bekommt in der zweiten Runde zwei Spielmarken mehr als in der ersten Runde.

a) Berechne aus den gegebenen Bedingungen die Anzahl der Spielmarken sowie deren Verteilung auf die neun Spieler in der ersten Runde des Spiels.

b) Berechne die Verteilung der Spielmarken auf die neun Spieler in der zweiten Runde des Spiels.

c) In einer dritten Runde soll *B* drei Spielmarken mehr bekommen als *A* und jeder der weiteren Spieler (in der genannten Reihenfolge) drei Spielmarken mehr als sein Vorgänger erhalten. Lässt sich die berechnete Anzahl von Spielmarken auch auf diese Weise verteilen?

Lösungen: Zeig, was du kannst!

Kapitel 1 • Seite 30

1 a), b), c) je 2 P

a)

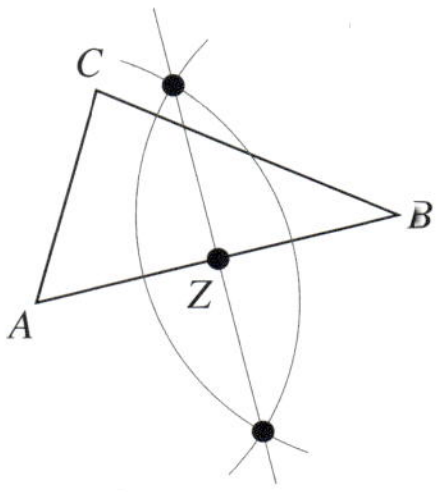

b)

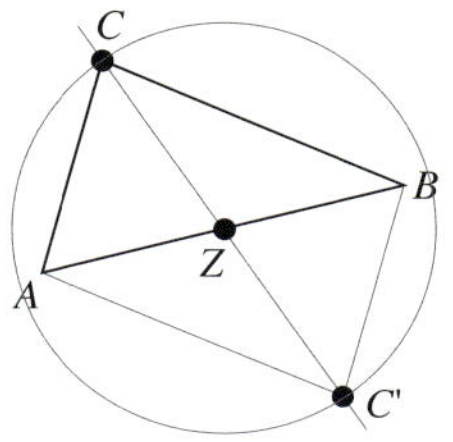

c) Das Viereck $AC'BC$ ist ein Parallelogramm, da auch die Punkte A und B symmetrisch zu Z sind und damit $\overline{AC'} = \overline{BC}$ und $\overline{C'B} = \overline{CA}$.

2 a), b), c) je 2 P

a)

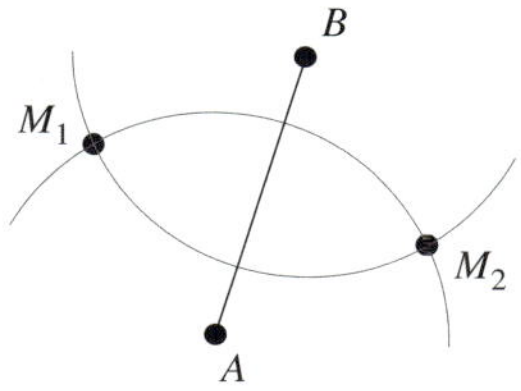

(Maßstab: 1 : 2)

b) Der Mittelpunkt liegt auf der Kreislinie um A mit Radius 3 cm und auf der Kreislinie um B mit Radius 3 cm.

c) Es gibt zwei solche Mittelpunkte, die bezüglich AB symmetrisch liegen.

3 a), b), c), d) je 2 P

a)

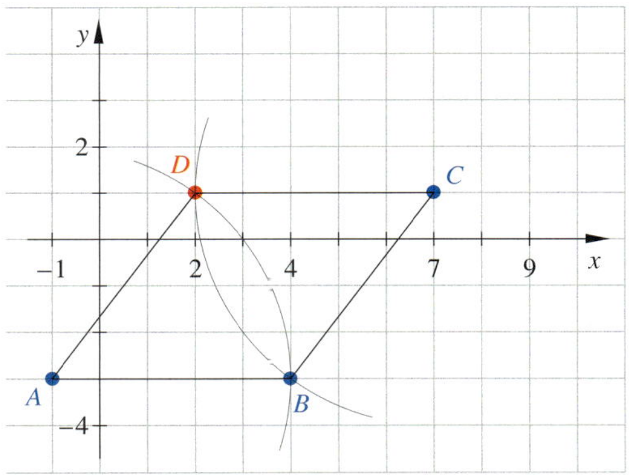

b) Symmetrieachsen: AC und BD
Symmetriezentrum: $Z(3\,|\,-1)$

c)

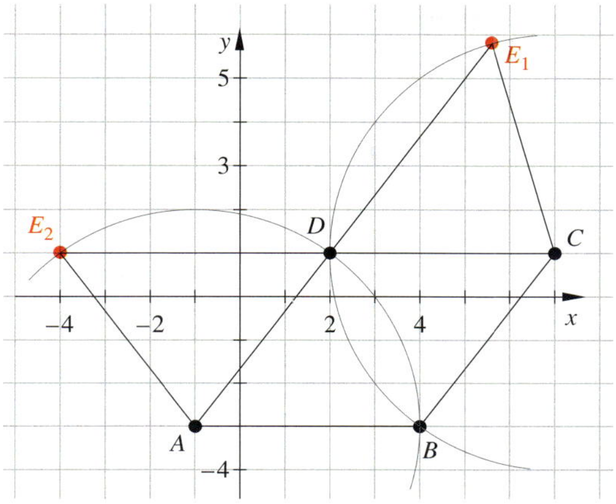

d) $E_1(5{,}6\,|\,5{,}8)$, $E_2(-4\,|\,1)$

4 a) 6 P, b) 4 P

a)

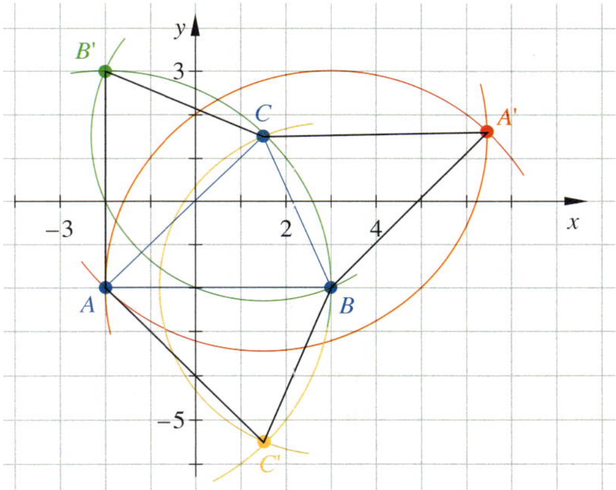

b) Der Umfang des Sechsecks ist doppelt so groß wie der Umfang des Dreiecks.
Der Flächeninhalt des Sechsecks ist das Vierfache des Flächeninhalts des Dreiecks.

5 a) 4 P, b) 2 P

a)

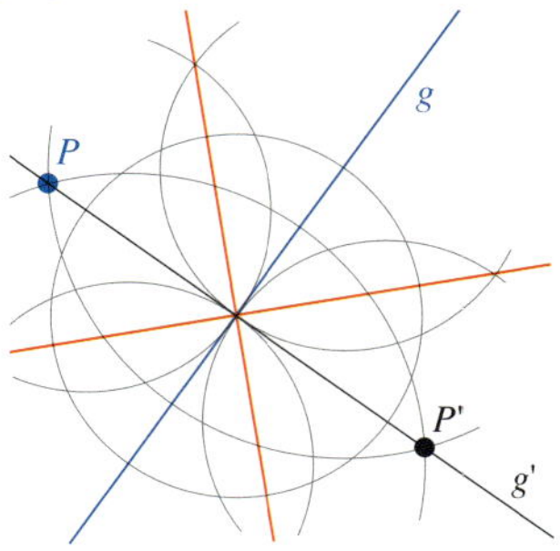

b) Es gibt zwei solche Symmetrieachsen. Sie sind zueinander senkrecht.

Kapitel 2 • Seite 46

1 a), b), c) je 4 P

a) $\gamma = 99{,}3°$; $\delta = 30{,}7°$; $\varepsilon = 50°$; $\eta = 99{,}3°$

b) $\alpha = 22°$; $\beta = 68°$; $\gamma = 90°$; $\delta = 22°$; $\eta = 90°$

c) $180° = \varepsilon + \eta + \alpha = \alpha + 2\delta + \alpha$
$= \alpha + 2\alpha + \alpha = 4\alpha$
$\alpha = 45°$; $\beta = 45°$; $\gamma = 90°$; $\delta = 45°$;
$\varepsilon = 45°$; $\eta = 90°$

2 a), b), c) je 3 P

a) $\beta = 60°$; $\gamma = 30°$

b) $\alpha + \gamma = 122°\,20'\,52''$; $\beta = 57°\,39'\,8''$

c) $\gamma = 80°$; $\delta = 195°$

3 a), b) je 3 P

a) $\delta = 70°$; $\varepsilon = 90°$; Trapez; eine Seite ist zugleich die Höhe des Trapezes

b) $\alpha = 120°$; $\beta = 60°$; $\gamma = 120°$; Parallelogramm

4 a), b) je 4 P

a) $\sphericalangle BAC = 55°$; $\sphericalangle CBA = 47°$; $\sphericalangle ACB = 78°$

b) $\sphericalangle BAD = 80°$; $\sphericalangle CBA = 100°$; $\sphericalangle DCB = 110°$; $\sphericalangle ADC = 70°$

5 a) 3 P, b) 2 P

a) Die Aussage „Die Summe im Achteck beträgt $8 \cdot 180° = 1440°$“, ist falsch. Bei dieser Rechnung werden auch Winkel der Dreiecke mitgerechnet, die gar nicht zur Winkelsumme des Achtecks gehören: die Winkel um den gemeinsamen Punkt aller Dreiecke, die zusammen 360° betragen.
Die Winkelsumme beträgt demnach $1440° - 360° = 1080°$.

b) Die Aussage „Die Summe im Achteck beträgt $2 \cdot 360° + 2 \cdot 180° = 1080°$“ ist richtig.

Kapitel 3 • Seite 64

1 a), b), c) je 2 P

a) Dividiere die Summe zweier Zahlen durch die Differenz dieser Zahlen.

b) $T(-3; 2) = \frac{1}{5} = 0{,}2$ $\quad T(-4; 4) = 0$

c) Im Falle $T(3; 3)$ wäre $a = b$ und damit der Nenner des Bruchs $\frac{a+b}{a-b}$ gleich 0. Eine Division durch Null ist aber nicht möglich.

2 a), b) je 3 P

a) $T(x) = 2x + 1$

x	2	3	4	**6**
$T(x)$	5	**7**	9	13

b) $T(a) = a^2 - 2$

a	-2	0	1	3	**4**
$T(a)$	2	-2	**−1**	7	14

3 4 P

a sei eine beliebige ganze Zahl (nur bei ganzen Zahlen sind Teilbarkeitsbetrachtungen sinnvoll). Das Dreifache dieser Zahl soll zum Doppelten dieser Zahl addiert werden: $2a + 3a$.
Egal, welche ganze Zahl du für a einsetzt, immer ist $2a + 3a = 5a = 5 \cdot a$. Das heißt, die Summe lässt sich stets in ein Produkt aus einer ganzen Zahl und dem Faktor 5 zerlegen.

4 a), b) je 2 P

a) a ist eine beliebige ganze Zahl (nur die ganzen Zahlen haben Nachfolger).
$T(a) = 3a : (a + 1)$ bzw. $T(a) = \frac{3a}{a+1}$

b) b ist eine beliebige rationale Zahl.
$T(b) = (b^2 - b)(b + 3)$ bzw. $T(b) = \frac{b^2 - b}{b+3}$

5 a) 5 P, b) 3 P

a) $A(x) = \frac{1}{2} \cdot (8 + 2x) \cdot (9 - x)$
Für x können alle rationale Zahlen eingesetzt werden, die größer als 0 und kleiner als 9 sind.

b) $A(1) = 40$ und $A(2) = 42$ widerlegen die Behauptung. (Für x-Werte zwischen 0 und 2,5 wächst $A(x)$ mit wachsendem x.)

6 3 P

x ist die gedachte Zahl.
Es ist zu rechnen:
$2x + 3x + 5x + 11$.
Du kannst dir überlegen:
Welche Zahl du auch für x einsetzt, immer ist das Ergebnis $10x + 11$.

Wenn du vom genannten Ergebnis 11 subtrahierst und das Zwischenergebnis durch 10 dividierst, erhältst du die gedachte Zahl.

7 a), b), c) je 1 P

a) Es wurde nicht beachtet, dass beim Einsetzen von 0 für a zwischen 2 und a wieder der Malpunkt zu setzen ist: $T(0) = 2 \cdot 0 + 5 = 5$.

b) Es wurde nicht beachtet, dass die Punktrechnung vor der Strichrechnung auszuführen ist, und zuerst die Differenz 100 – 99 berechnet. Richtig ist:
$T(100) = 3 \cdot 100 - 99 = 300 - 99 = 201$.

c) Es wurden für die Variable c fälschlich an den zwei Stellen unterschiedliche Werte eingesetzt: $T(?) \neq (10)^2 + 2 \cdot 2 - 10$.

Kapitel 4 • Seite 82

1 a), b), c) je 2 P

a) 17,5 % von 28 kg sind 4,9 kg.

b) 14,4 m² von 120 m² sind 12 %.

c) 3,6 % von 3500 € sind 126 €.

2 a), c), d) je 2 P, b) 3 P

a) In den fünf Jahren waren es durchschnittlich 92 475 Besucher pro Jahr.

b)

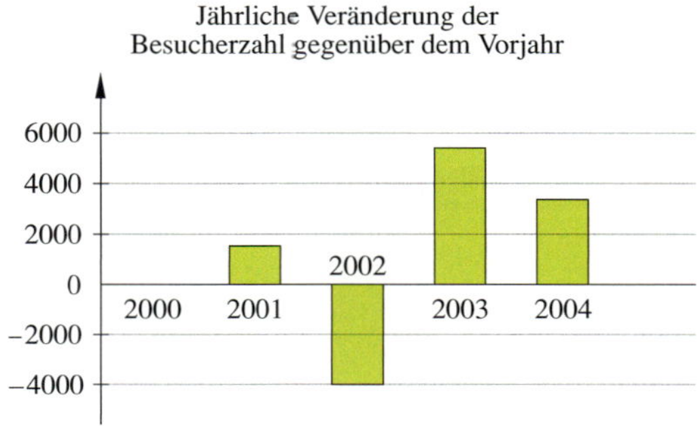

c) Die Veränderung von 2003 auf 2004 beträgt + 3,6 %.

d) 2004 kauften 0,8 % der Besucher den großen Museumsführer.

3 a) 3 P, b) 2 P, c) 3 P

a) Der Kunde hat 121,38 € zu zahlen.

b) Gegenüber dem Katalogpreis ist der vom Kunden zu zahlende Preis 1,15 % höher.

c) Wenn der Händler 19,47 % Rabatt gibt, muss der Kunde 115 € zahlen.

4 a), b) je 3 P

a) Ursprünglich waren 1250 l Öl im Tank.

b) Die Hose kostete vorher 35,00 €.

5 a) 3 P, b) 2 P

a) Auf den ersten Blick hat man den Eindruck, als ob sich der Umsatz von Januar bis Juni vervielfacht und scheinbar auf etwa 500 % wächst. In Wirklichkeit wächst der Umsatz in diesem Zeitraum aber nur um 25 %.

b)

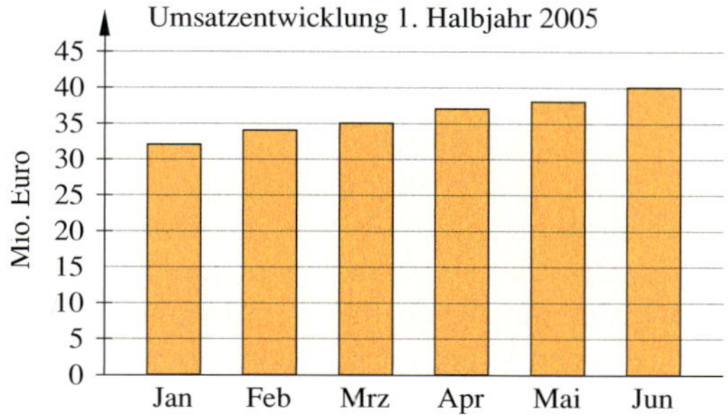

Kapitel 5 • Seite 108

1 a), b) je 1 P, c), d) je 2 P

a) $28a - 8b$

b) $12a + 4b - 8c$

c) $2u^3v^5 - 15u^3v^6$

d) $11p^2q^3r + p^2q^3$

2 a), b) je 2 P, c) 3 P

a) $2 \cdot (x + 2y - 1)$ • Teiler sind 2 und $(x + 2y - 1)$.

b) $7a(3a - 2b)$ • Teiler sind 7, a, $(3a - 2b)$ und die Produkte daraus.

c) $3x^3z^2(4y^4 + x^2z^4)$ • Teiler sind 3, x, x^2, x^3, z, z^2, $(4y^4 + x^2z^4)$ und die Produkte daraus.
Das Vorzeichen von x bestimmt das Vorzeichen des Terms, da außer der Potenz x^3 alle Potenzen einen geraden Exponenten besitzen.

3 zweimal 2 P

Der dritte und vierte Term sind zum Startterm äquivalent:

$(3a^2b)^2 \cdot 2a^2c = 9a^4b^2 \cdot 2a^2c = 18a^6b^2c$

$-3a^4c \cdot 5a^2b^2 + 33a^6b^2c = -15a^6b^2c + 33a^6b^2c$
$= 18a^6b^2c$

4 zweimal 3 P

$V = 5b \cdot 4a \cdot 3a - 3 \cdot (ab \cdot 4a) - 2b \cdot a \cdot 1{,}5a$
$= 60a^2b - 12a^2b - 3a^2b = 45a^2b$

$O = 2 \cdot (5b \cdot 3a - 3 \cdot ab) + 2 \cdot (4a \cdot 3a) + 2 \cdot (5b \cdot 4a)$
$= 30ab - 6ab + 24a^2 + 40ab = 64ab + 24a^2$

5 a), b) je 1 P, c), d) je 2 P

a) $6x^2 + 17x + 12$ **c)** $\frac{1}{15}x^2 + 2x + 15$

b) $-x^2 + 7x - 10$ **d)** $ab^3 - a^3b$

6 a), b) je 2 P

a) Richtige Lösung:
$(3 - b)(4 + b) - (12 - b^2)$
$= 12 + 3b - 4b - b^2 - 12 + b^2 = -b$
In der fehlerhaften Lösung auf Seite 108 fehlt nach dem ersten Gleichheitszeichen $-4b$ und das Vorzeichen vor dem zweiten b^2 ist falsch.

b) Richtige Lösung:
$(x - 2)(x + 3) - (x - 6)$
$= x^2 + 3x - 2x - 6 - x + 6 = x^2$
In der fehlerhaften Lösung auf Seite 108 wurden die Klammern falsch ausmultipliziert: Es wurden nur die vorderen und die hinteren Terme in den Klammern miteinander multipliziert. Außerdem wurden die nicht-gleichartigen Terme x^2 und x „zusammengefasst", was gar nicht möglich ist.

7 6 P

Der Term $(a + b + c) \cdot (d + e)$ beschreibt den Flächeninhalt des Gesamtrechtecks.
Da sich das Gesamtrechteck aus sechs Teilrechtecken zusammensetzt, wird sein Inhalt auch durch den Term
$a \cdot d + a \cdot e + b \cdot d + b \cdot e + c \cdot d + c \cdot e$ beschrieben. Also gilt
$(a + b + c) \cdot (d + e)$
$= a \cdot d + a \cdot e + b \cdot d + b \cdot e + c \cdot d + c \cdot e$
Das heißt, auch für die Multiplikation einer dreigliedrigen Summe mit einer zweigliedrigen Summe gilt: Jeder Summand der ersten Summe muss mit jedem Summanden der zweiten Summe multipliziert werden.

Kapitel 6 • Seite 130

1 a), b) je 1 P

a) $3^2 + 0{,}5 \cdot 3 = 10{,}5 \neq 10$
3 ist keine Lösung.

b) $\left(3 \cdot \left(-\frac{2}{3}\right) - 4\right) : \left(-\frac{2}{3}\right) = 9$
$-\frac{2}{3}$ ist eine Lösung.

2 a) bis f) je 2 P

a) $-1; 5$ **d)** -5

b) $-3; 3$ **e)** $9\frac{2}{3}; 16\frac{1}{3}$

c) alle rationalen Zahlen **f)** $-2; 0; 1$

3 a), b) je 2 P

a) $3{,}5x - 7 = 5{,}5x + 8 \quad |-3{,}5x - 8$
$-15 = 2x$

b) $(3x + 8) \cdot \frac{2}{7} = 4 \quad |\cdot \frac{7}{2}$
$3x + 8 = 14 \quad |-8$
$3x = 6$

4 a), b), c), d) je 2 P

a) $-3{,}2$ **b)** $0{,}5$ **c)** $0{,}25$ **d)** -6

5 3 P

x: Masse einer blauen Dose
$5x + 4{,}8 = 2x + 6 \quad x = 0{,}4$
Jede blaue Dose hat eine Masse von 0,4 kg.

6 a) 3 P, b) 2 P

a) Ein 7 m hohes U hat ein Volumen von 111 m³, ein 12,5 m hohes U eines von 226,5 m³.
$V(h) = \frac{h}{2} \cdot 6 \cdot 3 + 2 \cdot 1 \cdot 6 \cdot (h - 3)$
$= 9h + 12h - 36 = 21h - 36$

b) $21h - 36 = 270{,}6 \qquad h = 14{,}6$
Das U ist 14,6 m hoch.

Kapitel 7 • Seite 146

1 4 P

Die Figuren b), c) und d) sind kongruent.

2 a), b) je 3 P

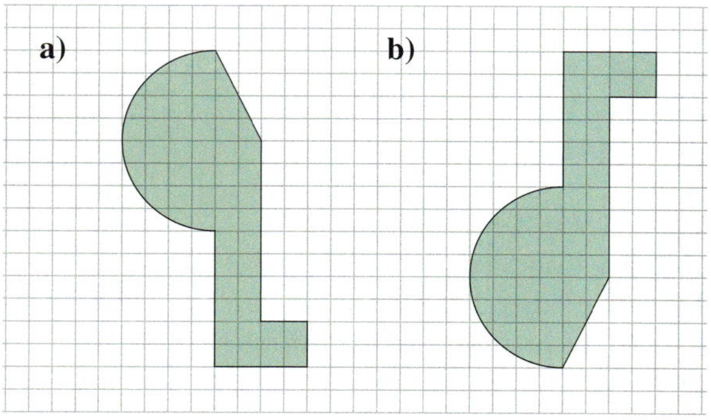

3 a) 4 P, b) 2 P, c) 2 P

a)

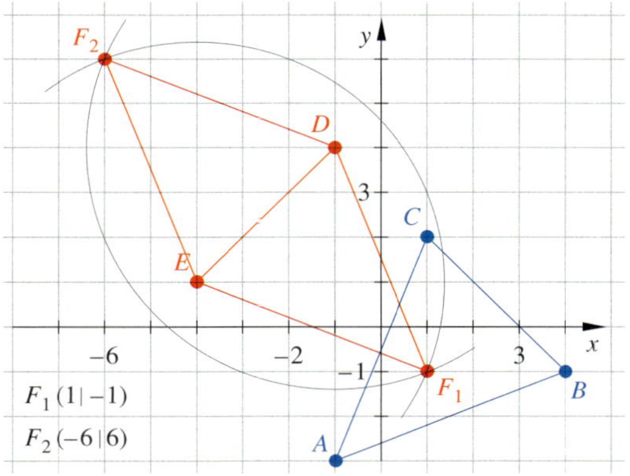

b) Da das Dreieck ABC gleichschenklig ist ($\overline{AC} = \overline{AB}$) und $\overline{DE} = \overline{BC}$ gilt, liegt der gesuchte Punkt F auf den Kreislinien um D und E mit Radius $\overline{AC} = \overline{AB}$.

c) Die Dreiecke ABC, DEF_1 und DF_2E sind nach SSS kongruent.

4 a) 3 P, b) 1 P, c) 3 P, d) 3 P

a)

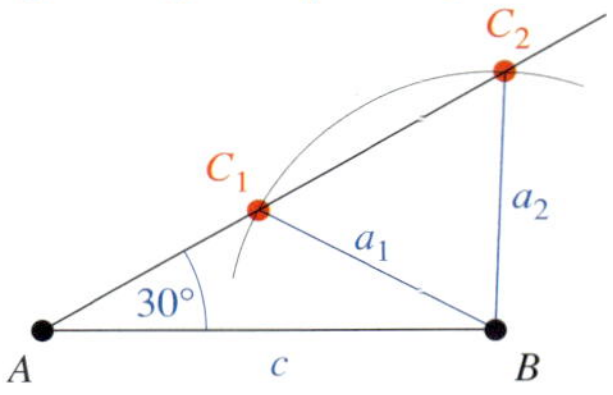

(Maßstab: 1 : 2)

b) Hier ist kein Kongruenzsatz anwendbar.

c) $b_1 = 3{,}4$ cm, $\beta_1 = 29°$, $\gamma_1 = 121°$
$b_2 = 7{,}0$ cm, $\beta_2 = 91°$, $\gamma_2 = 59°$

d) $u_1 = 12{,}9$ cm, $A_1 = 10{,}2$ cm²
$u_2 = 16{,}4$ cm, $A_1 = 20{,}4$ cm²

5 a) 4 P, b) 2 P, c) 2 P

a)

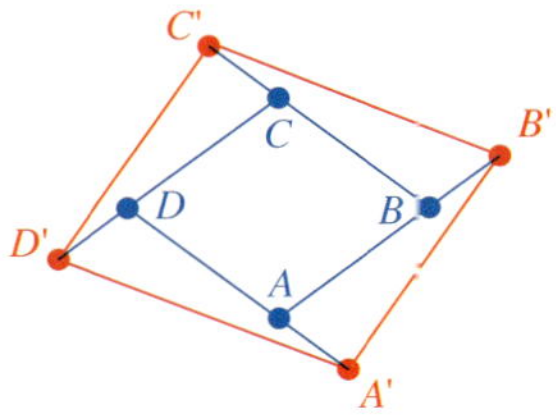

(Maßstab: 1 : 2)

$\overline{BC'} = \overline{CD'} = \overline{DA'} = \overline{AB'}$
$\sphericalangle B'BC = \sphericalangle D'DA$ und
$\sphericalangle C'CD = \sphericalangle A'AB$
$\triangle BB'C' \cong \triangle DD'A'$ und
$\triangle CC'D' \cong \triangle AA'B'$ (SWS)

b) Viereck $B'C'D'A'$ ist ein Parallelogramm, da $\overline{B'C'} = \overline{D'A'}$ und $\overline{C'D'} = \overline{A'B'}$.

Kapitel 8 • Seite 164

1 3 P

Im gleichseitigen Dreieck sind alle Innenwinkel gleich groß (jeweils zwei Winkel können als Basiswinkel eines gleichschenkligen Dreiecks aufgefasst werden). Wegen der Innenwinkelsumme von 180° ist jeder Innenwinkel 180° : 3 = 60° groß.

2 a) 3 P, b) 2 P

a) Die **Schenkel** sind die beiden gleich langen Seiten, die **Basis** ist die dritte Seite.
Die **Spitze** ist der Schnittpunkt der beiden Schenkel.
Die **Basiswinkel** sind die beiden gleich großen, an der Basis anliegenden Innenwinkel.

b) Die **Hypotenuse** ist die längste Seite im Dreieck, sie liegt dem rechten Winkel gegenüber.
Die **Katheten** sind die beiden Seiten, die die Schenkel des rechten Winkels bilden.

3 a), b) je 3 P

a)

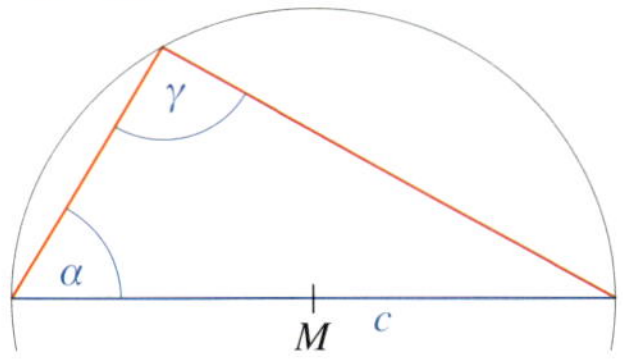

(Maßstab: 1 : 2)

b)

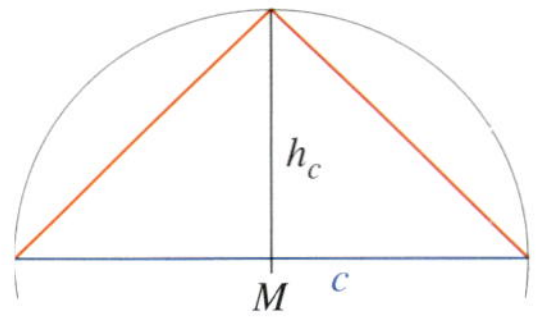

(Maßstab: 1 : 2)

4 a), b) je 4 P

a)

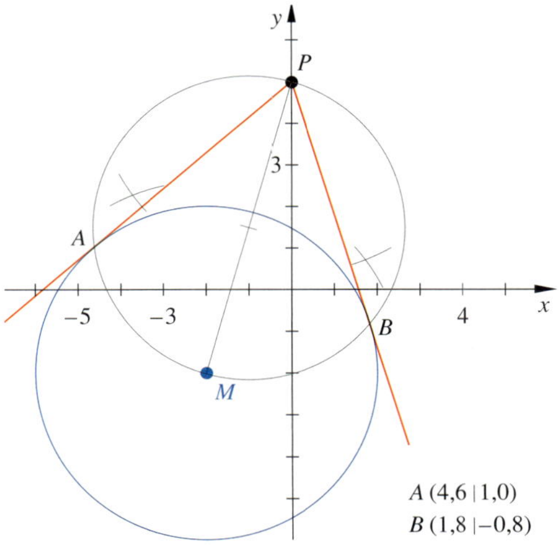

b) $A(-1{,}5 \mid 6)$
$B(3{,}2 \mid 2{,}7)$

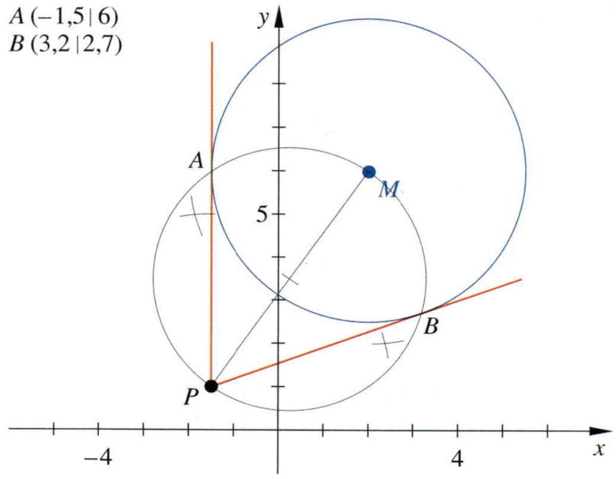

5 a), b) je 3 P

a)

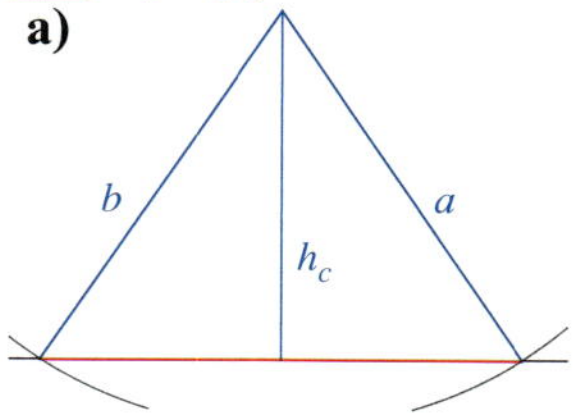

b)

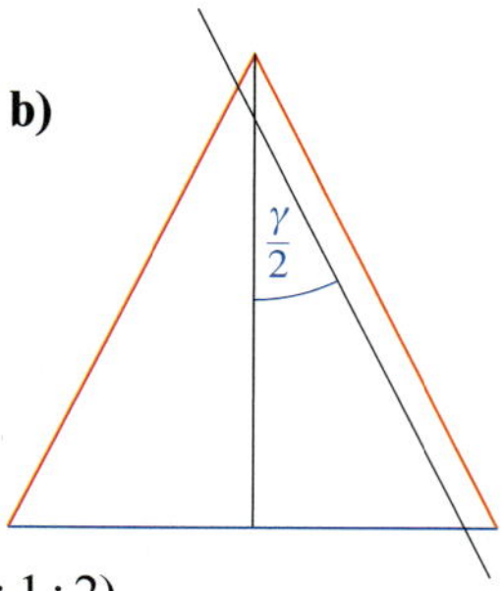

(Maßstab: 1 : 2)

6 a) 2 P, b) 4 P

a)

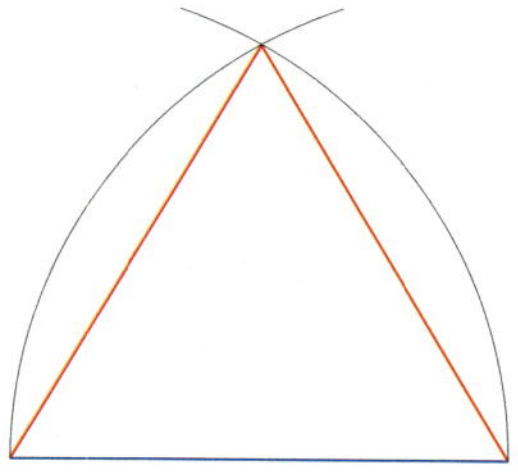

(Maßstab: 1 : 2)

b)

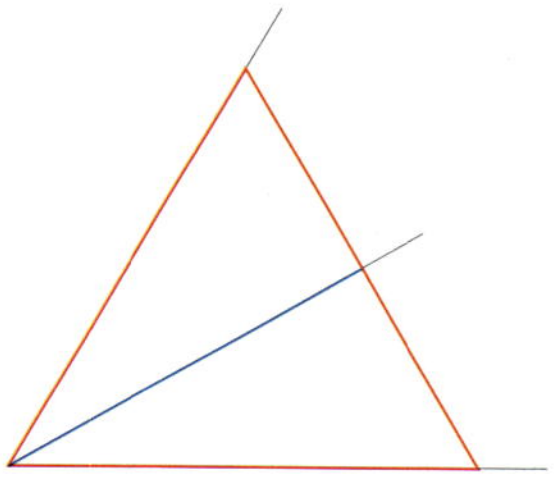

(Maßstab: 1 : 2)

7 a), b), c), d) je 2 P

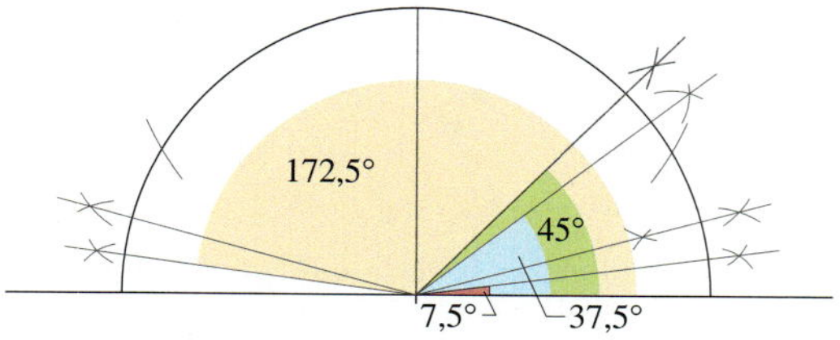

Kapitel 9 • Seite 188

1 a), b) je 2 P, c), d) je 3 P

a) Lösungsidee: Start mit $[AB]$; SsW.

Planfigur:

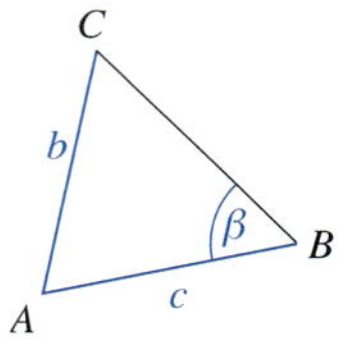

Ergebnis:

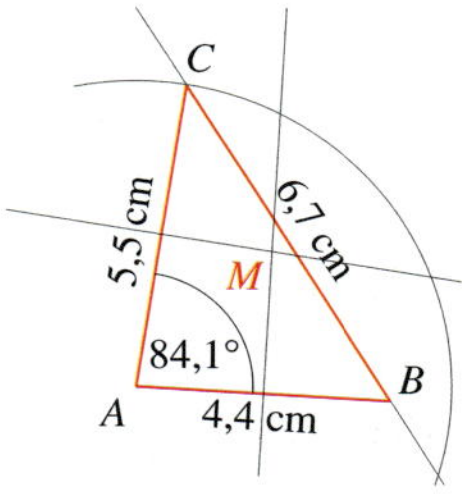

b) Lösungsidee: Start mit $[AB]$; m_{AB} und r ergeben M; $k(M; r)$ und $k(A; b)$ ergeben C. Zwei Lösungen!

Planfigur:

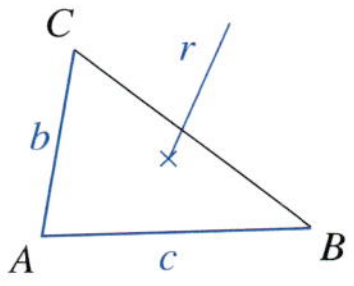

Ergebnis:

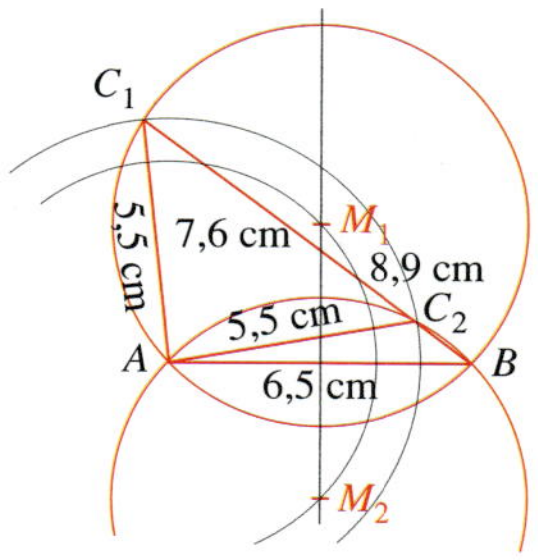

c) Lösungsidee: Teildreieck $\triangle AWC$ (SsW), $\sphericalangle ACW$ bei C an CW antragen, Schnitt des zweiten Schenkels mit $[AW$ ergibt B.

Planfigur:

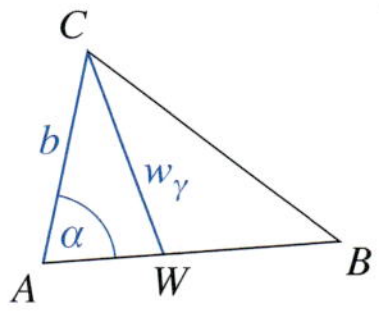

Ergebnis:

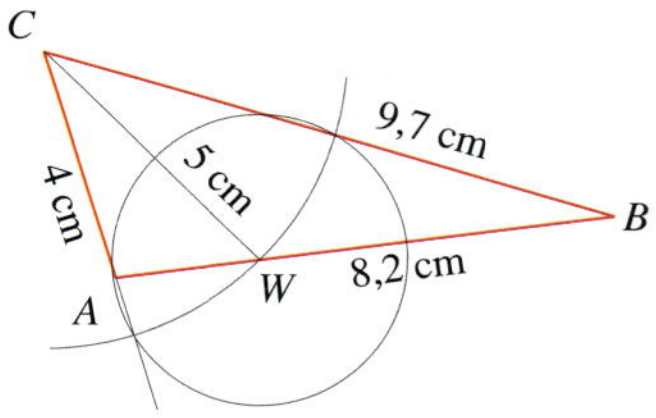

d) Lösungsidee: Thaleskreis über $[AC]$ und Parallele zu AC im Abstand h_b ergeben B; zwei kongruente Lösungen.

Planfigur:

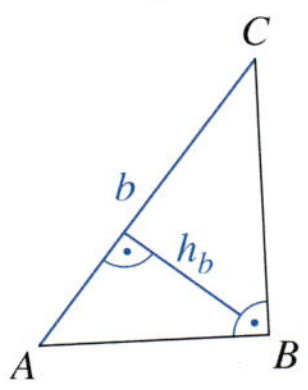

Ergebnis:

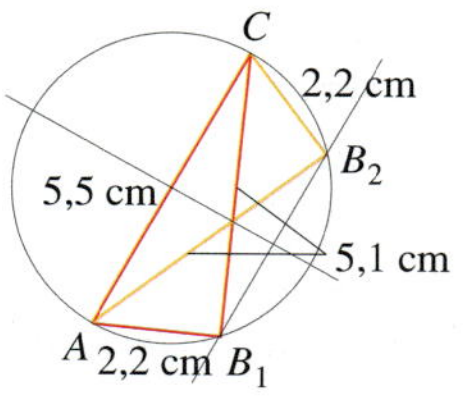

2 a), b), c) je 4 P

a) Planfigur: Ergebnis:

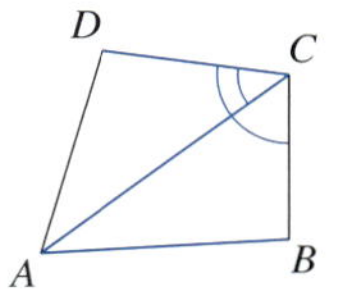

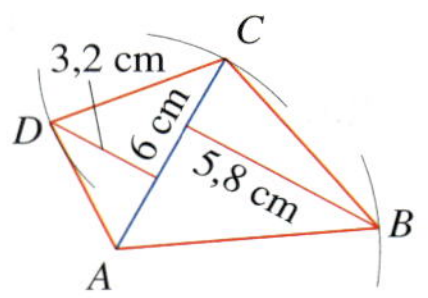

Lösungsidee: Start mit $\triangle ACD$ (SWS); $\sphericalangle DCB$ und $\overline{AB}$ ergeben B (eindeutig).
$A \approx 27\ \text{cm}^2$; $A_{\text{real}} \approx 10\,800\ \text{m}^2$

b) Planfigur: Ergebnis:

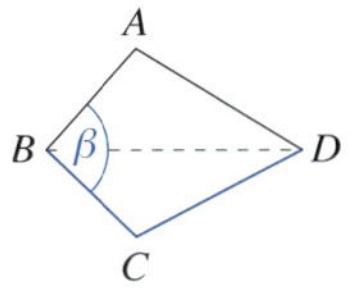

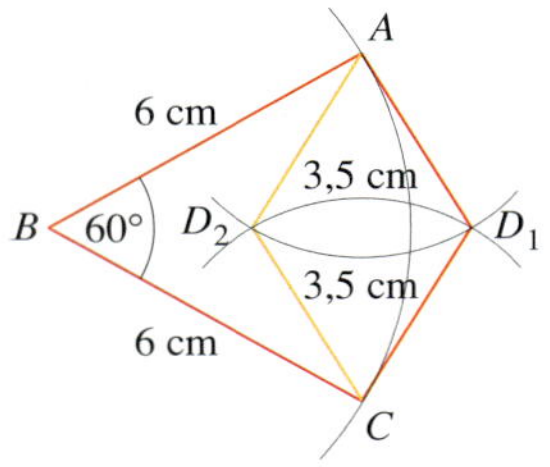

Lösungsidee: Start mit $\triangle BCA$ (SWS; $\overline{AB} = \overline{BC}$); D mit $\overline{AD} = \overline{CD}$ oder auch Start mit $\triangle BCD$ (Winkel $\frac{\beta}{2}$; SsW);
A durch Spiegelung von C an BD.
Zwei nicht kongruente Lösungen.
Weitere Vierecke mit Symmetrie zu einer Diagonalen: Raute, Quadrat.

c) Beispiele:

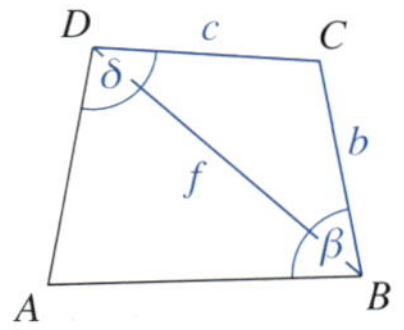

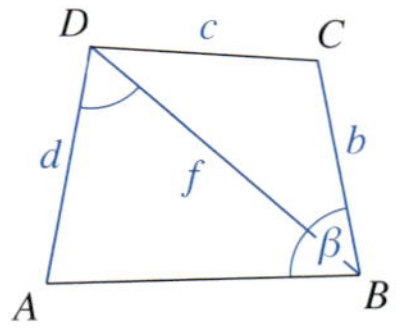

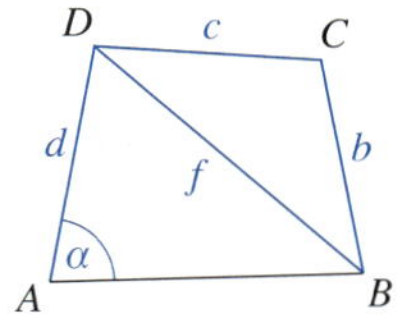

Start mit $\triangle BCD$ (SSS), β und δ ergeben A (eindeutig; zweiter Schnittpunkt C' ergibt keine Lösung).
Start mit $\triangle ABD$ (SWS), b und β ergeben C (eindeutig).
Start mit $\triangle ABD$ (SsW), b und c ergeben C (zweite Lösung C' ergibt kein Viereck!)

Ergebnis:

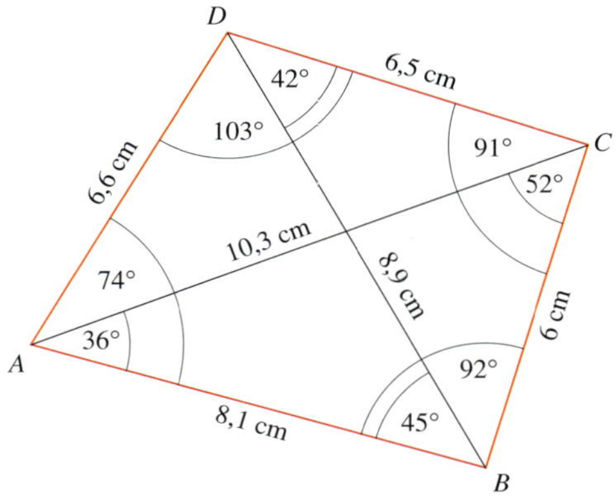

3 4 P

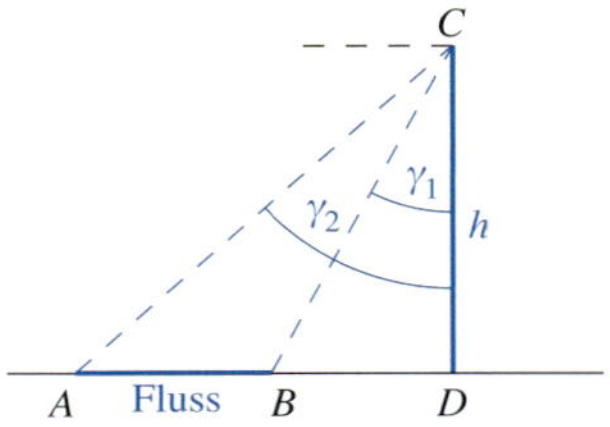

Durch Messung von γ_1 und γ_2 können die beiden rechtwinkligen Dreiecke ADC und BDC (maßstäblich) konstruiert werden. Dieser Konstruktion kann man $\overline{AB}$ entnehmen.

4 4 P

Konstruiert wird eine Raute $ABCD$ mit $\overline{BD} = 7$ cm und $\overline{BA} = 4{,}5$ cm.
Ergebnis:

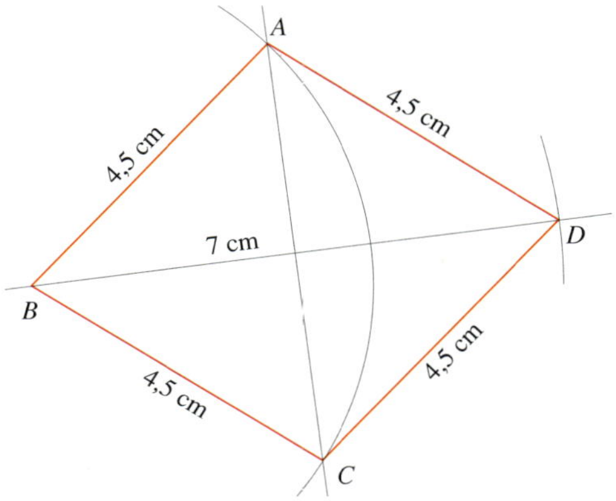

Kontrollergebnis: $\sphericalangle CBA = 78°$
Verbesserung: Die Achsenspiegelung ist unnötig. m und $k\,(B;\ 4{,}5\ \text{cm})$ haben die beiden Schnittpunkte A und C.

Grundwissen – Überblick

Terme

Ausdrücke wie $(3a - b)(2a + 4b)$, $\frac{3}{x(x-2)}$ oder $6a^2 + 10ab - 4b^2$ nennt man **Terme**.

In die Terme $T_1(a; b) = (3a - b)(2a + 4b)$ und $T_3(a; b) = 6a^2 + 10ab - 4b^2$ könnten für a und b alle rationalen Zahlen eingesetzt werden. In den Term $T_2(x) = \frac{3}{x(x-2)}$ dürfen für x weder 0 noch 2 eingesetzt werden, da sonst der Nenner Null wird.

Der **Wert eines Terms** mit Variablen hängt davon ab, welche Zahlen aus der **Definitionsmenge** für die Variablen eingesetzt werden.

Die letzte auszuführende Rechenoperation entscheidet über die Struktur eines Terms.

$$\begin{aligned} T_1(1{,}3; -2) &= (3 \cdot 1{,}3 - (-2)) \cdot (2 \cdot 1{,}3 + 4 \cdot (-2)) \\ &= (3{,}9 + 2) \cdot (2{,}6 - 8) \\ &= 5{,}9 \cdot (-5{,}4) \\ &= -31{,}86 \end{aligned}$$

Der Term T_1 ist ein Produkt.

$$T_2(1{,}5) = \frac{3}{1{,}5 \cdot (1{,}5 - 2)} = \frac{3}{1{,}5 \cdot (-0{,}5)} = \frac{3}{-0{,}75} = -4$$

Der Term T_2 ist ein Quotient.

$$\begin{aligned} T_3(1{,}3; -2) &= 6 \cdot 1{,}3^2 + 10 \cdot 1{,}3 \cdot (-2) - 4 \cdot (-2)^2 \\ &= 10{,}14 - 26 - 16 \\ &= 10{,}14 + (-26) + (-16) = -31{,}86 \end{aligned}$$

Der Term T_3 ist eine (algebraische) Summe.

Die Terme T_1 und T_3 liefern bei jeder möglichen Einsetzung für die Variablen a und b denselben Wert. Solche Terme nennt man **äquivalent**.
Alle Umformungen eines Terms unter Beachtung der Rechengesetze (siehe unten) erzeugen zueinander äquivalente Terme.

Aufgrund der Rechengesetze kannst du:

Produkte von Summen wie $(3a - b)(2a + 4b)$ ausmultiplizieren;

gleichartige Terme wie $12ab$ und $2ab$ zusammenfassen.

$T_1(a; b) = (3a - b)(2a + 4b)$ | Ausmultiplizieren

$= 6a^2 + 12ab - 2ab - 4b^2$ | Zusammenfassen

$= 6a^2 + 10ab - 4b^2$

$= T_3(a; b)$

Rechengesetze

Beim Berechnen der Termwerte und beim Umformen von Termen sind die folgenden Rechengesetze oft nützlich. Sie gelten für alle rationalen Zahlen a, b, c.

Kommutativgesetz der Addition und der Multiplikation: $a + b = b + a$ und $a \cdot b = b \cdot a$

Assoziativgesetz der Addition und der Multiplikation:
$a + b + c = (a + b) + c = a + (b + c)$ und $a \cdot b \cdot c = (a \cdot b) \cdot c = a \cdot (b \cdot c)$

Distributivgesetz:
$a \cdot (b + c) = ab + ac$ und $a \cdot (b - c) = ab - ac$ und $(a + b) : c = a : c + b : c$ $(c \neq 0)$

Beim Berechnen von Termwerten und beim Umformen von Termen kannst du außerdem nutzen, dass für alle rationalen Zahlen a, b und für alle natürlichen Zahlen m, n gilt:
$a^m \cdot a^n = a^{m+n}$ $(a \cdot b)^n = a^n \cdot b^n$ $(a^m)^n = a^{m \cdot n}$

Gleichungen

Bei vielen Aufgaben ist das Aufstellen und Lösen einer Gleichung ein Erfolg versprechender Lösungsweg.

Gleichungen können durch Probieren, durch Überlegen oder mittels Äquivalenzumformungen gelöst werden.

Äquivalenzumformungen sind:

- Auf beiden Seiten der Gleichung werden die Terme sortiert (Klammern auflösen, gleichartige Glieder zusammenfassen).
- Auf beiden Seiten der Gleichung wird dieselbe Zahl oder derselbe Term addiert.
- Auf beiden Seiten der Gleichung wird dieselbe Zahl oder derselbe Term subtrahiert.
- Auf beiden Seiten der Gleichung wird mit derselben, von Null verschiedenen Zahl multipliziert.
- Auf beiden Seiten der Gleichung wird durch dieselbe, von Null verschiedene Zahl dividiert.

In einem 5 cm hohen Trapez von 30 cm² Flächeninhalt ist eine der parallelen Seiten 7,5 cm lang. Wie lang ist die andere der parallelen Seiten?

Eine geeignete Gleichung aufstellen und lösen:
Einsetzen der Zahlenwerte der gegebenen Größen in die Flächenformel $A_T = \frac{1}{2} \cdot (a + c) \cdot h$ für das Trapez:

$$30 = \frac{1}{2} \cdot (7{,}5 + c) \cdot 5 \quad | \cdot 2;\, :5$$
$$\frac{30 \cdot 2}{5} = 7{,}5 + c \quad | \text{Berechnen}; -7{,}5$$
$$12 - 7{,}5 = c \quad | \text{Berechnen; Seiten vertauschen}$$
$$c = 4{,}5$$

Die Lösung am Sachverhalt überprüfen und eine Antwort formulieren:
Mit $c = 4{,}5$ ergibt sich als Flächeninhalt:
$$A_T = \frac{1}{2} \cdot (7{,}5 + 4{,}5) \cdot 5 = \frac{1}{2} \cdot 12 \cdot 5 = 30$$
Die zweite parallele Seite muss 4,5 cm lang sein.

Gleichungen der Art $3x - 2 = 0$ oder $5x + 2 = 3$ nennt man **lineare Gleichungen**. Sie sind stets **eindeutig lösbar**. Sind Gleichung nicht linear, dann können sie auch mehrere Lösungen oder gar keine Lösung haben.

$|x - 1| = 2$ hat zwei Lösungen, –1 und 3, die **Lösungsmenge** ist $L = \{-1; 3\}$.
Während $x^2 = -4$ in den rationalen Zahlen **nicht lösbar** ist, hat $2(x + 3) = 2x + 6$ alle rationalen Zahlen als Lösung und ist damit **allgemein lösbar**.

Daten auswerten

Diagramme
Für das **Vergleichen von Daten** sind z. B. Säulen- und Balkendiagramme geeignet.
Die **Verteilung einer Gesamtheit** kann mithilfe von Kreisdiagrammen oder Prozentstreifen gezeigt werden.
Um **Veränderungen** bzw. **Entwicklungen** aufzuzeigen, sind Säulen- oder Liniendiagramme geeignet.
Abhängigkeiten zwischen zwei Größen lassen sich durch Punkte in einem Koordinatensystem bzw. durch Liniendiagramme veranschaulichen.

Arithmetisches Mittel („Durchschnitt")
Quotient aus der Summe aller Werte einer Datenreihe und der Anzahl der Werte

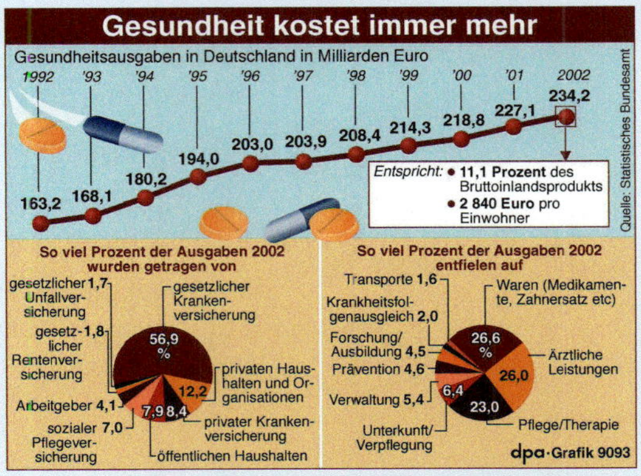

Durchschnittliche Gesundheitsausgaben 2000 bis 2002 in Milliarden Euro:
$$\frac{218{,}8 + 227{,}1 + 234{,}2}{3} = 226{,}7$$

Wichtige geometrische Sätze

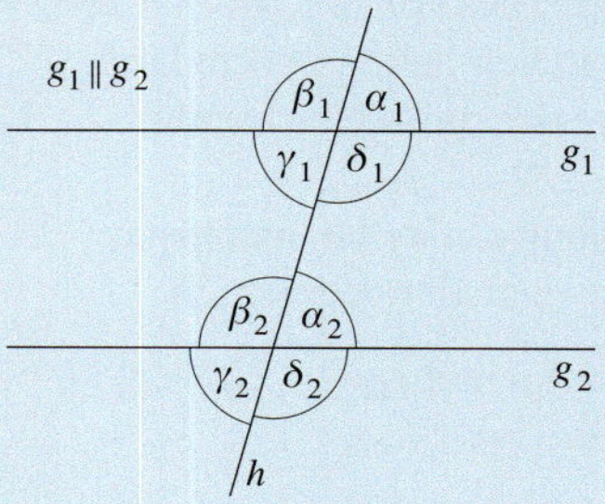

Winkel an Geraden- und Doppelkreuzungen (mit parallelen Geraden)

Nebenwinkel ergeben zusammen 180°. (Beispiel: $\alpha_1 + \beta_1 = 180°$)

Scheitelwinkel sind gleich groß. (Beispiel: $\alpha_1 = \gamma_1$)

Stufenwinkel sind gleich groß. (Beispiele: $\alpha_1 = \alpha_2$ oder $\gamma_1 = \gamma_2$)

Wechselwinkel sind gleich groß. (Beispiele: $\alpha_1 = \gamma_2$ oder $\gamma_1 = \alpha_2$)

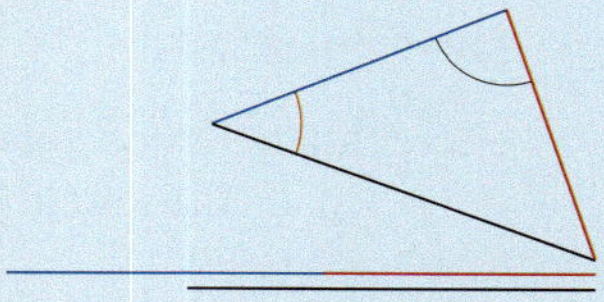

Seiten-Winkel-Beziehung; Dreiecksungleichung

In einem Dreieck liegt der längsten Seite stets der größte Winkel gegenüber und der kürzesten immer der kleinste. Die Summe der Längen zweier beliebiger Dreiecksseiten ist stets größer als die dritte Seitenlänge.

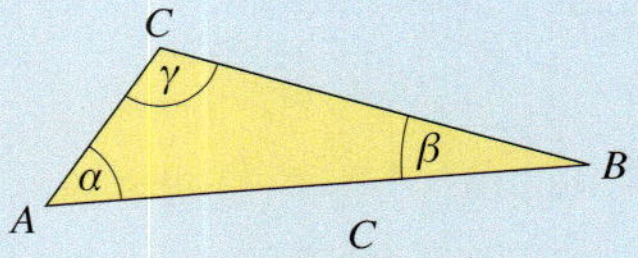

Innenwinkelsätze

Die Summe der Innenwinkel im Dreieck beträgt 180°.
$\alpha + \beta + \gamma = 180°$

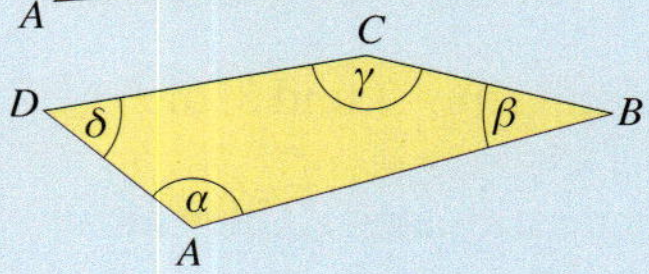

Die Summe der Innenwinkel im Viereck beträgt 360°.
$\alpha + \beta + \gamma + \delta = 360°$

Kongruenzsätze für Dreiecke

Kongruenzsatz SSS: Wenn Dreiecke in den drei Seitenlängen übereinstimmen, dann sind sie kongruent.

Kongruenzsatz SsW: Wenn Dreiecke in der Länge zweier Seiten und dem Winkel übereinstimmen, der der größeren Seite gegenüberliegt, dann sind sie kongruent.

Kongruenzsatz SWS: Wenn Dreiecke in der Länge zweier Seiten und dem von diesen Seiten eingeschlossenen Winkel übereinstimmen, dann sind sie kongruent.

Kongruenzsatz WSW bzw. SWW: Wenn Dreiecke in der Länge einer Seite und zwei gleich liegenden Winkeln übereinstimmen, dann sind sie kongruent.

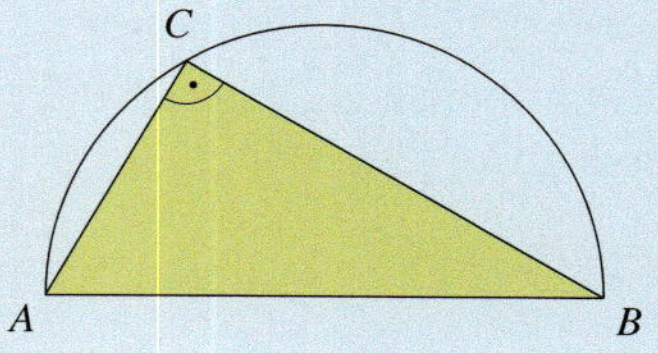

Satz des Thales

Genau dann, wenn C auf einem Kreis mit dem Durchmesser $[AB]$ liegt, ist der Winkel $\sphericalangle ACB$ ein rechter Winkel.

Stichworte

Bildnachweis: akg-images, Berlin: 84, 107. Andreas Herz, Kempten: 126. Cornelsen Verlagsarchiv: 6 u. l.(2), 16 u. r. (4), 23, 31 u., 33, 131. Descartes-Schule, Neuburg (Bayern): 202. Deutsche Bahn AG/Bahn im Bild: 39. Deutsches Museum, München: 165. DIZ/SV-Bilderdienst, München: 158. Eberhard Grames, Berlin: 197 o. Erich Schmidt Verlag, Berlin: 73, 80, 81. Flonline, Frankfurt am Main/Jürgen Baum: 189. Getty Images Deutschland, München/Hisham F. Ibrahim (Einband). Globus Infografik, Hamburg: 74, 76, 200, 201, 221. Hans Joachim Glattfelder, Paris © 2005: 153. M. C. Eschers Sun and Moon (l.)/Symmetrie Drawing E96 (r.) © 2005 The M. C. Escher Company-Baarn-Holland. All rights reserved: 133. Minkusimages, Volker Minkus, Isernhagen: 65. Peter Birnbaum, Berlin: 186. Peter Hartmann, Potsdam: 41, 137, 197 u. (Sammlung). Picture News, Frankfurt am Main/Oliver Abraham: 147. picture-alliance, Frankfurt am Main: 6 o., 7 u./ akg-images; 31/dpa-Fotoreport/Rauchwetter (HG); 47/Picture Press/Illustration Source/Marc Bruse; 196 o./dpa-Bildarchiv/Erivin Patzelt.; Profil Fotografie Marek Lange, Berlin: 8 u., 9 u. m./r. (2), 16. Statistisches Bundesamt, Wiesbaden: 66 (2), 73 (2). Superbild: 5. The McTutor History of Mathematics Archive: 123. Thomas Linssner, Schönebeck (Elbe): 203. ullstein bild, Berlin/Mathaes: 40; 109. Vision Photos, Berlin/Axel Kull: 191. Visum, Hamburg/Bernd Euler: 196 u. www.flaischlein.de: 6 u. r. Volker Döring, Hohen-Neuendorf: 8 o., 8 u., 9 u., 16, 166, 167.

Viereck
Trapez
Parallelogramm
unregelmäßig
spitzwinklig